从入门到实战·微课视频

Python 项目案例开发从入门到实战

爬虫、游戏和机器学习（第2版） 微课视频版

◎ 郑秋生 夏敏捷 尚展垒 编著

清华大学出版社
北京

内 容 简 介

本书由 Python 基础开发入手,延伸至爬虫技术开发、游戏开发、人工智能开发、网络应用开发、图像处理和可视化开发 6 个 Python 经典开发方向;全书共提供 25 个项目案例,以项目驱动方式展开各知识点的讲解,将 Python 知识点分解到不同案例、不同章节,致力于 Python 技术的应用实践。

本书案例均从特定领域的技术基础开始,展示项目设计思想和设计理念,从而启发读者的创新思维,达到举一反三、将技术应用与实战结合的目的。项目案例的选取具有较高的实用性,包含校园网搜索引擎、小小翻译器、模拟登录、爬取豆瓣影评生成词云等爬虫方向案例,基于朴素贝叶斯算法的文本分类、基于卷积神经网络的手写体识别、基于 OpenCV 实现人脸识别等面向机器学习的案例,连连看、推箱子、两人麻将、中国象棋、网络五子棋、人物拼图等大家耳熟能详的游戏案例。书中不仅列出了案例的完整代码,而且对所有的源代码进行了非常详细的解释,做到通俗易懂、图文并茂。

本书面向 Python 初学者,也适用于 Python 项目开发人员和游戏编程爱好者。

本书封面贴有清华大学出版社防伪标签,无标签者不得销售。
版权所有,侵权必究。举报:010-62782989,beiqinquan@tup.tsinghua.edu.cn。

图书在版编目(CIP)数据

Python 项目案例开发从入门到实战:爬虫、游戏和机器学习:微课视频版/郑秋生,夏敏捷,尚展垒编著.—2 版.—北京:清华大学出版社,2022.8
(从入门到实战·微课视频)
ISBN 978-7-302-56192-7

Ⅰ.①P… Ⅱ.①郑… ②夏… ③尚… Ⅲ.①软件工具—程序设计 Ⅳ.①TP311.561

中国版本图书馆 CIP 数据核字(2020)第 143458 号

策划编辑:魏江江
责任编辑:王冰飞
封面设计:刘 键
责任校对:时翠兰
责任印制:宋 林

出版发行:清华大学出版社
网　　址:http://www.tup.com.cn, http://www.wqbook.com
地　　址:北京清华大学学研大厦 A 座　　邮　编:100084
社 总 机:010-83470000　　邮　购:010-62786544
投稿与读者服务:010-62776969, c-service@tup.tsinghua.edu.cn
质量反馈:010-62772015, zhiliang@tup.tsinghua.edu.cn
课件下载:http://www.tup.com.cn, 010-83470236

印 装 者:三河市铭诚印务有限公司
经　　销:全国新华书店
开　　本:185mm×260mm　　印 张:33　　字 数:803 千字
版　　次:2019 年 1 月第 1 版　　2022 年 8 月第 2 版　　印 次:2022 年 8 月第 1 次印刷
印　　数:15001～17000
定　　价:118.00 元

产品编号:086665-01

前言

  Python 语言自 20 世纪 90 年代初诞生至今,被广泛应用于系统管理任务处理和科学计算,是非常受欢迎的程序设计语言。

  学习编程是工程专业学生教育的重要部分。除了直接的应用外,学习编程还是了解计算机科学本质的方法。计算机科学对现代社会产生了毋庸置疑的影响。Python 是一种解释型、面向对象、动态数据类型的高级程序设计语言,同时也是一门近乎"全能"的编程语言,可以使用 Python 进行网页数据采集、Web 开发、数据分析与挖掘、量化投资分析和游戏开发等。在 TIOBE 公布的 2021 年 10 月编程语言排行榜中,Python 首次排名第一位。

  本书作者长期从事程序设计语言教学与应用开发,了解在学习编程时如何提高 Python 开发能力,以最少的时间投入得到最快的实际应用。

  本书内容分为六篇:

  第一篇 Python 基础开发

  本篇(第 1~3 章)主要讲解 Python 的基础语法和面向对象编程基础、Tkinter 图形界面设计、文件使用、Python 的第三方库等知识,读者可以轻松掌握 Python 基础知识。从第 2 章开始是实用项目案例开发,综合应用前面技术,并且每章都有突出的新知识点,如侧重数据库应用的"智力问答测试"案例。

  第二篇 爬虫技术开发

  本篇(第 4~9 章)主要讲解使用爬虫技术开发"小小翻译器""校园网搜索引擎""爬取百度图片""模拟登录"案例,使用 MySQL 数据库存储的"微博采集爬虫"案例,最后是讲解开源网络爬虫框架 Scrapy 的使用。

  第三篇 游戏开发

  本篇(第 10~17 章)主要讲解大家耳熟能详的经典游戏的开发,例如连连看、推箱子、两人麻将、黑白棋、中国象棋、人物拼图等游戏案例,并借助第三方 Pygame 库开发贪吃蛇游戏。

  第四篇 人工智能开发

  本篇(第 18~20 章)主要讲解机器学习案例——基于朴素贝叶斯算法的文本分类、深度学习案例——基于卷积神经网络的手写体识别及人工智能实战——基于 OpenCV 实现人脸识别。

  第五篇 网络应用开发

  本篇(第 21~23 章)主要讲解"基于 TCP 的在线聊天程序"、"基于 UDP 的网络五子棋游戏"及"自动发送邮件"案例。

第六篇　图像处理和可视化开发

本篇(第 24～26 章)主要讲解"生成二维码和验证码""学生成绩分布柱状图展示""爬取豆瓣影评生成词云"案例，学习 Python 图像处理和可视化功能。

本书特点：

(1) Python 程序设计涉及的范围非常广泛，本书内容编排并不求全、求深，而是考虑零基础读者的接受能力，语言语法介绍以够用、实用和应用为原则，选择 Python 中必备、实用的知识进行讲解，强化程序思维能力培养。

(2) 案例选取贴近生活，有助于提高学习兴趣。

(3) 每个案例均提供详细的设计思路、关键技术分析以及具体的实现步骤。

需要说明的是，学习编程是一个实践的过程，而不仅仅是看书、看资料的过程，亲自动手编写、调试程序才是至关重要的。通过实际的编程以及积极的思考，读者可以积累许多宝贵的编程经验，这种编程经验对开发者尤其不可或缺。

本书配套资源丰富，包括教学课件、程序源码和 1000 分钟的微课视频。

资源下载提示

课件等资源：扫描封底的"课件下载"二维码，在公众号"书圈"下载。

素材(源码)等资源：扫描目录上方的二维码下载。

视频等资源：扫描封底的文泉云盘防盗码，再扫描书中相应章节中的二维码，可以在线学习。

本书由郑秋生、夏敏捷和尚展垒主持编写，尚展垒(郑州轻工业大学)编写第 1 章，马照瑞(郑州轻工业大学)编写第 2～6 章，沈高峰(郑州轻工业大学)编写第 7～10 章，张阳(郑州轻工业大学)编写第 11～17 章，焦云侠(郑州轻工业大学)编写第 18～21 章，王鑫(郑州商品交易所)编写第 22～25 章，其余章节由夏敏捷(中原工学院)编写。在本书的编写过程中，为确保内容的正确性，参阅了很多资料，并且得到了中原工学院郑秋生教授和资深 Python 程序员的支持，在此谨向他们表示衷心的感谢。

由于编者水平有限，书中难免有疏漏之处，敬请广大读者批评指正。

夏敏捷
2022 年 6 月

目 录

程序源码

第一篇　Python 基础开发

第 1 章　Python 基础知识 ········· 3
1.1　Python 语言简介 ········· 3
1.2　Python 语法基础 ········· 4
　　1.2.1　Python 数据类型 ········· 4
　　1.2.2　序列数据结构 ········· 6
　　1.2.3　Python 控制语句 ········· 14
　　1.2.4　Python 函数与模块 ········· 20
1.3　Python 面向对象设计 ········· 24
　　1.3.1　定义和使用类 ········· 24
　　1.3.2　构造函数 ········· 25
　　1.3.3　析构函数 ········· 26
　　1.3.4　实例属性和类属性 ········· 26
　　1.3.5　私有成员与公有成员 ········· 27
　　1.3.6　方法 ········· 28
　　1.3.7　类的继承 ········· 29
　　1.3.8　多态 ········· 31
　　1.3.9　面向对象设计应用案例——扑克牌发牌程序 ········· 33
1.4　Python 图形界面设计 ········· 36
　　1.4.1　创建 Windows 窗口 ········· 37
　　1.4.2　几何布局管理器 ········· 37
　　1.4.3　Tkinter 组件 ········· 41
　　1.4.4　Tkinter 字体 ········· 51
　　1.4.5　Python 事件处理 ········· 52
　　1.4.6　图形界面设计应用案例——开发猜数字游戏 ········· 57

1.5 Python 文件的使用 ……………………………………………… 58
　　1.5.1 打开/建立文件 ……………………………………………… 59
　　1.5.2 读取文本文件 ……………………………………………… 61
　　1.5.3 写文本文件 ………………………………………………… 62
　　1.5.4 文件内移动 ………………………………………………… 64
　　1.5.5 文件的关闭 ………………………………………………… 65
　　1.5.6 二进制文件的读/写 ………………………………………… 65
1.6 Python 的第三方库 …………………………………………………… 67

第 2 章 序列应用——猜单词游戏 …………………………………… 69

2.1 猜单词游戏功能介绍 ………………………………………………… 69
2.2 程序设计的思路 ……………………………………………………… 69
2.3 关键技术——random 模块 …………………………………………… 70
2.4 程序设计的步骤 ……………………………………………………… 73

第 3 章 数据库应用——智力问答测试 ……………………………… 75

3.1 智力问答测试功能介绍 ……………………………………………… 75
3.2 程序设计的思路 ……………………………………………………… 75
3.3 关键技术 ……………………………………………………………… 76
　　3.3.1 访问数据库的步骤 …………………………………………… 76
　　3.3.2 创建数据库和表 ……………………………………………… 77
　　3.3.3 数据库的插入、更新和删除操作 …………………………… 78
　　3.3.4 数据库表的查询操作 ………………………………………… 79
　　3.3.5 数据库使用实例——学生通讯录 …………………………… 79
3.4 程序设计的步骤 ……………………………………………………… 82
　　3.4.1 生成试题库 …………………………………………………… 82
　　3.4.2 读取试题信息 ………………………………………………… 83
　　3.4.3 界面和逻辑设计 ……………………………………………… 83

第二篇 爬虫技术开发

第 4 章 调用百度 API 应用——小小翻译器 ………………………… 87

4.1 小小翻译器功能介绍 ………………………………………………… 87
4.2 程序设计的思路 ……………………………………………………… 87
4.3 关键技术 ……………………………………………………………… 88

　　　　4.3.1　urllib 库简介 ································· 88
　　　　4.3.2　urllib 库的基本使用 ···························· 88
　　　　4.3.3　JSON 使用 ···································· 93
　4.4　程序设计的步骤 ·· 97
　　　　4.4.1　设计界面 ····································· 97
　　　　4.4.2　使用百度翻译开放平台 API ···················· 98
　4.5　API 调用拓展——爬取天气预报信息 ···················· 101

第 5 章　爬虫应用——校园网搜索引擎

　5.1　校园网搜索引擎功能分析 ······························ 103
　5.2　校园网搜索引擎系统设计 ······························ 103
　5.3　关键技术 ··· 105
　　　　5.3.1　正则表达式 ··································· 105
　　　　5.3.2　中文分词 ···································· 111
　　　　5.3.3　安装和使用 jieba ······························ 111
　　　　5.3.4　为 jieba 添加自定义词典 ······················· 112
　　　　5.3.5　文本分类的关键词提取 ························ 113
　　　　5.3.6　deque ·· 114
　5.4　程序设计的步骤 ······································· 115
　　　　5.4.1　信息采集模块——网络爬虫的实现 ·············· 115
　　　　5.4.2　索引模块——建立倒排词表 ···················· 118
　　　　5.4.3　网页排名和搜索模块 ·························· 120

第 6 章　爬虫应用——爬取百度图片

　6.1　程序功能介绍 ··· 123
　6.2　程序设计的思路 ······································· 123
　6.3　关键技术 ··· 124
　　　　6.3.1　图片文件下载到本地 ·························· 124
　　　　6.3.2　爬取指定网页中的图片 ························ 124
　　　　6.3.3　BeautifulSoup 库概述 ·························· 125
　　　　6.3.4　用 BeautifulSoup 库操作解析 HTML 文档树 ····· 128
　　　　6.3.5　requests 库的使用 ····························· 132
　6.4　程序设计的步骤 ······································· 139
　　　　6.4.1　分析网页源代码和网页结构 ···················· 139
　　　　6.4.2　设计代码 ···································· 142
　6.5　动态网页爬虫拓展——爬取今日头条新闻 ················ 144

6.5.1　找到 JavaScript 请求的数据接口 ……………………………………… 145
　　　6.5.2　分析 JSON 数据 …………………………………………………………… 147
　　　6.5.3　请求和解析数据接口 ……………………………………………………… 148

第 7 章　selenium 操作浏览器应用——模拟登录 …………… 150

7.1　模拟登录程序功能介绍 …………………………………………………………… 150
7.2　程序设计的思路 …………………………………………………………………… 150
7.3　关键技术 …………………………………………………………………………… 151
　　　7.3.1　安装 selenium 库 …………………………………………………………… 151
　　　7.3.2　selenium 详细用法 ………………………………………………………… 153
　　　7.3.3　selenium 应用实例 ………………………………………………………… 157
7.4　程序设计的步骤 …………………………………………………………………… 158
　　　7.4.1　selenium 定位 iframe（多层框架）……………………………………… 158
　　　7.4.2　模拟登录豆瓣网站 ………………………………………………………… 159
7.5　基于 Cookie 绕过验证码实现自动登录 ………………………………………… 162
　　　7.5.1　为什么要使用 Cookie ……………………………………………………… 162
　　　7.5.2　查看 Cookie ………………………………………………………………… 162
　　　7.5.3　使用 Cookie 绕过百度验证码自动登录账户 …………………………… 163
7.6　selenium 实现 AJAX 动态加载抓取今日头条新闻 …………………………… 164
　　　7.6.1　selenium 处理滚动条 ……………………………………………………… 164
　　　7.6.2　selenium 动态加载抓取今日头条新闻 …………………………………… 165
7.7　selenium 实现动态加载抓取新浪国内新闻 ……………………………………… 166

第 8 章　MySQL 数据库存储——微博采集爬虫 ………………… 171

8.1　微博采集爬虫功能介绍 …………………………………………………………… 171
8.2　微博采集爬虫设计思路 …………………………………………………………… 172
8.3　关键技术 …………………………………………………………………………… 175
　　　8.3.1　查看 Cookie ………………………………………………………………… 175
　　　8.3.2　模拟登录实例 ……………………………………………………………… 176
　　　8.3.3　使用 Python 操作 MySQL 数据库 ………………………………………… 178
　　　8.3.4　Base64 加密 ………………………………………………………………… 180
8.4　程序设计步骤 ……………………………………………………………………… 181
　　　8.4.1　模拟登录 …………………………………………………………………… 181
　　　8.4.2　获取网页 …………………………………………………………………… 184
　　　8.4.3　数据入库 …………………………………………………………………… 185

第 9 章 爬虫框架——Scrapy 框架 ... 193

9.1 Scrapy 框架简介与安装 ... 193
9.1.1 Scrapy 框架简介 ... 193
9.1.2 Scrapy 安装 ... 195

9.2 第一个 Scrapy 爬虫 ... 196
9.2.1 项目需求 ... 196
9.2.2 创建项目 ... 197
9.2.3 分析页面 ... 198
9.2.4 定义数据类 ... 199
9.2.5 实现爬虫 ... 199
9.2.6 配置爬虫 ... 200
9.2.7 运行爬虫 ... 200

9.3 Spider 开发流程 ... 201
9.3.1 继承 scrapy.Spider ... 201
9.3.2 为 Spider 起名字 ... 202
9.3.3 设置起始爬取点 ... 202
9.3.4 实现页面解析函数 ... 203

9.4 Scrapy 选择器 ... 204
9.4.1 Selector 类 ... 204
9.4.2 Response 内置 Selector ... 205
9.4.3 使用 CSS 选择器 ... 206
9.4.4 爬取京东商品信息 ... 206

9.5 Scrapy 数据容器 ... 212
9.5.1 Item 和 Field ... 212
9.5.2 Item 扩展 ... 213
9.5.3 爬取"百度贴吧"信息 ... 214

9.6 Scrapy 常用命令行工具 ... 217
9.6.1 全局命令 ... 217
9.6.2 项目命令 ... 220

9.7 Scrapy 数据处理 ... 222
9.7.1 实现 Item Pipeline ... 223
9.7.2 Item Pipeline 举例 ... 223
9.7.3 启用 Item Pipeline ... 224

9.8 爬取文件和图片 ... 225
9.8.1 FilesPipeline ... 225
9.8.2 FilesPipeline 实例 ... 226
9.8.3 ImagesPipeline ... 228

		9.8.4 爬取百度图片 …… 229
	9.9	Scrapy 模拟登录 …… 235
		9.9.1 模拟登录分析 …… 236
		9.9.2 代码实现 …… 238

第三篇 游戏开发

第 10 章 益智游戏——连连看游戏 …… 243

- 10.1 连连看游戏介绍 …… 243
- 10.2 程序设计的思路 …… 244
- 10.3 关键技术 …… 253
  - 10.3.1 图形绘制——Tinker 的 Canvas 组件 …… 253
  - 10.3.2 Canvas 上的图形对象 …… 253
- 10.4 程序设计的步骤 …… 262

第 11 章 益智游戏——推箱子游戏 …… 266

- 11.1 推箱子游戏介绍 …… 266
- 11.2 程序设计的思路 …… 267
- 11.3 关键技术 …… 268
- 11.4 程序设计的步骤 …… 269

第 12 章 娱乐游戏——两人麻将游戏 …… 274

- 12.1 麻将游戏介绍 …… 274
  - 12.1.1 麻将术语 …… 274
  - 12.1.2 牌数 …… 274
- 12.2 两人麻将游戏设计的思路 …… 275
  - 12.2.1 素材图片 …… 275
  - 12.2.2 游戏的逻辑实现 …… 276
  - 12.2.3 碰/吃牌的判断 …… 276
  - 12.2.4 和牌算法 …… 277
  - 12.2.5 实现计算机智能出牌 …… 280
- 12.3 关键技术 …… 282
  - 12.3.1 声音的播放 …… 282
  - 12.3.2 返回对应位置的组件 …… 283
  - 12.3.3 对保存麻将牌的列表排序 …… 283

	12.4	两人麻将游戏设计的步骤	285
		12.4.1 设计麻将牌类	285
		12.4.2 设计游戏主程序	286

第 13 章　娱乐游戏——贪吃蛇游戏　296

13.1　贪吃蛇游戏介绍　296
13.2　程序设计的思路　297
13.3　程序设计的步骤　297
　　13.3.1　Grid 类（场地类）　297
　　13.3.2　Food 类（豆类）　298
　　13.3.3　Snake（蛇类）　298
　　13.3.4　SnakeGame（游戏逻辑类）　299

第 14 章　益智游戏——人机对战黑白棋游戏　301

14.1　黑白棋游戏介绍　301
14.2　黑白棋游戏设计的思路　302
14.3　程序设计的步骤　302

第 15 章　益智游戏——中国象棋游戏　309

15.1　中国象棋介绍　309
15.2　关键技术　310
15.3　中国象棋游戏的设计思路　312
15.4　中国象棋游戏的实现步骤　315

第 16 章　娱乐游戏——人物拼图游戏　324

16.1　人物拼图游戏介绍　324
16.2　程序设计的思路　325
16.3　关键技术　325
　　16.3.1　复制和粘贴图像区域　325
　　16.3.2　调整尺寸和旋转　325
　　16.3.3　转换成灰度图像　326
　　16.3.4　对像素进行操作　326
16.4　程序设计的步骤　327
　　16.4.1　Python 处理图片切割　327
　　16.4.2　游戏的逻辑实现　328

第17章 基于 Pygame 的游戏设计 ················ 332

- 17.1 Pygame 基础知识 ················ 332
  - 17.1.1 安装 Pygame 库 ················ 332
  - 17.1.2 Pygame 的模块 ················ 332
- 17.2 Pygame 的使用 ················ 335
  - 17.2.1 Pygame 开发游戏的主要流程 ················ 335
  - 17.2.2 Pygame 的图像/图形绘制 ················ 337
  - 17.2.3 Pygame 的键盘和鼠标事件的处理 ················ 340
  - 17.2.4 Pygame 的字体使用 ················ 344
  - 17.2.5 Pygame 的声音播放 ················ 345
  - 17.2.6 Pygame 的精灵使用 ················ 347
- 17.3 基于 Pygame 设计贪吃蛇游戏 ················ 351
- 17.4 基于 Pygame 设计飞机大战游戏 ················ 358
  - 17.4.1 游戏角色 ················ 359
  - 17.4.2 游戏界面显示 ················ 360
  - 17.4.3 游戏的逻辑实现 ················ 362

第四篇　人工智能开发

第18章 机器学习案例——基于朴素贝叶斯算法的文本分类 ················ 369

- 18.1 文本分类功能介绍 ················ 369
- 18.2 程序设计的思路 ················ 370
- 18.3 关键技术 ················ 370
  - 18.3.1 贝叶斯算法的理论基础 ················ 370
  - 18.3.2 朴素贝叶斯分类 ················ 372
  - 18.3.3 使用 Python 进行文本分类 ················ 374
- 18.4 程序设计的步骤 ················ 374
  - 18.4.1 收集训练数据 ················ 374
  - 18.4.2 准备数据 ················ 375
  - 18.4.3 分析数据 ················ 375
  - 18.4.4 训练算法 ················ 376
  - 18.4.5 测试算法并改进 ················ 379
  - 18.4.6 使用算法进行文本分类 ················ 379
- 18.5 使用朴素贝叶斯分类算法过滤垃圾邮件 ················ 381
  - 18.5.1 收集训练数据 ················ 381

18.5.2　将文本文件解析为词向量 ········· 381
　　18.5.3　使用朴素贝叶斯算法进行邮件分类 ········· 382
　　18.5.4　改进算法 ········· 384
18.6　使用 Scikit-Learn 库进行文本分类 ········· 385
　　18.6.1　文本分类常用的类和函数 ········· 386
　　18.6.2　案例实现 ········· 389

第 19 章　深度学习案例——基于卷积神经网络的手写体识别 ········· 391

19.1　手写体识别案例需求 ········· 391
19.2　深度学习的概念及关键技术 ········· 391
　　19.2.1　神经网络模型 ········· 391
　　19.2.2　深度学习之卷积神经网络 ········· 393
19.3　Python 深度学习库——Keras ········· 397
　　19.3.1　Keras 的安装 ········· 397
　　19.3.2　Keras 的网络层 ········· 397
　　19.3.3　用 Keras 构建神经网络 ········· 400
19.4　程序设计的思路 ········· 401
19.5　程序设计的步骤 ········· 402
　　19.5.1　MNIST 数据集 ········· 402
　　19.5.2　手写体识别案例实现 ········· 403
　　19.5.3　制作自己的手写图像 ········· 406

第 20 章　人工智能实战——基于 OpenCV 实现人脸识别 ········· 407

20.1　功能介绍 ········· 407
20.2　程序设计的思路 ········· 407
20.3　关键技术 ········· 408
　　20.3.1　OpenCV 基础知识 ········· 408
　　20.3.2　OpenCV 变换操作 ········· 411
　　20.3.3　检测人脸 ········· 412
20.4　程序设计的步骤 ········· 414
　　20.4.1　检测人脸 ········· 414
　　20.4.2　获取人脸检测信息和对应标签 ········· 415
　　20.4.3　识别器训练 ········· 416
　　20.4.4　识别人脸 ········· 416
20.5　知识拓展——使用 Face_Recognition 库轻松实现人脸识别 ········· 419

20.5.1 Face_Recognition 库安装 ………………………………………… 419
20.5.2 Face_Recognition 检测识别人脸 …………………………………… 421

第五篇　网络应用开发

第 21 章　网络编程案例——基于 TCP 的在线聊天程序 ……… 429
21.1 基于 TCP 的在线聊天程序简介 ▶ ………………………………… 429
21.2 关键技术 ………………………………………………………… 429
　　21.2.1 互联网 TCP/IP ………………………………………………… 429
　　21.2.2 IP 和端口 ……………………………………………………… 430
　　21.2.3 TCP 和 UDP …………………………………………………… 431
　　21.2.4 Socket ▶ ……………………………………………………… 431
　　21.2.5 多线程编程 …………………………………………………… 436
21.3 在线聊天程序设计的步骤 ………………………………………… 438
　　21.3.1 在线聊天程序的服务器端 …………………………………… 438
　　21.3.2 在线聊天程序的客户端 ……………………………………… 440

第 22 章　网络通信案例——基于 UDP 的网络五子棋游戏 … 444
22.1 网络五子棋游戏简介 ……………………………………………… 444
22.2 五子棋游戏的设计思想 …………………………………………… 445
22.3 关键技术 ………………………………………………………… 448
　　22.3.1 UDP 编程 ▶ …………………………………………………… 448
　　22.3.2 自定义网络五子棋游戏的通信协议 ………………………… 450
22.4 网络五子棋游戏程序设计的步骤 ▶ ……………………………… 451
　　22.4.1 服务器端程序设计的步骤 …………………………………… 451
　　22.4.2 客户端程序设计的步骤 ……………………………………… 456

第 23 章　网络邮件实战——自动发送邮件 …………………… 460
23.1 功能介绍 ………………………………………………………… 460
23.2 程序设计的思路 …………………………………………………… 460
23.3 关键技术 ………………………………………………………… 462
　　23.3.1 Python SMTP 发送邮件 ……………………………………… 462
　　23.3.2 Python SMTP 发送文本邮件 ………………………………… 463
　　23.3.3 Python SMTP 发送带附件的邮件 …………………………… 464
　　23.3.4 Python SMTP 发送内嵌资源的邮件 ………………………… 464

23.3.5　定时自动发送邮件 …………………………………………… 465
23.4　程序设计的步骤 ……………………………………………………… 466

第六篇　图像处理和可视化开发

第24章　图像处理——生成二维码和验证码 ……………………………… 471
24.1　二维码介绍 …………………………………………………………… 471
24.2　二维码生成和解析关键技术 ………………………………………… 472
　　24.2.1　qrcode 库的使用 ……………………………………………… 472
　　24.2.2　PIL 库的使用 ………………………………………………… 474
24.3　二维码生成和解析程序设计的步骤 ………………………………… 477
　　24.3.1　生成带有图标的二维码 ……………………………………… 477
　　24.3.2　Python 解析二维码图片 ……………………………………… 478
24.4　用 Python 生成验证码图片 …………………………………………… 479

第25章　可视化应用——学生成绩分布柱状图展示 ……………………… 481
25.1　程序功能介绍 ………………………………………………………… 481
25.2　程序设计的思路 ……………………………………………………… 482
25.3　关键技术 ……………………………………………………………… 482
　　25.3.1　Python 的第三方库 Matplotlib ………………………………… 482
　　25.3.2　Matplotlib.pyplot 模块——快速绘图 ………………………… 482
　　25.3.3　绘制条形图、饼状图、散点图 ……………………………… 486
　　25.3.4　Python 操作 Excel 文档 ……………………………………… 491
25.4　程序设计的步骤 ……………………………………………………… 494

第26章　词云实战——爬取豆瓣影评生成词云 …………………………… 496
26.1　功能介绍 ……………………………………………………………… 496
26.2　程序设计的思路 ……………………………………………………… 497
26.3　关键技术 ……………………………………………………………… 498
　　26.3.1　安装 WordCloud ……………………………………………… 498
　　26.3.2　使用 WordCloud ……………………………………………… 498
26.4　程序设计的步骤 ……………………………………………………… 502

参考文献 ………………………………………………………………………… 510

第一篇

Python基础开发

第 1 章 Python 基础知识

Python 是一门跨平台、开源、免费的解释型高级动态编程语言，Python 作为动态语言更适合初学编程者。Python 可以让初学者把精力集中在编程对象和思维方法上，而不用担心语法、类型等外在因素。Python 易于学习，拥有大量的库，可以高效地开发各种应用程序。

1.1 Python 语言简介

视频讲解

Python 语言是 1989 年由荷兰人吉多范罗·苏姆(Guido van Rossum)开发的一种编程语言，被广泛应用于处理系统管理任务和科学计算，是最受欢迎的程序设计语言之一。2011年 1 月，Python 被 TIOBE 编程语言排行榜评为 2010 年度语言。自从 2018 年以后，Python 的使用率呈线性增长，TIOBE 公布的 2021 年编程语言指数排行榜中，Python 超越 C，排名处于第一位，排行榜的榜首位置首次出现了除 Java 和 C 以外的第三个编程语言——Python。这也就意味着，Java 和 C 的长期霸权已经结束。根据 IEEE Spectrum 发布的研究报告显示，Python 已经成为世界上最受欢迎的语言。

Python 支持命令式编程、函数式编程，完全支持面向对象程序设计，语法简洁清晰，并且拥有大量的几乎支持所有领域应用开发的成熟扩展库。

Python 为用户提供了非常完善的基础代码库，覆盖了网络、文件、GUI、数据库、文本等大量内容，用 Python 开发，许多功能不必从零编写，直接使用现成的即可。除了内置的库外，Python 还有大量的第三方库，也就是别人开发的，大家可以直接使用的库。当然，也可以自己开发代码，通过封装作为第三方库给别人使用。Python 就像胶水一样，可以把不同语言编写的程序融合到一起，实现无缝拼接，更好地发挥不同语言和工具的优势，满足不同应用领域的需求。所以，Python 初学者不但入门容易，而且将来深入学习后，可以编写非常复杂的程序。

Python 同时支持伪编译，将 Python 源程序转换为字节码来优化程序和提高运行速度，可以在没有安装Python解释器和相关依赖包的平台上运行。

Python语言主要有如下的应用领域。

（1）Web开发：Python语言支持网站开发，比较流行的开发框架有web2py、Django等。许多大型网站就是用Python开发的，例如YouTube、Instagram等。很多大公司，例如Google、Yahoo等，甚至NASA（美国航空航天局）都大量地使用Python。

（2）网络编程：Python语言提供了Socket模块，对Socket接口进行了两次封装，支持Socket接口的访问；还提供了urllib、httplib、Scrapy等大量模块，用于对网页内容进行读取和处理，并可以结合多线程编程以及其他有关模块快速开发网页爬虫之类的应用程序；可以使用Python语言编写CGI程序，也可以把Python程序嵌入网页中运行。

（3）科学计算与数据可视化：Python中用于科学计算与数据可视化的模块很多，例如NumPy、SciPy、Matplotlib、Traits、TVTK、Mayavi、VPython、OpenCV等，涉及的应用领域包括数值计算、符号计算、二维图表、三维数据可视化、三维动画演示、图像处理以及界面设计等。

（4）数据库应用：Python数据库模块有很多，例如可以通过内置的SQLite3模块访问SQLite数据库；使用pywin32模块访问Access数据库；使用PyMySQL模块访问MySQL数据库；使用pywin32和pymssql模块访问SQL Server数据库。

（5）多媒体开发：PyMedia模块可以对WAV、MP3、AVI等多媒体格式文件进行编码、解码和播放；PyOpenGL模块封装了OpenGL应用程序编程接口，通过该模块可以在Python程序中集成二维或三维图形；PIL（Python Imaging Library，Python图形库）为Python提供了强大的图像处理功能，并提供广泛的图像文件格式支持。

（6）电子游戏应用：Pygame是用来开发电子游戏软件的Python模块，使用Pygame模块可以在Python程序中创建功能丰富的游戏和多媒体程序。

Python有大量的第三方库，可以说需要什么应用就能找到相应的Python库。

1.2 Python语法基础

1.2.1 Python数据类型

视频讲解

计算机程序能处理各种数值，还可以处理文本、图形、音频、视频、网页等各种各样的数据，不同的数据需要定义不同的数据类型。

❶ 数值类型

Python数值类型用于存储数值，Python支持以下数值类型。

- 整型（int）：通常被称为整型或整数，是正或负整数，不带小数点。在Python 3中只有一种整数类型（int），没有Python 2中的long。
- 浮点型（float）：浮点型由整数部分与小数部分组成，浮点型也可以使用科学记数法表示（2.78E2 就是 $2.78\times10^2=278$）。

- 复数(complex)：复数由实数部分和虚数部分构成，可以用a+bj或者complex(a,b)表示，复数的虚部以字母j或J结尾，例如2+3j。

数据类型是不允许改变的，这就意味着如果改变数值数据类型的值，将重新分配内存空间。

❷ 字符串

字符串是Python中最常用的数据类型。用户可以使用引号来创建字符串。Python不支持字符类型，单字符在Python中也是作为一个字符串使用。Python使用单引号和双引号来表示字符串是一样的。

❸ 布尔类型

Python支持布尔类型的数据，布尔类型只有True和False两种值，但是布尔类型有以下几种运算。

(1) and(与)运算：只有两个布尔值都为True时，计算结果才为True。

```
True and True               # 结果是 True
True and False              # 结果是 False
False and True              # 结果是 False
False and False             # 结果是 False
```

(2) or(或)运算：只要有一个布尔值为True，计算结果就是True。

```
True or True                # 结果是 True
True or False               # 结果是 True
False or True               # 结果是 True
False or False              # 结果是 False
```

(3) not(非)运算：把True变为False，或者把False变为True。

```
not True                    # 结果是 False
not False                   # 结果是 True
```

布尔运算在计算机中用来做条件判断，根据计算结果为True或者False，计算机可以自动执行不同的后续代码。

在Python中，布尔类型还可以与其他数据类型做and、or和not运算，这时下面的几种情况会被认为是False：为0的数字，包括0、0.0；空字符串''、""；表示空值的None；空集合，包括空元组()、空序列[]、空字典{}。其他的值都为True。例如：

```
a = 'python'
print(a and True)           # 结果是 True
b = ''
print(b or False)           # 结果是 False
```

❹ 空值

空值是Python中的一个特殊值，用None表示。它不支持任何运算，也没有任何内置函数方法。None和任何其他数据类型比较永远返回False。在Python中未指定返回值的函数会自动返回None。

1.2.2 序列数据结构

数据结构是计算机存储、组织数据的方式。序列是 Python 中最基本的数据结构。序列中的每个元素都分配一个数字,即它的位置或索引,第 1 个索引是 0,第 2 个索引是 1,以此类推。序列都可以进行的操作包括索引、截取(切片)、加、乘、成员检查。此外,Python 已经内置确定序列的长度以及确定最大和最小元素的方法。Python 内置序列类型最常见的是列表、元组和字符串。另外,Python 提供了字典和集合这样的数据结构,它们属于无顺序的数据集合体,不能通过位置索引来访问数据元素。

视频讲解

❶ 列表

列表(List)是最常用的 Python 数据类型,列表的数据项不需要具有相同的类型。列表类似其他语言的数组,但功能比数组强大得多。

创建一个列表,只要把逗号分隔的不同数据项使用方括号括起来即可,实例如下。

```
list1 = ['中国', '美国', 1997, 2000]
list2 = [1, 2, 3, 4, 5]
list3 = ["a", "b", "c", "d"]
```

列表索引从 0 开始。列表可以进行截取(切片)、组合等。

1) 访问列表中的值

使用下标索引来访问列表中的值,同样可以使用方括号的形式截取字符,实例如下。

```
list1 = ['中国', '美国', 1997, 2000]
list2 = [1, 2, 3, 4, 5, 6, 7]
print("list1[0]: ", list1[0])
print("list2[1:5]: ", list2[1:5])
```

以上实例的输出结果:

```
list1[0]:  中国
list2[1:5]:  [2, 3, 4, 5]
```

2) 更新列表

可以对列表的数据项进行修改或更新,实例如下。

```
list = ['中国', 'chemistry', 1997, 2000]
print("Value available at index 2 : ")
print(list[2])
list[2] = 2001
print("New value available at index 2 : ")
print(list[2])
```

以上实例的输出结果:

```
Value available at index 2 :
1997
```

```
New value available at index 2 :
2001
```

3）删除列表元素

方法一：使用 del 语句来删除列表中的元素，实例如下。

```
list1 = ['中国', '美国', 1997, 2000]
print(list1)
del list1[2]
print("After deleting value at index 2 : ")
print(list1)
```

以上实例的输出结果：

```
['中国', '美国', 1997, 2000]
After deleting value at index 2 :
['中国', '美国', 2000]
```

方法二：使用 remove() 方法来删除列表中的元素，实例如下。

```
list1 = ['中国', '美国', 1997, 2000]
list1.remove(1997)
list1.remove('美国')
print(list1)
```

以上实例的输出结果：

```
['中国', 2000]
```

方法三：使用 pop() 方法来删除列表中指定位置的元素，无参数时删除最后一个元素，实例如下。

```
list1 = ['中国', '美国', 1997, 2000]
list1.pop(2)                    ＃删除位置 2 的元素 1997
list1.pop()                     ＃删除最后一个元素 2000
print(list1)
```

以上实例的输出结果：

```
['中国', '美国']
```

4）添加列表元素

可以使用 append() 方法在列表的末尾添加元素，实例如下。

```
list1 = ['中国', '美国', 1997, 2000]
list1.append(2003)
print(list1)
```

以上实例的输出结果：

```
['中国', '美国', 1997, 2000, 2003]
```

5）定义多维列表

可以将多维列表视为列表的嵌套，即多维列表的元素值也是一个列表，只是维度比父列表小一。二维列表(即其他语言的二维数组)的元素值是一维列表,三维列表的元素值是二维列表。例如定义一个二维列表。

```
list2 = [["CPU", "内存"], ["硬盘","声卡"]]
```

二维列表比一维列表多一个索引,可以如下获取元素:

列表名[索引1][索引2]

例如定义3行6列的二维列表,打印出元素值。

```
rows = 3
cols = 6
matrix = [[0 for col in range(cols)] for row in range(rows)]    #列表生成式生成二维列表
for i in range(rows):
    for j in range(cols):
        matrix[i][j] = i * 3 + j
        print(matrix[i][j],end = ",")
    print('\n')
```

以上实例的输出结果:

```
0,1,2,3,4,5,
3,4,5,6,7,8,
6,7,8,9,10,11,
```

列表生成式(List Comprehensions)是Python内置的一种极其强大的生成列表的表达式。如果要生成一个list [1,2,3,4,5,6,7,8,9],可以用range(1,10):

```
>>> L = list(range(1,10))        #L是[1, 2, 3, 4, 5, 6, 7, 8, 9]
```

如果要生成[1×1,2×2,3×3,…,10×10],可以使用循环:

```
>>> L = []
>>> for x in range(1,10):
        L.append(x * x)
>>> L
[1, 4, 9, 16, 25, 36, 49, 64, 81]
```

列表生成式,可以用以下语句代替以上烦琐的循环来完成:

```
>>> [x * x for x in range(1,11)]
[1, 4, 9, 16, 25, 36, 49, 64, 81, 100]
```

列表生成式的书写格式为把要生成的元素 x * x 放到前面,后面跟上 for 循环。这样就可以把列表创建出来。for 循环后面还可以加上 if 判断,例如筛选出偶数的平方:

```
>>> [x * x for x in range(1,11) if x % 2 == 0]
[4, 16, 36, 64, 100]
```

再如,把一个列表中的所有字符串变成小写形式:

```
>>> L = ['Hello', 'World', 'IBM', 'Apple']
>>> [s.lower() for s in L]
['hello', 'world', 'ibm', 'apple']
```

当然,列表生成式也可以使用两层循环,例如生成'ABC'和'XYZ'中字母的全部组合:

```
>>> print([m + n for m in 'ABC' for n in 'XYZ'])
['AX', 'AY', 'AZ', 'BX', 'BY', 'BZ', 'CX', 'CY', 'CZ']
```

for 循环其实可以同时使用两个甚至多个变量,例如字典(dict)的 items() 可以同时迭代 key 和 value:

```
>>> d = {'x': 'A', 'y': 'B', 'z': 'C'}      #字典
>>> for k, v in d.items():
        print(k, '键 = ', v, endl = ';')
```

程序的运行结果:

y 键 = B; x 键 = A; z 键 = C;

因此,列表生成式也可以使用两个变量来生成列表:

```
>>> d = {'x': 'A', 'y': 'B', 'z': 'C'}
>>> [k + ' = ' + v for k, v in d.items()]
['y = B', 'x = A', 'z = C']
```

❷ 元组

视频讲解

Python 的元组(tuple)与列表类似,不同之处在于元组的元素不能修改。元组使用小括号(),列表使用方括号[]。元组中的元素类型也可以不相同。

1) 创建元组

元组的创建很简单,只需要在括号中添加元素,并使用逗号隔开即可,实例如下。

```
tup1 = ('中国', '美国', 1997, 2000)
tup2 = (1, 2, 3, 4, 5)
tup3 = "a", "b", "c", "d"
```

如果是创建空元组,只需写个空括号即可。

```
tup1 = ()
```

当元组中只包含一个元素时,需要在第 1 个元素后面添加逗号。

```
tup1 = (50,)
```

元组与字符串类似,下标索引从 0 开始,可以进行截取、组合等。

2) 访问元组

元组可以使用下标索引来访问元组中的值,实例如下。

```
tup1 = ('中国', '美国', 1997, 2000)
tup2 = (1, 2, 3, 4, 5, 6, 7)
```

```
print("tup1[0]: ", tup1[0])              # 输出元组的第 1 个元素
print("tup2[1:5]: ", tup2[1:5])          # 切片,输出从第 2 个元素开始到第 5 个元素
print(tup2[2:])                          # 切片,输出从第 3 个元素开始的所有元素
print(tup2 * 2)                          # 输出元组两次
```

以上实例的输出结果:

```
tup1[0]:  中国
tup2[1:5]: (2, 3, 4, 5)
(3, 4, 5, 6, 7)
(1, 2, 3, 4, 5, 6, 7, 1, 2, 3, 4, 5, 6, 7)
```

3)连接元组

元组中的元素值是不允许修改的,但可以对元组进行连接组合,实例如下。

```
tup1 = (12, 34, 56)
tup2 = (78, 90)
# tup1[0] = 100                          # 修改元组中元素的操作是非法的
tup3 = tup1 + tup2                       # 连接元组,创建一个新的元组
print(tup3)
```

以上实例的输出结果:

```
(12, 34, 56, 78, 90)
```

4)删除元组

元组中的元素值是不允许删除的,但可以使用 del 语句来删除整个元组,实例如下。

```
tup = ('中国', '美国', 1997, 2000);
print(tup)
del tup
print("After deleting tup : ")
print(tup)
```

以上实例元组被删除后,输出变量会有异常信息,输出如下。

```
('中国', '美国', 1997, 2000)
After deleting tup :
NameError: name 'tup' is not defined
```

5)元组与列表的转换

因为元组数不能改变,所以将元组转换为列表从而可以改变数据。实际上,列表、元组和字符串之间可以互相转换,需要使用 3 个函数,即 str()、tuple()和 list()。

可以使用下面的方法将元组转换为列表:

列表对象 = list(元组对象)

例如:

```
tup = (1, 2, 3, 4, 5)
list1 = list(tup)                        # 元组转换为列表
print(list1)                             # 返回[1, 2, 3, 4, 5]
```

可以使用下面的方法将列表转换为元组:

元组对象 = tuple(列表对象)

例如:

```
nums = [1, 3, 5, 7, 8, 13, 20]
print(tuple(nums))          #列表转换为元组,返回(1, 3, 5, 7, 8, 13, 20)
```

将列表转换成字符串如下:

```
nums = [1, 3, 5, 7, 8, 13, 20]
str1 = str(nums)            #列表转换为字符串,返回含中括号及逗号的'[1, 3, 5, 7, 8,13, 20]'字符串
print(str1[2])              #打印出逗号,因为字符串中索引号为2的元素是逗号
num2 = ['中国', '美国', '日本', '加拿大']
str2 = "%"
str2 = str2.join(num2)      #用百分号连接起来的字符串——'中国%美国%日本%加拿大'
str2 = ""
str2 = str2.join(num2)      #用空字符连接起来的字符串——'中国美国日本加拿大'
```

❸ 字典

Python 字典(dict)是一种可变容器模型,且可存储任意类型对象,例如字符串、数字、元组等其他容器模型。字典也被称为关联数组或哈希表。

视频讲解

1) 创建字典

字典由键和对应值(key=>value)成对组成。在字典的每个键/值对中,键和值用冒号分隔,键/值对之间用逗号分隔,整个字典包括在花括号中。其基本语法如下:

```
d = {key1: value1, key2: value2}
```

注意:键必须是唯一的,值则不必。值可以取任何数据类型,但键必须是不可变的,例如字符串、数字或元组。

一个简单的字典实例:

```
dict = {'xmj': 40, 'zhang': 91, 'wang': 80}
```

当然也可以如此创建字典:

```
dict1 = {'abc': 456};
dict2 = {'abc': 123, 98.6: 37};
```

字典有如下特性:

(1) 字典值可以是任何 Python 对象,例如字符串、数字、元组等。

(2) 不允许同一个键出现两次,在创建时如果同一个键被赋值两次,后一个值会覆盖前面的值。

```
dict = {'Name': 'xmj', 'Age': 17, 'Name': 'Manni'};
print("dict['Name']: ", dict['Name']);
```

以上实例的输出结果:

```
dict['Name']:  Manni
```

(3) 键不可变,所以可以用数字、字符串或元组充当,用列表不行,实例如下。

```
dict = {['Name']: 'Zara', 'Age': 7};
```

以上实例输出错误结果：

```
Traceback(most recent call last):
  File "< pyshell♯0 >", line 1, in < module >
    dict = {['Name']: 'Zara', 'Age': 7}
TypeError: unhashable type: 'list'
```

2) 访问字典里的值

在访问字典里的值时把相应的键放到方括号中,实例如下。

```
dict = {'Name': '王海', 'Age': 17, 'Class': '计算机一班'}
print("dict['Name']: ", dict['Name'])
print("dict['Age']: ", dict['Age'])
```

以上实例的输出结果：

```
dict['Name']:  王海
dict['Age']:   17
```

如果用字典里没有的键访问数据,会输出错误信息：

```
dict = {'Name': '王海', 'Age': 17, 'Class': '计算机一班'}
print("dict['sex']: ", dict['sex'])
```

由于没有 sex 键,以上实例输出错误结果：

```
Traceback(most recent call last):
  File "< pyshell♯10 >", line 1, in < module >
    print("dict['sex']: ", dict['sex'])
KeyError: 'sex'
```

3) 修改字典

向字典里添加新内容的方法是增加新的键/值对,修改或删除已有键/值对,实例如下。

```
dict = {'Name': '王海', 'Age': 17, 'Class': '计算机一班'}
dict['Age'] = 18                      ♯更新键/值对
dict['School'] = "中原工学院"          ♯增加新的键/值对
print("dict['Age']: ", dict['Age'])
print("dict['School']: ", dict['School'];)
```

以上实例的输出结果：

```
dict['Age']:    18
dict['School']:  中原工学院
```

4) 删除字典中的元素

del()方法允许使用键从字典中删除元素(条目)。clear()方法清空字典中的所有元素。

显式删除一个字典用 del 命令,实例如下。

```
dict = {'Name': '王海', 'Age': 17, 'Class': '计算机一班'}
del dict['Name']              #删除键是'Name'的元素(条目)
dict.clear()                  #清空字典中的所有元素
del dict                      #删除字典,用 del 删除后字典不再存在
```

5) in 运算

字典里的 in 运算用于判断某键是否在字典里,对于 value 值不适用,其功能与 has_key(key)相似。

```
dict = {'Name': '王海', 'Age': 17, 'Class': '计算机一班'}
print('Age' in dict)          #等价于 print(dict.has_key('Age'))
```

以上实例的输出结果:

```
True
```

6) 获取字典中的所有值

dict.values()以列表形式返回字典中的所有值。

```
dict = {'Name': '王海', 'Age': 17, 'Class': '计算机一班'}
print(dict.values())
```

以上实例的输出结果:

```
[17, '王海', '计算机一班']
```

7) items()方法

items()方法把字典中的每对 key 和 value 组成一个元组,并把这些元组放在列表中返回。

```
dict = {'Name': '王海', 'Age': 17, 'Class': '计算机一班'}
for key,value in dict.items():
    print(key,value)
```

以上实例的输出结果:

```
Name 王海
Class 计算机一班
Age 17
```

注意:字典打印出来的顺序与创建之初的顺序不同,这不是错误。字典中的各个元素并没有顺序之分(因为不需要通过位置查找元素),所以在存储元素时进行了优化,使字典的存储和查询效率最高。这也是字典和列表的另一个区别:列表保持元素的相对关系,即序列关系;而字典是完全无序的,也称为非序列。如果想保持一个集合中元素的顺序,需要使用列表,而不是字典。需要知道从 Python 3.6 版本开始,字典进行优化后变成有顺序的,字典输出顺序与创建之初的顺序相同,但仍不能使用位置下标索引访问。

❹ 集合

集合(set)是一个无序不重复元素的序列。集合的基本功能是进行成员关系测试和删

除重复元素。

1）创建集合

可以使用大括号({})或者 set()函数创建集合。注意,创建一个空集合必须用 set(),而不是用{},因为{}用来创建一个空字典。

```
student = {'Tom', 'Jim', 'Mary', 'Tom', 'Jack', 'Rose'}
print(student)              #输出集合,重复的元素被自动去掉
```

以上实例的输出结果：

```
{'Jack', 'Rose', 'Mary', 'Jim', 'Tom'}
```

2）成员测试

例如：

```
if('Rose' in student) :
    print('Rose 在集合中')
else :
    print('Rose 不在集合中')
```

以上实例的输出结果：

```
Rose 在集合中
```

3）集合运算

可以使用"—""|""&"运算符进行集合的差集、并集、交集运算,例如：

```
#set 可以进行集合运算
a = set('abcd')
b = set('cdef')
print(a)
print("a 和 b 的差集:", a - b)          #a 和 b 的差集
print("a 和 b 的并集:", a | b)          #a 和 b 的并集
print("a 和 b 的交集:", a & b)          #a 和 b 的交集
print("a 和 b 中不同时存在的元素:", a ^ b)   #a 和 b 中不同时存在的元素
```

以上实例的输出结果：

```
{'a', 'c', 'd', 'b'}
a 和 b 的差集:{'a', 'b'}
a 和 b 的并集:{'b', 'a', 'f', 'd', 'c', 'e'}
a 和 b 的交集:{'c', 'd'}
a 和 b 中不同时存在的元素:{'a', 'e', 'f', 'b'}
```

1.2.3 Python 控制语句

对于 Python 程序中的执行语句,默认是按照书写顺序依次执行的,通常说这样的语句是顺序结构的。但是,仅有顺序结构还不够,因为有时候需要根据特定的情况有选择地执行某些语句,这时就需要一种选择结构的语句。另外,有时候还可以在给定条件下重复执行某

些语句,通常称这些语句是循环结构的。有了这3种基本结构,就能构建任意复杂的程序了。

❶ 选择结构

3种基本程序结构中的选择结构,可以用 if 语句、if…else 语句和 if…elif…else 语句实现。

视频讲解

if 语句是一种单选结构,它选择的是做与不做。if 语句的语法形式如下:

> if 表达式:
>   语句1

if 语句的流程图如图1-1所示。

图 1-1　if 语句的流程图

if…else 语句是一种双选结构,用于解决在两种备选行动中选择哪一个的问题。if…else 语句的语法形式如下:

> if 表达式:
>   语句1
> else:
>   语句2

if…else 语句的流程图如图1-2所示。

图 1-2　if…else 语句的流程图

例 1-1　输入一个年份,判断是否为闰年。

闰年的年份必须满足以下两个条件之一:

(1) 能被 4 整除,但不能被 100 整除。

(2) 能被 400 整除。

分析:设变量 year 表示年份,判断 year 是否满足以下表达式。

条件(1)的逻辑表达式是 year％4==0 and year％100！=0。

条件(2)的逻辑表达式是 year％400==0。

两者取"或",即得到判断闰年的逻辑表达式：

```
(year % 4 == 0 and year % 100!= 0)  or  year % 400 == 0
```

程序代码：

```
year = int(input('输入年份:'))         #输入 x,input()获取的是字符串,所以需要转换成整型
if   year % 4 == 0 and year % 100!= 0 or year % 400 == 0:        #注意运算符的优先级
    print(year, "是闰年")
else:
    print(year, "不是闰年")
```

在判断闰年后,也可以输入某年某月某日,判断这一天是这一年的第几天。以3月5日为例,应该先把前两个月的天数加起来,然后再加上5天,即本年的第几天。特殊情况是闰年,在输入月份大于3时需考虑多加一天。

程序代码：

```
year = int(input('year:'))                #输入年
month = int(input('month:'))              #输入月
day = int(input('day:'))                  #输入日
months = (0,31,59,90,120,151,181,212,243,273,304,334)
if 0 <= month <= 12:
    sum = months[month - 1]
else:
    print('月份输入错误')
sum += day
leap = 0
if(year % 400 == 0) or ((year % 4 == 0) and(year % 100!= 0)):
    leap = 1
if(leap == 1) and(month > 2):
    sum += 1
print('这一天是这一年的第 % d 天' % sum)
```

有时候需要在多组动作中选择一组执行,这时就要用到多选结构,对于 Python 语言来说就是 if…elif…else 语句。该语句的语法形式如下：

```
if 表达式 1:
    语句 1
elif 表达式 2:
    语句 2
    …
elif 表达式 n:
    语句 n
else:
    语句 n + 1
```

注意：最后一个 elif 子句之后的 else 子句没有进行条件判断，它实际上处理跟前面所有条件都不匹配的情况，所以 else 子句必须放在最后。if…elif…else 语句的流程图如图 1-3 所示。

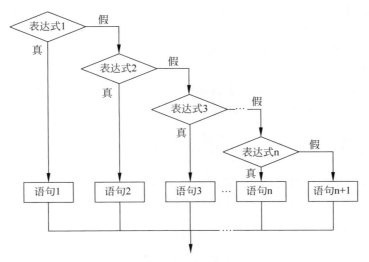

图 1-3 if…elif…else 语句的流程图

[例] 1-2 输入学生的成绩 score，按分数输出其等级，即 score≥90 为优，90＞score≥80 为良，80＞score≥70 为中等，70＞score≥60 为及格，score＜60 为不及格。

```
score = int(input("请输入成绩"))        #int()转换字符串为整型
if score > = 90:
    print("优")
elif   score > = 80:
    print("良")
elif   score > = 70:
    print("中")
elif   score > = 60:
    print("及格")
else :
    print("不及格")
```

说明：在 3 种选择语句中，条件表达式都是必不可少的组成部分。当条件表达式的值为零时，表示条件为假；当条件表达式的值为非零时，表示条件为真。那么哪些表达式可以作为条件表达式呢？最常用的是关系表达式和逻辑表达式，例如：

```
if   a = = x   and   b = = y :
    print("a = x, b = y")
```

除此之外，条件表达式可以是任何数值类型的表达式，字符串也可以：

```
if  'a':    # 'abc':也可以
    print("a = x, b = y")
```

另外，C语言用花括号{}来区分语句体，但Python的语句体是用缩进形式来表示的，如果缩进不正确，会导致逻辑错误。

❷ 循环结构

视频讲解

程序在一般情况下是按顺序执行的。编程语言提供了各种控制结构，允许更复杂的执行路径。循环语句允许用户多次执行一个语句或语句组，Python提供了for循环和while循环（在Python中没有do…while循环）。

1）while语句

在Python编程中，while语句用于循环执行程序，即在某条件下循环执行某段程序，以处理需要重复处理的相同任务。其基本形式如下：

```
while 判断条件：
    执行语句
```

执行语句可以是单个语句或语句块。判断条件可以是任何表达式，任何非零或非空的值均为True。当判断条件为False时，循环结束。while语句的流程图如图1-4所示。

图1-4　while语句的流程图

同样需要注意冒号和缩进，例如：

```
count = 0
while count < 5:
    print('The count is:', count)
    count = count + 1
print("Good bye!")
```

视频讲解

2）for语句

for语句可以遍历任何序列的项目，例如一个列表、元组或者一个字符串。for循环的语法格式如下：

```
for 循环索引值 in 序列：
    循环体
```

for循环会把列表中的元素遍历出来，例如以下代码会依次打印fruits中的每个元素。

```
fruits = ['banana', 'apple', 'mango']
for fruit in fruits:                    #第2个实例
    print('元素:', fruit)
print("Good bye!")
```

程序的运行结果：

```
元素:banana
元素:apple
元素:mango
Good bye!
```

例 1-3 计算 1～10 的整数之和,可以用一个 sum 变量做累加。

程序代码:

```
sum = 0
for x in [1, 2, 3, 4, 5, 6, 7, 8, 9, 10]:
    sum = sum + x
print(sum)
```

如果要计算 1～100 的整数之和,从 1 写到 100 有点困难。Python 提供了 range() 内置函数,可以生成一个整数序列,再通过 list() 函数转换成列表。

例如,range(0,5)或 range(5)生成的序列是从 0 开始小于 5 的整数,不包括 5。

```
>>> list(range(5))
[0, 1, 2, 3, 4]
```

range(1,101)就可以生成 1～100 的整数序列,计算 1～100 的整数之和如下。

```
sum = 0
for x in range(1,101):
    sum = sum + x
print(sum)
```

3) continue 和 break 语句

break 语句在 while 循环和 for 循环中都可以使用,一般放在 if 选择结构中,一旦 break 语句被执行,将使整个循环提前结束。

continue 语句的作用是终止当前循环,并忽略 continue 后的语句,然后回到循环的顶端,提前进入下一次循环。

除非 break 语句能让代码更简单或更清晰,否则不要轻易使用。

例 1-4 continue 和 break 用法示例。

```
#continue 和 break 用法
i = 1
while i < 10:
    i += 1
    if i % 2 > 0:                   #非双数时跳过输出
        continue
    print(i)                        #输出双数 2、4、6、8、10

i = 1
while 1:                            #循环条件为 1 必定成立
    print(i)                        #输出 1～10
    i += 1
    if i > 10:                      #当 i 大于 10 时跳出循环
        break
```

在 Python 程序开发的过程中,将完成某一特定功能并经常使用的代码编写成函数,放在函数库(模块)中供大家选用,在需要使用时直接调用,这就是程序中的函数。开发人员要善于使用函数,以提高编码效率,减少编写程序段的工作量。

1.2.4　Python 函数与模块

当某些任务(例如求一个数的阶乘)需要在一个程序中的不同位置重复执行时,会造成代码的重复率高,应用程序代码烦琐。解决这个问题的方法就是使用函数。无论是在哪门编程语言中,函数(在类中称为方法,意义是相同的)都扮演着至关重要的角色。模块是 Python 的代码组织单元,它将函数、类和数据封装起来以便重用,模块往往对应 Python 程序文件、Python 标准库和第三方提供的大量模块。

视频讲解

❶ 函数的定义

在 Python 中,函数定义的基本形式如下:

```
def    函数名(函数参数):
    函数体
    return 表达式或者值
```

在这里说明几点:

(1) 在 Python 中采用 def 关键字进行函数的定义,不用指定返回值的类型。

(2) 函数参数可以是零个、一个或者多个,同样,函数参数也不用指定参数类型,因为在 Python 中变量都是弱类型的,Python 会自动根据值来维护其类型。

(3) 在 Python 中,函数定义中的缩进部分是函数体。

(4) 函数的返回值是通过函数中的 return 语句获得的。return 语句是可选的,它可以在函数体内的任何地方出现,表示函数调用执行到此结束;如果没有 return 语句,会自动返回 None(空值),如果有 return 语句,但是 return 后面没有接表达式或者值,也是返回 None(空值)。

下面定义 3 个函数:

```
def printHello():              #打印'hello'字符串
    print('hello')

def printNum():                #输出数字0~9
    for i in range(0,10):
        print(i)
    return

def add(a,b):                  #实现两个数的和
    return a + b
```

视频讲解

❷ 函数的使用

在定义了函数后就可以使用该函数了,但是在 Python 中要注意一个问题,就是在 Python 中不允许前向引用,即在函数定义前不允许调用该函数。大家看下面的例子就明

白了：

```
print(add(1,2))
def add(a,b):
    return a + b
```

这段程序运行的错误提示如下：

```
Traceback(most recent call last):
  File "C:/Users/xmj/4-1.py", line 1, in <module>
    print(add(1,2))
NameError: name 'add' is not defined
```

从报的错可以知道，名字为 add 的函数未进行定义。所以在任何时候调用某个函数，必须确保其定义在调用前。

【例】1-5 编写函数，计算形如 a＋aa＋aaa＋aaaa ＋…＋ aaa…aaa 的表达式的值，其中 a 为小于 10 的自然数。例如 2＋22＋222＋2222＋22222（此时 n＝5），a、n 由用户从键盘输入。

分析：关键是计算出求和中每一项的值。容易看出每一项都是前一项扩大 10 倍后加 a。

程序代码：

```
def  sum(a, n):
    result, t = 0, 0          #同时将 result、t 赋值为 0,这种形式比较简洁
    for i in range(n):
        t = t * 10 + a
        result += t
    return result
#用户输入两个数字
a = int(input("输入 a: "))
n = int(input("输入 n: "))
print(sum(a, n))
```

程序运行结果：

```
输入 a: 2↙
输入 n: 5↙
24690
```

❸ 闭包

在 Python 中，闭包（closure）指函数的嵌套。用户可以在函数内部定义一个嵌套函数，将嵌套函数视为一个对象，所以可以将嵌套函数作为定义它的函数的返回结果。

视频讲解

【例】1-6 使用闭包的例子。

```
def func_lib():
    def add(x, y):
        return x + y
```

```
        return add                          # 返回函数对象
fadd = func_lib()
print(fadd(1, 2))
```

在函数 func_lib()中定义了一个嵌套函数 add(x, y)，并作为函数 func_lib()的返回值。其运行结果为 3。

❹ 函数的递归调用

函数在执行的过程中直接或间接调用自己本身，称为递归调用。Python 语言允许递归调用。

【例】 **1-7** 求 1~5 的平方和。

```
def f(x):
    if x == 1:                              # 递归调用结束的条件
        return 1
    else:
        return(f(x-1) + x * x)              # 调用 f()函数本身
print(f(5))
```

视频讲解

❺ 模块

通过模块(module)能够有逻辑地组织 Python 代码段，把相关的代码分配到一个模块里能让代码更好用、更易懂。简单地说，模块就是一个保存了 Python 代码的文件。在模块里能定义函数、类和变量。

在 Python 中，模块和 C 语言中的头文件以及 Java 中的包很类似，例如在 Python 中要调用 sqrt()函数，必须用 import 关键字引入 math 这个模块。

1) 导入某个模块

在 Python 中用关键字 import 来导入某个模块，方式如下：

```
import 模块名                                # 导入模块
```

例如要引用模块 math，就可以在文件最开始的地方用 import math 来导入。
在调用模块中的函数时必须这样调用：

```
模块名.函数名
```

例如：

```
import math                                 # 导入 math 模块
print("50 的平方根:", math.sqrt(50))
```

为什么必须加上模块名这样调用呢？因为可能存在这样一种情况：在多个模块中含有相同名称的函数，此时如果只是通过函数名来调用，解释器无法知道到底要调用哪个函数。所以如果像上述这样导入模块，调用函数必须加上模块名。

有时候只需要用到模块中的某个函数，此时只要引入该函数即可，通过 from 语句实现：

```
from 模块名 import 函数名 1,函数名 2…
```

通过这种方式引入，在调用函数时只能给出函数名，不能给出模块名，但是当两个模块中含有相同名称函数的时候，后面一次引入会覆盖前一次引入。

也就是说，假如模块 A 中有函数 fun()，在模块 B 中也有函数 fun()，如果引入 A 中的 fun() 在先，B 中的 fun() 在后，那么在调用 fun() 函数的时候会去执行模块 B 中的 fun() 函数。

如果想一次性导入 math 中的所有函数，还可以通过以下语句实现：

```
from math import *
```

这是一种简单地导入模块中所有函数的方式，然而不建议过多地使用这种方式。

2）定义自己的模块

在 Python 中，每个 Python 文件都可以作为一个模块，模块的名字就是文件的名字。

比如有这样一个文件 fibo.py，在 fibo.py 中定义了 3 个函数 add()、fib()、fib2()：

```
# fibo.py
# 斐波那契(Fibonacci)数列模块
def fib(n):                          # 定义到 n 的斐波那契数列
    a, b = 0, 1
    while b < n:
        print(b, end = ' ')
        a, b = b, a + b
    print()
def fib2(n):                         # 返回到 n 的斐波那契数列
    result = []
    a, b = 0, 1
    while b < n:
        result.append(b)
        a, b = b, a + b
    return result
def add(a,b):
    return a + b
```

那么在其他文件（例如 test.py）中就可以如下使用：

```
# test.py
import fibo
```

加上模块名称来调用函数：

```
fibo.fib(1000)          # 结果是 1 1 2 3 5 8 13 21 34 55 89 144 233 377 610 987
fibo.fib2(100)          # 结果是[1, 1, 2, 3, 5, 8, 13, 21, 34, 55, 89]
fibo.add(2,3)           # 结果是 5
```

当然，也可以通过 from fibo import add, fib, fib2 来引入。

直接通过函数名来调用函数：

```
fib(500)                # 结果是 1 1 2 3 5 8 13 21 34 55 89 144 233 377
```

如果想列举 fibo 模块中定义的属性,代码如下:

```
import fibo
dir(fibo)                    #得到自定义模块 fibo 中定义的变量和函数
```

输出结果:

```
['__name__', 'fib', 'fib2', 'add']
```

1.3　Python 面向对象设计

面向对象程序设计(Object Oriented Programming,OOP)的思想主要针对大型软件设计而提出,使得软件设计更加灵活,能够很好地支持代码复用和设计复用,并且使得代码具有更好的可读性和可扩展性。

现实生活中的每一个相对独立的事物都可以看作一个对象,例如一个人、一辆车、一台计算机等。对象是具有某些特性和功能的具体事物的抽象。每个对象都具有描述其特征的属性及附属于它的行为。例如,一辆车有颜色、车轮数、座椅数等属性,也有启动、行驶、停止等行为;一个人由姓名、性别、年龄、身高、体重等特征描述,也有走路、说话、学习、开车等行为;一台计算机由主机、显示器、键盘、鼠标等部件组成。

在人们生产一台计算机的时候,并不是先生产主机再生产显示器再生产键盘和鼠标,即不是顺序执行的,而是分别生产设计主机、显示器、键盘、鼠标等,最后把它们组装起来。这些部件通过事先设计好的接口连接,以便协调地工作。这就是面向对象程序设计的基本思路。

每个对象都有一个类型,类是创建对象实例的模板,是对对象的抽象和概括,它包含对所创建对象的属性描述和行为特征的定义。例如,马路上的汽车是一个一个的汽车对象,它们归属于一个汽车类,那么车身颜色就是该类的属性,开动是它的方法,该保养了或者该报废了就是它的事件。

Python 完全采用了面向对象程序设计的思想,是真正面向对象的高级动态编程语言,完全支持面向对象的基本功能,例如封装、继承、多态以及对基类方法的覆盖或重写。与其他面向对象程序设计语言不同的是,Python 中对象的概念很广泛,Python 中的一切内容都可以称为对象。例如,字符串、列表、字典、元组等内置数据类型都具有和类完全相似的语法和用法。

1.3.1　定义和使用类

视频讲解

❶ 类的定义

在创建类时用变量形式表示的对象属性称为数据成员或属性(成员变量),用函数形式表示的对象行为称为成员函数(成员方法),成员属性和成员方法统称为类的成员。

类定义的最简单的形式如下:

```
class 类名：
    属性(成员变量)
    属性
    ...
    成员函数(成员方法)
```

例如定义一个 Person 人员类：

```
class Person:
    num = 1                         # 成员变量(属性)
    def SayHello(self):             # 成员函数
        print("Hello!")
```

这里在 Person 类中定义了一个成员函数 SayHello(self)，用于输出字符串"Hello!"。同样，Python 使用缩进标识类的定义代码。

❷ 对象的创建

对象是类的实例。如果人类是一个类，那么某个具体的人就是一个对象。只有定义了具体的对象，才能通过"对象名.成员"的方式来访问其中的数据成员或成员方法。

Python 创建对象的语法如下：

```
对象名 = 类名()
```

例如，下面的代码定义了一个 Person 类的对象 p：

```
p = Person()
p.SayHello()                        # 访问成员函数 SayHello()
```

运行结果如下：

```
Hello!
```

1.3.2 构造函数

类可以定义一个特殊的称为__init__()的方法(构造函数，以两个下画线"__"开头和结束)。在一个类定义了__init__()方法以后，类实例化时就会自动为新生成的类实例调用__init__()方法。构造函数一般用于完成对象数据成员设置初值或进行其他必要的初始化工作。如果用户未涉及构造函数，Python 将提供一个默认的构造函数。

例如定义一个复数类 Complex，构造函数完成对象变量的初始化工作。

```
class Complex:
    def __init__(self, realpart, imagpart):
        self.r = realpart
        self.i = imagpart
x = Complex(3.0, -4.5)
print(x.r, x.i)
```

运行结果如下：

```
3.0  -4.5
```

1.3.3 析构函数

Python 中类的析构函数是__del__(),用来释放对象占用的资源,在 Python 收回对象空间之前自动执行。如果用户未涉及析构函数,Python 将提供一个默认的析构函数进行必要的清理工作。

例如:

```
class Complex:
    def __init__(self, realpart, imagpart):
        self.r = realpart
        self.i = imagpart
    def __del__(self):
        print("Complex 不存在了")
x = Complex(3.0, -4.5)
print(x.r, x.i)
print(x)
del x                              #删除对象变量 x
```

运行结果如下:

```
3.0 -4.5
<__main__.Complex object at 0x01F87C90>
Complex 不存在了
```

说明:在删除对象变量 x 前,x 是存在的,在内存中的标识为 0x01F87C90,执行"del x"语句后,对象变量 x 不存在了,系统自动调用析构函数,所以出现"Complex 不存在了"的情况。

1.3.4 实例属性和类属性

属性(成员变量)有两种,一种是实例属性,另一种是类属性(类变量)。实例属性是在构造函数__init__()(以两个下画线"__"开头和结束)中定义的,定义时以 self 作为前缀;类属性是在类中方法之外定义的属性。在主程序中(在类的外部),实例属性属于实例(对象),只能通过对象名访问;类属性属于类,可以通过类名访问,也可以通过对象名访问,为类的所有实例共享。

【例】1-8 定义含有实例属性(姓名 name、年龄 age)和类属性(人数 num)的 Person(人员)类。

```
class Person:
    num = 1                        #类属性
    def __init__(self, str,n):     #构造函数
        self.name = str            #实例属性
```

```
            self.age = n
    def SayHello(self):                    # 成员函数
        print("Hello!")
    def PrintName(self):                   # 成员函数
        print("姓名:", self.name, "年龄:", self.age)
    def PrintNum(self):                    # 成员函数
        print(Person.num)                  # 由于是类属性,所以不写 self.num
# 主程序
P1 = Person("夏敏捷",42)
P2 = Person("王琳",36)
P1.PrintName()
P2.PrintName()
Person.num = 2                             # 修改类属性
P1.PrintNum()
P2.PrintNum()
```

运行结果如下:

```
姓名: 夏敏捷 年龄: 42
姓名: 王琳 年龄: 36
2
2
```

num 变量是一个类变量,它的值将在这个类的所有实例之间共享。用户可以在类内部或类外部使用 Person.num 访问。

在类的成员函数(方法)中可以调用类的其他成员函数(方法),可以访问类属性、对象实例属性。

在 Python 中比较特殊的是,可以动态地为类和对象增加成员,这一点是和很多面向对象程序设计语言不同的,也是 Python 动态类型特点的一种重要体现。

1.3.5 私有成员与公有成员

Python 并没有对私有成员提供严格的访问保护机制。在定义类的属性时,如果属性名以两个下画线"__"开头,表示是私有属性,否则是公有属性。私有属性在类的外部不能直接访问,需要通过调用对象的公有成员方法来访问,或者通过 Python 支持的特殊方式来访问。Python 提供了访问私有属性的特殊方式,可用于程序的测试和调试,对于成员方法也具有同样的性质。这种方式如下:

```
对象名._类名+私有成员
```

例如访问 Car 类私有成员__weight:

```
car1._Car__weight
```

私有属性是为了数据封装和保密而设的属性,一般只能在类的成员方法(类的内部)中使用访问,虽然 Python 支持一种特殊的方式从外部直接访问类的私有成员,但是并不推荐大家这样做。公有属性是可以公开使用的,既可以在类的内部进行访问,也可以在外部程序中使用。

例 1-9 为 Car 类定义私有成员。

```
class Car:
    price = 100000                      #定义类属性
    def __init__(self, c, w):
        self.color = c                  #定义公有属性 color
        self.__weight = w               #定义私有属性__weight
#主程序
car1 = Car("Red",10.5)
car2 = Car("Blue",11.8)
print(car1.color)
print(car1._Car__weight)
print(car1.__weight)                    #AttributeError
```

运行结果如下：

```
Red
10.5
AttributeError: 'Car' object has no attribute '__weight'
```

1.3.6 方法

在类中定义的方法可以粗略地分为三大类，即公有方法、私有方法、静态方法。其中，公有方法、私有方法都属于对象，私有方法的名字以两个下画线"__"开始，每个对象都有自己的公有方法和私有方法，在这两类方法中可以访问属于类和对象的成员；公有方法通过对象名直接调用，私有方法不能通过对象名直接调用，只能在属于对象的方法中通过 self 调用或在外部通过 Python 支持的特殊方式来调用。如果通过类名来调用属于对象的公有方法，需要显式地为该方法的 self 参数传递一个对象名，用来明确指定访问哪个对象的数据成员。静态方法可以通过类名和对象名调用，但不能直接访问属于对象的成员，只能访问属于类的成员。

例 1-10 公有方法、私有方法、静态方法的定义和调用。

```
class Person:
    num = 0                             #类属性
    def __init__(self, str,n,w):        #构造函数
        self.name = str                 #对象实例属性(成员)
        self.age = n
        self.__weight = w               #定义私有属性__weight
        Person.num += 1
    def __outputWeight(self):           #定义私有方法 outputWeight
        print("体重:",self.__weight)    #访问私有属性__weight
    def PrintName(self):                #定义公有方法(成员函数)
        print("姓名:", self.name,  "年龄:", self.age, end = " ")
        self.__outputWeight( )          #调用私有方法 outputWeight
```

```
        def PrintNum(self):              #定义公有方法(成员函数)
            print(Person.num)            #由于是类属性,所以不写 self.num
        @ staticmethod
        def getNum():                    #定义静态方法 getNum
            return Person.num
#主程序
P1 = Person("夏敏捷",42,120)
P2 = Person("张海",39,80)
#P1.outputWeight()                       #错误'Person' object has no attribute 'outputWeight'
P1.PrintName()
P2.PrintName()
print("人数:",Person.getNum())
print("人数:",P1.getNum())
```

运行结果如下:

```
姓名:夏敏捷 年龄:42 体重:120
姓名:张海 年龄:39 体重:80
人数:2
人数:2
```

继承是为代码复用和设计复用而设计的,是面向对象程序设计的重要特性之一。在设计一个新类时,如果可以继承一个已有的设计良好的类,然后进行二次开发,无疑会大幅度减少开发的工作量。

1.3.7 类的继承

视频讲解

在继承关系中,已有的、设计好的类称为父类或基类,新设计的类称为子类或派生类。派生类可以继承父类的公有成员,但是不能继承其私有成员。

类继承的语法格式如下:

```
class 派生类名(基类名):                  #基类名写在括号里
    派生类成员
```

在 Python 中继承有以下特点:

(1) 在继承中基类的构造函数(__init__()方法)不会被自动调用,它需要在其派生类的构造中专门调用。

(2) 如果需要在派生类中调用基类的方法,通过"基类名.方法名()"的方式来实现,需要加上基类的类名前缀,且需要带上 self 参数变量(在类中调用普通函数时并不需要带上 self 参数),也可以使用内置函数 super()实现这一目的。

(3) Python 总是先查找对应类型的方法,如果不能在派生类中找到对应的方法,它才开始到基类中逐个查找(先在本类中查找调用的方法,找不到才去基类中找)。

【例】1-11 设计 Person 类,并根据 Person 派生 Student 类,分别创建 Person 类与 Student 类的对象。

```python
# 定义基类:Person 类
import types
class Person(object):                    # 基类必须继承于 object,否则在派生类中将无法使用 super()函数
    def __init__(self, name = '', age = 20, sex = 'man'):
        self.setName(name)
        self.setAge(age)
        self.setSex(sex)
    def setName(self, name):
        if type(name)!= str:              # 内置函数 type()返回被测对象的数据类型
            print('姓名必须是字符串.')
            return
        self.__name = name
    def setAge(self, age):
        if type(age)!= int:
            print('年龄必须是整型.')
            return
        self.__age = age
    def setSex(self, sex):
        if sex!= '男' and sex!= '女':
            print('性别输入错误')
            return
        self.__sex = sex
    def show(self):
        print('姓名:', self.__name, '年龄:', self.__age, '性别:', self.__sex)
# 定义子类(Student 类),在其中增加一个入学年份私有属性(数据成员)
class Student(Person):
    def __init__(self, name = '', age = 20, sex = 'man', schoolyear = 2016):
        # 调用基类构造方法初始化基类的私有数据成员
        super(Student, self).__init__(name, age, sex)
        # Person.__init__(self, name, age, sex)  # 也可以这样初始化基类的私有数据成员
        self.setSchoolyear(schoolyear)             # 初始化派生类的数据成员
    def setSchoolyear(self, schoolyear):
        self.__schoolyear = schoolyear
    def show(self):
        Person.show(self)                          # 调用基类的 show()方法
        # super(Student, self).show()              # 也可以这样调用基类的 show()方法
        print('入学年份:', self.__schoolyear)
# 主程序
if __name__ == '__main__':
    zhangsan = Person('张三', 19, '男')
    zhangsan.show()
    lisi = Student('李四', 18, '男', 2015)
    lisi.show()
    lisi.setAge(20)                                # 调用继承的方法修改年龄
    lisi.show()
```

运行结果如下:

姓名:张三 年龄:19 性别:男
姓名:李四 年龄:18 性别:男

入学年份:2015
姓名:李四 年龄:20 性别:男
入学年份:2015

方法重写必须出现在继承中。它是指在派生类继承了基类的方法之后,如果基类方法的功能不能满足需求,需要对基类中的某些方法进行修改。用户可以在派生类中重写基类的方法,这就是重写。

例 1-12 重写父类(基类)的方法。

```
class Animal:                          #定义父类
    def run(self):
        print("Animal is running...")  #调用父类方法
class Cat(Animal):                     #定义子类
    def run(self):
        print("Cat is running...")     #调用子类方法
class Dog(Animal):                     #定义子类
    def run(self):
        print("Dog is running...")     #调用子类方法
c = Dog()                              #子类实例
c.run()                                #子类调用重写方法
```

程序运行结果:

```
Dog is running...
```

当子类 Dog 和父类 Animal 存在相同的 run()方法时,子类的 run()覆盖了父类的 run(),在代码运行时总是会调用子类的 run(),这样就获得了继承的另一个优点——多态。

1.3.8 多态

视频讲解

要理解什么是多态,首先要对数据类型再做一点说明:在定义一个 class 时,实际上就定义了一种数据类型。通常,定义的数据类型和 Python 自带的数据类型(例如 string、list、dict)没什么区别。

```
a = list()                             #a 是 list 类型
b = Animal()                           #b 是 Animal 类型
c = Dog()                              #c 是 Dog 类型
```

一个变量是否为某个类型可以用 isinstance()判断:

```
>>> isinstance(a, list)
True
>>> isinstance(b, Animal)
True
>>> isinstance(c, Dog)
True
```

a、b、c 确实对应 list、Animal、Dog 这 3 种类型。

```
>>> isinstance(c, Animal)
True
```

因为 Dog 是从 Animal 继承的,当创建了一个 Dog 的实例 c 时,认为 c 的数据类型是 Dog 没错,但 c 同时也是 Animal,Dog 本来就是 Animal 的一种。

所以,在继承关系中,如果一个实例的数据类型是某个子类,那么它的数据类型也可以被看作是父类。但是,反过来就不可以:

```
>>> b = Animal()
>>> isinstance(b, Dog)
False
```

Dog 可以看成 Animal,但 Animal 不可以看成 Dog。

要理解多态的好处,还需要再编写一个函数,这个函数接受一个 Animal 类型的变量:

```
def run_twice(animal):
    animal.run()
    animal.run()
```

当传入 Animal 的实例时,run_twice() 就打印出:

```
>>> run_twice(Animal())
Animal is running...
Animal is running...
```

当传入 Dog 的实例时,run_twice() 就打印出:

```
>>> run_twice(Dog())
Dog is running...
Dog is running...
```

当传入 Cat 的实例时,run_twice() 就打印出:

```
>>> run_twice(Cat())
Cat is running...
Cat is running...
```

现在,如果再定义一个 Tortoise 类型,也从 Animal 派生:

```
class Tortoise(Animal):
    def run(self):
        print('Tortoise is running slowly...')
```

当调用 run_twice() 时传入 Tortoise 的实例:

```
>>> run_twice(Tortoise())
Tortoise is running slowly...
Tortoise is running slowly...
```

大家会发现新增了一个 Animal 的子类,不必对 run_twice() 做任何修改。实际上,任何依赖 Animal 作为参数的函数或者方法都可以不加修改地正常运行,原因就在于多态。

多态的好处就是,当需要传入 Dog、Cat、Tortoise 等时,只需要接收 Animal 类型就可以了,因为 Dog、Cat、Tortoise 等都是 Animal 类型,然后按照 Animal 类型进行操作。由于 Animal 类型有 run()方法,因此传入的任意类型,只要是 Animal 类或者子类,就会自动调用实际类型的 run()方法,这就是多态的意思。

对于一个变量,用户只需要知道它是 Animal 类型,无须确切地知道它的子类型,就可以放心地调用 run()方法,而具体调用的 run()方法是作用在 Animal、Dog、Cat 还是 Tortoise 对象上,由运行时该对象的确切类型决定,这就是多态真正的威力:调用方只管调用,不管细节,而当新增一种 Animal 的子类时,只要确保 run()方法编写正确,不用管原来的代码是如何调用的。这就是著名的"开闭"原则,包括以下两点。

(1) 对扩展开放:允许新增 Animal 子类。
(2) 对修改封闭:不需要修改依赖 Animal 类型的 run_twice()等函数。

1.3.9 面向对象设计应用案例——扑克牌发牌程序

【案例】 采用扑克牌类设计扑克牌发牌程序。

4 名牌手打牌,计算机随机将 52 张牌(不含大/小鬼)发给 4 名牌手,并在屏幕上显示每位牌手的牌。程序的运行效果如图 1-5 所示。

图 1-5 扑克牌发牌程序的运行效果

发牌程序设计出 3 个类——Card 类、Hand 类和 Poke 类。

❶ Card 类

Card 类代表一张牌,其中 FaceNum 字段指的是牌面数字 1~13,Suit 字段指的是花色,值"梅"为梅花、"方"为方钻、"红"为红心、"黑"为黑桃。

(1) Card 构造函数根据参数初始化封装的成员变量,实现牌面大小和花色的初始化,以及是否显示牌面,默认 True 为显示牌的正面。

(2) __str__()方法用来输出牌面大小和花色。

(3) pic_order()方法获取牌的顺序号,牌面按梅花 1~13→方块 14~26→红桃 27~39→黑桃 40~52 的顺序编号(未洗牌之前)。也就是说,梅花 2 的顺序号为 2,方块 A 的顺序号为 14,方块 K 的顺序号为 26。这个方法是为图形化显示牌面预留的方法。

(4) flip()是翻牌方法,改变牌面是否显示的属性值。

```
# Cards Module
class Card():
```

```python
    """ A playing card. """
    RANKS = ["A", "2", "3", "4", "5", "6", "7",
             "8", "9", "10", "J", "Q", "K"]          #牌面数字1～13
    SUITS = ["梅", "方", "红", "黑"]                    #"梅"为梅花,"方"为方钻,"红"为红心,"黑"为黑桃

    def __init__(self, rank, suit, face_up = True):
        self.rank = rank                              #指的是牌面数字1～13
        self.suit = suit                              #指的是花色
        self.is_face_up = face_up                     #是否显示牌的正面,True为正面,False为背面

    def __str__(self):                                #重写print()方法,打印一张牌的信息
        if self.is_face_up:
            rep = self.suit + self.rank
        else:
            rep = "XX"
        return rep

    def pic_order(self):                              #牌的顺序号
        if self.rank == "A":
            FaceNum = 1
        elif self.rank == "J":
            FaceNum = 11
        elif self.rank == "Q":
            FaceNum = 12
        elif self.rank == "K":
            FaceNum = 13
        else:
            FaceNum = int(self.rank)
        if self.suit == "梅":
            Suit = 1
        elif self.suit == "方":
            Suit = 2
        elif self.suit == "红":
            Suit = 3
        else:
            Suit = 4
        return(Suit - 1) * 13 + FaceNum

    def flip(self):                                   #翻牌方法
        self.is_face_up = not self.is_face_up
```

❷ Hand 类

Hand 类代表一手牌（一个玩家手里拿的牌），可以认为是一位牌手手中的牌，其中 cards 列表变量存储牌手手里的牌。玩家可以增加牌、清空手里的牌、把一张牌给其他牌手。

```
class Hand():
    """ A hand of playing cards. """
    def __init__(self):
        self.cards = []                               #cards列表变量存储牌手的牌
```

```python
    def __str__(self):                          # 重写 print()方法,打印出牌手的所有牌
        if self.cards:
            rep = ""
            for card in self.cards:
                rep += str(card) + "\t"
        else:
            rep = "无牌"
        return rep
    def clear(self):                            # 清空手里的牌
        self.cards = []
    def add(self, card):                        # 增加牌
        self.cards.append(card)
    def give(self, card, other_hand):           # 把一张牌给其他牌手
        self.cards.remove(card)
        other_hand.add(card)
```

❸ Poke 类

Poke 类代表一副牌,可以看作是有 52 张牌的牌手,所以继承 Hand 类。由于其中 cards 列表变量要存储 52 张牌,而且要发牌、洗牌,所以增加如下方法:

(1) populate(self)生成存储了 52 张牌的一手牌,当然这些牌是按梅花 1～13→方块 14～26→红桃 27～39→黑桃 40～52 的顺序(未洗牌之前)存储在 cards 列表变量中。

(2) shuffle(self)洗牌,使用 Python 的 random 模块的 shuffle()方法打乱牌的存储顺序即可。

(3) deal(self,hands,per_hand=13)是完成发牌动作,发给 4 个玩家,每人默认 13 张牌。当然,如果给 per_hand 传 10,则每人发 10 张牌,只不过牌没发完而已。

```python
# Poke 类
class Poke(Hand):
    """ A deck of playing cards. """
    def populate(self):                         # 生成一副牌
        for suit in Card.SUITS:
            for rank in Card.RANKS:
                self.add(Card(rank, suit))

    def shuffle(self):                          # 洗牌
        import random
        random.shuffle(self.cards)              # 打乱牌的顺序

    def deal(self, hands, per_hand = 13):       # 发牌,发给玩家,每人默认 13 张牌
        for rounds in range(per_hand):
            for hand in hands:
                if self.cards:
                    top_card = self.cards[0]
                    self.cards.remove(top_card)
                    hand.add(top_card)
                    # self.give(top_card, hand) # 上两句可以用此语句替换
                else:
                    print("不能继续发牌了,牌已经发完!")
```

❹ 主程序

主程序比较简单，因为有 4 个玩家，所以生成 players 列表存储初始化的 4 位牌手。生成一副牌对象实例 poke1，调用 populate() 方法生成有 52 张牌的一副牌，调用 shuffle() 方法洗牌打乱顺序，调用 deal(players,13) 方法发给玩家每人 13 张牌，最后显示 4 位牌手所有的牌。

```python
#主程序
if __name__ == "__main__":
    print("This is a module with classes for playing cards.")
    #4 个玩家
    players = [Hand(),Hand(),Hand(),Hand()]
    poke1 = Poke()
    poke1.populate()                      #生成一副牌
    poke1.shuffle()                       #洗牌
    poke1.deal(players,13)                #发给玩家每人13张牌
    #显示 4 位牌手的牌
    n = 1
    for hand in players:
        print("牌手",n,end = ":")
        print(hand)
        n = n + 1
    input("\nPress the enter key to exit.")
```

1.4 Python 图形界面设计

视频讲解

Python 提供了多个图形开发界面的库，几个常用的 Python GUI 库如下。

（1）Tkinter：Tkinter 模块（Tk 接口）是 Python 的标准 Tk GUI 工具包的接口。Tkinter 可以在大多数 UNIX 平台下使用，同样可以应用在 Windows 和 Macintosh 系统中。Tk 8.0 的后续版本可以实现本地窗口风格，并良好地运行在绝大多数平台中。

（2）wxPython：wxPython 是一款开源软件，是 Python 语言的一套优秀的 GUI 图形库，允许 Python 程序员很方便地创建完整的、功能键全的 GUI 用户界面。

（3）Jython：Jython 程序可以和 Java 无缝集成。除了一些标准模块以外，Jython 使用 Java 的模块。Jython 几乎拥有标准的 Python 中不依赖于 C 语言的全部模块。例如，Jython 的用户界面使用 Swing、AWT 或者 SWT。Jython 可以被动态或静态地编译成 Java 字节码。

Tkinter 是 Python 的标准 GUI 库。由于 Tkinter 是内置到 Python 的安装包中，只要安装好 Python，之后就能导入 Tkinter 库，而且 IDLE 也是用 Tkinter 编写而成，对于简单的图形界面，Tkinter 还是能应付自如的，使用 Tkinter 可以快速地创建 GUI 应用程序。本书主要使用 Tkinter 设计图形界面。

1.4.1 创建 Windows 窗口

例 1-13 使用 Tkinter 创建一个 Windows 窗口的 GUI 程序。

```
import tkinter                              # 导入 Tkinter 模块
win = tkinter.Tk()                          # 创建 Windows 窗口对象
win.title('我的第一个 GUI 程序')              # 设置窗口标题
win.mainloop()                              # 进入消息循环,也就是显示窗口
```

以上代码的执行结果如图 1-6 所示,可见 Tkinter 可以很方便地创建 Windows 窗口。

在创建 Windows 窗口对象后,可以使用 geometry() 方法设置窗口的大小,格式如下:

```
窗口对象.geometry("size")
```

size 用于指定窗口大小,格式如下:

```
宽度 x 高度     (注:x 是小写英文字母 x,不是乘号)
```

图 1-6　Tkinter 创建一个窗口

例 1-14 显示一个 Windows 窗口,初始大小为 800×600。

```
from tkinter import *
win = Tk()
win.geometry("800x600")
win.mainloop()
```

另外,还可以使用 minsize() 方法设置窗口的最小尺寸,使用 maxsize() 方法设置窗口的最大尺寸,方法如下:

```
窗口对象.minsize(最小宽度,最小高度)
窗口对象.maxsize(最大宽度,最大高度)
```

例如:

```
win.minsize(400,600)
win.maxsize(1440,800)
```

1.4.2 几何布局管理器

Tkinter 几何布局管理器(Geometry Manager)用于组织和管理父组件(往往是窗口)中子组件的布局方式。Tkinter 提供了 3 种不同风格的几何布局管理类,即 pack、grid 和 place。

❶ pack 几何布局管理器

pack 几何布局管理器采用块的方式组织组件,pack 布局根据子组件创建生成的顺序将

其放在快速生成的界面中。

调用子组件的方法 pack(),则该子组件在其父组件中采用 pack 布局:

```
pack(option = value,...)
```

pack()方法提供了如表 1-1 所示的若干参数选项。

表 1-1　pack()方法提供的参数选项

选项	描述	取值范围
side	停靠在父组件的哪一边上	'top'(默认值)、'bottom'、'left'、'right'
anchor	停靠位置,对应于东、南、西、北以及 4 个角	'n'、's'、'e'、'w'、'nw'、'sw'、'se'、'ne'、'center'(默认值)
fill	填充空间	'x'、'y'、'both'、'none'
expand	扩展空间	0 或 1
ipadx、ipady	组件内部在 x/y 方向上填充的空间大小	单位为 c(厘米)、m(毫米)、i(英寸)、p(打印机的点)
padx、pady	组件外部在 x/y 方向上填充的空间大小	单位为 c(厘米)、m(毫米)、i(英寸)、p(打印机的点)

【例】1-15　pack 几何布局管理器的 GUI 程序,运行效果如图 1-7 所示。

```
import tkinter
root = tkinter.Tk()
label = tkinter.Label(root,text = 'hello,python')
label.pack()                                        # 将 Label 组件添加到窗口中显示
button1 = tkinter.Button(root,text = 'BUTTON1')     # 创建文字是"BUTTON1"的 Button 组件
button1.pack(side = tkinter.LEFT)                   # 将 button1 组件添加到窗口中显示,左停靠
button2 = tkinter.Button(root,text = 'BUTTON2')     # 创建文字是"BUTTON2"的 Button 组件
button2.pack(side = tkinter.RIGHT)                  # 将 button2 组件添加到窗口中显示,右停靠
root.mainloop()
```

图 1-7　pack 几何布局管理器

❷ grid 几何布局管理器

grid 几何布局管理器采用表格结构组织组件。子组件的位置由行/列确定的单元格决定,子组件可以跨越多行/列。在每列中,列宽由这一列中最宽的单元格确定。grid 几何布局管理器适合表现表格形式的布局,可以实现复杂的界面,因而被广泛采用。

调用子组件的 grid()方法,则该子组件在其父组件中采用 grid 几何布局:

```
grid(option = value,...)
```

grid()方法提供了如表 1-2 所示的若干参数选项。

grid 几何布局管理器有两个最为重要的参数,一个是 row,另一个是 column,用来指定将子组件放置到什么位置,如果不指定 row,会将子组件放置到第 1 个可用的行上,如果不指定 column,则使用第 0 列(首列)。

表 1-2 grid( )方法提供的参数选项

选项	描述	取值范围
sticky	组件紧贴所在单元格的某一边角，对应于东、南、西、北以及4个角	'n'、's'、'e'、'w'、'nw'、'sw'、'se'、'ne'、'center'(默认值)
row	单元格行号	整数
column	单元格列号	整数
rowspan	行跨度	整数
columnspan	列跨度	整数
ipadx、ipady	组件内部在 x/y 方向上填充的空间大小	单位为 c(厘米)、m(毫米)、i(英寸)、p(打印机的点)
padx、pady	组件外部在 x/y 方向上填充的空间大小	单位为 c(厘米)、m(毫米)、i(英寸)、p(打印机的点)

例 1-16 grid 几何布局管理器的 GUI 程序，运行效果如图 1-8 所示。

```
from tkinter import *
root = Tk()
#200x200 代表了初始化时主窗口的大小，280 和 280 代表了初始化时窗口所在的位置
root.geometry('200x200 + 280 + 280')
root.title('计算器示例')
#grid(网格)布局
L1 = Button(root, text = '1', width = 5, bg = 'yellow')
L2 = Button(root, text = '2', width = 5)
L3 = Button(root, text = '3', width = 5)
L4 = Button(root, text = '4', width = 5)
L5 = Button(root, text = '5', width = 5, bg = 'green')
L6 = Button(root, text = '6', width = 5)
L7 = Button(root, text = '7', width = 5)
L8 = Button(root, text = '8', width = 5)
L9 = Button(root, text = '9', width = 5, bg = 'yellow')
L0 = Button(root, text = '0')
Lp = Button(root, text = '.')
L1.grid(row = 0, column = 0)                              #按钮放置在 0 行 0 列
L2.grid(row = 0, column = 1)                              #按钮放置在 0 行 1 列
L3.grid(row = 0, column = 2)                              #按钮放置在 0 行 2 列
L4.grid(row = 1, column = 0)                              #按钮放置在 1 行 0 列
L5.grid(row = 1, column = 1)                              #按钮放置在 1 行 1 列
L6.grid(row = 1, column = 2)                              #按钮放置在 1 行 2 列
L7.grid(row = 2, column = 0)                              #按钮放置在 2 行 0 列
L8.grid(row = 2, column = 1)                              #按钮放置在 2 行 1 列
L9.grid(row = 2, column = 2)                              #按钮放置在 2 行 2 列
L0.grid(row = 3, column = 0, columnspan = 2, sticky = E + W)  #跨两列，左右贴紧
Lp.grid(row = 3, column = 2, sticky = E + W)              #左右贴紧
root.mainloop()
```

❸ place 几何布局管理器

place 几何布局管理器允许指定组件的大小与位置。place 几何布局管理器的优点是可以精确地控制组件的位置，不足之处是改变窗口大小时子组件不能随之灵活地改变大小。

调用子组件的方法 place()，则该子组件在其父组件中采用 place 布局：

place(option = value, …)

图 1-8　grid 几何布局管理器

place() 方法提供了如表 1-3 所示的若干参数选项，用户可以直接给参数选项赋值加以修改。

表 1-3　place() 方法提供的参数选项

选　项	描　述	取　值　范　围
x, y	将组件放到指定位置的绝对坐标	从 0 开始的整数
relx, rely	将组件放到指定位置的相对坐标	0～1.0
height, width	高度和宽度，单位为像素	
anchor	对齐方式，对应于东、南、西、北以及 4 个角	'n'、's'、'e'、'w'、'nw'、'sw'、'se'、'ne'、'center'（默认值）

注意：Python 的坐标系是左上角为原点位置 (0,0)，向右是 x 坐标正方向，向下是 y 坐标正方向，这和数学中的几何坐标系不同，大家一定要注意这一点。

例 1-17　place 几何布局管理器的 GUI 示例程序，运行效果如图 1-9 所示。

```
from tkinter import *
root = Tk()
root.title("登录")
root['width'] = 200; root['height'] = 80
Label(root, text = '用户名', width = 6).place(x = 1, y = 1)         #绝对坐标(1,1)
Entry(root, width = 20).place(x = 45, y = 1)                        #绝对坐标(45,1)
Label(root, text = '密码', width = 6).place(x = 1, y = 20)          #绝对坐标(1,20)
Entry(root, width = 20, show = ' * ').place(x = 45, y = 20)         #绝对坐标(45,20)
Button(root, text = '登录', width = 8).place(x = 40, y = 40)        #绝对坐标(40,40)
Button(root, text = '取消', width = 8).place(x = 110, y = 40)       #绝对坐标(110,40)
root.mainloop()
```

图 1-9　place 几何布局管理器

1.4.3　Tkinter 组件

Tkinter 提供了很多组件，例如按钮、标签和文本框等，在一个 GUI 应用程序中使用，这些组件通常被称为控件或者部件。Tkinter 组件如表 1-4 所示。

表 1-4　Tkinter 组件

控　件	描　述
Button	按钮控件，在程序中显示按钮
Canvas	画布控件，显示图形元素，例如线条或文本
Checkbutton	多选框控件，用于在程序中提供多项选择框
Entry	输入控件，用于显示简单的文本内容
Frame	框架控件，在屏幕上显示一个矩形区域，多用来作为容器
Label	标签控件，可以显示文本和位图
Listbox	列表框控件，用来显示一个字符串列表给用户
Menubutton	菜单按钮控件，用于显示菜单项
Menu	菜单控件，显示菜单栏、下拉菜单和弹出菜单
Message	消息控件，用来显示多行文本，与 Label 比较类似
Radiobutton	单选按钮控件，显示一个单选的按钮状态
Scale	范围控件，显示一个数值刻度，为输出限定范围的数字区间
Scrollbar	滚动条控件，在内容超过可视化区域时使用，例如列表框
Text	文本控件，用于显示多行文本
Toplevel	容器控件，用来提供一个单独的对话框，和 Frame 比较类似
Spinbox	输入控件，与 Entry 类似，但是可以指定输入范围值
PanedWindow	PanedWindow 是一个窗口布局管理的插件，可以包含一个或者多个子控件
LabelFrame	LabelFrame 是一个简单的容器控件，常用于复杂的窗口布局
tkMessageBox	用于显示应用程序的消息框

通过组件类的构造函数可以创建其对象实例。例如：

```
from tkinter import *
root = Tk()
button1 = Button(root, text = "确定")          ♯按钮组件的构造函数
```

组件的标准属性也就是所有组件（控件）的共同属性，例如大小、字体和颜色等。Tkinter 组件常用的标准属性如表 1-5 所示。

表 1-5　Tkinter 组件常用的标准属性

控　件	描　述
dimension	控件大小
color	控件颜色
font	控件字体
anchor	锚点（内容停靠位置），对应于东、南、西、北以及 4 个角
relief	控件样式
bitmap	位图，内置位图包括 error、gray75、gray50、gray25、gray12、info、questhead、hourglass、question 和 warning，自定义位图为 .xbm 格式的文件
cursor	光标
text	显示文本内容
state	设置组件状态为正常（normal）、激活（active）或禁用（disabled）

用户可以通过下列方式之一设置组件的属性。

```
button1 = Button(root, text = "确定")        # 按钮组件的构造函数
button1.config(text = "确定")                # 组件对象的config()方法的命名参数
button1["text"] = "确定"                     # 组件对象的属性的赋值
```

❶ 标签组件 Label

Label 组件用于在窗口中显示文本或位图。anchor 属性指定文本（Text）或图像（Bitmap/Image）在 Label 中的显示位置（如图 1-10 所示，其他组件同此），对应于东、南、西、北以及 4 个角，可用值如下。

- e：垂直居中，水平居右。
- w：垂直居中，水平居左。
- n：垂直居上，水平居中。
- s：垂直居下，水平居中。
- ne：垂直居上，水平居右。
- se：垂直居下，水平居右。
- sw：垂直居下，水平居左。
- nw：垂直居上，水平居左。
- center（默认值）：垂直居中，水平居中。

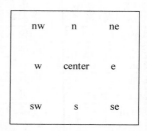

图 1-10　anchor 地理方位

例 1-18　Label 组件示例，运行效果如图 1-11 所示。

```
from tkinter import *
win = Tk()                                          # 创建窗口对象
win.title("我的窗口")                                # 设置窗口标题
lab1 = Label(win, text = '你好', anchor = 'nw')     # 创建文字是"你好"的Label组件
lab1.pack()                                         # 显示Label组件
# 显示内置的位图
lab2 = Label(win, bitmap = 'question')              # 创建显示疑问图标Label组件
lab2.pack()                                         # 显示Label组件

# 显示自选的图片
bm = PhotoImage(file = r'J:\2018书稿\aa.png')
lab3 = Label(win, image = bm)
lab3.bm = bm
lab3.pack()                                         # 显示Label组件
win.mainloop()
```

图 1-11　Label 组件示例

第1章 Python基础知识

❷ 按钮组件 Button

Button 组件(控件)是一个标准的 Tkinter 部件,用于实现各种按钮。按钮可以包含文本或图像,可以通过 command 属性将调用函数或方法关联到按钮上。当 Tkinter 的按钮被按下时会自动调用该函数或方法。

❸ 单行文本框组件 Entry 和多行文本框组件 Text

Entry 组件主要用于输入单行内容和显示文本,可以方便地向程序传递用户参数。这里通过一个转换摄氏度和华氏度的小程序来演示该组件的使用。

1) 创建和显示 Entry 对象

创建 Entry 对象的基本方法如下:

```
Entry 对象 = Entry(Windows 窗口对象)
```

显示 Entry 对象的方法如下:

```
Entry 对象.pack()
```

2) 获取 Entry 组件的内容

get()方法用于获取单行文本框内输入的内容。

设置或者获取 Entry 组件内容也可以使用 StringVar()对象来完成,把 Entry 的 textvariable 属性设置为 StringVar()变量,再通过 StringVar()变量的 get()和 set()函数读取和输出相应文本内容。例如:

```
s = StringVar()                                  # 一个 StringVar()对象
s.set("大家好,这是测试")
entryCd = Entry(root, textvariable = s)          # Entry 组件显示"大家好,这是测试"
print(s.get())                                   # 打印出"大家好,这是测试"
```

3) Entry 的常用属性

- show:如果设置为字符 *,则输入文本框内的显示为 *,用于密码输入。
- insertbackground:插入光标的颜色,默认为'black'。
- selectbackground 和 selectforeground:选中文本的背景色与前景色。
- width:组件的宽度(所占字符个数)。
- fg:字体的前景颜色。
- bg:背景颜色。
- state:设置组件状态,默认为 normal,还可设置为 disabled(禁用组件)或 readonly(只读)。

Python 还提供了多行文本框组件 Text,用于输入多行内容和显示文本。其使用方法类似 Entry,请读者参考 Tkinter 手册。

❹ 列表框组件 Listbox

列表框组件 Listbox 用于显示多个项目,并且允许用户选择一个或多个项目。

1) 创建和显示 Listbox 对象

创建 Listbox 对象的基本方法如下:

Listbox 对象 = Listbox(Tkinter Windows 窗口对象)

显示 Listbox 对象的方法如下：

Listbox 对象.pack()

2）插入文本项

用户可以使用 insert()方法向列表框组件中插入文本项,方法如下：

Listbox 对象.insert(index,item)

其中,index 是插入文本项的位置,如果在尾部插入文本项,则可以使用 END；如果在当前选中处插入文本项,则可以使用 ACTIVE。item 是要插入的文本项。

3）返回选中项目的索引

Listbox 对象.curselection()

返回当前选中项目的索引,结果为元组。

注意：索引号从 0 开始,0 表示第 1 项。

4）删除文本项

Listbox 对象.delete(first,last)

删除指定范围 first~last 的项目,当不指定 last 时删除 1 个项目。

5）获取项目内容

Listbox 对象.get(first,last)

返回指定范围 first~last 的项目,当不指定 last 时仅返回 1 个项目。

6）获取项目个数

Listbox 对象.size()

7）获取 Listbox 内容

需要使用 listvariable 属性为 Listbox 对象指定一个对应的变量,例如：

```
m = StringVar()
listb = Listbox(root, listvariable = m)
listb.pack()
root.mainloop()
```

指定后就可以使用 m.get()方法获取 Listbox 对象中的内容了。

注意：如果允许用户选择多个项目,需要将 Listbox 对象的 selectmode 属性设置为 MULTIPLE（表示多选）。设置为 SINGLE 表示单选。

例 1-19 创建从一个列表框选择内容添加到另一个列表框的 GUI 程序。

```
from tkinter import *                # 导入 Tkinter 库
root = Tk()                          # 创建窗口对象
```

```python
def callbutton1():
    for i in listb.curselection():              # 遍历选中项
        listb2.insert(0,listb.get(i))           # 添加到右侧列表框

def callbutton2():
    for i in listb2.curselection():             # 遍历选中项
        listb2.delete(i)                        # 从右侧列表框中删除
#创建两个列表
li = ['C','python','php','html','SQL','java']
listb = Listbox(root)                           # 创建两个列表框组件
listb2 = Listbox(root)
for item in li:                                 # 左侧列表框组件插入数据
    listb.insert(0,item)
listb.grid(row = 0,column = 0,rowspan = 2)      # 将列表框组件放置到窗口对象中
b1 = Button(root,text = '添加>>', command = callbutton1, width = 20)    # 创建 Button 组件
b2 = Button(root,text = '删除<<', command = callbutton2, width = 20)    # 创建 Button 组件
b1.grid(row = 0,column = 1,rowspan = 2)         # 显示 Button 组件
b2.grid(row = 1,column = 1,rowspan = 2)         # 显示 Button 组件
listb2.grid(row = 0,column = 2,rowspan = 2)
root.mainloop()                                 # 进入消息循环
```

以上代码的执行结果如图 1-12 所示。

图 1-12 含有两个列表框组件的 GUI 程序

❺ 单选按钮组件 Radiobutton 和复选框组件 Checkbutton

单选按钮组件 Radiobutton 和复选框组件 Checkbutton 分别用于实现选项的单选和复选功能。Radiobutton 用于从同一组单选按钮中选择一个单选按钮（不能同时选择多个）。Radiobutton 可以显示文本，也可以显示图像。Checkbutton 用于选择一项或多项，同样 Checkbutton 可以显示文本，也可以显示图像。

1）创建和显示 Radiobutton 对象

创建 Radiobutton 对象的基本方法如下：

Radiobutton 对象 = Radiobutton(Windows 窗口对象,text = Radiobutton 组件显示的文本)

显示 Radiobutton 对象的方法如下：

Radiobutton 对象.pack()

用户可以使用 variable 属性为 Radiobutton 组件指定一个对应的变量。如果将多个 Radiobutton 组件绑定到同一个变量，则这些 Radiobutton 组件属于一个分组。分组后需要使用 value 设置每个 Radiobutton 组件的值，以标识该项目是否被选中。

2) Radiobutton 组件的常用属性
- variable：单选按钮索引变量，通过变量的值确定哪个单选按钮被选中。一组单选按钮使用同一个索引变量。
- value：单选按钮选中时变量的值。
- command：单选按钮选中时执行的命令(函数)。

3) Radiobutton 组件的方法
- deselect()：取消选择。
- select()：选择。
- invoke()：调用单选按钮 command 指定的回调函数。

4) 创建和显示 Checkbutton 对象

创建 Checkbutton 对象的基本方法如下：

```
Checkbutton 对象 = Checkbutton(Tkinter Windows 窗口对象, text = Checkbutton 组件显示的文本,
command = 单击 Checkbutton 按钮所调用的回调函数)
```

显示 Checkbutton 对象的方法如下：

```
Checkbutton 对象.pack()
```

5) Checkbutton 组件的常用属性
- variable：复选框索引变量，通过变量的值确定哪些复选框被选中。每个复选框使用不同的变量，使复选框之间相互独立。
- onvalue：复选框选中(有效)时变量的值。
- offvalue：复选框未选中(无效)时变量的值。
- command：复选框选中时执行的命令(函数)。

6) 获取 Checkbutton 组件的状态

为了获取 Checkbutton 组件是否被选中，需要使用 variable 属性为 Checkbutton 组件指定一个对应变量，例如：

```
c = tkinter.IntVar()
c.set(2)
check = tkinter.Checkbutton(root, text = '喜欢', variable = c, onvalue = 1,
    offvalue = 2)                    #1 为选中,2 为没选中
check.pack()
```

指定变量 c 后，可以使用 c.get() 获取复选框的状态值，也可以使用 c.set() 设置复选框的状态。例如设置 check 对象为没选中状态，代码如下：

```
c.set(2) #1 为选中,2 为没选中,设置为 2 就表示没选中状态
```

获取单选按钮(Radiobutton)状态的方法同上。

例 1-20 创建使用单选按钮(Radiobutton)组件选择国家的程序。

```
import tkinter
root = tkinter.Tk()
r = tkinter.StringVar()                              #创建 StringVar 对象
r.set('1')                                           #设置初始值为"1",初始选中"中国"
radio = tkinter.Radiobutton(root,variable = r,value = '1',text = '中国')
radio.pack()
radio = tkinter.Radiobutton(root,variable = r,value = '2',text = '美国')
radio.pack()
radio = tkinter.Radiobutton(root,variable = r,value = '3',text = '日本')
radio.pack()
radio = tkinter.Radiobutton(root,variable = r,value = '4',text = '加拿大')
radio.pack()
radio = tkinter.Radiobutton(root,variable = r,value = '5',text = '韩国')
radio.pack()
root.mainloop()
print(r.get())                                       #获取被选中单选按钮变量值
```

以上代码的执行结果如图 1-13 所示。选中日本后打印出 3。

❻ 菜单组件 Menu

图形用户界面应用程序通常提供菜单,菜单包含各种按照主题分组的基本命令。通常,图形用户界面应用程序包括两种类型的菜单。

图 1-13 单选按钮示例程序

视频讲解

(1)主菜单:提供窗体的菜单系统。通过单击可下拉出子菜单,选择命令可执行相关的操作。常用的主菜单一般包括文件、编辑、视图、帮助等。

(2)上下文菜单(也称为快捷菜单):通过右击某对象而弹出的菜单,一般为与该对象相关的常用菜单命令,例如剪切、复制、粘贴等。

创建 Menu 对象的基本方法如下:

```
Menu 对象 = Menu(Windows 窗口对象)
```

将 Menu 对象显示在窗口中的方法如下:

```
Windows 窗口对象['menu'] = Menu 对象
Windows 窗口对象.mainloop()
```

例 1-21 使用 Menu 组件的简单例子,运行效果如图 1-14 所示。

```
from tkinter import *
root = Tk()
def hello():                                         #菜单项事件函数,每个菜单项可以单独写
    print("你单击主菜单")
m = Menu(root)
for item in ['文件','编辑','视图']:                    #添加菜单项
    m.add_command(label = item, command = hello)
root['menu'] = m                                     #附加主菜单到窗口
root.mainloop()
```

❼ 消息窗口组件 Messagebox

消息窗口组件 Messagebox 用于弹出提示框向用户进行告警,或让用户选择下一步如何操作。消息框包括很多类型,常用的有 info、warning、error、yesno、okcancel 等,包含不同的图标、按钮以及弹出提示音。

图 1-14 使用 Menu 组件的菜单运行效果

例 1-22 演示各消息框的程序,运行效果如图 1-15 所示。

```
import tkinter as tk
from tkinter import messagebox as msgbox
def btn1_clicked():
    msgbox.showinfo("Info", "Showinfo test.")
def btn2_clicked():
    msgbox.showwarning("Warning", "Showwarning test.")
def btn3_clicked():
    msgbox.showerror("Error", "Showerror test.")
def btn4_clicked():
    msgbox.askquestion("Question", "Askquestion test.")
def btn5_clicked():
    msgbox.askokcancel("OkCancel", "Askokcancel test.")
def btn6_clicked():
    msgbox.askyesno("YesNo", "Askyesno test.")
def btn7_clicked():
    msgbox.askretrycancel("Retry", "Askretrycancel test.")
root = tk.Tk()
root.title("MsgBox Test")
btn1 = tk.Button(root, text = "showinfo", command = btn1_clicked)
btn1.pack(fill = tk.X)
btn2 = tk.Button(root, text = "showwarning", command = btn2_clicked)
btn2.pack(fill = tk.X)
btn3 = tk.Button(root, text = "showerror", command = btn3_clicked)
btn3.pack(fill = tk.X)
btn4 = tk.Button(root, text = "askquestion", command = btn4_clicked)
btn4.pack(fill = tk.X)
btn5 = tk.Button(root, text = "askokcancel", command = btn5_clicked)
btn5.pack(fill = tk.X)
btn6 = tk.Button(root, text = "askyesno", command = btn6_clicked)
btn6.pack(fill = tk.X)
btn7 = tk.Button(root, text = "askretrycancel", command = btn7_clicked)
btn7.pack(fill = tk.X)
root.mainloop()
```

❽ 框架组件 Frame

Frame 组件是框架组件,在分组组织其他组件的过程中是非常重要的,负责安排其他组件的位置。Frame 组件在屏幕上显示为一个矩形区域,作为显示其他组件的容器。

图 1-15 消息窗口的运行效果

1) 创建和显示 Frame 对象

创建 Frame 对象的基本方法如下：

Frame 对象 = Frame(窗口对象, height = 高度, width = 宽度, bg = 背景色, …)

例如，创建第 1 个 Frame 组件，其高为 100，宽为 400，背景色为绿色。

f1 = Frame(root, height = 100, width = 400, bg = 'green')

显示 Frame 对象的方法如下：

Frame 对象.pack()

2) 向 Frame 组件中添加组件

在创建组件时指定其容器为 Frame 组件即可，例如：

Label(Frame 对象, text = 'Hello').pack()   # 向 Frame 组件中添加一个 Label 组件

3) LabelFrame 组件

LabelFrame 组件是有标题的 Frame 组件，可以使用 text 属性设置 LabelFrame 组件的标题，方法如下：

LabelFrame(窗口对象, height = 高度, width = 宽度, text = 标题).pack()

例 1-23 使用两个 Frame 组件和一个 LabelFrame 组件的例子。

```
from tkinter import *
root = Tk()                                    #创建窗口对象
root.title("使用 Frame 组件的例子")              #设置窗口标题
f1 = Frame(root)                               #创建第 1 个 Frame 组件
f1.pack()
f2 = Frame(root)                               #创建第 2 个 Frame 组件
f2.pack()
f3 = LabelFrame(root, text = '第 3 个 Frame')   #第 3 个 LabelFrame 组件，放置在窗口底部
f3.pack(side = BOTTOM)
redbutton = Button(f1, text = "Red", fg = "red")
redbutton.pack(side = LEFT)
brownbutton = Button(f1, text = "Brown", fg = "brown")
brownbutton.pack(side = LEFT)
```

```
bluebutton = Button(f1, text = "Blue", fg = "blue")
bluebutton.pack(side = LEFT)
blackbutton = Button(f2, text = "Black", fg = "black")
blackbutton.pack()
greenbutton = Button(f3, text = "Green", fg = "Green")
greenbutton.pack()
root.mainloop()
```

图 1-16　Frame 框架的运行效果

以上代码通过 Frame 框架把 5 个按钮分成 3 个区域，第 1 个区域 3 个按钮，第 2 个区域 1 个按钮，第 3 个区域 1 个按钮，运行效果如图 1-16 所示。

4）刷新 Frame

用 Python 做 GUI 图形界面，可以使用 after()方法每隔几秒刷新 GUI 图形界面。例如下面的代码实现计数器功能，并且文字背景色不断改变。

```
from tkinter import *
colors = ('red', 'orange', 'yellow', 'green', 'blue', 'purple')
root = Tk()
f = Frame(root, height = 200, width = 200)
f.color = 0
f['bg'] = colors[f.color]                    #设置框架背景色
lab1 = Label(f, text = '0')
lab1.pack()
def foo():
    f.color = (f.color + 1) % (len(colors))
    lab1['bg'] = colors[f.color]
    lab1['text'] = str(int(lab1['text']) + 1)
    f.after(500, foo)                        #隔 500 ms 执行 foo()函数刷新屏幕
f.pack()
f.after(500, foo)
root.mainloop()
```

例如，开发移动电子广告效果就可以使用 after()方法实现不断移动 lab1。

```
from tkinter import *
root = Tk()
f = Frame(root, height = 200, width = 200)
lab1 = Label(f, text = '欢迎参观中原工学院')
x = 0
def foo():
    global x
    x = x + 10
    if x > 200:
        x = 0
    lab1.place(x = x, y = 0)
    f.after(500, foo)                        #隔 500 ms 执行 foo()函数刷新屏幕

f.pack()
```

```
f.after(500, foo)
root.mainloop()
```

运行程序可见"欢迎参观中原工学院"不停地从左向右移动,出了窗口右侧以后重新从左侧出现。利用此技巧可以开发类似的贪吃蛇游戏,借助 after() 方法实现不断改变蛇的位置,从而达到蛇移动的效果。

1.4.4 Tkinter 字体

视频讲解

通过组件的 font 属性可以设置其显示文本的字体,注意在设置组件字体前首先要能表示一个字体。

❶ 通过元组表示字体

通过 3 个元素的元组可以表示字体:

```
(font family,size,modifiers)
```

作为一个元组的第 1 个元素的 font family 是字体名;size 为字体大小,单位为 point;modifiers 为包含粗体、斜体、下画线的样式修饰符。

例如:

```
("Times New Roman ", "16")               #16 点阵的 Times 字体
("Times New Roman ", "24", "bold italic")  #24 点阵的 Times 字体,且为粗体、斜体
```

例 1-24 通过元组表示字体设置标签的字体,运行效果如图 1-17 所示。

```
from tkinter import *
root = Tk()
# 创建 Label
for ft in('Arial',('Courier New',19,'italic'),('Comic Sans MS',),'Fixdsys',   ('MS Sans Serif',),
('MS Serif',),'Symbol','System',('Times New Roman',),'Verdana'):
    Label(root,text = 'hello sticky',font = ft).grid()
root.mainloop()
```

这个程序在 Windows 上测试字体显示,注意字体中包含有空格的字体名称必须指定为元组类型。

❷ 通过 Font 对象表示字体

使用 tkFont.Font 来创建字体,格式如下:

```
ft = tkFont.Font(family = '字体名',size, weight,
    slant, underline, overstrike)
```

图 1-17 设置标签的字体运行效果

其中,size 为字体大小;weight= 'bold'或'normal','bold'为粗体;slant = 'italic ' 或 ' normal ' , ' italic ' 为斜体;underline=1 或 0,1 为下画线;overstrike=1 或 0,1 为删除线。

```
ft = Font(family = 'Helvetica',size = 36,weight = 'bold')
```

例 1-25 通过 Font 对象设置标签字体,运行效果如图 1-18 所示。

```
#通过Font对象来创建字体
from tkinter import *
import tkinter.font                               #引入字体模块
root = Tk()
#指定字体名称、大小、样式
ft = tkinter.font.Font(family = 'Fixdsys',size = 20,weight = 'bold')
Label(root,text = 'hello sticky',font = ft).grid()    #创建一个Label
root.mainloop()
```

通过 tkFont.families()函数可以返回所有可用的字体。

```
from tkinter import *
import tkinter.font                               #引入字体模块
root = Tk()
print(tkinter.font.families())
```

图 1-18 通过 Font 对象设置标签字体

输出结果:

```
('Forte', 'Felix Titling', 'Eras Medium ITC', 'Eras Light ITC', 'Eras Demi ITC', 'Eras Bold ITC',
'Engravers MT', 'Elephant', 'Edwardian Script ITC', 'Curlz MT', 'Copperplate Gothic Light',
'Copperplate Gothic Bold', 'Century Schoolbook', 'Castellar', 'Calisto MT', 'Bookman Old Style',
'Bodoni MT Condensed', 'Bodoni MT Black', 'Bodoni MT', 'Blackadder ITC', 'Arial Rounded MT Bold',
'Agency FB', 'Bookshelf Symbol 7', 'MS Reference Sans Serif', 'MS Reference Specialty', 'Berlin
Sans FB Demi', 'Tw Cen MT Condensed Extra Bold', 'Calibri Light', 'Bitstream Vera Sans Mono', '方
正兰亭超细黑简体', '@方正兰亭　超细黑简体', 'Buxton Sketch', 'Segoe Marker', 'SketchFlow
Print')
```

1.4.5 Python 事件处理

所谓事件(Event),就是程序上发生的事。例如用户敲击键盘上的某个键或是单击、移动鼠标。对于这些事件,程序需要做出反应。Tkinter 提供的组件通常都有自己可以识别的事件。例如当按钮被单击时执行特定操作,或者当一个输入栏成为焦点,而用户又敲击了键盘上的某些键时,用户所输入的内容就会显示在输入栏内。

程序可以使用事件处理函数来指定当触发某个事件时所做的反应(操作)。

❶ 事件类型

事件类型的通用格式如下:

```
<[modifier-]…type[-detail]>
```

事件类型必须放置于尖括号<>内。type 描述了类型,例如键盘按键、鼠标单击。modifier 用于组合键定义,例如 Control、Alt。detail 用于明确定义是哪个键或按钮的事件,例如 1 表示鼠标左键、2 表示鼠标中键、3 表示鼠标右键。

举例如下：

<Button-1>	＃按下鼠标左键
<KeyPress-A>	＃按下键盘上的 A 键
<Control-Shift-KeyPress-A>	＃同时按下了 Control、Shift、A 3 个键

在 Python 中，键盘事件见表 1-6，鼠标事件见表 1-7，窗体事件见表 1-8。

表 1-6 键盘事件

名 称	描 述
KeyPress	按下键盘上的某键时触发，可以在 detail 部分指定是哪个键
KeyRelease	释放键盘上的某键时触发，可以在 detail 部分指定是哪个键

表 1-7 鼠标事件

名 称	描 述
ButtonPress 或 Button	按下鼠标某键，可以在 detail 部分指定是哪个键
ButtonRelease	释放鼠标某键，可以在 detail 部分指定是哪个键
Motion	点中组件的同时拖曳组件移动时触发
Enter	当鼠标指针移进某组件时触发
Leave	当鼠标指针移出某组件时触发
MouseWheel	当鼠标滚轮滚动时触发

表 1-8 窗体事件

名 称	描 述
Visibility	当组件变为可视状态时触发
Unmap	当组件由显示状态变为隐藏状态时触发
Map	当组件由隐藏状态变为显示状态时触发
Expose	当组件从原本被其他组件遮盖的状态中暴露出来时触发
FocusIn	当组件获得焦点时触发
FocusOut	当组件失去焦点时触发
Configure	当改变组件大小时触发，例如拖曳窗体边缘
Property	当窗体的属性被删除或改变时触发，属于 Tk 的核心事件
Destroy	当组件被销毁时触发
Activate	与组件选项中的 state 项有关，表示组件由不可用转为可用，例如按钮由 disabled(灰色)转为 enabled
Deactivate	与组件选项中的 state 项有关，表示组件由可用转为不可用，例如按钮由 enabled 转为 disabled(灰色)

modifier 组合键定义中常用的修饰符见表 1-9。

表 1-9 组合键定义中常用的修饰符

修 饰 符	描 述
Alt	Alt 键按下
Any	任何按键按下，例如<Any-KeyPress>
Control	Control 键按下

续表

修 饰 符	描 述
Double	两个事件在短时间内发生,例如双击鼠标左键< Double-Button-1 >
Lock	Caps Lock 键按下
Shift	Shift 键按下
Triple	类似于 Double,3 个事件短时间内发生

可以用短格式表示事件,例如< 1 >等同于< Button-1 >、< x >等同于< KeyPress-x >。

对于大多数的单字符按键,用户还可以忽略"< >"符号,但是空格键和尖括号键不能这样做(正确的表示分别为< space >、< less >)。

❷ 事件绑定

程序建立一个处理某一事件的事件处理函数称为绑定。

1) 创建组件对象时指定

在创建组件对象实例时,可以通过其命名参数 command 指定事件处理函数。例如:

```
def callback():                           #事件处理函数
    showinfo("Python command","人生苦短,我用 Python")
Bu1 = Button(root, text = "设置 command 事件调用命令",command = callback)
Bu1.pack()
```

2) 实例绑定

调用组件对象实例方法 bind()可以为指定组件实例绑定事件,这是最常用的事件绑定方式。

```
组件对象实例名.bind("<事件类型>", 事件处理函数)
```

例如,假如声明了一个名为 canvas 的 Canvas 组件对象,想在 canvas 上按下鼠标左键时画一条线,可以这样实现:

```
canvas.bind("< Button - 1 >", drawline)
```

其中,bind 函数的第 1 个参数是事件描述符,指定无论什么时候在 canvas 上,当按下鼠标左键时就调用事件处理函数 drawline 进行画线的任务。特别需要说明的是,drawline 后面的圆括号是省略的,Tkinter 会将此函数填入相关参数后调用运行,在这里只是声明而已。

3) 标识绑定

在 Canvas 画布中绘制各种图形,将图形与事件绑定可以使用标识绑定函数 tag_bind()。预先为图形定义标识 tag 后,通过标识 tag 来绑定事件。例如:

```
cv.tag_bind('r1','< Button - 1 >',printRect)
```

【例】1-26 标识绑定的例子。

```
from tkinter import *
root = Tk()
def printRect(event):
    print('rectangle 左键事件')
def printRect2(event):
```

```
        print('rectangle 右键事件')
def printLine(event):
    print('Line 事件')

cv = Canvas(root,bg = 'white')               #创建一个 Canvas,设置其背景色为白色
rt1 = cv.create_rectangle(
    10,10,110,110,
    width = 8, tags = 'r1')
cv.tag_bind('r1','<Button-1>',printRect)     #绑定 item 与鼠标左键事件
cv.tag_bind('r1','<Button-3>',printRect2)    #绑定 item 与鼠标右键事件
#创建一个 line,并将其 tags 设置为'r2'
cv.create_line(180,70,280,70,width = 10,tags = 'r2')
cv.tag_bind('r2','<Button-1>',printLine)     #绑定 item 与鼠标左键事件
cv.pack()
root.mainloop()
```

在这个示例中,单击到矩形的边框时才会触发事件,矩形既响应鼠标左键又响应右键。当用鼠标左键单击矩形边框时出现"rectangle 左键事件"信息,用鼠标右键单击矩形边框时出现"rectangle 右键事件"信息,用鼠标左键单击直线时出现"Line 事件"信息。

❸ 事件处理函数

1) 定义事件处理函数

事件处理函数往往带有一个 event 参数,在触发事件调用事件处理函数时将传递 Event 对象实例。

```
def callback(event):                         #事件处理函数
    showinfo("Python command","人生苦短,我用 Python")
```

2) Event 对象的参数

Event 对象可以获取各种相关参数,主要参数如表 1-10 所示。

表 1-10 Event 对象的主要参数

参 数	说 明
.x、.y	鼠标相对于组件对象左上角的坐标
.x_root、.y_root	鼠标相对于屏幕左上角的坐标
.keysym	字符串命名按键,例如 Escape、F1～F12、Scroll_Lock、Pause、Insert、Delete、Home、Prior(这个是 page up)、Next(这个是 page down)、End、Up、Right、Left、Down、Shift_L、Shift_R、Control_L、Control_R、Alt_L、Alt_R、Win_L
.keysym_num	数字代码命名按键
.keycode	键码,但是它不能反映事件前缀 Alt、Control、Shift、Lock,并且它不区分大小写按键,即输入 a 和 A 是相同的键码
.time	时间
.type	事件类型
.widget	触发事件的对应组件
.char	字符

Event 对象按键的详细信息如表 1-11 所示。

表 1-11　Event 对象按键的详细信息

.keysym	.keycode	.keysym_num	说　　明
Alt_L	64	65513	左手边的 Alt 键
Alt_R	113	65514	右手边的 Alt 键
BackSpace	22	65288	BackSpace 键
Cancel	110	65387	Pause Break 键
F1~F11	67~77	65470~65480	功能键 F1~F11
Print	111	65377	打印屏幕键

【例】1-27　触发 keyPress 键盘事件的例子,运行效果如图 1-19 所示。

```
from tkinter import *                # 导入 Tkinter 库
def printkey(event):                 # 定义的函数监听键盘事件
    print('你按下了: ' + event.char)
root = Tk()                          # 实例化 tk
entry = Entry(root)                  # 实例化一个单行输入框
# 给输入框绑定按键监听事件<KeyPress>为监听任何按键
# <KeyPress-x>为监听某键 x,例如<KeyPress-A>为监听 A,<KeyPress-Return>为监听回车
entry.bind('<KeyPress>', printkey)
entry.pack()
root.mainloop()                      # 显示窗体
```

图 1-19　keyPress 键盘事件运行效果

【例】1-28　获取鼠标单击标签时坐标的鼠标事件例子,运行效果如图 1-20 所示。

```
from tkinter import *                # 导入 Tkinter 库
def leftClick(event):                # 定义的函数监听鼠标事件
    print("x轴坐标:", event.x)
    print("y轴坐标:", event.y)
    print("相对于屏幕左上角 x 轴坐标:", event.x_root)
    print("相对于屏幕左上角 y 轴坐标:", event.y_root)
root = Tk()                          # 实例化 tk
lab = Label(root, text = "hello")    # 实例化一个 Label
lab.pack()                           # 显示 Label 组件
# 给 Label 绑定鼠标监听事件
lab.bind("<Button-1>", leftClick)
root.mainloop()                      # 显示窗体
```

第1章 Python基础知识

```
x轴坐标: 33
y轴坐标: 11
相对于屏幕左上角x轴坐标: 132
相对于屏幕左上角y轴坐标: 91
x轴坐标: 8
y轴坐标: 11
相对于屏幕左上角x轴坐标: 107
相对于屏幕左上角y轴坐标: 91
x轴坐标: 5
y轴坐标: 6
相对于屏幕左上角x轴坐标: 104
相对于屏幕左上角y轴坐标: 86
```

图 1-20 鼠标事件运行效果

1.4.6 图形界面设计应用案例——开发猜数字游戏

【案例】 使用 Tkinter 开发猜数字游戏,运行效果如图 1-21 所示。

在该游戏中,计算机随机生成 1024 以内的数字,玩家去猜,猜的数字过大、过小都会给出提示,程序要统计玩家猜的次数。

```python
import tkinter as tk
import random
number = random.randint(0,1024)              #玩家要猜的数字
running = True
num = 0                                      #猜的次数
nmaxn = 1024                                 #提示猜测范围的最大数
nminn = 0                                    #提示猜测范围的最小数

def eBtnClose(event):                        #"关闭"按钮事件函数
    root.destroy()
def eBtnGuess(event):                        #"猜"按钮事件函数
    global nmaxn                             #全局变量
    global nminn
    global num
    global running
    if running:
        val_a = int(entry_a.get())           #获取猜的数字并转换成数字
        if val_a == number:
            labelqval("恭喜答对了!")
            num += 1
            running = False
            numGuess()                       #显示猜的次数
        elif val_a < number:                 #猜小了
            if val_a > nminn:
                nminn = val_a                #修改提示猜测范围的最小数
                num += 1
                labelqval("小了哦,请输入" + str(nminn) + "到" + str(nmaxn) + "的任意整数:")
        else:
            if val_a < nmaxn:
                nmaxn = val_a                #修改提示猜测范围的最大数
                num += 1
                labelqval("大了哦,请输入" + str(nminn) + "到" + str(nmaxn) + "的任意整数:")
```

```
        else:
            labelqval('你已经答对啦…')
#显示猜的次数
def numGuess():
    if num == 1:
        labelqval('一次答对!')
    elif num < 10:
        labelqval(' == 十次以内就答对了…尝试次数:' + str(num))
    else:
        labelqval('好吧,您都试了超过 10 次了…尝试次数:' + str(num))

def labelqval(vText):
    label_val_q.config(label_val_q,text = vText)    #修改提示标签文字

root = tk.Tk(className = "猜数字游戏")
root.geometry("400x90 + 200 + 200")
label_val_q = tk.Label(root,width = "80")            #提示标签
label_val_q.pack(side = "top")

entry_a = tk.Entry(root,width = "40")                #单行输入文本框
btnGuess = tk.Button(root,text = "猜")               #"猜"按钮
entry_a.pack(side = "left")
entry_a.bind('< Return >',eBtnGuess)                 #绑定事件
btnGuess.bind('< Button - 1 >',eBtnGuess)            #"猜"按钮
btnGuess.pack(side = "left")

btnClose = tk.Button(root,text = "关闭")             #"关闭"按钮
btnClose.bind('< Button - 1 >',eBtnClose)
btnClose.pack(side = "left")
labelqval("请输入 0 到 1024 的任意整数:")
entry_a.focus_set()
print(number)
root.mainloop()
```

图 1-21　猜数字游戏运行效果

1.5　Python 文件的使用

在程序运行时,数据保存在内存的变量里。内存中的数据在程序结束或关机后就会消失。如果想要在下次开机运行程序时还使用同样的数据,就需要把数据存储在不易失的存储介质中,例如硬盘、光盘或 U 盘里,不易失存储介质上的数据保存在以存储路径命名的文

件中。通过读/写文件,程序就可以在运行时保存数据。本节学习使用 Python 在磁盘上创建、读/写以及关闭文件。

使用文件跟人们在平时生活中使用记事本很相似。在使用记事本时需要先打开本子,使用后要合上它。在打开记事本后,既可以读取信息,也可以向本子里写。不管是哪种情况,都需要知道在哪里进行读/写。在记事本中既可以一页一页从头到尾地读,也可以直接跳转到需要的地方。

在 Python 中对文件的操作通常按照以下 3 个步骤进行:

(1) 使用 open()函数打开(或建立)文件,返回一个 file 对象。

(2) 使用 file 对象的读/写方法对文件进行读/写操作。其中,将数据从外存传输到内存的过程称为读操作,将数据从内存传输到外存的过程称为写操作。

(3) 使用 file 对象的 close()方法关闭文件。

1.5.1 打开/建立文件

在 Python 中要访问文件,必须打开 Python Shell 与磁盘上文件之间的连接。在使用 open()函数打开或建立文件时会建立文件和使用它的程序之间的连接,并返回代表连接的文件对象,通过文件对象就可以在文件所在的磁盘和程序之间传递文件内容,执行文件上的所有后续操作。文件对象有时也称为文件描述符或文件流。

在建立了 Python 程序和文件之间的连接后就创建了"流"数据,如图 1-22 所示。通常,程序使用输入流读出数据,使用输出流写入数据,就好像数据流入程序并从程序中流出。在打开文件后才能读或写(或读并且写)文件内容。

图 1-22 输入/输出流

open()函数用来打开文件。open()函数需要一个字符串路径,表明希望打开文件,并返回一个文件对象。其语法格式如下:

```
fileobj = open(filename[,mode[,buffering]])
```

其中,fileobj 是 open()函数返回的文件对象。参数 filename(文件名)是必写参数,它既可以是绝对路径,也可以是相对路径。模式(mode)和缓冲(buffering)为可选项。mode 是指明文件类型和操作的字符串,可以使用的值如表 1-12 所示。

表 1-12　open()函数中 mode 参数的常用值

值	描　　述
'r'	读模式,如果文件不存在,则发生异常
'w'	写模式,如果文件不存在,则先创建文件再打开;如果文件存在,则清空文件内容再打开
'a'	追加模式,如果文件不存在,则先创建文件再打开;如果文件存在,打开文件后将新内容追加到原内容之后
'b'	二进制模式,可添加到其他模式中使用
'+'	读/写模式,可添加到其他模式中使用

说明:

(1) 当 mode 参数省略时,可以获得能读取文件内容的文件对象,即'r'是 mode 参数的默认值。

(2) '+'参数指明读和写都是允许的,可以用到其他任何模式中。例如,可以用'r+'打开一个文本文件并读/写。

(3) 'b'参数改变处理文件的方法。通常,Python 处理的是文本文件,当处理二进制文件(例如声音文件或图像文件)时应该在模式参数中增加'b'。例如,可以用'rb'来读取一个二进制文件。

open()函数的第 3 个参数——buffering 用来控制缓冲。当该参数取 0 或 False 时,I/O 是无缓冲的,所有读/写操作直接针对硬盘。当该参数取 1 或 True 时,I/O 有缓冲,此时 Python 使用内存代替硬盘,使程序的运行速度更快,只有在使用 flush()或 close()时才会将数据写入硬盘。当参数大于 1 时,表示缓冲区的大小,以字节为单位;负数表示使用默认缓冲区大小。

下面举例说明 open()函数的使用。

先用记事本创建一个文本文件,取名为 hello.txt,然后输入以下内容,保存在 D 盘的 Python 文件夹中:

```
Hello!
Henan   Zhengzhou
```

在交互式环境中输入以下代码:

```
>>> helloFile = open("D:\\Python\\hello.txt")
```

这条命令将以读取文本文件的方式打开放在 D 盘 Python 文件夹中的 hello.txt 文件。"读模式"是 Python 打开文件的默认模式。当文件以读模式打开时,只能从文件中读取数据,不能向文件写入或修改数据。

当调用 open()函数时将返回一个文件对象,在本例中文件对象保存在 helloFile 变量中。

```
>>> print(helloFile)
<_io.TextIOWrapper name = 'D:\\Python\\hello.txt' mode = 'r' encoding = 'cp936'>
```

在打印文件对象时可以看到文件名、读/写模式和编码格式。cp936 是指 Windows 系统中的第 936 号编码格式,即 GB2312 的编码。接下来就可以调用 helloFile 文件对象的方法读取文件中的数据了。

1.5.2 读取文本文件

用户可以调用文件对象的多种方法读取文件内容。

❶ read()方法

不设置参数的 read()方法将整个文件的内容读取为一个字符串。read()方法一次读取文件的全部内容，性能根据文件大小而变化，例如 1GB 的文件在读取时需要使用同样大小的内存。

[例] **1-29** 调用 read()方法读取 hello.txt 文件中的内容。

```
helloFile = open("D:\\Python\\hello.txt")
fileContent = helloFile.read()
helloFile.close()
print(fileContent)
```

输出结果：

```
Hello!
Henan    Zhengzhou
```

用户也可以设置最大读入字符数来限制 read()函数一次返回的大小。

[例] **1-30** 设置参数一次读取 3 个字符来读取文件。

```
helloFile = open("D:\\Python\\hello.txt")
fileContent = ""
whileTrue:
    fragment = helloFile.read(3)
    if fragment == "":              #或者 if not fragment
        break
    fileContent += fragment
helloFile.close()
print(fileContent)
```

在读到文件结尾后，read()方法会返回空字符串，此时 fragment＝＝""成立，退出循环。

❷ readline()方法

readline()方法从文件中获取一个字符串，每个字符串就是文件中的每一行。

[例] **1-31** 调用 readline()方法读取 hello.txt 文件中的内容。

```
helloFile = open("D:\\Python\\hello.txt")
fileContent = ""
whileTrue:
    line = helloFile.readline()
    if line == "":              #或者 if not line
        break
```

```
        fileContent += line
helloFile.close()
print(fileContent)
```

当读取到文件结尾后，readline()方法同样返回空字符串，使得 line=="" 成立，跳出循环。

❸ **readlines()方法**

readlines()方法返回一个字符串列表，其中的每一项是文件中每行的字符串。

【例】**1-32** 使用 readlines()方法读取文件内容。

```
helloFile = open("D:\\Python\\hello.txt")
fileContent = helloFile.readlines()
helloFile.close()
print(fileContent)
for line in fileContent:              #输出列表
    print(line)
```

readlines()方法也可以设置参数，指定一次读取的字符数。

视频讲解

1.5.3 写文本文件

写文件和读文件相似，都需要先创建文件对象连接，所不同的是，打开文件时是以写模式或添加模式打开。如果文件不存在，则创建该文件。

与读文件时不能添加或修改数据类似，写文件时也不允许读取数据。在用写模式打开已有文件时会覆盖文件的原有内容，从头开始，就像用一个新值覆写一个变量的值。

```
>>> helloFile = open("D:\\Python\\hello.txt","w")
                                #用写模式打开已有文件时会覆盖文件的原有内容
>>> fileContent = helloFile.read()
Traceback(most recent call last):
  File "<pyshell#1>", line 1, in <module>
    fileContent = helloFile.read()
IOError: File not open for reading
>>> helloFile.close()
>>> helloFile = open("D:\\Python\\hello.txt")
>>> fileContent = helloFile.read()
>>> len(fileContent)
0
>>> helloFile.close()
```

由于用写模式打开已有文件时文件的原有内容被清空，所以再次读取内容时长度为 0。

❶ **write()方法**

write()方法用于将字符串参数写入文件。

【例】**1-33** 用 write()方法写文件。

```
helloFile = open("D:\\Python\\hello.txt","w")
helloFile.write("First line.\nSecond line.\n")
```

```
helloFile.close()
helloFile = open("D:\\Python\\hello.txt","a")
helloFile.write("third line. ")
helloFile.close()
helloFile = open("D:\\Python\\hello.txt")
fileContent = helloFile.read()
helloFile.close()
print(fileContent)
```

运行结果：

```
First line.
Second line.
third line.
```

当以写模式打开文件 hello.txt 时,文件的原有内容被覆盖。调用 write()方法将字符串参数写入文件,这里"\n"代表换行符。关闭文件之后再次以添加模式打开文件 hello.txt,调用 write()方法写入的字符串"third line."被添加到了文件末尾。最终以读模式打开文件后读取到的内容共有 3 行字符串。

注意,write()方法不能自动在字符串末尾添加换行符,需要用户自己添加"\n"。

例 1-34 完成一个自定义函数 copy_file(),实现文件的复制功能。

copy_file()函数需要两个参数,指定需要复制的文件 oldfile 和文件的备份 newfile。分别以读模式和写模式打开两个文件,从 oldfile 一次读入 50 个字符并写入 newfile。当读到文件末尾时 fileContent==""成立,退出循环并关闭两个文件。

```
def copy_file(oldfile,newfile):
    oldFile = open(oldfile,"r")
    newFile = open(newfile,"w")
    whileTrue:
        fileContent = oldFile.read(50)
        if fileContent == "":          #读到文件末尾时
            break
        newFile.write(fileContent)
    oldFile.close()
    newFile.close()
    return
copy_file("D:\\Python\\hello.txt","D:\\Python\\hello2.txt")
```

❷ writelines()方法

writelines(sequence)方法向文件写入一个序列字符串列表,如果需要换行则要自己加入每行的换行符。

```
obj = open("log.txt","w")
list2 = ["11", "test", "hello", "44", "55"]
obj.writelines(list2)
obj.close()
```

运行结果是生成一个"log.txt"文件,内容是"11testhello4455",可见没有换行。另外注意 writelines()方法写入的序列必须是字符串序列,整数序列会产生错误。

1.5.4 文件内移动

无论是读或写文件,Python 都会跟踪文件中的读/写位置。在默认情况下,文件的读/写都是从文件的开始位置进行。Python 提供了控制文件读/写起始位置的方法,使得用户可以改变文件读/写操作发生的位置。

当使用 open()函数打开文件时,open()函数在内存中创建缓冲区,将磁盘上的文件内容复制到缓冲区。在文件内容复制到文件对象缓冲区后,文件对象将缓冲区视为一个大的列表,其中的每个元素都有自己的索引,文件对象按字节对缓冲区索引计数。同时,文件对象对文件当前位置(即当前读/写操作发生的位置)进行维护,如图 1-23 所示。许多方法隐式使用当前位置。例如在调用 readline()方法后,文件当前位置移动到下一个回车处。

图 1-23 文件当前位置

Python 使用一些函数跟踪文件当前位置。tell()函数可以计算文件当前位置和开始位置之间的字节偏移量。

```
>>> exampleFile = open("D:\\Python\\example.txt","w")
>>> exampleFile.write("0123456789")
>>> exampleFile.close()
>>> exampleFile = open("D:\\Python\\example.txt")
>>> exampleFile.read(2)
'01'
>>> exampleFile.read(2)
'23'
>>> exampleFile.tell()
4
>>> exampleFile.close()
```

这里,exampleFile.tell()函数返回的是一个整数 4,表示文件当前位置和开始位置之间有 4 个字节偏移量。因为已经从文件中读取 4 个字符了,所以为 4 个字节偏移量。

seek()函数设置新的文件当前位置,允许在文件中跳转,实现对文件的随机访问。

seek()函数有两个参数,第 1 个参数是字节数,第 2 个参数是引用点。seek()函数将文件当前指针由引用点移动指定的字节数到指定的位置。其语法格式如下:

```
seek(offset[,whence])
```

说明:offset 是一个字节数,表示偏移量;引用点 whence 有下面 3 个取值。

- 文件开始处为 0,这也是默认取值,意味着使用该文件的开始处作为基准位置,此时字节偏移量必须非负。
- 当前文件位置为 1,则是使用当前位置作为基准位置,此时偏移量可以取负值。
- 文件结尾处为 2,则该文件的末尾将被作为基准位置。

1.5.5　文件的关闭

用户应该牢记使用 close() 方法关闭文件。关闭文件是取消程序和文件之间连接的过程，内存缓冲区中的所有内容将写入磁盘，因此必须在使用文件后关闭文件确保信息不会丢失。

如果要确保文件关闭，可以使用 try/finally 语句，在 finally 子句中调用 close() 方法：

```
helloFile = open("D:\\Python\\hello.txt","w")
try:
    helloFile.write("Hello,Sunny Day!")
finally:
    helloFile.close()
```

也可以使用 with 语句自动关闭文件：

```
with open("D:\\Python\\hello.txt") as helloFile:
    s = helloFile.read()
print(s)
```

with 语句可以打开文件并赋值给文件对象，之后就可以对文件进行操作了。文件会在语句结束后自动关闭，即使是由于异常引起的结束也是如此。

1.5.6　二进制文件的读/写

Python 没有二进制类型，但是可以用 string（字符串）类型来存储二进制类型数据，因为 string 是以字节为单位的。

pack() 方法可以把数据转换成字节串（以字节为单位的字符串）。

格式如下：

```
pack(格式化字符串, 数据)
```

格式化字符串中可用的格式字符见表 1-13 中的格式字符。例如：

```
import struct
a = 20
bytes = struct.pack('i',a)          #将a变为字符串
print(bytes)
```

结果如下：

```
b'\x14\x00\x00\x00'
```

此时 bytes 就是一个字符串，该字符串按字节和 a 的二进制存储内容相同。在结果中 \x 是十六进制的意思，20 的十六进制是 14。

如果是由多个数据构成的，可以这样：

```
a = 'hello'
b = 'world!'
c = 2
d = 45.123
bytes = struct.pack('5s6sif',a.encode('utf-8'),b.encode('utf-8'),c,d)
```

'5s6sif'就是格式化字符串,由数字加字符构成。其中,5s 表示占 5 个字符宽度的字符串,2i 表示两个整数。表 1-13 是可用的格式字符及对应 C 语言、Python 语言中的类型。

表 1-13 格式字符

格 式 字 符	C 语言中的类型	Python 语言中的类型	字 节 数
c	char	string of length 1	1
b	signed char	integer	1
B	unsigned char	integer	1
?	_Bool	bool	1
h	short	integer	2
H	unsigned short	integer	2
i	int	integer	4
I	unsigned int	integer or long	4
l	long	integer	4
L	unsigned long	long	4
q	long long	long	8
Q	unsigned long long	long	8
f	float	float	4
d	double	float	8
s	char[]	string	1
p	char[]	string	1
P	void *	long	与 OS 有关

```
bytes = struct.pack('5s6sif',a.encode('utf-8'),b.encode('utf-8'),c,d)
```

此时的 bytes 就是二进制形式的数据了,可以直接写入文件。例如:

```
binfile = open("D:\\Python\\hellobin.txt","wb")
binfile.write(bytes)
binfile.close()
```

字节串还原成数据。unpack()方法可以把相应数据的字节串(以字节为单位的字符串)还原成数据。

```
bytes = struct.pack('i',20)         #将20变为字符串
```

再进行反操作,现有二进制数据 bytes(其实就是字符串),将它反过来转换成 Python 的数据类型:

```
a, = struct.unpack('i',bytes)
```

注意,unpack()返回的是元组。所以,如果只有一个变量:

```
bytes = struct.pack('i',a)
```

那么解码的时候需要这样：

```
a, = struct.unpack('i',bytes) 或者(a,) = struct.unpack('i',bytes)
```

如果直接用 a=struct.unpack('i',bytes)，那么 a=(20,)，是一个 tuple 而不是原来的整数。例如把 D 盘 Python 文件夹下 hellobin.txt 文件中的数据读取并显示。

```
import struct
binfile = open("D:\\Python\\hellobin.txt","rb")
bytes = binfile.read()
(a,b,c,d) = struct.unpack('5s6sif',bytes)     #通过 struct.unpack()解码成 Python 变量
t = struct.unpack('5s6sif',bytes)             #通过 struct.unpack()解码成元组
print(t)
```

读取结果：

```
(b'hello', b'world!', 2, 45.12300109863281)
```

1.6 Python 的第三方库

Python 语言有标准库和第三方库两类库，标准库随 Python 安装包一起发布，用户可以随时使用，第三方库需要在安装后才能使用。由于 Python 语言经历了数次版本更迭，而且第三方库由全球开发者分布式维护，缺少统一的集中管理，所以 Python 第三方库曾经一度制约了 Python 语言的普及和发展。随着官方 pip 工具的应用，Python 第三方库的安装变得十分容易。常用 Python 第三方库如表 1-14 所示。

表 1-14　常用 Python 第三方库

库 名 称	库 用 途
Django	开源 Web 开发框架，它鼓励快速开发，并遵循 MVC 设计，比较好用，开发周期短
webpy	一个小巧灵活的 Web 框架，虽然简单，但是功能强大
Matplotlib	用 Python 实现的类 MATLAB 的第三方库，用于绘制一些高质量的数学二维图形
SciPy	基于 Python 的 MATLAB 实现，旨在实现 MATLAB 的所有功能
NumPy	基于 Python 的科学计算第三方库，提供了矩阵、线性代数、傅里叶变换等解决方案
PyGtk	基于 Python 的 GUI 程序开发 GTK+库
PyQt	用于 Python 的 QT 开发库
WxPython	Python 下的 GUI 编程框架，与 MFC 的架构相似
BeautifulSoup	基于 Python 的 HTML/XML 解析器，简单易用
PIL	基于 Python 的图像处理库，功能强大，对图形文件的格式支持广泛
MySQLdb	用于连接 MySQL 数据库
Pygame	基于 Python 的多媒体开发和游戏软件开发模块
Py2exe	将 Python 脚本转换为 Windows 上可以独立运行的可执行程序
pefile	Windows PE 文件解析器

最常用且最高效的Python第三方库的安装方式是采用pip工具安装。pip是Python官方提供并维护的在线第三方库安装工具。对于同时安装Python 2和Python 3环境为系统的情况，建议采用pip 3命令专门为Python 3版安装第三方库。

例如安装Pygame库，pip工具默认从网站下载Pygame库安装文件并自动装到系统中。注意，pip是在命令行下(cmd)运行的工具。

```
D:\> pip install pygame
```

用户也可以卸载Pygame库，卸载过程可能需要用户确认。

```
D:\> pip uninstall pygame
```

用户还可以通过list子命令列出当前系统中已经安装的第三方库，例如：

```
D:\> pip list
```

pip是Python第三方库最主要的安装方式，可以安装90%以上的第三方库。然而，由于一些历史、技术等原因，还有一些第三方库暂时无法用pip安装，此时需要用其他的安装方法(例如下载库文件后手工安装)。

第2章 序列应用——猜单词游戏

视频讲解

2.1 猜单词游戏功能介绍

猜单词游戏就是计算机随机产生一个单词,打乱字母顺序,供玩家去猜。此游戏采用控制字符界面,运行界面如图 2-1 所示。

```
欢迎参加猜单词游戏
  把字母组合成一个正确的单词.
乱序后单词: luebjm

请你猜: jumble
真棒,你猜对了!
是否继续（Y/N）: y
乱序后单词: oionispt

请你猜: position
真棒,你猜对了!
是否继续（Y/N）: y
乱序后单词: tsinoiop

请你猜:
```

图 2-1 猜单词游戏程序的运行界面

2.2 程序设计的思路

在游戏中需要随机产生单词以及数字,所以引入 random 模块的随机数函数,其中 random.choice()可以从序列中随机选取元素。例如:

```
#创建单词序列元组
WORDS = ("python", "jumble", "easy", "difficult", "answer", "continue",
        "phone", "position", "position", "game")
```

```
#从序列中随机挑出一个单词
word = random.choice(WORDS)
```

word 就是从单词序列中随机挑出一个单词。

在游戏中随机挑出一个单词 word 后,如何把单词 word 的字母顺序打乱?方法是随机从单词字符串中选择一个位置 position,把 position 位置的那个字母加入乱序后单词 jumble,同时将原单词 word 中 position 位置的那个字母删去(通过连接 position 位置前字符串和其后字符串实现)。通过多次循环就可以产生新的乱序后单词 jumble。

```
while word:                          #word 不是空串循环
    #根据 word 长度产生 word 的随机位置
    position = random.randrange(len(word))
    #将 position 位置的字母组合到乱序后单词
    jumble += word[position]
    #通过切片,将 position 位置的字母从原单词中删除
    word = word[:position] + word[(position + 1):]
print("乱序后单词:", jumble)
```

2.3 关键技术——random 模块

random 模块可以产生一个随机数或者从序列中获取一个随机元素,它的常用方法和使用例子如下:

❶ 常用方法

1) random.random()

random.random()用于生成一个随机小数 n,0≤n<1.0。

```
import random
random.random()
```

执行以上代码的输出结果如下:

```
0.85415370477785668
```

2) random.uniform(a, b)

random.uniform(a, b),用于生成一个指定范围内的随机小数,两个参数中一个是上限,一个是下限。如果 a<b,则生成的随机数 n 有 a≤n≤b;如果 a>b,则 b≤n≤a。

代码如下:

```
import random
print(random.uniform(10, 20))
print(random.uniform(20, 10))
```

执行以上代码的输出结果如下:

```
14.247256006293084
15.53810495673216
```

3) random.randint(a,b)

random.randint(a,b)用于随机生成一个指定范围内的整数,其中参数 a 是下限,参数 b 是上限,生成的随机数 n 有 a≤n≤b。

```
import random
print(random.randint(12, 20))           #生成的随机数 n 有 12≤n≤20
print(random.randint(20, 20))           #结果永远是 20
# print(random.randint(20, 10))         #该语句是错误的,下限必须小于上限
```

4) random.randrange([start],stop[,step])

random.randrange([start],stop[,step])用于从指定范围内按指定基数递增的集合中获取一个随机数。例如 random.randrange(10,100,2),结果相当于从[10,12,14,16,…,96,98]序列中获取一个随机数。random.randrange(10,100,2)在结果上与 random.choice(range(10,100,2))等效。

5) random.choice()

random.choice()从序列中获取一个随机元素,其原型为 random.choice(sequence),参数 sequence 表示一个有序类型。这里要说明一下,sequence 在 Python 中不是一种特定的类型,而是泛指序列数据结构。列表、元组、字符串都属于 sequence。下面是使用 random.choice()的一些例子:

```
import random
print(random.choice("学习 Python"))                           #从字符串中随机取一个字符
print(random.choice(["JGood", "is", "a", "handsome", "boy"]))
                                                             #从 list 列表中随机取
print(random.choice(("Tuple", "List", "Dict")))              #从 tuple 元组中随机取
```

执行以上代码的输出结果如下:

```
学
is
Dict
```

当然,每次运行的结果都不一样。

6) random.shuffle(x[,random])

random.shuffle(x[,random])用于将一个列表中的元素打乱,例如:

```
p = ["Python", "is", "powerful", "simple", "and so on..."]
random.shuffle(p)
print(p)
```

执行以上代码的输出结果如下:

```
['powerful', 'simple', 'is', 'Python', 'and so on...']
```

在发牌游戏案例中使用此方法打乱牌的顺序实现洗牌功能。

7) random.sample(sequence,k)

random.sample(sequence,k)用于从指定序列中随机获取指定长度的片段,sample()函数不会修改原有序列。

```
list = [1, 2, 3, 4, 5, 6, 7, 8, 9, 10]
slice = random.sample(list, 5)        # 从 list 中随机获取 5 个元素作为一个片段返回
print(slice)
print(list)                            # 原有序列并没有改变
```

执行以上代码的输出结果如下：

```
[5, 2, 4, 9, 7]
[1, 2, 3, 4, 5, 6, 7, 8, 9, 10]
```

❷ 使用举例

以下是常用情况举例：
1）随机字符

```
>>> import random
>>> random.choice('abcdefg&#%^*f')
```

其结果为'd'。

2）在多个字符中选取特定数量的字符

```
>>> import random
>>> random.sample('abcdefghij', 3)
```

其结果为['a', 'd', 'b']。

3）在多个字符中选取特定数量的字符组成新字符串

```
>>> import random
>>> " ".join(random.sample(['a','b','c','d','e','f','g','h','i','j'], 3)).replace(" ","")
```

其结果为'ajh'。

4）随机选取字符串

```
>>> import random
>>> random.choice(['apple', 'pear', 'peach', 'orange', 'lemon'])
```

其结果为'lemon'。

5）洗牌

```
>>> import random
>>> items = [1, 2, 3, 4, 5, 6]
>>> random.shuffle(items)
>>> items
```

其结果为[3,2,5,6,4,1]。

6）随机选取 0~100 的偶数

```
>>> import random
>>> random.randrange(0, 101, 2)
```

其结果为 42。

7）随机生成 1~100 的小数

```
>>> random.uniform(1, 100)
```

其结果为 5.4221167969800881。

2.4　程序设计的步骤

猜单词游戏程序的代码如下：

```
#猜单词游戏
import random
#创建单词序列
WORDS = ("python", "jumble", "easy", "difficult", "answer", "continue",
        "phone", "position", "pose", "game")
#开始游戏
print(
"""
    欢迎参加猜单词游戏
    把字母组合成一个正确的单词.
"""
)
iscontinue = "y"
while iscontinue == "y" or iscontinue == "Y":
    #从序列中随机挑出一个单词
    word = random.choice(WORDS)
    #一个用于判断玩家是否猜对的变量
    correct = word
    #创建乱序后单词
    jumble = ""
    while word:                        #word 不是空串循环
        #根据 word 长度产生 word 的随机位置
        position = random.randrange(len(word))
        #将 position 位置的字母组合到乱序后单词
        jumble += word[position]
        #通过切片将 position 位置的字母从原单词中删除
        word = word[:position] + word[(position + 1):]
    print("乱序后单词:", jumble)

    guess = input("\n请你猜: ")
    while guess!= correct and guess!= "":
        print("对不起不正确.")
        guess = input("继续猜: ")

    if guess == correct:
        print("真棒,你猜对了!")
    iscontinue = input("\n是否继续(Y/N):")
```

运行结果：

```
        欢迎参加猜单词游戏
    把字母组合成一个正确的单词.
乱序后单词: yaes
请你猜: easy
真棒,你猜对了!
是否继续(Y/N):y
乱序后单词: diufctlfi
请你猜: difficutl
对不起不正确.
继续猜: difficult
真棒,你猜对了!
是否继续(Y/N):n
>>>
```

第 3 章

数据库应用——智力问答测试

3.1 智力问答测试功能介绍

智力问答测试,内容涉及历史、经济、风情、民俗、地理、人文等古今中外各方面的知识,让玩家在轻松娱乐、益智、搞笑的同时不知不觉地增长知识。在答题过程中对做对、做错进行实时跟踪,测试完成后能根据玩家的答题情况给出成绩。程序运行界面如图 3-1 所示。

图 3-1 智力问答测试程序的运行界面

3.2 程序设计的思路

程序使用了一个 SQLite 试题库 test2.db,其中每个智力问答由题目、4 个选项和正确答案组成(question、Answer_A、Answer_B、Answer_C、Answer_D、right_Answer)。在测试前,程序从试题库 test2.db 读取试题信息,存储到 values 列表中。在测试时,顺序从 values 列表读出题目显示在 GUI 界面中供用户答题。在进行界面设计时,智力问答题目是标签控件,4 个选项是单选按钮控件,在"下一题"按钮单击事件中实现题目切换和对错判断,如果正确则得分 score 加 10 分,错误不加分,并判断用户是否做完。在"结果"按钮单击事件中实现得分 score 的显示。

3.3 关键技术

Python 从 2.5 版本以上就内置了 SQLite3，所以在 Python 中使用 SQLite 不需要安装任何东西，直接使用。SQLite3 数据库使用 SQL 语言。SQLite 作为后端数据库，可以制作有数据存储需求的工具。Python 标准库中的 SQLite3 提供该数据库的接口。

3.3.1 访问数据库的步骤

从 Python 2.5 开始，SQLite3 就成了 Python 的标准模块，这也是 Python 中的唯一一个数据库接口类模块，大大方便了用户使用 Python SQLite 数据库开发小型数据库应用系统。

Python 的数据库模块有统一的接口标准，所以数据库操作有统一的模式，操作数据库 SQLite3 主要分为以下几步。

❶ 导入 Python SQLite 数据库模块

Python 标准库中带有 sqlite3 模块，可直接导入：

```
import sqlite3
```

❷ 建立数据库连接，返回 Connection 对象

使用数据库模块的 connect() 函数建立数据库连接，返回连接对象 con。

```
con = sqlite3.connect(connectstring)    # 连接到数据库，返回 sqlite3.connection 对象
```

说明：connectstring 是连接字符串。对于不同的数据库连接对象，其连接字符串的格式不同，sqlite 的连接字符串为数据库的文件名，例如"E:\test.db"。如果指定连接字符串为 memory，则可创建一个内存数据库。例如：

```
import sqlite3
con = sqlite3.connect("E:\\test.db")
```

如果 E 盘下的 test.db 存在，则打开数据库；否则在该路径下创建数据库 test.db 并打开。

❸ 创建游标对象

使用游标对象能够灵活地对从表中检索出的数据进行操作，就本质而言，游标实际上是一种能从包括多条数据记录的结果集中每次提取一条记录的机制。

调用 con.cursor() 创建游标对象 cur：

```
cur = con.cursor()                      # 创建游标对象
```

❹ 使用 Cursor 对象的 execute() 方法执行 SQL 命令返回结果集

调用 cur.execute()、cur.executemany()、cur.executescript() 方法查询数据库。

- cur.execute(sql)：执行 SQL 语句。

- cur.execute(sql, parameters)：执行带参数的 SQL 语句。
- cur.executemany(sql, seq_of_pqrameters)：根据参数执行多次 SQL 语句。
- cur.executescript(sql_script)：执行 SQL 脚本。

例如创建一个表 category。

```
cur.execute("create table category(id primary key, sort, name)")
```

此时将创建一个包含 3 个字段 id、sort 和 name 的表 category。下面向表中插入记录：

```
cur.execute("insert into category values(1, 1, 'computer')")
```

在 SQL 语句字符串中可以使用占位符"?"表示参数，传递的参数使用元组。例如：

```
cur.execute("insert into category values (?, ?,?) ",(2, 3, 'literature'))
```

❺ 获取游标的查询结果集

调用 cur.fetchall()、cur.fetchone()、cur.fetchmany()返回查询结果。
- cur.fetchone()：返回结果集的下一行(Row 对象)；无数据时返回 None。
- cur.fetchall()：返回结果集的剩余行(Row 对象列表)，无数据时返回空 List。
- cur.fetchmany()：返回结果集的多行(Row 对象列表)，无数据时返回空 List。

例如：

```
cur.execute("select * from catagory")
print(cur.fetchall())                  ＃提取查询到的数据
```

返回结果如下：

```
[(1, 1, 'computer'), (2, 2,'literature')]
```

如果使用 cur.fetchone()，则首先返回列表中的第 1 项，再次使用，返回第 2 项，依次进行。用户也可以直接使用循环输出结果，例如：

```
for row in cur.execute("select * from catagory"):
    print(row[0],row[1])
```

❻ 数据库的提交和回滚

根据数据库事务隔离级别的不同，可以提交或回滚。
- con.commit()：事务提交。
- con.rollback()：事务回滚。

❼ 关闭 Cursor 对象和 Connection 对象

最后需要关闭打开的 Cursor 对象和 Connection 对象。
- cur.close()：关闭 Cursor 对象。
- con.close()：关闭 Connection 对象。

3.3.2 创建数据库和表

例 3-1 创建数据库 sales，并在其中创建表 book，表中包含 3 列，即 id、price 和 name，

其中 id 为主键(primary key)。

```python
# 导入 Python SQLite 数据库模块
import sqlite3
# 创建 SQLite 数据库
con = sqlite3.connect("E:\\sales.db")        # 若不指定文件夹 E:\,则默认存放在程序所在文件夹
# 创建表 book,包含 3 列,即 id(主键)、price 和 name
con.execute("create table book(id primary key, price, name)")
```

说明：Connection 对象的 execute()方法是 Cursor 对象对应方法的快捷方式,系统会创建一个临时 Cursor 对象,然后调用对应的方法,并返回 Cursor 对象。

3.3.3 数据库的插入、更新和删除操作

在数据库表中插入、更新、删除记录的一般步骤如下。
(1) 建立数据库连接。
(2) 创建游标对象 cur,使用 cur.execute(sql)执行 SQL 的 insert、update、delete 等语句完成数据库记录的插入、更新、删除操作,并根据返回值判断操作结果。
(3) 提交操作。
(4) 关闭数据库。

例 3-2 数据库表记录的插入、更新和删除操作。

```python
import sqlite3
books = [("021",25,"大学计算机"),("022",30,"大学英语"),("023",18,"艺术欣赏"),
( "024",35,"高级语言程序设计")]
# 打开数据库
Con = sqlite3.connect("E:\\sales.db")
# 创建游标对象
Cur = Con.cursor()
# 插入一行数据
Cur.execute("insert into book(id,price,name) values('001',33,'大学计算机   多媒体')")
Cur.execute("insert into book(id,price,name) values(?,?,?) " ,("002",28, "数据库基础"))
# 插入多行数据
Cur.executemany("insert into book(id,price,name) values (?,?,?) ",books)
# 修改一行数据
Cur.execute("Update book set price = ? where name = ? ",(25,"大学英语"))
# 删除一行数据
n = Cur.execute("delete from book where price = ?",(25,))
print("删除了",n.rowcount,"行记录")
Con.commit()
Cur.close()
Con.close()
```

运行结果如下：

删除了 2 行记录

3.3.4　数据库表的查询操作

查询数据库的步骤如下。
（1）建立数据库连接。
（2）创建游标对象 cur,使用 cur.execute(sql)执行 SQL 的 select 语句。
（3）循环输出结果。

```
import sqlite3
#打开数据库
Con = sqlite3.connect("E:\\sales.db")
#创建游标对象
Cur = Con.cursor()
#查询数据库表
Cur.execute("select id,price,name from book")
for row in Cur:
    print(row)
```

运行结果如下:

```
('001', 33, '大学计算机多媒体')
('002', 28, '数据库基础')
('023', 18, '艺术欣赏')
('024', 35, '高级语言程序设计')
```

3.3.5　数据库使用实例——学生通讯录

设计一个学生通讯录,可以添加、删除、修改里面的信息。

```
import sqlite3
#打开数据库
def opendb():
        conn = sqlite3.connect("E:\\mydb.db")
        cur = conn.execute("create table if not exists tongxinlu(usernum
            integer primary key,username varchar(128), password varchar(128),
address varchar(125), telnum varchar(128))")
        return cur, conn
#查询全部信息
def showalldb():
        print(" -------------------- 处理后的数据 -------------------- ")
        hel = opendb()
        cur = hel[1].cursor()
        cur.execute("select * from tongxinlu")
        res = cur.fetchall()
        for line in res:
                for h in line:
                        print(h,end = ",")
```

```python
            print()
        cur.close()
#输入信息
def into():
    usernum = input("请输入学号:")
    username1 = input("请输入姓名:")
    password1 = input("请输入密码:")
    address1 = input("请输入地址:")
    telnum1 = input("请输入联系电话:")
    return usernum,username1,password1,address1,telnum1
#往数据库中添加内容
def adddb():
    welcome = """------------------ 欢迎使用添加数据功能 ------------------"""
    print(welcome)
    person = into()
    hel = opendb()
    hel[1].execute("insert into tongxinlu(usernum,username, password, address, telnum)
    values(?,?,?,?,?)",(person[0], person[1], person[2], person[3],person[4]))
    hel[1].commit()
    print ("------------------ 恭喜你,数据添加成功 ------------------ ")
    showalldb()
    hel[1].close()
#删除数据库中的内容
def deldb():
    welcome = " ------------------ 欢迎使用删除数据库功能 ------------------ "
    print(welcome)
    delchoice = input("请输入想要删除的学号:")
    hel = opendb()                    #返回游标 conn
    hel[1].execute("delete from tongxinlu where usernum  = " + delchoice)
    hel[1].commit()
    print ("------------------ 恭喜你,数据删除成功 ------------------ ")
    showalldb()
    hel[1].close()
#修改数据库的内容
def alter():
    welcome = " ------------------ 欢迎使用修改数据库功能 ------------------ "
    print(welcome)
    changechoice = input("请输入想要修改的学生的学号:")
    hel = opendb()
    person = into()
    hel[1].execute("update tongxinlu set usernum = ?,username = ?,
    password = ?,address = ?,telnum = ? where usernum = " + changechoice,
    (person[0], person[1], person[2], person[3],person[4]))
    hel[1].commit()
    showalldb()
    hel[1].close()
#查询数据
def searchdb():
    welcome = " ------------------ 欢迎使用查询数据库功能 ------------------ "
    print(welcome)
```

```python
            choice = input("请输入要查询的学生的学号:")
            hel = opendb()
            cur = hel[1].cursor()
            cur.execute("select * from tongxinlu where usernum = " + choice)
            hel[1].commit()
                    print(" --------------- 恭喜你,你要查找的数据如下 --------------- ")
            for row in cur:
                    print(row[0],row[1],row[2],row[3],row[4])
                cur.close()
            hel[1].close()
# 是否继续
def conti():
        choice = input("是否继续?(y or n):")
        if choice == 'y':
                a = 1
        else:
                a = 0
        return a
if __name__ == "__main__":
        flag = 1
        while flag:
                welcome = " --------- 欢迎使用数据库通讯录 --------- "
                print(welcome)
                choiceshow = """
请选择您的进一步选择:
(添加)往通讯录数据库中添加内容
(删除)删除通讯录中的内容
(修改)修改通讯录的内容
(查询)查询通讯录的内容
选择您想要进行的操作:
"""
                choice = input(choiceshow)
                if choice == "添加":
                        adddb()
                        flag = conti()
                elif choice == "删除":
                        deldb()
                        flag = conti()
                elif choice == "修改":
                        alter()
                        flag = conti()
                elif choice == "查询":
                        searchdb()
                        flag = conti()
                else:
                        print("你输入错误,请重新输入")
```

程序运行界面和添加记录界面如图 3-2 所示。

图 3-2　程序运行界面和添加记录界面

3.4　程序设计的步骤

3.4.1　生成试题库

建立数据库 test2.db 的代码如下：

```
import sqlite3                              # 导入 SQLite 驱动
# 连接到 SQLite 数据库,数据库文件是 test2.db
# 如果文件不存在,会自动在当前目录创建
conn = sqlite3.connect('test2.db')
cursor = conn.cursor()                      # 创建一个 Cursor
# cursor.execute("delete from exam")
# 执行一条 SQL 语句,创建 exam 表
cursor.execute('CREATE TABLE [exam] ([question] VARCHAR(80) NULL,[Answer_A] VARCHAR(50) NULL,
[Answer_B] VARCHAR(50) NULL,[Answer_C] VARCHAR(50) NULL,[Answer_D] VARCHAR(50) NULL,[right_
Answer] VARCHAR(1) NULL)')
# 继续执行一条 SQL 语句,插入一条记录
cursor.execute("insert into exam (question, Answer_A, Answer_B, Answer_C,   Answer_D, right_
Answer) values ('哈雷彗星的平均周期为', '54 年', '56 年', '73 年', '83 年', 'C')")
cursor.execute("insert into exam (question, Answer_A, Answer_B, Answer_C,   Answer_D, right_
Answer) values('夜郎自大中"夜郎"指的是现在哪个地方?', '贵州', '云南', '广西', '福建', 'A')")
cursor.execute("insert into exam (question, Answer_A, Answer_B, Answer_C,   Answer_D, right_
Answer) values('在中国历史上是谁发明了麻药', '孙思邈', '华佗', '张仲景', '扁鹊', 'B')")
cursor.execute("insert into exam (question, Answer_A, Answer_B, Answer_C,   Answer_D, right_
Answer) values('京剧中花旦是指', '年轻男子', '年轻女子', '年长男子', '年长女子', 'B')")
cursor.execute("insert into exam (question, Answer_A, Answer_B, Answer_C,   Answer_D, right_
Answer) values('篮球比赛每队几人?', '4', '5', '6', '7', 'B')")
cursor.execute("insert into exam (question, Answer_A, Answer_B, Answer_C,   Answer_D, right_
Answer) values('在天愿作比翼鸟,在地愿为连理枝.讲述的是谁的爱情故事?',   '焦仲卿和刘兰芝',
'梁山伯与祝英台', '崔莺莺和张生', '杨贵妃和唐明皇', 'D')")
print(cursor.rowcount)                      # 通过 rowcount 获得插入的行数
cursor.close()                              # 关闭 Cursor
conn.commit()                               # 提交事务
conn.close()                                # 关闭 Connection
```

3.4.2 读取试题信息

读取试题信息的代码如下：

```python
conn = sqlite3.connect('test2.db')
cursor = conn.cursor()
#执行查询语句
cursor.execute('select * from exam')
#获得查询结果集
values = cursor.fetchall()
cursor.close()
conn.close()
```

以上代码完成数据库 test2.db 的试题信息的读取，存储到 values 列表中。

3.4.3 界面和逻辑设计

callNext()用于判断用户选择的正误，正确则加 10 分，错误不加分；并判断用户是否做完，如果没做完，则将下一题的题目信息显示到 timu 标签，4 个选项显示到 radio1～radio4 这 4 个单选按钮上。

```python
import tkinter
from tkinter import *
from tkinter.messagebox import *
def callNext():
    global k
    global score
    useranswer = r.get()              #获取用户的选择
    print(r.get())                    #获取被选中单选按钮变量值
    if useranswer == values[k][5]:
        showinfo("恭喜","恭喜你对了!")
        score += 10
    else:
        showinfo("遗憾","遗憾你错了!")
    k = k + 1
    if k >= len(values):              #判断用户是否做完
        showinfo("提示","题目做完了")
        return
    #显示下一题
    timu["text"] = values[k][0]       #题目信息
    radio1["text"] = values[k][1]     #A 选项
    radio2["text"] = values[k][2]     #B 选项
    radio3["text"] = values[k][3]     #C 选项
    radio4["text"] = values[k][4]     #D 选项
    r.set('E')

def callResult():
    showinfo("你的得分",str(score))
```

以下是界面布局代码：

```python
root = tkinter.Tk()
root.title('Python智力问答游戏')
root.geometry("500x200")
r = tkinter.StringVar()                    # 创建 StringVar 对象
r.set('E')                                 # 设置初始值为'E',初始没选中
k = 0
score = 0
timu = tkinter.Label(root, text = values[k][0])      # 题目
timu.pack()
f1 = Frame(root)                           # 创建第 1 个 Frame 组件
f1.pack()
radio1 = tkinter.Radiobutton(f1, variable = r, value = 'A', text = values[k][1])
radio1.pack()
radio2 = tkinter.Radiobutton(f1, variable = r, value = 'B', text = values[k][2])
radio2.pack()
radio3 = tkinter.Radiobutton(f1, variable = r, value = 'C', text = values[k][3])
radio3.pack()
radio4 = tkinter.Radiobutton(f1, variable = r, value = 'D', text = values[k][4])
radio4.pack()
f2 = Frame(root)                           # 创建第 2 个 Frame 组件
f2.pack()
Button(f2, text = '下一题', command = callNext).pack(side = LEFT)
Button(f2, text = '结果', command = callResult).pack(side = LEFT)
root.mainloop()
```

第二篇

爬虫技术开发

第 4 章

调用百度 API 应用
——小小翻译器

4.1 小小翻译器功能介绍

视频讲解

小小翻译器使用百度翻译开放平台提供的 API，实现简单的翻译功能，用户输入自己需要翻译的单词或者句子，即可得到翻译的结果，运行界面如图 4-1 所示。该翻译器不仅能够将英文翻译成中文，也可以将中文翻译成英文，或者是其他语言。

图 4-1 小小翻译器的运行界面

4.2 程序设计的思路

百度翻译开放平台提供的 API，可以为用户提供高质量的翻译服务。通过调用百度翻译 API 编写在线翻译程序。

百度翻译开放平台每月提供 200 万字符的免费翻译服务，只要拥有百度账号并申请成为开发者就可以获得所需要的账号和密码。下面是开发者申请链接：

http://api.fanyi.baidu.com/api/trans/product/index

为方便使用,百度翻译开放平台提供了详细的接入文档,链接如下:
http://api.fanyi.baidu.com/api/trans/product/apidoc
在相应文档中列出了详细的使用方法。

按照百度翻译开放平台文档中的要求,生成 URL 请求网页,提交后可返回 JSON 数据格式的翻译结果,再将得到的 JSON 格式的翻译结果解析出来。

4.3 关键技术

4.3.1 urllib 库简介

urllib 是 Python 标准库中最常用的 Python 网页访问的模块,它可以让用户像访问本地文本文件一样读取网页的内容。Python 2 系列使用的是 urllib2,Python 3 以后将其全部整合为 urllib;在 Python 3.x 中,用户可以使用 urllib 这个库抓取网页。

urllib 库提供了一个网页访问的简单易懂的 API 接口,还包括一些函数方法,用于进行参数编码、下载网页等操作。这个模块的使用门槛非常低,初学者也可以尝试去抓取和读取或者保存网页。urllib 是一个 URL 处理包,在这个包中集合了一些处理 URL 的模块。

(1) urllib.request 模块:用来打开和读取 URL。

(2) urllib.error 模块:包含一些由 urllib.request 产生的错误,可以使用 try 进行捕捉处理。

(3) urllib.parse 模块:包含一些解析 URL 的方法。

(4) urllib.robotparser 模块:用来解析 robots.txt 文本文件。它提供了一个单独的 RobotFileParser 类,通过该类提供的 can_fetch() 方法测试爬虫是否可以下载一个页面。

4.3.2 urllib 库的基本使用

下面结合使用 urllib.request 和 urllib.parse 两个模块说明 urllib 库的使用方法。

❶ 获取网页信息

使用 urllib.request.urlopen() 函数可以很轻松地打开一个网站,读取并打印网页信息。
urlopen() 函数的语法格式如下:

```
urlopen(url[, data[, proxies]])
```

urlopen() 返回一个 Response 对象,然后像本地文件一样操作这个 Response 对象来获取远程数据。其中,参数 url 表示远程数据的路径,一般是网址;参数 data 表示以 post 方式提交到 URL 的数据(提交数据有两种方式——post 与 get,一般情况下很少用到这个参数);参数 proxies 用于设置代理。urlopen() 还有一些可选参数,对于具体信息,读者可以查阅 Python 自带的文档。

urlopen()返回的 Response 对象提供了如下方法。

- read()、readline()、readlines()、fileno()、close()：这些方法的使用方式和文件对象完全一样。
- info()：返回一个 httplib.HTTPMessage 对象，表示远程服务器返回的头信息。
- getcode()：返回 HTTP 状态码。如果是 HTTP 请求，200 表示请求成功完成，404 表示网址未找到。
- geturl()：返回请求的 URL。

了解了这些，读者就可以编写一个最简单的爬取网页的程序。

```
#urllib_test01.py
from urllib import request
if __name__ == "__main__":
    response = request.urlopen("http://fanyi.baidu.com")
    html = response.read()
    html = html.decode("utf-8")          #decode()将网页的信息进行解码，否则会产生乱码
    print(html)
```

urllib 使用 request.urlopen()打开和读取 URL 信息，返回的对象 Response 如同一个文本对象，用户可以调用 read()进行读取，再通过 print()将读到的信息打印出来。

运行 py 程序文件，输出信息如图 4-2 所示。

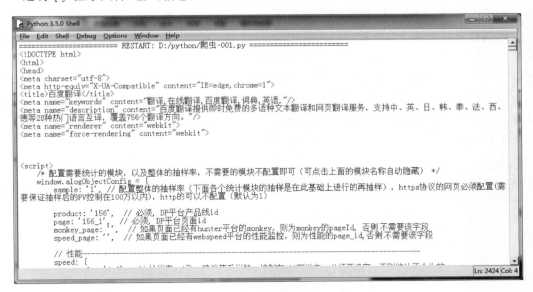

图 4-2　读取的百度翻译网页源码

其实，这就是浏览器接收到的信息，只不过用户在使用浏览器的时候，浏览器已经将这些信息转化成了界面信息供用户浏览。浏览器就是作为客户端从服务器端获取信息，然后将信息解析，再展示给用户的。

这里通过 decode()命令将网页的信息进行解码：

```
html = html.decode("utf-8")
```

当然，这个前提是用户已经知道了这个网页是使用 UTF-8 编码的，那么怎么查看网页的编码方式呢？非常简单的方法是使用浏览器查看网页源码，只需要找到 head 标签开始位置的 chareset，就能知道网页是采用何种编码了。

需要说明的是，urlopen()函数中的 url 参数不仅可以是一个字符串，例如"http://www.baidu.com"，还可以是一个 Request 对象，这就需要先定义一个 Request 对象，然后将这个 Request 对象作为 urlopen()的参数使用，方法如下：

```
req = request.Request("http://fanyi.baidu.com/")    # Request 对象
response = request.urlopen(req)
html = response.read()
html = html.decode("utf-8")
print(html)
```

注意：如果要把对应文件下载到本地，可以使用 urlretrieve()函数。

```
from urllib import request
request.urlretrieve("http://www.zzti.edu.cn/_mediafile/index/2017/06/24/1qjdyc7vq5.jpg", "aaa.jpg")
```

这样就可以把网络上中原工学院的图片资源 1qjdyc7vq5.jpg 下载到本地，生成 aaa.jpg 图片文件。

❷ 获取服务器响应信息

和浏览器的交互过程一样，request.urlopen()代表请求过程，它返回的 HTTPResponse 对象代表响应。返回内容作为一个对象更便于操作，HTTPResponse 对象的 status 属性返回请求 HTTP 后的状态，在处理数据之前要先判断状态情况。如果请求未被响应，需要终止内容处理。reason 属性非常重要，可以得到未被响应的原因，url 属性用于返回页面 URL。HTTPResponse.read()用于获取请求的页面内容的二进制形式。

用户也可以使用 getheaders()返回 HTTP 响应的头信息，例如：

```
from urllib import request
f = request.urlopen('http://fanyi.baidu.com')
data = f.read()
print('Status:', f.status, f.reason)
for k, v in f.getheaders():
    print('%s: %s' % (k, v))
```

可以看到 HTTP 响应的头信息。

```
Status: 200 OK
Content-Type: text/html
Date: Sat, 15 Jul 2017 02:18:26 GMT
P3p: CP=" OTI DSP COR IVA OUR IND COM "
Server: Apache
Set-Cookie: locale=zh; expires=Fri, 11-May-2018 02:18:26 GMT; path=/; domain=.baidu.com
Set-Cookie: BAIDUID=2335F4F896262887F5B2BCEAD460F5E9:FG=1; expires=Sun, 15-Jul-18 02:18:26 GMT; max-age=31536000; path=/; domain=.baidu.com; version=1
```

```
Vary: Accept-Encoding
Connection: close
Transfer-Encoding: chunked
```

同样可以使用 Response 对象的 geturl()方法、info()方法、getcode()方法获取相关的 URL、响应信息和响应 HTTP 状态码。

```
#-*-coding:UTF-8-*-
from urllib import request
if __name__ == "__main__":
    req = request.Request("http://fanyi.baidu.com/")
    response = request.urlopen(req)
    print("geturl 打印信息:%s" % (response.geturl()))
    print('******************************************')
    print("info 打印信息:%s" % (response.info()))
    print('******************************************')
    print("getcode 打印信息:%s" % (response.getcode()))
```

可以得到如下运行结果：

```
geturl 打印信息:http://fanyi.baidu.com/
******************************************
info 打印信息:Content-Type: text/html
Date: Sat, 15 Jul 2017 02:42:32 GMT
P3p: CP=" OTI DSP COR IVA OUR IND COM "
Server: Apache
Set-Cookie: locale=zh; expires=Fri, 11-May-2018 02:42:32 GMT; path=/; domain=.baidu.com
Set-Cookie: BAIDUID=976A41D6B0C3FD6CA816A09BEAC3A89A:FG=1; expires=Sun, 15-Jul-18 02:42:32 GMT; max-age=31536000; path=/; domain=.baidu.com; version=1
Vary: Accept-Encoding
Connection: close
Transfer-Encoding: chunked
******************************************
getcode 打印信息:200
```

现在读者已经学会了使用简单的语句对网页进行抓取，接下来学习如何向服务器发送数据。

❸ 向服务器发送数据

用户可以使用 urlopen()函数中的 data 参数向服务器发送数据。根据 HTTP 规范，get 用于信息获取，post 是向服务器提交数据的一种请求。换句话说，从客户端向服务器提交数据使用 post，从服务器获得数据到客户端使用 get。get 也可以提交，与 post 的区别如下：

（1）get 方式可以通过 URL 提交数据，待提交数据是 URL 的一部分；采用 post 方式，待提交数据放置在 HTML header 内。

（2）get 方式提交的数据最多不超过 1024 字节，post 没有对提交内容的长度做限制。

如果没有设置 urlopen()函数的 data 参数，HTTP 请求采用 get 方式，也就是从服务器获取信息；如果设置 data 参数，HTTP 请求采用 post 方式，也就是向服务器传递数据。

data 参数有自己的格式，它是一个基于 application/x-www.form-urlencoded 的格式，

对于其具体格式,读者不用了解,因为可以使用 urllib.parse.urlencode()函数将字符串自动转换成上面所说的格式。

❹ 使用 User Agent 隐藏身份

1) 为何要设置 User Agent

有些网站不喜欢被爬虫程序访问,所以会检测连接对象,如果是爬虫程序,也就是非人单击访问,它就会不让继续访问,所以为了让程序可以正常运行,需要隐藏自己的爬虫程序的身份。此时可以通过设置 User Agent 来达到隐藏身份的目的,User Agent 的中文名为用户代理,简称 UA。

User Agent 存放于 headers 中,服务器就是通过查看 headers 中的 User Agent 来判断是谁在访问。在 Python 中,如果不设置 User Agent,程序将使用默认的参数,那么这个 User Agent 就会有 Python 的字样,如果服务器检查 User Agent,那么没有设置 User Agent 的 Python 程序将无法正常访问网站。

Python 允许用户修改这个 User Agent 来模拟浏览器访问,它的强大毋庸置疑。

2) 常见的 User Agent

(1) Android:

- Mozilla/5.0 (Linux; Android 4.1.1; Nexus 7 Build/JRO03D) AppleWebKit/535.19 (KHTML, like Gecko) Chrome/18.0.1025.166 Safari/535.19
- Mozilla/5.0 (Linux; U; Android 4.0.4; en-gb; GT-I9300 Build/IMM76D) AppleWebKit/534.30 (KHTML, like Gecko) Version/4.0 Mobile Safari/534.30
- Mozilla/5.0 (Linux; U; Android 2.2; en-gb; GT-P1000 Build/FROYO) AppleWebKit/533.1 (KHTML, like Gecko) Version/4.0 Mobile Safari/533.1

(2) Firefox:

- Mozilla/5.0 (Windows NT 6.2; WOW64; rv:21.0) Gecko/20100101 Firefox/21.0
- Mozilla/5.0 (Android; Mobile; rv:14.0) Gecko/14.0 Firefox/14.0

(3) Google Chrome:

- Mozilla/5.0 (Windows NT 6.2; WOW64) AppleWebKit/537.36 (KHTML, like Gecko) Chrome/27.0.1453.94 Safari/537.36
- Mozilla/5.0 (Linux; Android 4.0.4; Galaxy Nexus Build/IMM76B) AppleWebKit/535.19 (KHTML, like Gecko) Chrome/18.0.1025.133 Mobile Safari/535.19

(4) iOS:

- Mozilla/5.0 (iPad; CPU OS 5_0 like Mac OS X) AppleWebKit/534.46 (KHTML, like Gecko) Version/5.1 Mobile/9A334 Safari/7534.48.3
- Mozilla/5.0 (iPod; U; CPU like Mac OS X; en) AppleWebKit/420.1 (KHTML, like Gecko) Version/3.0 Mobile/3A101a Safari/419.3

上面列举了 Android、Firefox、Google Chrome、iOS 的一些 User Agent。

3) 设置 User Agent 的方法

设置 User Agent 有以下两种方法。

(1) 在创建 Request 对象的时候填入 headers 参数(包含 User Agent 信息),这个 headers 参数要求为字典。

（2）在创建 Request 对象的时候不添加 headers 参数，在创建完成之后使用 add_header()方法添加 headers。

方法一：

使用上面提到的 Android 的第 1 个 User Agent，在创建 Request 对象的时候传入 headers 参数，编写代码如下：

```python
# -*- coding: UTF-8 -*-
from urllib import request
if __name__ == "__main__":
    # 以 CSDN 为例，CSDN 不更改 User Agent 是无法访问的
    url = 'http://www.csdn.net/'
    head = {}
    # 写入 User Agent 信息
    head['User-Agent'] = 'Mozilla/5.0 (Linux; Android 4.1.1; Nexus 7 Build/ JRO03D) AppleWebKit/535.19 (KHTML, like Gecko) Chrome/18.0.1025.166 Safari/535.19'
    req = request.Request(url, headers = head)      # 创建 Request 对象
    response = request.urlopen(req)                 # 传入创建好的 Request 对象
    html = response.read().decode('utf-8')          # 读取响应信息并解码
    print(html)                                      # 打印信息
```

方法二：

使用上面提到的 Android 的第 1 个 User Agent，在创建 Request 对象时不传入 headers 参数，在创建之后使用 add_header()方法添加 headers，编写代码如下：

```python
# -*- coding: UTF-8 -*-
from urllib import request
if __name__ == "__main__":
    # 以 CSDN 为例，CSDN 不更改 User Agent 是无法访问的
    url = 'http://www.csdn.net/'
    req = request.Request(url)                      # 创建 Request 对象
    req.add_header('User-Agent', 'Mozilla/5.0 (Linux; Android 4.1.1; Nexus 7 Build/JRO03D) AppleWebKit/535.19 (KHTML, like Gecko) Chrome/ 18.0.1025.166 Safari/535.19')
                                                    # 传入 headers
    response = request.urlopen(req)                 # 传入创建好的 Request 对象
    html = response.read().decode('utf-8')          # 读取响应信息并解码
    print(html)                                      # 打印信息
```

4.3.3　JSON 使用

JSON(JavaScript Object Notation)是一种轻量级的数据交换格式，比 XML 更小、更快、更易解析，易于读写且占用带宽小，网络传输速度快的特性，适用于数据量大，不要求保留原有类型的情况。它是 JavaScript 的子集，易于人阅读和编写。

前端和后端进行数据交互，其实往往就是通过 JSON 进行。因为 JSON 易于被识别的特性，常被作为网络请求的返回数据格式。在爬取动态网页时，会经常遇到 JSON 格式的数据，Python 中可以使用 json 模块来对 JSON 数据进行解析。

❶ JSON 的结构

常见形式为"名称/值"对的集合。

例如下面这样：

```
{"firstName": "Brett", "lastName": "McLaughlin"}
```

JSON 允许使用数组，采用方括号[]实现。

例如：

```
{
    "people":[
        {"firstName": "Brett",
         "lastName":"McLaughlin"
        },
        {"firstName":"Jason",
         "lastName":"Hunter"
        }
    ]
}
```

在这个示例中，只有一个名为"people"的名称，值是包含两个元素的数组，每个元素是一个人的信息，其中包含名和姓。

JSON 和 XML 的可读性可谓不相上下，一边是简易的语法，一边是规范的标签形式，很难分出胜负。XML 和 JSON 都使用结构化方法来标记数据，下面来做一个简单的比较。

用 XML 表示中国部分省市数据如下：

```
<?xml version = "1.0" encoding = "utf-8"?>
<country>
    <name>中国</name>
    <province>
        <name>黑龙江</name>
        <cities>
            <city>哈尔滨</city>
            <city>大庆</city>
        </cities>
    </province>
    <province>
        <name>广东</name>
        <cities>
            <city>广州</city>
            <city>深圳</city>
            <city>珠海</city>
        </cities>
    </province>
    <province>
        <name>新疆</name>
        <cities>
            <city>乌鲁木齐</city>
        </cities>
```

```
        </province>
</country>
```

用 JSON 表示中国部分省市数据,其中省份采用的是数组。

```
{
    "name": "中国",
    "province": [{
        "name": "黑龙江",
        "cities": {
            "city": ["哈尔滨", "大庆"]
        }
    }, {
        "name": "广东",
        "cities": {
            "city": ["广州", "深圳", "珠海"]
        }
    }, {
        "name": "新疆",
        "cities": {
            "city": ["乌鲁木齐"]
        }
    }]
}
```

从上例可以看到,JSON 简单的语法格式和清晰的层次结构明显要比 XML 容易阅读,并且在数据交换方面,由于 JSON 所使用的字符要比 XML 少得多,可以节约传输数据所占用的带宽。

JSON 中的数据类型和 Python 中的数据类型转化关系如表 4-1 所示。

表 4-1　JSON 中的数据类型和 Python 中的数据类型转化关系

JSON 的数据类型	Python 的数据类型	JSON 的数据类型	Python 的数据类型
object	dict	number（real）	float
array	list	true、false	True、False
string	str	null	None
number（int）	int		

❷ JSON 模块中常用的方法

在使用 JSON 这个模块前,首先要导入 json 库:import json。

它主要提供了四个方法:dumps、dump、loads、load,如表 4-2 所示。

表 4-2　JSON 模块中常用的方法

方　　法	功　能　描　述
json.dumps()	将 Python 对象转换成 JSON 字符串
json.loads()	将 JSON 字符串转换成 Python 对象
json.dump()	将 Python 类型数据序列化为 JSON 对象后写入文件
json.load()	读取文件中 JSON 形式的字符串并转化为 Python 类型数据

下面通过例子说明四个方法的使用。

(1) json.dumps()：其作用是将 Python 对象转换成 JSON 字符串。

```
import json
data = {'name':'nanbei','age':18}
s = json.dumps(data)            #将 Python 对象编码成 JSON 字符串
print(s)
```

运行结果：

```
{"name": "nanbei", "age": 18}
```

JSON 注意事项：
- 名称必须用双引号（即："name"）来包括。
- 值可以是字符串、数字、true、false、null、JavaScript 数组或子对象。

从运行结果可见，原先的'name'和'age'单引号已经变成双引号"name"和"age"。

(2) json.loads()：其作用是将 JSON 字符串转换成 Python 对象。

```
import json
data = {'name':'nanbei','age':18}
a = json.dumps(data)
print(json.loads(a))            #将 JSON 字符串编码成 Python 对象—dict 字典
```

运行结果：

```
{'name': 'nanbei', 'age': 18}
```

如果是一个 JSON 文件则要先读文件，然后才能转换成 Python 对象。

```
import json
f = open('stus.json',encoding = 'utf-8')    # 'stus.json'是一个 JSON 文件
content = f.read()                          #使用 loads()方法,需要先读文件成字符串
user_dic = json.loads(content)              #转换成 Python 的字典对象
print(user_dic)
```

(3) json.load()方法：其作用是读取文件中 JSON 形式的字符串并转换为 Python 类型数据。

```
import json
f = open('stus.json',encoding = 'utf-8')
user_dic = json.load(f)            #f 是文件对象
print(user_dic)
```

可见 loads()传入的是字符串，而 load()传入的是文件对象。使用 loads()时需要先读文件成字符串再使用，而 load()则不用先读文件成字符串而是直接传入文件对象。

(4) json.dump()：其作用是将 Python 类型数据序列转换为 JSON 对象后写入文件。

```
stus = { 'xiaojun':88,  'xiaohei':90,  'lrx':100}
f = open('stus2.json','w',encoding = 'utf-8')         #以写方式打开 stus2.json 文件
```

```
        json.dump(stus,f)                    # 写入 stus2.json 文件
        f.close()                            # 文件关闭
```

4.4 程序设计的步骤

视频讲解

4.4.1 设计界面

采用 Tkinter 的 place 几何布局管理器设计 GUI 图形界面,运行效果如图 4-3 所示。

图 4-3 place 几何布局管理器

新建文件 translate_test.py,编写如下代码:

```
from tkinter import *
if __name__ == "__main__":
    root = Tk()
    root.title("单词翻译器")
    root['width'] = 250;root['height'] = 130
    Label(root,text = '输入要翻译的内容:',width = 15).place(x = 1,y = 1)    #绝对坐标(1, 1)
    Entry1 = Entry(root,width = 20)
    Entry1.place(x = 110,y = 1)                                          #绝对坐标(110, 1)
    Label(root,text = '翻译的结果:',width = 18).place(x = 1,y = 20)       #绝对坐标(1, 20)
    s = StringVar()                                                      #一个 StringVar()对象
    s.set("大家好,这是测试")
    Entry2 = Entry(root,width = 20,textvariable = s)
    Entry2.place(x = 110,y = 20)                                         #绝对坐标(110, 20)
    Button1 = Button(root,text = '翻译',width = 8)
    Button1.place(x = 40,y = 80)                                         #绝对坐标(40, 80)
    Button2 = Button(root,text = '清空',width = 8)
    Button2.place(x = 110,y = 80)                                        #绝对坐标(110, 80)
    #给 Button 绑定鼠标监听事件
    Button1.bind("<Button-1>",leftClick)                                 #"翻译"按钮
    Button2.bind("<Button-1>",leftClick2)                                #"清空"按钮
    root.mainloop()
```

4.4.2 使用百度翻译开放平台 API

使用百度翻译需要向"http://api.fanyi.baidu.com/api/trans/vip/translate"地址通过 post 或 get 方法发送表 4-3 中的请求参数来访问服务。

表 4-3 请求参数

参 数 名	类 型	必填参数	描 述	备 注
q	TEXT	Y	请求翻译 query	UTF-8 编码
from	TEXT	Y	翻译源语言	语言列表(可设置为 auto)
to	TEXT	Y	译文语言	语言列表(不可设置为 auto)
appid	INT	Y	App ID	可在管理控制台查看
salt	INT	Y	随机数	
sign	TEXT	Y	签名	appid+q+salt+密钥的 md5 值

sign 签名是为了保证调用安全,使用 md5 算法生成的一段字符串,生成的签名长度为 32 位,签名中的英文字符均为小写格式。为保证翻译质量,请将单次请求长度控制在 6000 字节以内(汉字约为 2000 个)。

签名的生成方法如下。

(1) 将请求参数中的 appid、query(q,注意为 UTF-8 编码)、随机数 salt 以及平台分配的密钥(可在管理控制台查看)按照 appid+q+salt+密钥的顺序拼接得到字符串 1。

(2) 对字符串 1 做 md5,得到 32 位小写的 sign。

注意:

(1) 先将需要翻译的文本转换为 UTF-8 编码。

(2) 在发送 HTTP 请求之前需要对各字段做 URL encode。

(3) 在生成签名拼接字符串时,q 不需要做 URL encode,在生成签名之后发送 HTTP 请求之前才需要对要发送的待翻译文本字段 q 做 URL encode。

例如将 apple 从英文翻译成中文。

请求参数:

```
q = apple
from = en
to = zh
appid = 2015063000000001
salt = 1435660288
平台分配的密钥: 12345678
```

生成签名参数 sign:
(1) 拼接字符串 1。

```
拼接 appid = 2015063000000001 + q = apple + salt = 1435660288 + 密钥 = 12345678
得到字符串 1 = 2015063000000001apple143566028812345678
```

(2) 计算签名 sign(对字符串 1 做 md5 加密,注意在计算 md5 之前,字符串 1 必须为

```
sign = md5(2015063000000001apple143566028812345678)
sign = f89f9594663708c1605f3d736d01d2d4
```

通过 Python 提供的 hashlib 模块中的 hashlib.md5() 可以实现签名计算。例如：

```
import hashlib
m = '2015063000000001apple143566028812345678'
m_MD5 = hashlib.md5(m)
sign = m_MD5.hexdigest()
print('m = ',m)
print('sign = ',sign)
```

在得到签名之后，按照百度文档中的要求生成 URL 请求，提交后可返回翻译结果。其完整请求如下：

http://api.fanyi.baidu.com/api/trans/vip/translate?q=apple&from=en&to=zh&appid=2015063000000001&salt=1435660288&sign=f89f9594663708c1605f3d736d01d2d4

用户也可以使用 post 方法传送需要的参数。

本例采用 urllib.request.urlopen() 函数中的 data 参数向服务器发送数据。

下面是发送 data 的实例，向"百度翻译"发送要翻译数据 data，得到翻译结果。

```
#-*- coding: UTF-8 -*-
from tkinter import *
from urllib import request
from urllib import parse
import json
import hashlib
def translate_Word(en_str):
    # simulation browse load host url,get Cookie
    URL = 'http://api.fanyi.baidu.com/api/trans/vip/translate'
    # en_str = input("请输入要翻译的内容:")
    # 创建 Form_Data 字典，存储向服务器发送的 data
    # Form_Data = {'from':'en','to':'zh','q':en_str,"appid":
    '2015063000000001','salt':'1435660288'}
    Form_Data = {}
    Form_Data['from'] = 'en'
    Form_Data['to'] = 'zh'
    Form_Data['q'] = en_str                    # 要翻译数据
    Form_Data['appid'] = '2015063000000001'    # 申请的 App ID
    Form_Data['salt'] = '1435660288'
    Key = "12345678"                            # 平台分配的密钥
    m = Form_Data['appid'] + en_str + Form_Data['salt'] + Key
    m_MD5 = hashlib.md5(m.encode('utf-8'))
    Form_Data['sign'] = m_MD5.hexdigest()

    data = parse.urlencode(Form_Data).encode('utf-8')  # 使用 urlencode()方法转换标准格式
    response = request.urlopen(URL,data)               # 传递 Request 对象和转换完格式的数据
    html = response.read().decode('utf-8')             # 读取信息并解码
```

```
            translate_results = json.loads(html)                    # 使用 JSON
            print(translate_results)                                # 打印出 JSON 数据
            translate_results = translate_results['trans_result'][0]['dst']    # 找到翻译结果
            print("翻译的结果是:%s" % translate_results)            # 打印翻译信息
            return translate_results
        def leftClick(event):                                       # "翻译"按钮事件函数
            en_str = Entry1.get()                                   # 获取要翻译的内容
            print(en_str)
            vText = translate_Word(en_str)
            Entry2.config(Entry2,text = vText)                      # 修改翻译结果框文字
            s.set("")
            Entry2.insert(0,vText)
        def leftClick2(event):                                      # "清空"按钮事件函数
            s.set("")
            Entry2.insert(0,"")
```

这样就可以查看翻译的结果了,如下:

```
输入要翻译的内容:I am a teacher
翻译的结果是:我是个教师。
```

此时得到的 JSON 数据如下:

```
{'from': 'en', 'to': 'zh', 'trans_result': [{'dst': '我是个教师.', 'src': 'I am a teacher'}]}
```

其返回结果是 JSON 格式,包含表 4-4 中的字段。

表 4-4 翻译结果的 JSON 字段

字 段 名	类 型	描 述
from	TEXT	翻译源语言
to	TEXT	译文语言
trans_result	MIXED LIST	翻译结果
src	TEXT	原文
dst	TEXT	译文

trans_result 中包含了 src 和 dst 字段。

JSON 是一种轻量级的数据交换格式,其中保存了用户想要的翻译结果,需要从爬取到的内容中找到 JSON 格式的数据,再将得到的 JSON 格式的翻译结果解析出来。

这里向服务器发送数据 Form_Data,也可以直接写:

```
Form_Data = {'from':'en',   'to':'zh',   'q':en_str,"appid": '20150630000000001', 'salt': '1435660288'}
```

现在只是将英文翻译成中文,稍微改一下就可以将中文翻译成英文了:

```
Form_Data = {'from':'zh',   'to':'en',   'q':en_str,"appid": '20150630000000001', 'salt': '1435660288'}
```

这一行中的 from 和 to 的取值应该可以用于其他语言之间的翻译。如果源语言语种不确定可设置为 auto,注意目标语言语种不可设置为 auto。百度翻译支持的语言简写如表 4-5 所示。

表 4-5 百度翻译支持的语言简写

语言简写	名 称	语言简写	名 称
auto	自动检测	bul	保加利亚语
zh	中文	est	爱沙尼亚语
en	英语	dan	丹麦语
yue	粤语	fin	芬兰语
wyw	文言文	cs	捷克语
jp	日语	rom	罗马尼亚语
kor	韩语	slo	斯洛文尼亚语
fra	法语	swe	瑞典语
spa	西班牙语	hu	匈牙利语
th	泰语	cht	繁体中文
ara	阿拉伯语	vie	越南语
ru	俄语	el	希腊语
pt	葡萄牙语	nl	荷兰语
de	德语	pl	波兰语

请读者查阅资料编程,向有道翻译(http://fanyi.youdao.com/translate?smartresult=dict)发送要翻译的数据 data,得到翻译结果。

4.5 API 调用拓展——爬取天气预报信息

目前绝大多数网站以动态网页的形式发布信息,所谓动态网页就是用相同的格式呈现不同的内容。例如,每天访问中国天气网,看到的信息呈现格式是不变的,但天气信息数据是变化的。如果网站没有提供 API 调用的功能,则可以先获取网页数据,然后将网页数据转换为字符串后利用正则表达式提取所需的内容,即所谓的爬虫方式。利用爬虫经常获取的是网页中动态变化的数据表,因此,爬虫程序是自动获取网页中动态变化数据的工具。

中国天气网(http://www.weather.com.cn)向用户提供国内各城市天气信息,并提供 API 供程序获取所需的天气数据,返回数据格式为 JSON。

中国天气网提供 API 网址类似 http://www.weather.com.cn/data/cityinfo/101180101.html,其中,101180101 为郑州城市编码。各城市编码可通过网络搜索取得。

例如:荥阳 101180103 新郑 101180106 新密 101180105 登封 101180104 中牟 101180107 巩义 101180102 上街 101180108 郑州 101180101 卢氏 101181704 灵宝 101181702 三门峡 101181701 义马 101181705 渑池 101181703 陕县 101181706 南阳 101180701 新野 101180709 邓州 101180711 南召 101180702 方城 101180703

下面代码为调用 API 在中国天气网获取郑州市当天天气预报数据的实例。

```
import urllib.request        # 引入 urllib 包中的模块 request
import json                  # 引入 JSON 模块
code = '101180101'           # 郑州市城市编码
```

```
#用字符串变量url保存合成的网址
url = 'http://www.weather.com.cn/data/cityinfo/%s.html'% code
print('url = ',url)
obj = urllib.request.urlopen(url)    #调用函数urlopen()打开给定的网址,结果返回到对象obj中
print('type(obj) = ',type(obj))      #输出obj的类型
data_b = obj.read()                  #read()从对象obj中读取内容,内容为bytes字节流数据
print('字节流数据 = ',data_b)
data_s = data_b.decode('utf-8')      #bytes字节流数据转换为字符串类型
print('字符串数据 = ',data_s)
#调用JSON的函数loads()将data_s中保存的字符串数据转换为字典型数据
data_dict = json.loads(data_s)
print('data_dict = ',data_dict)      #输出字典data_dict的内容
rt = data_dict['weatherinfo']        #取得键为"weatherinfo"的内容
print('rt = ',rt)                    #rt仍然为字典型变量
#获取城市名称、天气状况、最高温度和最低温度
my_rt = ('%s,%s,%s~%s')% (rt['city'],rt['weather'],rt['temp1'],rt['temp2'])
print(my_rt)
```

代码中,用字符串变量url保存合成的网址,该网址为给定编码城市的当天天气预报。调用函数urlopen()打开给定的网址,结果返回到对象obj中。调用函数read()从对象obj中读取天气预报内容,最后调用JSON的函数loads()将天气预报内容转换为字典型数据,保存到字典型变量data_dict中。从字典型变量data_dict中取得键为"weatherinfo"的内容,保存到变量rt中,rt仍然为字典型变量。

城市名称、天气状况、最高温度和最低温度,这些内容均从字典型变量rt中取得,键分别为"city""weather""temp1""temp2"。

代码运行结果如下。

```
url = http://www.weather.com.cn/data/cityinfo/101180101.html
type(obj) = <class 'http.client.HTTPResponse'>
字节流数据 = b'{"weatherinfo":{"city":"\xe9\x83\x91\xe5\xb7\x9e","cityid":"101180101",
"temp1":"17\xe2\x84\x83","temp2":"27\xe2\x84\x83","weather":"\xe9\x98\xb4\xe8\xbd\x99
\xb4","img1":"n2.gif","img2":"d0.gif","ptime":"18:00"}}'
字符串数据 = {"weatherinfo":{"city":"郑州","cityid":"101180101","temp1":"17℃","temp2":
"27℃","weather":"阴转晴","img1":"n2.gif","img2":"d0.gif","ptime":"18:00"}}
data_dict = {'weatherinfo': {'ptime': '18:00', 'img2': 'd0.gif', 'weather': '阴转晴', 'img1': 'n2.
gif', 'temp1': '17℃', 'cityid': '101180101', 'temp2': '27℃', 'city': '郑州'}}
rt = {'ptime': '18:00', 'img2': 'd0.gif', 'weather': '阴转晴', 'img1': 'n2.gif', 'temp1': '17℃',
'cityid': '101180101', 'temp2': '27℃', 'city': '郑州'}
郑州,阴转晴,17℃ ~27℃
```

从结果可知,函数urlopen()的返回值为来自服务器的回应对象,调用其read()函数可得bytes字节流类型的数据,将bytes字节流类型的数据转换为字符串类型,即为JSON数据。调用JSON函数loads()可将JSON数据转换为字典型数据,而中国天气网返回的数据为嵌套1层的字典型数据,因此,首先通过rt=data_dict['weatherinfo']取得城市天气预报信息,再通过rt['city']、rt['weather']、rt['temp1']和rt['temp2']取得具体的数据。

第 5 章

爬虫应用——校园网搜索引擎

视频讲解

5.1 校园网搜索引擎功能分析

随着校园网建设的迅速发展,校园网内的信息内容正在以惊人的速度增加着。如何更全面、更准确地获取最新、最有效的信息已经成为人们把握机遇、迎接挑战和获取成功的重要条件。目前虽然已经有了像 Google、百度这样优秀的通用搜索引擎,但是它们并不能适用于所有的情况和需要。对学术搜索、校园网的搜索来说,一个合理的排序结果是非常重要的。另外,互联网上的信息量巨大,远远超出哪怕是最大的一个搜索引擎可以完全收集的能力范围。本章旨在使用 Python 建立一个适合校园网使用的 Web 搜索引擎系统,它能在较短的时间内爬取页面信息,具有有效、准确的中文分词功能,能实现对校园网上新闻信息的快速检索展示。

5.2 校园网搜索引擎系统设计

视频讲解

校园网搜索引擎一般需要以下几个步骤。

(1) 网络爬虫爬取这个网站,得到所有网页链接。

网络爬虫就是一只会嗅着 URL(链接)爬过成千上万个网页,并把网页内容搬到用户计算机上供用户使用的苦力虫子。如图 5-1 所示,给定爬虫的出发页面 A 的 URL,它就从起始页 A 出发,读取 A 的所有内容,并从中找到 5 个 URL,分别指向页面 B、C、D、E 和 F,然后它顺着链接依次抓取 B、C、D、E 和 F 页面的内容,并从中发现新的链接,再沿着链接爬到新的页面,对爬虫带回来的网页内容分析链接,继续爬到新的页面,以此类推,直到找不到新的链接或者满足了人为设定的停止条件为止。

至于这只虫子前进的方式,则分为广度优先搜索(BFS)和深度优先搜索(DFS)。在这张图中 BFS 的搜索顺序是 A-B-C-D-E-F-G-H-I,而深度优先搜索的顺序是遍历的路径,即

A-F-G　E-H-I　B C D。

（2）得到网页的源代码,解析剥离出想要的新闻内容、标题、作者等信息。

（3）把所有网页的新闻内容做成词条索引,一般采用倒排表索引。

索引一般有正排索引（正向索引）和倒排索引（反向索引）两种类型。

① 正排索引（正向索引,forward index）：正排表是以文档的 ID 为关键字,表中记录文档（即网页）中每个字或词的位置信息,查找时扫描表中每个文档中字或词的信息直到找出所有包含查询关键字的文档。

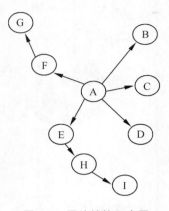

图 5-1　网站链接示意图

正排表的结构如图 5-2 所示,这种组织方法在建立索引的时候结构比较简单,建立比较方便且易于维护;因为索引是基于文档建立的,若是有新的文档加入,直接为该文档建立一个新的索引块,挂接在原来索引文件的后面。若是有文档删除,则直接找到该文档号文档对应的索引信息,将其直接删除。但是在查询的时候需要对所有的文档进行扫描以确保没有遗漏,这样就使得检索时间大大延长,检索效率低下。

图 5-2　正排表结构示意图

尽管正排表的工作原理非常简单,但是由于其检索效率太低,除非在特定情况下,否则实用价值不大。

② 倒排索引（反向索引,inverted index）：倒排表以字或词为关键字进行索引,表中关键字所对应的记录表项记录了出现这个字或词的所有文档,一个表项就是一个字表段,它记录该文档的 ID 和字符在该文档中出现的位置情况。

由于每个字或词对应的文档数量在动态变化,所以倒排表的建立和维护都较为复杂,但是在查询的时候由于可以一次得到查询关键字所对应的所有文档,所以效率高于正排表。在全文检索中,检索的快速响应是一个最为关键的性能,而索引的建立由于在后台进行,尽管效率相对低一些,但不会影响整个搜索引擎的效率。

倒排表的结构如图 5-3 所示。

正排索引是从文档到关键字的映射（已知文档求关键字）,倒排索引是从关键字到文档的映射（已知关键字求文档）。

在搜索引擎中每个文件都对应一个文件 ID,文件内容被表示为一系列关键词的集合（实际上,在搜索引擎索引库中关键词已经转换为关键词 ID）。例如"文档 1"经过分词提取了 20 个关键词,每个关键词都会记录它在文档中的出现次数和出现位置,得到正向索引的结构如下：

图 5-3　倒排表结构示意图

"文档 1"的 ID > 单词 1：出现次数，出现位置列表；单词 2：出现次数，出现位置列表；…
"文档 2"的 ID > 此文档出现的关键词列表

当用户搜索关键词"华为手机"时，假设只存在正向索引（forward index），那么就需要扫描索引库中的所有文档，找出所有包含关键词"华为手机"的文档，再根据打分模型进行打分，排出名次后呈现给用户。因为互联网上收录在搜索引擎中的文档的数目是个天文数字，这样的索引结构根本无法满足实时返回排名结果的要求。所以搜索引擎会将正向索引重新构建为倒排索引，即把文件 ID 对应到关键词的映射转换为关键词到文件 ID 的映射，每个关键词都对应一系列的文件，这些文件中都出现这个关键词，得到倒排索引的结构如下：

"单词 1"："文档 1"的 ID，"文档 2"的 ID，…
"单词 2"：带有此关键词的文档 ID 列表

（4）搜索时，根据搜索词在词条索引中查询，按顺序返回相关的搜索结果，也可以按网页评价排名顺序返回相关的搜索结果。

当用户输入一串搜索字符串时，程序会先进行分词，然后依照每个词的索引找到相应网页。假如在搜索框中输入"从前有座山山里有座庙小和尚"，搜索引擎首先会对字符串进行分词处理"从前/有/座山/山里/有/座庙/小和尚"，然后按照一定的规则对词做布尔运算，例如每个词之间做"与"运算，在索引中搜索"同时"包含这些词的页面。

所以本系统主要由以下 4 个模块组成。
- 信息采集模块：主要是利用网络爬虫实现对校园网信息的抓取。
- 索引模块：负责对爬取的新闻网页的标题、内容和作者进行分词并建立倒排词表。
- 网页排名模块：TF/IDF 是一种统计方法，用于评估一字词对于一个文件集或一个语料库中的一份文件的重要程度。
- 用户搜索界面模块：负责用户关键字的输入以及搜索结果信息的返回。

5.3　关键技术

5.3.1　正则表达式

把网页中的超链接提取出来需要使用正则表达式。那么什么是正则表达式？在回答这个问题之前先来看一看为什么要有正则表达式。

在编程处理文本的过程中,经常需要按照某种规则去查找一些特定的字符串。例如知道一个网页上的图片都叫"image/8554278135.jpg"之类的名字,只是那串数字不一样;又或者在一堆人员的电子档案中,要把他们的电话号码全部找出来,整理成通讯录。诸如此类工作,可不可以利用这些规律,让程序自动来做这些事情?答案是肯定的。这时候就需要一种描述这些规律的方法,正则表达式就是描述文本规则的代码。

正则表达式是一种用来匹配字符串文本的强有力的武器。它是用一种描述性的语言来给字符串定义一个规则,凡是符合规则的字符串,就认为它"匹配"了,否则该字符串就是不合法的。

❶ 正则表达式的语法

正则表达式并不是 Python 中特有的功能,它是一种通用的方法,要使用它必须会用正则表达式来描述文本规则。

正则表达式使用特殊的语法来表示,表 5-1 列出了正则表达式的语法。

表 5-1 正则表达式的语法

模 式	描 述
^	匹配字符串的开头
$	匹配字符串的末尾
.	匹配任意字符,除了换行符
[...]	用来表示一组字符,例如[amk]匹配'a'、'm'或'k';[0-9]匹配任何数字,类似于[0123456789];[a-z]匹配任何小写字母;[a-zA-Z0-9]匹配任何字母及数字
[^...]	不在[]中的字符,例如[^abc]匹配除了 a、b、c 之外的字符;[^0-9]匹配除了数字之外的字符
*	数量词,匹配 0 个或多个
+	数量词,匹配 1 个或多个
?	数量词,以非贪婪方式匹配 0 个或 1 个
{n,}	重复 n 次或更多次
{n, m}	重复 n~m 次
a|b	匹配 a 或 b
(re)	匹配括号内的表达式,也表示一个组
(?imx)	正则表达式包含 3 种可选标志,即 i、m、x,只影响括号中的区域
(?-imx)	正则表达式关闭 i、m 或 x 可选标志,只影响括号中的区域
(?: re)	类似(...),但是不表示一个组
(?imx: re)	在括号中使用 i、m 或 x 可选标志
(?-imx: re)	在括号中不使用 i、m 或 x 可选标志
(?= re)	前向肯定界定符,如果所含正则表达式以…表示,在当前位置成功匹配时成功,否则失败。一旦所含表达式已经尝试,匹配引擎根本没有提高,模式的剩余部分还要尝试界定符的右边
(?!re)	前向否定界定符,与前面肯定界定符相反,当所含表达式不能在字符串当前位置匹配时成功
(?> re)	匹配的独立模式,省去回溯
\w	匹配字母、数字及下画线,等价于'[A-Za-z0-9_]'
\W	匹配非字母、数字及下画线,等价于 '[^A-Za-z0-9_]'

续表

模式	描述
\s	匹配任何空白字符,包括空格、制表符、换页符等,等价于[\f\n\r\t\v]
\S	匹配任何非空白字符,等价于[^\f\n\r\t\v]
\d	匹配任意数字,等价于[0-9]
\D	匹配任意非数字,等价于[^0-9]
\A	匹配字符串开始
\Z	匹配字符串结束,如果存在换行,只匹配到换行前的结束字符串
\z	匹配字符串结束
\G	匹配最后匹配完成的位置
\b	匹配一个单词边界,也就是单词和空格间的位置。例如,'er\b'可以匹配"never"中的'er',但不能匹配"verb"中的'er'
\B	匹配非单词边界,例如'er\B'能匹配"verb"中的'er',但不能匹配"never"中的'er'
\n、\t 等	匹配一个换行符、一个制表符等

正则表达式通常用于在文本中查找匹配的字符串。在 Python 中数量词默认是贪婪的,总是尝试匹配尽可能多的字符;非贪婪的则相反,总是尝试匹配尽可能少的字符。例如,正则表达式"ab*"如果用于查找"abbbc",将找到"abbb";如果使用非贪婪的数量词"ab*?",将找到"a"。

在正则表达式中,如果直接给出字符,就是精确匹配。从正则表达式语法中能够了解到用\d 可以匹配一个数字,用\w 可以匹配一个字母或数字,用.可以匹配任意字符,所以模式'00\d'可以匹配'007',但无法匹配'00A';模式'\d\d\d'可以匹配'010';模式'\w\w\d'可以匹配'py3';模式'py.'可以匹配'pyc'、'pyo'、'py!',等等。

如果要匹配变长的字符,在正则表达式模式字符串中用*表示任意个字符(包括0个),用+表示至少一个字符,用?表示0个或1个字符,用{n}表示n个字符,用{n,m}表示n~m个字符。这里看一个复杂的表示电话号码的例子,即\d{3}\s+\d{3,8}。

从左到右解读一下:

\d{3}表示匹配3个数字,例如'010';

\s 可以匹配一个空格(也包括 Tab 等空白符),所以\s+表示至少有一个空格;

\d{3,8}表示3~8个数字,例如'67665230'。

综合起来,上面的正则表达式可以匹配以任意个空格隔开的带区号的电话号码。

如果要匹配'010-67665230'这样的号码,怎么办? 由于'-'是特殊字符,在正则表达式中要用'\'转义,所以上面的正则表达式是\d{3}\-\d{3,8}。

如果要做更精确的匹配,可以用[]表示范围,例如:

[0-9a-zA-Z_]可以匹配一个数字、字母或者下画线;

[0-9a-zA-Z_]+可以匹配至少由一个数字、字母或者下画线组成的字符串,例如'a100'、'0_Z'、'Py3000'等;

[a-zA-Z_][0-9a-zA-Z_]*可以匹配以字母或下画线开头,后接任意个由一个数字、字母或者下画线组成的字符串,也就是 Python 合法的变量;

[a-zA-Z_][0-9a-zA-Z_]{0, 19}更精确地限制了变量的长度是1~20个字符(前面1个字符+后面最多19个字符)。

另外，A|B 可以匹配 A 或 B，所以(P|p)ython 可以匹配'Python'或者'python'。
^表示行的开头，^\d 表示必须以数字开头。
$表示行的结束，\d$表示必须以数字结束。

❷ re 模块

Python 提供了 re 模块，包含所有正则表达式的功能。

1) match()方法

re.match()的格式为 re.match(pattern，string，flags)。

其第 1 个参数是正则表达式，第 2 个参数表示要匹配的字符串；第 3 个参数是标志位，用于控制正则表达式的匹配方式，例如是否区分大小写、多行匹配等。

match()方法判断是否匹配，如果匹配成功，返回一个 Match 对象，否则返回 None。常见的判断方法如下：

```
test = '用户输入的字符串'
if re.match(r'正则表达式', test):          #r前缀为原义字符串,它表示对字符串不进行转义
    print('ok')
else:
    print('failed')
```

例如：

```
>>> import re
>>> re.match(r'^\d{3}\-\d{3,8}$', '010-12345')          #返回一个 Match 对象
<_sre.SRE_Match object; span=(0,9), match='010-12345'>
>>> re.match(r'^\d{3}\-\d{3,8}$', '010 12345')          # '010 12345'不匹配规则,返回 None
```

Match 对象是一次匹配的结果，包含了很多关于此次匹配的信息，可以使用 Match 提供的可读属性或方法来获取这些信息。

Match 属性如下。

- string：匹配时使用的文本。
- re：匹配时使用的 Pattern 对象。
- pos：文本中正则表达式开始搜索的索引，值与 Pattern.match()和 Pattern.search()方法的同名参数相同。
- endpos：文本中正则表达式结束搜索的索引，值与 Pattern.match()和 Pattern.search()方法的同名参数相同。
- lastindex：最后一个被捕获的分组在文本中的索引。如果没有被捕获的分组，将为 None。
- lastgroup：最后一个被捕获的分组的别名。如果这个分组没有别名或者没有被捕获的分组，将为 None。

Match 方法如下：

- group([group1, …])：获得一个或多个分组截获的字符串，当指定多个参数时将以元组形式返回。参数 group1 可以使用编号也可以使用别名；编号 0 代表整个匹配的子串；当不填写参数时返回 group(0)；没有截获字符串的组返回 None；截获了多次的组返回最后一次截获的子串。

- groups([default]): 以元组形式返回全部分组截获的字符串,相当于调用 group(1,2,…,last)。default 表示没有截获字符串的组以这个值替代,默认为 None。
- groupdict([default]): 返回已有别名的组的别名为键、以该组截获的子串为值的字典,没有别名的组不包含在内。default 的含义同上。
- start([group]): 返回指定的组截获的子串在 string 中的起始索引(子串第 1 个字符的索引)。group 的默认值为 0。
- end([group]): 返回指定的组截获的子串在 string 中的结束索引(子串最后一个字符的索引+1)。group 的默认值为 0。
- span([group]): 返回(start(group),end(group))。

Match 对象的相关属性和方法示例如下:

```
import re
t = "19:05:25"
m = re.match(r'^(\d\d)\:(\d\d)\:(\d\d)$', t)          #r原义
print("m.string:", m.string)                #m.string: 19:05:25
print(m.re)                                 #re.compile('^(\\d\\d)\\:(\\d\\d)\\:((\\d\\d))$')
print("m.pos:", m.pos)                      #m.pos: 0
print("m.endpos:", m.endpos)                #m.endpos: 8
print("m.lastindex:", m.lastindex)          #m.lastindex: 3
print("m.lastgroup:", m.lastgroup)          #m.lastgroup: None
print("m.group(0):", m.group(0))            #m.group(0): 19:05:25
print("m.group(1,2):", m.group(1, 2))       #m.group(1,2):('19', '05')
print("m.groups():", m.groups())            #m.groups():('19', '05', '25')
print("m.groupdict():", m.groupdict())      #m.groupdict(): {}
print("m.start(2):", m.start(2))            #m.start(2): 3
print("m.end(2):", m.end(2))                #m.end(2): 5
print("m.span(2):", m.span(2))              #m.span(2):(3, 5)
```

关于分组的内容见后面。

2) 分组

除了简单地判断是否匹配之外,正则表达式还有提取子串的强大功能,用()表示的就是要提取的分组。例如^(\d{3})-(\d{3,8})$分别定义了两个组,可以直接从匹配的字符串中提取出区号和本地号码:

```
>>> m = re.match(r'^(\d{3})-(\d{3,8})$', '010-12345')
>>> m.group(0)          #'010-12345'
>>> m.group(1)          #'010'
>>> m.group(2)          #'12345'
```

如果正则表达式中定义了组,就可以在 Match 对象上用 group()方法提取出子串。注意 group(0)永远是原始字符串,group(1)、group(2)表示第 1、2 个子串。

3) 切分字符串

用正则表达式切分字符串比用固定的字符更灵活,请看普通字符串的切分代码:

```
>>> 'a b   c'.split(' ')          #split(' ')表示按空格分隔
['a', 'b', '', '', 'c']
```

其结果是无法识别连续的空格,可以使用 re.split()方法来分隔字符串,例如 re.split(r'\s+', text)将字符串按空格分隔成一个单词列表:

```
>>> re.split(r'\s+', 'a b   c')              #用正则表达式
['a', 'b', 'c']
```

无论多少个空格都可以正常分隔。

再如分隔符既有空格又有逗号、分号的情况:

```
>>> re.split(r'[\s\,]+', 'a,b, c  d')        #可以识别空格、逗号
['a', 'b', 'c', 'd']
>>> re.split(r'[\s\,\;]+', 'a,b;; c  d')     #可以识别空格、逗号、分号
['a', 'b', 'c', 'd']
```

4) search()和 findall()方法

re.match()总是从字符串"开头"去匹配,并返回匹配的字符串的 Match 对象,所以当用 re.match()去匹配非"开头"部分的字符串时会返回 None。

```
str1 = 'Hello World!'
print(re.match(r'World',str1))               #结果为 None
```

如果想在字符串中的任意位置去匹配,使用 re.search()或 re.findall()。

re.search()将对整个字符串进行搜索,并返回第 1 个匹配的字符串的 Match 对象。

```
str1 = 'Hello World!'
print(re.search(r'World',str1))
```

输出结果如下:

```
<_sre.SRE_Match object; span = (6,11), match = 'World'>
```

re.findall()函数将返回一个所有匹配的字符串的字符串列表。例如:

```
str1 = 'Hi, I am Shirley Hilton. I am his wife.'
>>> print(re.search(r'hi',str1))
```

以上代码的输出结果如下:

```
<_sre.SRE_Match object; span = (10, 12), match = 'hi'>
```

此时应用 re.findall()函数:

```
>>> re.findall(r'hi',str1)
```

输出结果如下:

```
['hi', 'hi']
```

这两个"hi"分别来自"Shirley"和"his"。在默认情况下正则表达式是严格区分大小写的,所以"Hi"和"Hilton"中的"Hi"被忽略了。

如果只想找到"hi"这个单词,而不把包含它的单词计算在内,那就可以使用"\bhi\b"这个正则表达式。"\b"在正则表达式中表示单词的开头或结尾,空格、标点、换行都算是单词

的分隔；而"\b"自身又不会匹配任何字符，它代表的只是一个位置，所以单词前后的空格、标点之类不会出现在结果中。

在前面的例子中，"\bhi\b"匹配不到任何结果，因为没有单词hi（"Hi"不是，严格区分大小写）。但如果是"\bhi"，就可以匹配到1个"hi"，出自"his"。

5.3.2 中文分词

在英文中，单词之间是以空格作为自然分界符的；而中文只是句子和段可以通过明显的分界符来简单划分，唯独词没有一个形式上的分界符，虽然也同样存在短语之间的划分问题，但是在词这一层上，中文要比英文复杂得多。

中文分词就是将连续的字序列按照一定的规范重新组合成词序列的过程。中文分词是网页分析索引的基础。分词的准确性对搜索引擎来说十分重要，如果分词速度太慢，即使再准确，对于搜索引擎来说也是不可用的，因为搜索引擎需要处理很多网页，如果分析消耗的时间过长，会严重影响搜索引擎内容更新的速度。因此，搜索引擎对于分词的准确率和速率都提出了很高的要求。

jieba是一个支持中文分词、高准确率、高效率的Python中文分词组件，它支持繁体分词和自定义词典，并支持3种分词模式。

（1）精确模式：试图将句子最精确地切开，适合文本分析。

（2）全模式：把句子中所有可以成词的词语都扫描出来，速度非常快，但是不能解决歧义的问题。

（3）搜索引擎模式：在精确模式的基础上对长词再次切分，提高召回率，适合用于搜索引擎分词。

5.3.3 安装和使用jieba

在命令行中输入以下代码：

```
pip install  jieba
```

如果出现以下提示则安装成功。

```
Installing collected packages: jieba
  Running setup.py install for jieba ... done
Successfully installed jieba-0.38
```

组件提供了jieba.cut()方法用于分词，cut()方法接受两个输入参数：

（1）第1个参数为需要分词的字符串。

（2）cut_all参数用来控制分词模式。

jieba.cut()返回的结构是一个可迭代的生成器（generator），可以使用for循环来获得分词后得到的每个词语，也可以用list(jieba.cut(…))转化为list列表。例如：

```
import jieba
seg_list = jieba.cut("我来到清华大学", cut_all = True)      #全模式
```

```
print("Full Mode:", '/'.join(seg_list))
seg_list = jieba.cut("我来到清华大学")              #默认是精确模式,或者 cut_all = False
print(type(seg_list))                              #<class 'generator'>
print("Default Mode:", '/'.join(seg_list))
seg_list = jieba.cut_for_search("我来到清华大学")   #搜索引擎模式
print("搜索引擎模式:", '/'.join(seg_list))
seg_list = jieba.cut("我来到清华大学")
for word in seg_list:
    print(word, end = ' ')
```

运行结果如下:

```
Building prefix dict from the default dictionary ...
Loading model from cache C:\Users\ADMINI~1\AppData\Local\Temp\jieba.cache
Loading model cost 1.648 seconds.
Prefix dict has been built successfully.
Full Mode: 我/来到/清华/清华大学/华大/大学
<class 'generator'>
Default Mode: 我/来到/清华大学
搜索引擎模式: 我/来到/清华/华大/大学/清华大学
我 来到 清华大学
```

jieba.cut_for_search()方法仅有一个参数,为分词的字符串,该方法适用于搜索引擎构造倒排索引的分词,粒度比较细。

5.3.4 为 jieba 添加自定义词典

国家 5A 级景区存在很多与旅游相关的专有名词,举个例子:
[输入文本]故宫的著名景点包括乾清宫、太和殿和黄琉璃瓦等
[精确模式]故宫/的/著名景点/包括/乾/清宫/、/太和殿/和/黄/琉璃瓦/等
[全模式]故宫/的/著名/著名景点/景点/包括/乾/清宫/太和/太和殿/和/黄/琉璃/琉璃瓦/等

显然,专有名词乾清宫、太和殿、黄琉璃瓦(假设为一个文物)可能因分词而分开,这也是很多分词工具的一个缺陷。但是 jieba 分词支持开发者使用自定义的词典,以便包含 jieba 词库中没有的词语。虽然 jieba 有新词识别能力,但自行添加新词可以保证更高的正确率,尤其是专有名词。

其基本用法如下:

```
jieba.load_userdict(file_name)              #file_name 为自定义词典的路径
```

词典格式是一个词占一行;每行分 3 个部分,一部分为词语,另一部分为词频,最后为词性(可省略,jieba 的词性标注方式和 ICTCLAS 的标注方式一样。ns 为地点名词,nz 为其他专用名词,a 是形容词,v 是动词,d 是副词),3 个部分用空格隔开。例如以下自定义词典 dict.txt:

```
乾清宫 5 ns
黄琉璃瓦 4
```

```
云计算 5
李小福 2 nr
八一双鹿 3 nz
凯特琳 2 nz
```

下面是导入自定义词典后再分词。

```
import jieba
jieba.load_userdict("dict.txt")              #导入自定义词典
text = "故宫的著名景点包括乾清宫、太和殿和黄琉璃瓦等"
seg_list = jieba.cut(text, cut_all = False)  #精确模式
print("[精确模式]: ", "/ ".join(seg_list))
```

输出结果如下,其中专有名词连在一起,即乾清宫和黄琉璃瓦。

```
[精确模式]:故宫/ 的/ 著名景点/ 包括/ 乾清宫/ 、/ 太和殿/ 和/ 黄琉璃瓦/ 等
```

5.3.5 文本分类的关键词提取

当文本分类时,在构建 VSM(向量空间模型)的过程中或者把文本转换成数学形式的计算中,需要运用到关键词提取技术,jieba 可以简便地提取关键词。

其基本用法如下:

```
jieba.analyse.extract_tags(sentence, topK = 20, withWeight = False, allowPOS = ())
```

这里需要先 import jieba.analyse。其中,sentence 为待提取的文本;topK 为返回几个 TF/IDF 权重最大的关键词,默认值为 20;withWeight 为是否一并返回关键词权重值,默认值为 False;allowPOS 指仅包含指定词性的词,默认值为空,即不进行筛选。

```
import jieba,jieba.analyse
jieba.load_userdict("dict.txt")                          #导入自定义词典
text = "故宫的著名景点包括乾清宫、太和殿和午门等.其中乾清宫非常精美,午门是紫禁城的正门,
午门居中向阳."
seg_list = jieba.cut(text, cut_all = False)
print("分词结果:", "/".join(seg_list))                    #精确模式
tags = jieba.analyse.extract_tags(text, topK = 5)        #获取关键词
print("关键词:", " ".join(tags))
tags = jieba.analyse.extract_tags(text, topK = 5,withWeight = True)
                                                         #返回关键词权重值
print(tags)
```

输出结果如下:

```
分词结果:故宫/的/著名景点/包括/乾清宫/、/太和殿/和/午门/等/./其中/乾清宫/非常/精
美/,/午门/是/紫禁城/的/正门/,/午门/居中/向阳/.
关键词:午门 乾清宫 著名景点 太和殿 向阳
[('午门', 1.5925323525975001),('乾清宫', 1.4943459378625),('著名景点', 0.86879235325),
('太和殿', 0.63518800210625),('向阳', 0.578517922051875)]
```

其中，午门出现 3 次、乾清宫出现 2 次、著名景点出现 1 次。如果 topK＝5，按照顺序输出提取 5 个关键词，则输出"午门 乾清宫 著名景点 太和殿 向阳"。

```
jieba.analyse.TFIDF(idf_path = None)        #新建 TF/IDF 实例,idf_path 为 IDF 频率文件
```

关键词提取所使用的逆向文件频率（IDF）文本语料库可以切换成自定义语料库的路径。

```
jieba.analyse.set_idf_path(file_name)       #file_name 为自定义语料库的路径
```

关键词提取所使用的停止词（Stop Words）文本语料库可以切换成自定义语料库的路径。

说明：TF/IDF 是一种统计方法，用于评估一字词对于一个文件集或一个语料库中的一份文件的重要程度。字词的重要性随着它在文件中出现的次数成正比增加，但同时会随着它在语料库中出现的频率成反比下降。TF/IDF 的主要思想是：如果某个词或短语在一篇文章中出现的频率 TF 高，并且在其他文章中很少出现，则认为此词或者短语具有很好的类别区分能力，适合用来分类。

5.3.6　deque

deque（double-ended queue 的缩写）双向队列类似于 list 列表，位于 Python 标准库 collections 中。它提供了两端都可以操作的序列，这意味着在序列的前后都可以执行添加或删除操作。

❶ 创建双向队列 deque

```
from collections import deque
d = deque()
```

❷ 添加元素

```
d = deque()
d.append(3)
d.append(8)
d.append(1)
```

此时 d＝deque([3,8,1])、len(d)＝3、d[0]＝3、d[-1]＝1。

deque 支持从任意一端添加元素。append()用于从右端添加一个元素，appendleft()用于从左端添加一个元素。

❸ 两端都使用 pop

```
d = deque(['1', '2', '3', '4', '5'])
```

d.pop()抛出的是'5'，d.popleft()抛出的是'1'，可见默认 pop()抛出的是最后一个元素。

❹ 限制 deque 的长度

```
d = deque(maxlen = 20)
for i in range(30):
    d.append(str(i))
```

此时 d 的值为 d=deque(['10','11','12','13','14','15','16','17','18','19','20','21','22','23','24','25','26','27','28','29'],maxlen=20),可见当限制长度的 deque 增加超过限制数的项时,另一边的项会自动删除。

❺ 添加 list 的各项到 deque 中

```
d = deque([1,2,3,4,5])
d.extend([0])
```

此时 d=deque([1,2,3,4,5,0])。

```
d.extendleft([6,7,8])
```

此时 d=deque([8,7,6,1,2,3,4,5,0])。

5.4 程序设计的步骤

5.4.1 信息采集模块——网络爬虫的实现

网络爬虫的实现原理及过程如下:

(1) 获取初始的 URL。初始的 URL 地址可以由用户指定的某个或某几个初始爬取网页决定。

(2) 根据初始的 URL 爬取页面并获得新的 URL。在获得初始的 URL 地址之后,首先需要爬取对应 URL 地址中的网页,在爬取了对应的 URL 地址中的网页后将网页存储到原始数据库中,并且在爬取网页的同时发现新的 URL 地址,将已爬取的 URL 地址存放到一个已爬取 URL 列表中,用于去重复判断爬取的进程。

(3) 将新的 URL 放到 URL 队列中。注意,在第(2)步中获取了下一个新的 URL 地址之后会将新的 URL 地址放到 URL 队列中。

(4) 从 URL 队列中读取新的 URL,并依据新的 URL 爬取网页,同时从新网页中获取新 URL,并重复上述的爬取过程。

(5) 当满足爬虫系统设置的停止条件时停止爬取。在编写爬虫的时候一般会设置相应的停止条件,如果没有设置停止条件,爬虫会一直爬取下去,直到无法获取新的 URL 地址为止,若设置了停止条件,爬虫则会在停止条件满足时停止爬取。

根据图 5-4 所示的网络爬虫的实现原理及过程,这里指定中原工学院新闻门户的 URL 地址"http://www.zut.edu.cn/index/xwdt.htm"为初始的 URL。

使用 unvisited 队列存储待爬取 URL 链接的集合并使用广度优先搜索,使用 visited 集合存储已访问过的 URL 链接。

视频讲解

```
unvisited = deque()          # 待爬取链接的列表,使用广度优先搜索
visited = set()              # 已访问的链接集合
```

在数据库中建立两个 table,其中一个是 doc 表,存储每个网页 ID 和 URL 链接。

图 5-4 网络爬虫的实现原理及过程

```
create table doc(id int primary key,link text)
```

例如：

```
1    http://www.zut.edu.cn/index/xwdt.htm
2    http://www.zut.edu.cn/info/1052/19838.htm
3    http://www.zut.edu.cn/info/1052/19837.htm
4    http://www.zut.edu.cn/info/1052/19836.htm
5    http://www.zut.edu.cn/info/1052/19835.htm
6    http://www.zut.edu.cn/info/1052/19834.htm
7    http://www.zut.edu.cn/info/1052/19833.htm
...
```

另一个是 word 表，即倒排表，存储词语和其对应的网页 ID 的 list。

```
create table word(term varchar(25) primary key,list text)
```

如果一个词在某个网页中出现多次，那么 list 中这个网页的序号也出现多次。list 最后转换成一个字符串存进数据库。

例如，词"王宗敏"出现在网页 ID 为 12、35、88 号的网页里，12 号页面 1 次，35 号页面 3 次，88 号页面 2 次，它的 list 应为[12,35,35,35,88,88]，转换成字符串"12 35 35 35 88 88"存储在 word 表的一条记录中，形式如下：

term	list					
王宗敏	12	35	35	35	88	88
校友会	54	190	190	701	986	986 1024

爬取中原工学院新闻网页的代码如下：

```python
#search_engine_build-2.py
import sys
from collections import deque
```

```python
import urllib
from urllib import request
import re
from bs4 import BeautifulSoup
import lxml
import sqlite3
import jieba

url = 'http://www.zut.edu.cn'          # 入口

unvisited = deque()                     # 待爬取链接的集合,使用广度优先搜索
visited = set()                         # 已访问的链接集合
unvisited.append(url)

conn = sqlite3.connect('viewsdu.db')
c = conn.cursor()
# 在创建表之前先删除表是因为之前测试的时候已经建过 table 了,所以再次运行代码
# 的时候要把旧的 table 删了重建
c.execute('drop table doc')
c.execute('create table doc(id int primary key,link text)')
c.execute('drop table word')
c.execute('create table word(term varchar(25) primary key,list text)')
conn.commit()
conn.close()
print('*************** 开始爬取 *************************** ')
cnt = 0
print('开始..... ')
while unvisited:
    url = unvisited.popleft()
    visited.add(url)
    cnt += 1
    print('开始抓取第',cnt,'个链接:',url)

    # 爬取网页内容
    try:
        response = request.urlopen(url)
        content = response.read().decode('utf-8')

    except:
        continue
    # 寻找下一个可爬取的链接,因为搜索范围是网站内,所以对链接有格式要求,需根据具体情况
    # 而定解析网页内容,可能有几种情况,这也是根据这个网站网页的具体情况写的
    soup = BeautifulSoup(content,'lxml')
    all_a = soup.find_all('a',{'class':"c67214"})      # 本页面所有的新闻链接<a>
    for a in all_a:
        # print(a.attrs['href'])
        x = a.attrs['href']            # 网址
        if re.match(r'http.+',x):      # 排除是 http 开头,而不是 http://www.zut.edu.cn 网址
            if not re.match(r'http\:\/\/www\.zut\.edu\.cn\/.+',x):
                continue
```

```
            if re.match(r'\/info\/. + ',x):              # "/info/1046/20314.htm"
                x = 'http://www.zut.edu.cn' + x
            elif re.match(r'info/. + ',x):               # "info/1046/20314.htm"
                x = 'http://www.zut.edu.cn/' + x
            elif re.match(r'\.\.\/info/. + ',x):         # "../info/1046/20314.htm"
                x = 'http://www.zut.edu.cn' + x[2:]
            elif re.match(r'\.\.\/\.\.\/info/. + ',x):   # "../../info/1046/20314.htm"
                x = 'http://www.zut.edu.cn' + x[5:]
            #print(x)
            if(x not in visited) and(x not in unvisited):
                unvisited.append(x)

    a = soup.find('a',{'class':"Next"})                  # 下一页<a>
    if a!= None:
        x = a.attrs['href']                              # 网址
        if re.match(r'xwdt\/. + ',x):
            x = 'http://www.zut.edu.cn/index/' + x
        else:
            x = 'http://www.zut.edu.cn/index/xwdt/' + x
        if(x not in visited) and(x not in unvisited):
            unvisited.append(x)
```

以上代码实现要爬取的网址队列 unvisited。

5.4.2 索引模块——建立倒排词表

解析新闻网页内容,这个过程需要根据这个网站网页的具体情况来处理。

```
soup = BeautifulSoup(content,'lxml')
title = soup.title
article = soup.find('div',class_ = 'c67215_content',id = 'vsb_newscontent')
author = soup.find('span',class_ = "authorstyle67215")     #作者
time = soup.find('span',class_ = "timestyle67215")
if title == None and article == None and author == None:
    print('无内容的页面.')
    continue
elif article == None and author == None:
    print('只有标题.')
    title = title.text
    title = ''.join(title.split())
    article = ''
    author = ''
elif article == None:
    print('有标题有作者,缺失内容')
    title = title.text
    title = ''.join(title.split())
    article = ''
    author = author.get_text("",strip = True)
    author = ''.join(author.split())
```

```python
        elif author == None:
            print('有标题有内容,缺失作者')
            title = title.text
            title = ''.join(title.split())
            article = article.get_text("",strip = True)
            article = ''.join(article.split())
            author = ''
        else:
            title = title.text
            title = ''.join(title.split())
            article = article.get_text("",strip = True)
            article = ''.join(article.split())
            author = author.get_text("",strip = True)
            author = ''.join(author.split())
    print('网页标题:',title)
```

提取的网页内容存在于 title、article、author 中,对它们进行中文分词,并对每个分出的词语建立倒排词表。

```python
    seggen = jieba.cut_for_search(title)
    seglist = list(seggen)
    seggen = jieba.cut_for_search(article)
    seglist += list(seggen)
    seggen = jieba.cut_for_search(author)
    seglist += list(seggen)

    #数据存储
    conn = sqlite3.connect("viewsdu.db")
    c = conn.cursor()
    c.execute('insert into doc values(?,?)',(cnt,url))
    #对每个分出的词语建立倒排词表
    for word in seglist:
        #print(word)
        #检验看看这个词语是否已存在于数据库
        c.execute('select list from word where term = ?',(word,))
        result = c.fetchall()
        #如果不存在
        if len(result) == 0:
            docliststr = str(cnt)
            c.execute('insert into word values(?,?)',(word,docliststr))
        #如果已存在
        else:
            docliststr = result[0][0]          #得到字符串
            docliststr += ' ' + str(cnt)
            c.execute('update word set list = ? where term = ?',(docliststr,word))
    conn.commit()
    conn.close()
print('词表建立完毕!!')
```

以上代码只需运行一次即可,搜索引擎所需的数据库已经建好。运行上述代码出现如下结果:

```
开始抓取第 110 个链接:http://www.zut.edu.cn/info/1041/20191.htm
网页标题:我校 2017 年学生奖助项目评审工作完成资助育人成效显著-中原工学院
开始抓取第 111 个链接:http://www.zut.edu.cn/info/1041/20190.htm
网页标题:我校教师李慕杰、王行鹏参加中国致公党河南省第一次代表大会-中原工学院
开始抓取第 112 个链接:http://www.zut.edu.cn/info/1041/20187.htm
网页标题:我校与励展企业开展校企合作-中原工学院
开始抓取第 113 个链接:http://www.zut.edu.cn/info/1041/20184.htm
网页标题:平顶山学院李培副校长一行来我校考察交流-中原工学院
开始抓取第 114 个链接:http://www.zut.edu.cn/info/1041/20179.htm
网页标题:我校学生在工程造价技能大赛中获佳绩-中原工学院
开始抓取第 115 个链接:http://www.zut.edu.cn/info/1041/20178.htm
网页标题:我校召开 2018 届毕业生就业工作会议-中原工学院
```

5.4.3 网页排名和搜索模块

当需要搜索的时候执行 search_engine_use.py,完成网页排名和搜索功能。

网页排名采用 TF/IDF 统计。TF/IDF 是一种用于信息检索与数据挖掘的常用加权技术。TF/IDF 统计用于评估一词对于一个文件集或一个语料库中的一份文件的重要程度。TF 的意思是词频(Term Frequency),IDF 的意思是逆文本频率指数(Inverse Document Frequency)。TF 表示词条 t 在文档 d 中出现的频率。IDF 的主要思想是:如果包含词条 t 的文档越少,则词条 t 的 IDF 越大,说明词条 t 具有很好的类别区分能力。

词条 t 的 IDF 计算公式如下:

$$idf = \log(N/df)$$

其中,N 是文档总数,df 是包含词条 t 的文档数量。

在本程序中 tf={文档号:出现次数}存储的是某个词在文档中出现的次数。例如王宗敏的 tf={12:1,35:3,88:2}即词"王宗敏"出现在网页 ID 为 12、35、88 号的网页里,12 号页面 1 次,35 号页面 3 次,88 号页面 2 次。

score={文档号:文档得分}用于存储命中(搜到)文档的排名得分。

```
# search_engine_use.py
import re
import urllib
from urllib import request
from collections import deque
from bs4 import BeautifulSoup
import lxml
import sqlite3
import jieba
import math
conn = sqlite3.connect("viewsdu.db")
c = conn.cursor()
c.execute('select count(*) from doc')
```

第5章 爬虫应用——校园网搜索引擎

```python
N = 1 + c.fetchall()[0][0]                          # 文档总数
target = input('请输入搜索词:')
seggen = jieba.cut_for_search(target)               # 将搜索内容分词
score = {}                                          # 字典,用于存储"文档号:文档得分"
for word in seggen:
    print('得到查询词:',word)
    tf = {}                                         # 文档号:次数{12:1,35:3,88:2}
    c.execute('select list from word where term = ?',(word,))
    result = c.fetchall()
    if len(result)> 0:
        doclist = result[0][0]                      # 字符串"12 35 35 35 88 88"
        doclist = doclist.split(' ')
        doclist = [int(x) for x in doclist]         # ['12','35','35','35','88','88']
                                                    # 把字符串转换成元素为 int 的 list[12,35,88]
        df = len(set(doclist))                      # 当前 word 对应的 df 数,注意 set 集合实现去掉重复项
        idf = math.log(N/df)                        # 计算出 IDF
        print('idf:',idf)
        for num in doclist:                         # 计算词频 TF,即在某文档中出现的次数
            if num in tf:
                tf[num] = tf[num] + 1
            else:
                tf[num] = 1
        # TF 统计结束,现在开始计算 score
        for num in tf:
            if num in score:
                # 如果该 num 文档已经有分数了,则累加
                score[num] = score[num] + tf[num] * idf
            else:
                score[num] = tf[num] * idf
sortedlist = sorted(score.items(),key = lambda d:d[1],reverse = True)
                                                    # 对 score 字典按字典的值排序
# print('得分列表',sortedlist)
cnt = 0
for num,docscore in sortedlist:
    cnt = cnt + 1
    c.execute('select link from doc where id = ?',(num,))
                                                    # 按照 ID 获取文档的连接(网址)
    url = c.fetchall()[0][0]
    print(url ,'得分:',docscore)                    # 输出网址和对应得分
    try:
        response = request.urlopen(url)
        content = response.read().decode('utf-8')   # 可以输出网页内容
    except:
        print('oops...读取网页出错')
        continue
    # 解析网页输出标题
    soup = BeautifulSoup(content,'lxml')
    title = soup.title
    if title == None:
        print('No title.')
```

```
        else:
            title = title.text
            print(title)
        if cnt > 20:                    # 超过20条则结束,即输出前20条
            break
if cnt == 0:
    print('无搜索结果')
```

当运行 search_engine_use.py 时出现如下提示:

```
请输入搜索词:王宗敏
Building prefix dict from the default dictionary ...
Loading model from cache C:\Users\xmj\AppData\Local\Temp\jieba.cache
Loading model cost 0.961 seconds.
Prefix dict has been built successfully.
得到查询词:王宗敏
idf:3.337509562404897
http://www.zut.edu.cn/info/1041/20120.htm 得分:13.350038249619589
王宗敏校长一行参加深圳校友会年会并走访合作企业 - 中原工学院
http://www.zut.edu.cn/info/1041/20435.htm 得分:13.350038249619589
中国工程院张彦仲院士莅临我校指导工作 - 中原工学院
http://www.zut.edu.cn/info/1041/19775.htm 得分:10.012528687214692
我校河南省功能性纺织材料重点实验室接受现场评估 - 中原工学院
http://www.zut.edu.cn/info/1041/19756.htm 得分:10.012528687214692
王宗敏校长召开会议推进"十三五"规划"八项工程"建设 - 中原工学院
http://www.zut.edu.cn/info/1041/19726.htm 得分:10.012528687214692
我校2017级新生开学典礼隆重举行 - 中原工学院
```

说明:由于中原工学院网站2022年4月改版,程序代码访问的原网站已改为www1.zut.edu.cn,所以代码中出现的www.zut.edu.cn都修改为www1.zut.edu.cn即可正常运行。

第 6 章 爬虫应用——爬取百度图片

视频讲解

6.1 程序功能介绍

使用网络爬虫技术爬取百度图片某主题的相关图片,并且能按某个关键字搜索图片下载到本地指定的文件夹中。本程序主要完成下载功能,不需要设计图形化界面。在运行时出现如下提示:

```
Please input you want search:
```

让用户输入关键词,例如输入"夏敏捷",然后按回车键,则看到如图 6-1 所示的效果。

```
======= RESTART: I:\（第14本） Python轻松学项目案例开发 （Python课程设计案例）\百度图片下载00.py =======
Please input you want search:夏敏捷
Current page:0*****************************************
开始下载:http://img14.360buyimg.com/n0/jfs/t1273/309/228568970/10584/3d71a1e0/550b853bN692a3537.jpg
开始下载:http://img13.360buyimg.com/n0/jfs/t586/241/26929280/71476/2c65610c/54484fe6Nb33010bd.jpg
开始下载:http://img002.21cnimg.com/photos/album/20160511/m600/5C2557BC2AEC044F4324EAEEBCAF018C.jpeg
开始下载:http://img3x2.ddimg.cn/10/9/1293525892-1_u_2.jpg
开始下载:http://imgs.soufun.com/news/2014_08/01/news/1406859161065_000.jpg
开始下载:http://g-ec4.images-amazon.com/images/G/28/BOOK-Catalog/shfz/20101117/B0040IF6VQ_01_amzn.jpg
开始下载:http://imgs.soufun.com/news/2013_09/30/news/1380523396671_000.jpg
开始下载:http://img3ml.ddimg.cn/39/22/1067418831-1_u_1.jpg
开始下载:http://qnimg.zowoyoo.com/img/280179/1493550929586.jpg
开始下载:http://img1.gtimg.com/house_guangzhou/pics/hv1/75/165/1475/95954025.jpg
```

图 6-1 爬取百度图片运行效果示意图

从图 6-1 可以看到开始下载了。

6.2 程序设计的思路

一般来说,制作一个爬虫需要分以下几个步骤:
(1) 分析需求,这里的需求就是爬取网页图片。

(2) 分析网页源代码和网页结构，配合 F12 键查看网页源代码。
(3) 编写正则表达式或者 XPath 表达式。
(4) 正式编写 Python 爬虫代码。

本章按照该步骤实现按关键词爬取百度图片。

6.3 关键技术

6.3.1 图片文件下载到本地

❶ 使用 request.urlretrieve()函数

如果要把对应图片文件下载到本地，可以使用 urlretrieve()函数。

```
from urllib import request
request.urlretrieve("http://www.zzti.edu.cn/_mediafile/index/2017/06/24/1qjdyc7vq5.jpg",
"aaa.jpg")
```

上例就可以把网络上中原工学院的图片资源 1qjdyc7vq5.jpg 下载到本地，生成 aaa.jpg 图片文件。

❷ 使用 Python 的文件操作函数 write()写入文件

```
from urllib import request
import urllib
url = 'http://www.zzti.edu.cn/_mediafile/index/2017/06/24/1qjdyc7vq5.jpg'
url1 = urllib.request.Request(url)           #Request()函数将 url 添加到头部，模拟浏览器访问
page = urllib.request.urlopen(url1).read()   #将 url 页面的源代码保存成字符串
#open().write()方法原始且有效
open('C:\\aaa.jpg', 'wb').write(page)         #写入 aaa.jpg 文件中
```

6.3.2 爬取指定网页中的图片

首先用 urllib 库来模拟浏览器访问网站的行为，由给定的网站链接(url)得到对应网页的源代码(HTML 标签)。其中，源代码以字符串的形式返回。

然后用正则表达式 re 库在字符串(网页源代码)中匹配表示图片链接的子字符串，返回一个列表。

最后循环列表，根据图片链接将图片保存到本地。

urllib 库的使用在 Python 2.x 和 Python 3.x 中的差别很大，本案例以 Python 3.x 为例。

```
'''
    第一个简单的爬取图片程序，使用 Python 3.x 和 urllib 与 re 库
'''
import urllib.request
```

```python
import re                                          # 正则表达式
def getHtmlCode(url):                              # 该方法传入 url,返回 url 的 HTML 的源代码
    headers = {
        'User - Agent': 'Mozilla/5.0(Linux; Android 6.0; Nexus 5 Build/MRA58N) AppleWebKit/
            537.36(KHTML, like Gecko) Chrome/56.0.2924.87 Mobile Safari/537.36'
    }
    url1 = urllib.request.Request(url, headers = headers)
                                                   # Request()函数将 url 添加到头部,模拟浏览器访问
    page = urllib.request.urlopen(url1).read()     # 将 url 页面的源代码保存成字符串
    page = page.decode('utf-8')                    # 字符串转码
    return page

def getImg(page):    # 该方法传入 HTML 的源代码,经过截取其中的 img 标签,将图片保存到本机
    imgList = re.findall(r'(https:[^\s]*?(jpg|png|gif))"', page)
    x = 0
    for imgUrl in imgList:                         # 列表循环
        try:
            print('正在下载:% s' % imgUrl[0])
            #urlretrieve(url,local)方法根据图片的 url 将图片保存到本机
            urllib.request.urlretrieve(imgUrl[0],'E:/img/% d.jpg' % x)
            x += 1
        except:
            continue

if __name__ == '__main__':
    url = 'https://blog.csdn.net/qq_32166627/article/details/60345731'    # 指定网址页面
    page = getHtmlCode(url)
    getImg(page)
```

对于 findall(正则表达式,代表页面源代码的 str)函数,在字符串中按照正则表达式截取其中的子字符串,findall()返回一个列表,列表中的元素是一个个元组,元组的第 1 个元素是图片的 url,第 2 个元素是 url 的扩展名,列表形式如下:

```
[('http://avatar.csdn.net/4/E/B/1_qq_32166627.jpg', 'jpg'),
('http://avatar.csdn.net/1/1/4/2_fly_yr.jpg', 'jpg'),
('http://avatar.csdn.net/8/1/3/2_u013007900.jpg', 'jpg'),
…
('http://avatar.csdn.net/1/B/B/1_csdn.jpg', 'jpg')]
```

上述代码在找图片的 url 时用的是 re(正则表达式)。re 用得好会有奇效,用得不好效果极差。

既然得到了网页的源代码,就可以根据标签的名称得到其中的内容。

由于正则表达式难以掌握,这里用一个第三方库——BeautifulSoup,它可以根据标签的名称对网页内容进行截取。BeautifulSoup 的中文文档请参见页面"http://beautifulsoup.readthedocs.io/zh_CN/latest/"。

6.3.3 BeautifulSoup 库概述

BeautifulSoup(英文原意是美丽的蝴蝶)是一个 Python 处理 HTML/XML 的函数库,

是 Python 内置的网页分析工具，用来快速地转换被抓取的网页。它产生一个转换后 DOM 树，尽可能和原文档内容的含义一致，这种措施通常能够满足用户搜集数据的需求。

BeautifulSoup 提供了一些简单的方法以及类 Python 语法来查找、定位、修改一棵转换后 DOM 树。BeautifulSoup 自动将送进来的文档转换为 Unicode 编码，而且在输出的时候转换为 UTF-8。BeautifulSoup 可以找出"所有的链接<a>"，或者"所有 class 是 xxx 的链接<a>"，再或者是"所有匹配.cn 的链接 url"。

❶ BeautifulSoup 的安装

使用 pip 直接安装 BeautifulSoup4：

```
pip3 install beautifulsoup4
```

推荐在现在的项目中使用 BeautifulSoup4(bs4)，导入时需要 import bs4。

❷ BeautifulSoup 的基本使用方式

下面使用一段代码演示 BeautifulSoup 的基本使用方式。

```
from bs4 import BeautifulSoup
#doc 可以是一个 HTML 内容的字符串,本例是列表,需要转换成字符串
doc = ['<html><head><title> The story of Monkey </title></head>',
    '<body><p id = "firstpara" align = "center"> This is one paragraph </p>',
    '<p id = "secondpara" align = "center"> This is two paragraph </p>',
    '</html>']
soup = BeautifulSoup(''.join(doc), "html.parser")    #提供字符串信息,''.join(doc)将其
                                                     #合并为字符串
print(soup.prettify())
```

在使用 BeautifulSoup 时，首先要导入 bs4 库：

```
from bs4 import BeautifulSoup
```

创建 BeautifulSoup 对象：

```
soup = BeautifulSoup(html)
```

另外，还可以用本地 HTML 文件来创建对象，例如：

```
soup = BeautifulSoup(open('index.html'), "html.parser")  #提供本地 HTML 文件
```

上面的代码是将本地 index.html 文件打开，用它来创建 soup 对象。

用户也可以使用网址获取 HTML 文件，例如：

```
from urllib import request
response = request.urlopen("http://www.baidu.com")
html = response.read()
html = html.decode("utf-8")              #decode()用于将网页的信息进行解码,否则会产生乱码
soup = BeautifulSoup(html, "html.parser")    #远程网站上的 HTML 文件
```

程序段最后格式化输出 BeautifulSoup 对象的内容。

```
print(soup.prettify())
```

运行结果如下：

```
<html>
 <head>
  <title> The story of Monkey </title>
 </head>
 <body>
  <p align = "center" id = "firstpara">
   This is one paragraph
  </p>
  <p align = "center" id = "secondpara">
    This is two paragraph
  </p>
 </body>
</html>
```

以上便是输出结果,格式化打印出了 BeautifulSoup 对象(DOM 树)的内容。

BeautifulSoup 将复杂的 HTML 文档转换成一个复杂的树形结构,其中每个结点都是 Python 对象。所有对象可以归纳为 4 种,即 Tag、NavigableString、BeautifulSoup(前面例子中已经使用过)、Comment。

1) Tag 对象

Tag 是什么? 通俗点讲就是 HTML 中的一个个标签,例如:

```
<title> The story of Monkey </title>
<a href = "http://example.com/elsie" id = "link1"> Elsie </a>
```

上面的 <title>、<a> 等 HTML 标签加上里面包括的内容就是 Tag,下面用 BeautifulSoup 来获取 Tags。

```
print(soup.title)
print(soup.head)
```

输出如下:

```
<title> The story of Monkey </title>
<head><title> The story of Monkey </title></head>
```

用户可以用 BeautifulSoup 对象 soup 加标签名轻松地获取这些标签的内容,但应注意,它查找的是所有内容中第 1 个符合要求的标签,对于查询所有的标签,将在后面进行介绍。

可以验证一下这些对象的类型。

```
print(type(soup.title))          # 输出:<class 'bs4.element.Tag'>
```

对于 Tag,它有两个重要的属性——name 和 attrs,下面分别来感受一下。

```
print(soup.name)                 # 输出:[document]
print(soup.head.name)            # 输出:head
```

soup 对象本身比较特殊,它的 name 即为[document],对于其他内部标签,输出的值便为标签本身的名称。

```
print(soup.p.attrs)              # 输出:{'id': 'firstpara', 'align': 'center'}
```

在这里把 p 标签的所有属性打印输出,得到的类型是一个字典。
如果想要单独获取某个属性,例如获取它的 ID 可以这样做:

```
print(soup.p['id'])              #输出:firstpara
```

另外还可以利用 get()方法传入属性的名称,二者是等价的。

```
print(soup.p.get('id'))          #输出:firstpara
```

用户可以对这些属性和内容等进行修改,例如: soup.p['class']="newClass"。另外还可以对这个属性进行删除,例如:

```
del soup.p['class']
```

2) NavigableString 对象

既然已经得到了标签的内容,要想获取标签内部的文字怎么办呢?很简单,用.string 即可,例如:

```
soup.title.string
```

这样就轻松获取到了标签里面的内容,如果用正则表达式则麻烦得多。

3) BeautifulSoup 对象

BeautifulSoup 对象表示的是一个文档的全部内容。大部分时候可以把它当作 Tag 对象,它是一个特殊的 Tag,下面的代码可以分别获取它的类型、名称以及属性。

```
print(type(soup))                #输出:<class 'bs4.BeautifulSoup'>
print(soup.name)                 #输出:[document]
print(soup.attrs)                #输出空字典:{}
```

4) Comment 对象

Comment(注释)对象是一个特殊类型的 NavigableString 对象,其内容不包括注释符号,如果不好好地处理它,可能会对文本处理造成意想不到的麻烦。

6.3.4 用 BeautifulSoup 库操作解析 HTML 文档树

❶ 遍历文档树

1) 用.content 属性和.children 属性获取直接子结点

Tag 的.content 属性可以将 Tag 的子结点以列表的方式输出。

```
print(soup.body.contents)
```

输出:

```
[<p align="center" id="firstpara">This is one paragraph</p>,
 <p align="center" id="secondpara">This is two paragraph</p>]
```

此时输出为列表,可以用列表索引来获取它的某一个元素。

```
print(soup.body.contents[0])                    #获取第 1 个<p>
```

输出:

```
< p align = "center" id = "firstpara"> This is one paragraph </p>
```

.children属性返回的不是一个list,它是一个list生成器对象,不过用户可以通过遍历获取所有子结点。

```
for child in soup.body.children:
    print(child)
```

输出:

```
< p align = "center" id = "firstpara"> This is one paragraph </p>
< p align = "center" id = "secondpara"> This is two paragraph </p>
```

2) 用.descendants属性获取所有子孙结点

.contents和.children属性仅包含Tag的直接子结点,.descendants属性可以对所有Tag的子孙结点进行递归循环,和.children类似,用户也需要遍历获取其中的内容。

```
for child in soup.descendants:
    print(child)
```

可以发现,所有的结点都被打印出来,先是最外层的HTML标签,其次从head标签一个个剥离,以此类推。

3) 结点内容

如果一个标签里面没有标签了,那么.string就会返回标签里面的内容。如果标签里面只有唯一的一个标签,那么.string也会返回最里面标签的内容。

如果Tag包含了多个子标签结点,Tag将无法确定.string方法应该调用哪个子标签结点的内容,.string的输出结果是None。

```
print(soup.title.string)       #输出<title>标签里面的内容
print(soup.body.string)        #<body>标签包含了多个子结点,所以输出None
```

输出:

```
The story of Monkey
None
```

4) 父结点

.parent属性用于获取父结点。

```
p = soup.title
print(p.parent.name)           #输出父结点名Head
```

输出:

```
Head
```

以上是遍历文档树的基本用法。

❷ 搜索文档树

1) find_all(name, attrs, recursive, text, ** kwargs)

find_all()方法搜索当前Tag的所有Tag子结点,并判断是否符合过滤器的条件,其参数如下。

(1) name 参数：可以查找所有名字为 name 的标签。

```
print(soup.find_all('p'))          #输出所有<p>标签
[< p align = "center" id = "firstpara"> This is one paragraph </p>, < p align =    "center" id = "secondpara"> This is two paragraph </p>]
```

如果 name 参数传入正则表达式作为参数，BeautifulSoup 会通过正则表达式的 match() 来匹配内容。下面的例子找出所有以 h 开头的标签。

```
for tag in soup.find_all(re.compile("^h")):
    print(tag.name, end = " ")                #html head
```

输出：

```
htmlhead
```

这表示< html >和< head >标签都被找到。

(2) attrs 参数：按照 tag 标签属性值检索，需要列出属性名和值，采用字典形式。

```
soup.find_all('p',attrs = {'id':"firstpara"})或者 soup.find_all('p', {'id':    "firstpara"})
```

它们都是查找属性值 id 是"firstpara"的< p >标签。

当然也可以采用关键字形式"soup.find_all('p', {id="firstpara"})"。

(3) recursive 参数：在调用 Tag 的 find_all() 方法时，BeautifulSoup 会检索当前 Tag 的所有子孙结点，如果只想搜索 Tag 的直接子结点，可以使用 recursive＝False。

(4) text 参数：通过 text 参数可以搜索文档中的字符串内容。

```
print(soup.find_all(text = re.compile("paragraph")))         #re.compile()正则表达式
```

输出：

```
['This is one paragraph', 'This is two paragraph']
```

re.compile("paragraph")为正则表达式，表示所有含有"paragraph"的字符串都匹配。

(5) limit 参数：find_all() 方法返回全部的搜索结构，如果文档树很大，那么搜索会很慢。如果用户不需要全部结果，可以使用 limit 参数限制返回结果的数量，当搜索到的结果数量达到 limit 的限制时就停止搜索返回结果。

文档树中有两个 Tag 符合搜索条件，但结果只返回了 1 个，因为限制了返回数量。

```
soup.find_all("p", limit = 1)
```

输出：

```
['This is one paragraph', 'This is two paragraph']
```

2) find(name, attrs, recursive, text)

它与 find_all() 方法唯一的区别是 find_all() 方法返回全部结果的列表，而 find() 方法返回找到的第 1 个结果。

❸ 用 CSS 选择器筛选元素

在写 CSS 时，标签名不加任何修饰，类名前加点，ID 名前加#。在这里也可以利用类似的方法来筛选元素，用到的方法是 soup.select()，返回类型是列表。

（1）通过标签名查找：

```
soup.select('title')                    #选取<title>元素
```

（2）通过类名查找：

```
soup.select('.firstpara')               #选取 class 是 firstpara 的元素
soup.select_one(".firstpara")           #查找 class 是 firstpara 的第 1 个元素
```

（3）通过 id 名查找：

```
soup.select('#firstpara')               #选取 id 是 firstpara 的元素
```

以上的 select()方法返回的结果都是列表形式，可以用遍历形式输出，然后用 get_text()方法或 text 属性来获取它的内容。

```
soup = BeautifulSoup(html, 'html.parser')
print type(soup.select('div'))
print(soup.select('div')[0].get_text())     #输出首个<div>元素的内容
for title in soup.select('title'):
    print(title.text)                       #输出所有<div>元素的内容
```

处理网页需要对 HTML 有一定的了解，BeautifulSoup 库是一个非常完备的 HTML 解析函数库，有了 BeautifulSoup 库的知识，就可以进行网络爬虫实战了。

```
from bs4 import BeautifulSoup
def getHtmlCode(url):            #该方法传入 url,返回 url 的 HTML 的源代码
    headers = {
        'User-Agent': 'MMozilla/5.0(Windows NT 6.1; WOW64; rv:31.0) Gecko/ 20100101 Firefox/31.0'
    }
    url1 = urllib.request.Request(url, headers = headers)    #Request()函数将 url 添加到头
                                                             #部,模拟浏览器访问
    page = urllib.request.urlopen(url1).read()               #将 url 页面的源代码保存成字符串
    page = page.decode('utf-8')                              #字符串转码
    return page

def getImg(page,localPath):      #该方法传入 HTML 的源代码,截取其中的 img 标签,将图片保存到本机
    soup = BeautifulSoup(page,'html.parser')    #按照 HTML 格式解析页面
    imgList = soup.find_all('img')              #返回包含所有 img 标签的列表
    x = 0
    for imgUrl in imgList:                      #列表循环
        print('正在下载:% s' % imgUrl.get('src'))
        #urlretrieve(url,local)方法根据图片的 url 将图片保存到本机
        urllib.request.urlretrieve(imgUrl.get('src'),localPath + '% d.jpg'% x)
        x += 1
if __name__ == '__main__':
    url = 'http://www.zhangzishi.cc/20160928gx.html'
    localPath = 'E:/img/'
    page = getHtmlCode(url)
    getImg(page,localPath)
```

可见使用 BeautifulSoup 能比使用正则表达式更简单地找到所有 img 标签。

6.3.5　requests 库的使用

requests 库和 urllib 库的作用相似且使用方法基本一致，都是根据 HTTP 操作各种消息和页面，但使用 requests 库比使用 urllib 库更简单些。

❶ requests 库的安装

使用 pip 直接安装 requests：

```
pip3 install requests
```

安装后进入 Python，导入模块测试是否安装成功。

```
import requests
```

没有出错即安装成功。

对于 requests 库的使用，请读者参阅"http://cn.python-requests.org/zh_CN/latest/"。

❷ 发送请求

发送请求很简单，首先要导入 requests 模块：

```
>>> import requests
```

接下来获取一个网页，例如中原工学院的首页：

```
>>> r = requests.get('http://www.zut.edu.cn')
```

之后就可以使用这个 r 的各种方法和函数了。

另外，HTTP 请求还有很多类型，例如 POST、PUT、DELETE、HEAD、OPTIONS，可以用同样的方式实现：

```
>>> r = requests.post("http://httpbin.org/post")
>>> r = requests.head("http://httpbin.org/get")
```

❸ 在 URL 中传递参数

有时候需要在 URL 中传递参数，比如在采集百度搜索结果时，对于 wd 参数（搜索词）和 rn 参数（搜索结果数量），可以通过字符串连接的形式手工组成 URL，但 requests 提供了一种简单的方法：

```
>>> payload = {'wd': '夏敏捷', 'rn': '100'}
>>> r = requests.get("http://www.baidu.com/s", params = payload)
>>> print(r.url)
```

结果如下：

```
http://www.baidu.com/s?wd = % E5 % A4 % 8F % E6 % 95 % 8F % E6 % 8D % B7&rn = 100
```

上面 wd＝的乱码就是"夏敏捷"的 URL 转码形式。

POST 参数请求例子如下：

```
requests.post('http://www.itwhy.org/wp-comments-post.php', data =
    {'comment': '测试 POST'})                              # POST 参数
```

❹ 获取响应内容

```
>>> r = requests.get('http://www.baidu.com')     # 返回一个 Response 对象 r
>>> r.text
```

在使用 requests() 方法后会返回一个 Response 对象,其存储了服务器响应的内容,如上实例中已经提到的 r.text。

用户可以通过 r.text 来获取网页的内容。

结果如下:

```
'<!DOCTYPE html>\r\n<!--STATUS OK--><html><head><meta http-equiv=content-type
content=text/html;charset=utf-8><meta http-equiv=X-UA-Compatible
    content=IE=Edge><meta content=always name=referrer>...'
```

另外,还可以通过 r.content 来获取页面内容。

```
>>> r.content
```

r.content 以字节的方式去显示,所以在 IDLE 中以 b 开头。

```
>>> r.encoding     # 可以使用 r.encoding 来获取网页编码
```

结果如下:

`'utf-8'`

当发送请求时,requests 会根据 HTTP 头部来获取网页编码;当使用 r.text 时,requests 就会使用这个编码。当然,用户还可以修改 requests 的编码形式。

```
>>> r = requests.get('http://www.zhidaow.com')
>>> r.encoding
'utf-8'
>>> r.encoding = 'ISO-8859-1'
```

像上面的例子,对 encoding 修改后直接用修改后的编码去获取网页内容。

❺ JSON

如果用到 JSON,就要引入新模块,例如 json 和 simplejson,但在 requests 中已经有了内置的函数 r.json()。这里以查询 IP 的 API 为例:

```
>>> r = requests.get('http://ip.taobao.com/service/getIpInfo.php?ip=202.196.32.7')
>>> r.json()
{'data': {'region_id': '410000', 'county': 'XX', 'city_id': '410100',    'area': '', 'country': '中
国', 'country_id': 'CN', 'isp': '教育网', 'area_id':    '', 'city': '郑州', 'ip': '202.196.32.7',
'region': '河南', 'isp_id':    '100027', 'county_id': 'xx'}, 'code': 0}
>>> r.json()['data']['country']
'中国'
```

❻ 网页状态码

用户可以使用 r.status_code 来检查网页的状态码。

```
>>> r = requests.get('http://www.mengtiankong.com')
>>> r.status_code
200
>>> r = requests.get('http://www.mengtiankong.com/123123/')
>>> r.status_code
404
```

此时,能正常打开网页的返回200,不能正常打开的返回404。

❼ 响应的头部内容

用户可以通过r.headers来获取响应的头部内容。

```
>>> r = requests.get('http://www.zhidaow.com')
>>> r.headers
{
    'content-encoding': 'gzip',
    'transfer-encoding': 'chunked',
    'content-type': 'text/html; charset=utf-8';
    …
}
```

可以看到以字典的形式返回了全部内容,用户也可以访问部分内容。

```
>>> r.headers['Content-Type']
'text/html; charset=utf-8'
>>> r.headers.get('content-type')
'text/html; charset=utf-8'
```

❽ 设置超时时间

用户可以通过timeout属性设置超时时间,一旦超过这个时间还没有获得响应内容,就会提示错误。

```
>>> requests.get('http://github.com', timeout=0.001)
Traceback(most recent call last):
  File "<stdin>", line 1, in <module>
requests.exceptions.Timeout: HTTPConnectionPool(host='github.com',
    port=80): Request timed out.(timeout=0.001)
```

❾ 代理访问

在采集时为避免被封IP,经常会使用代理。requests也有相应的proxies属性。

```
import requests
proxies = {
  "http": "http://10.10.1.10:3128",
  "https": "http://10.10.1.10:1080",
}
requests.get("http://www.zhidaow.com", proxies=proxies)
```

如果代理需要账户和密码,则需要这样:

```
proxies = {
    "http": "http://user:pass@10.10.1.10:3128/",
}
```

⓾ 请求头内容

请求头内容可以用 r.request.headers 来获取。

```
>>> r.request.headers
{'Accept-Encoding': 'identity, deflate, compress, gzip',
'Accept': '*/*', 'User-Agent': 'python-requests/1.2.3 CPython/2.7.3 Windows/XP'}
```

⓫ 自定义请求头部

伪装请求头部是爬虫采集信息时经常用到的,用户可以用这个方法来隐藏自己:

```
>>> r = requests.get('http://www.zhidaow.com')
>>> print(r.request.headers['User-Agent'])      #输出 python-requests/2.13.0
>>> headers = {'User-Agent': 'xmj'}
>>> r = requests.get('http://www.zhidaow.com', headers = headers)
                                                #伪装的请求头部
>>> print(r.request.headers['User-Agent'])      #输出 xmj,避免被反爬虫
```

再例如另一个定制 header 的例子:

```
import requests
import json
data = {'some': 'data'}
headers = {'content-type': 'application/json',
          'User-Agent': 'Mozilla/5.0(X11; Ubuntu; Linux x86_64; rv:22.0)
            Gecko/20100101 Firefox/22.0'}
r = requests.post('https://api.github.com/some/endpoint', data = data,
    headers = headers)
print(r.text)
```

下面用 requests 库替换 urllib 库,并用 open().write()方法替换 urllib.request.urlretrieve(url,localPath)方法来下载中原工学院主页上的所有图片。

```
'''
    使用 requests、bs4 库下载中原工学院主页上的所有图片
'''
import os
import requests
from bs4 import BeautifulSoup
def getHtmlCode(url):                    #该方法传入 url,返回 url 的 HTML 的源代码
    headers = {
     'User-Agent': 'MMozilla/5.0(Windows NT 6.1; WOW64; rv:31.0) Gecko/ 20100101 Firefox/31.0'
    }
    r = requests.get(url, headers = headers)
    r.encoding = 'utf-8'                 #指定网页解析的编码格式
    page = r.text                        #获取 url 页面的源代码字符串文本
    return page

def getImg(page, localPath):             #该方法传入 HTML 的源代码,截取其中的 img 标签,将图
                                         #片保存到本机
    if not os.path.exists(localPath):    #新建文件夹
```

```
        os.mkdir(localPath)
    soup = BeautifulSoup(page,'html.parser')        #按照 HTML 格式解析页面
    imgList = soup.find_all('img')                  #返回包含所有 img 标签的列表
    x = 0
    for imgUrl in imgList:                          #列表循环
        try:
            print('正在下载:%s'% imgUrl.get('src'))
            if "http://" not in imgUrl.get('src'):  #不是绝对路径 http 开始
                m = 'http://www.zut.edu.cn/' + imgUrl.get('src')
                print('正在下载:%s'% m)
                ir = requests.get('http://www.zut.edu.cn/' + imgUrl.get('src'))
            else:
                ir = requests.get(imgUrl.get('src'))
            #用 write()方法写入本地文件中
            open(localPath + '%d.jpg'% x, 'wb').write(ir.content)
            x += 1
        except:
            continue
if __name__ == '__main__':
    url = 'http://www.zut.edu.cn/'
    localPath = 'E:/img/'
    page = getHtmlCode(url)
    getImg(page,localPath)
```

掌握上述技术后先爬取较简单的搜狗图片中某主题的图片。

输入搜狗图片的网址"http://pic.sogou.com/",进入壁纸分类,然后按 F12 键进入开发人员选项(编者用的是 Google Chrome 浏览器)。右击某张图片,在快捷菜单中选择"检查"命令,结果如图 6-2 所示。

图 6-2 网页代码示意图

发现需要的图片是在 img 标签下的，于是先试着用 Python 的 requests 提取该标签，进而获取 img 的 src 属性（即图片的网址），然后使用 urllib.request.urlretrieve 逐个下载图片，从而达到批量获取资料的目的。爬取的 URL 如下：

http://pic.sogou.com/pics?query=％E5％A3％81％E7％BA％B8&mode=13

此 URL 来自进入分类后的浏览器的地址栏，其中，％E5％A3％81％E7％BA％B8 是壁纸的 URL 编码。

写出如下代码：

```
import urllib
from bs4 import BeautifulSoup
res = requests.get('http://pic.sogou.com/pics?query = % E5 % A3 % 81 % E7 % BA % B8')    # 爬取的 URL
soup = BeautifulSoup(res.text,'html.parser')
print(soup.select('img'))
```

输出如下：

```
[< img alt = "搜狗图片" src = "//search.sogoucdn.com/pic/pc/static/img/logo.a430dba.png" drag-img = "https://hhypic.sogoucdn.com/deploy/pc/common_ued/images/common/ logo_cb2e773.png" srcset = "//search.sogoucdn.com/pic/pc/static/img/logo@2x.d358e22.png 2x"/>]
```

此时发现输出内容并不包含想要的图片元素，而是只剖析到 Logo 的 img 图片 logo.a430dba.png（见图 6-3），这显然不是大家想要的。也就是说，需要的图片资料不在"http://pic.sogou.com/pics?query=％E5％A3％81％E7％BA％B8"的 HTML 源代码中。

图 6-3　logo.a430dba.png

这是为什么呢？可以发现当在网页内向下滑动鼠标滚轮时图片是动态刷新出来的，也就是说，该网页并不是一次加载出全部资源，而是动态加载资源。这也避免了因为网页过于臃肿而影响加载速度。在网页动态加载中找出图片元素的方法如下。

按 F12 键，在 Network 的 XHR 下单击文件链接，在 Preview 选项卡中观察结果，如图 6-4 所示。

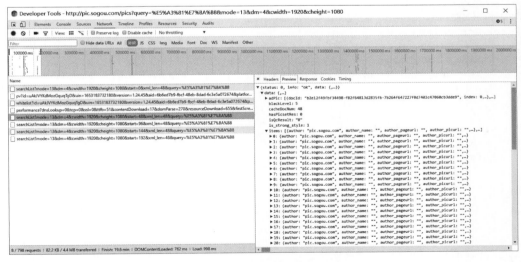

图 6-4　分析网页的 JSON 数据

说明：XHR的全称为XMLHttpRequest，中文解释为可扩展超文本传输请求。其中，XML是可扩展标记语言，Http是超文本传输协议，Request是请求。XMLHttpRequest对象可以在不向服务器提交整个页面的情况下实现局部更新网页。当页面全部加载完毕后，客户端通过该对象向服务器请求数据，服务器端接收数据并处理后向客户端反馈数据。XMLHttpRequest对象提供了对HTTP的完全访问，包括做出POST和HEAD请求以及普通的GET请求的能力。XMLHttpRequest可以同步或异步返回Web服务器的响应，并且能以文本或者一个DOM文档的形式返回内容。尽管名为XMLHttpRequest，但它并不限于和XML文档一起使用，它可以接收任何形式的文本文档。XMLHttpRequest对象是为AJAX的Web应用程序架构的一项关键功能。

因为每页加载的图片是有限的，通过不断地往下滑会动态地加载新图片，我们发现图6-4中不断地出现一个重复的http://pic.sogou.com/napi/pc/searchList?mode。单击图6-4中右侧的JSON数据items，发现下面是0 1 2 3…，貌似是图片元素。试着打开一个图片的地址thumbUrl(URL)，发现确实是图片的地址。找到目标之后单击XHR下的Headers得到Request URL：

http://pic.sogou.com/napi/pc/searchList?mode=13&dm=4&cwidth=1920&cheight=1080&start=0&xml_len=48&query=％E5％A3％81％E7％BA％B8

试着去掉一些不必要的部分，技巧就是删掉可能的部分之后访问不受影响，最后得到URL：

http://pic.sogou.com/napi/pc/searchList?start=0&xml_len=48&query=％E5％A3％81％E7％BA％B8

从字面意思知道query后面可能为分类。start为开始下标，xml_len为长度，即图片的数量。通过这个URL请求得到响应的JSON数据中包含着所需要的图片地址。有了上面分析，可以写出如下代码：

```python
import requests
import json
import urllib
def getSogouImag(category,length,path):
    n = length
    cate = category
    url = 'http://pic.sogou.com/napi/pc/searchList?query=' + cate + '&start=0&xml_len=' + str(n)
    print(url)
    imgs = requests.get(url)
    jd = json.loads(imgs.text)
    items = jd['data']['items']
    imgs_url = []
    for j in items:
        imgs_url.append(j['thumbUrl'])
    m = 0
    for img_url in imgs_url:
            print('*****'+ str(m) + '.jpg *****'+' Downloading...')
            urllib.request.urlretrieve(img_url,path + str(m) + '.jpg')
            m = m + 1
    print('Download complete!')
getSogouImag('壁纸',200,'d:/download/壁纸/')        #下载200张图片到"D:/download/壁纸/"文件夹下
```

程序运行结果如图 6-5 所示。

图 6-5　爬取到 D 盘 download 下"壁纸"文件夹中的图片

至此，关于该爬虫程序的编程介绍完毕。从整体来看，找到需要爬取元素所在的 URL 是爬虫诸多环节中的关键。

有了用搜狗图片下载图片的基础，下面来实现百度图片的图片下载。

6.4　程序设计的步骤

6.4.1　分析网页源代码和网页结构

进入百度图片界面（https://image.baidu.com/），输入某个关键字（例如夏敏捷），然后单击"百度一下"按钮搜索，可见如下网址：

https://image.baidu.com/search/index?tn＝baiduimage&ct＝201326592&lm＝-1&cl＝2&ie＝gbk&word＝%CF%C4%C3%F4%BD%DD&fr＝ala&ala＝1&alatpl＝adress&pos＝0&hs＝2&xthttps＝111111

其中，%CF%C4%C3%F4%BD%DD 就是"夏敏捷"的 URL 编码（网址上不使用汉字），所看见的页面是"瀑布流版本"（如图 6-6 所示），当向下滑动时可以不停刷新，这是一个动态的网页（和搜狗图片类似，需要按 F12 键，通过 Network 下的 XHR 去分析网页的结构），而用户可以选择更简单的方法，就是单击网页右上方的"传统翻页版本"（如图 6-7 所示）。

图 6-6 瀑布流版本下的图片

图 6-7 传统翻页版本下的图片

在传统翻页版本下的浏览器地址栏中可见如下网址：

https://image.baidu.com/search/flip?tn=baiduimage&ie=gbk&word=％CF％C4％C3％F4％BD％DD&ct=201326592&lm=-1&v=flip

在传统翻页版本下单击"下一页"或某数字页码，网址会发生变化，而动态网页则不会，因为其分页参数是在POST请求中的。在该程序中使用这个网址请求页面。

在网页空白处右击选择"查看网页的源代码"命令，可以查看网页的源代码（如图6-8所示），也就是请求下载的数据，在这里面找到各个图片的链接和"下一页"的链接比较困难。

用户可以通过浏览器（例如Chrome）的开发者工具来查看网页的元素，按F12键打开开发者工具来查看网页样式，注意当鼠标从结构表中滑过时会实时显示此段代码所对应的位置区域(注意先要单击开发者工具右上角的箭头按钮),用户可以通过此方法快速地找到图片元素所对应的位置(如图 6-9 所示)。

图 6-8 传统翻页版本下的图片

图 6-9 图片元素所对应的位置

对图 6-9 分析可知,每个图片都在< ul class = "imglist">下的列表项< li class = "imgitem" style = "width:372px;">中,其中< img src = "…">保存图片的网址。

```
< div id = "imgid">
  < ul class = "imglist">
    < li class = "imgitem" style = "width:372px;">
      < a target = "_blank">
        < img src = "https://ss0.bdstatic.com/70cFuHSh_Q1YnxGkpoWK1HF6hhy/it/
        u = 3577097530,1691750734&fm = 27&gp = 0.jpg" alt = "net 程序设计教程">
      </a>
      < div class = "hover" title = "net 程序设计教程/< strong>夏敏捷</strong>
        等">< /div>
  </li>
```

从上面找到了一张图片的路径:

https://ss0.bdstatic.com/70cFuHSh_Q1YnxGkpoWK1HF6hhy/it/u= 3577097530,

1691750734&fm=27&gp=0.jpg

用户可以在 HTML 源代码中搜索此路径找到它的位置，如下：

```
flip.setData('imgData',
{ "queryEnc":"%E5%A4%8F%E6%95%8F%E6%8D%B7", "displayNum":5722, "bdIsClustered" :
"1", "listNum":1977, "bdFmtDispNum" : "5722", "bdSearchTime" : "",
"isNeedAsyncRequest":0,
"data":[{"thumbURL":"https://ss0.bdstatic.com/70cFuHSh_
Q1YnxGkpoWK1HF6hhy/it/u = 3577097530,1691750734&fm = 27&gp = 0.jpg",
"middleURL":" https://ss0. bdstatic. com/70cFuHSh_Q1YnxGkpoWK1HF6hhy/it/u = 3577097530,
1691750734&fm = 27&gp = 0.jpg", "largeTnImageUrl":"", "hasLarge" :0,
"hoverURL":"https://ss0.bdstatic.com/70cFuHSh_Q1YnxGkpoWK1HF6hhy/it/u =
3577097530,1691750734&fm = 27&gp = 0.jpg", "pageNum":0,
"objURL":"http://img13.360buyimg.com/n0/jfs/t586/241/26929280/71476/2c65610c/54484fe6Nb3
3010bd.jpg",
" fromURL":"ippr _ z2C $ qAzdH3FAzdH3Ftpj4 _ z&e3B31 _ z&e3Bv54AzdH3F8nc9adan0n _ z&e3Bip4s",
"fromURLHost":"item. jd. com", "currentIndex":"", "width":800, "height":800, "type":"jpg",
"filesize":"", "bdSrcType":"0",
"di":"35266154990", "pi":"0", "is":"0,0", "partnerId":0, "bdSetImgNum":0, "bdImgnewsDate":
"1970-01-01 08:00",
```

可见"thumbURL""middleURL"和"objURL"均是图片的所在网址，这里选用"objURL"对应的网址图片，所以写出如下正则表达式获取图片的所在网址：

```
re.findall('"objURL":"(.*?)"',content,re.S)
```

通过分析可知，"下一页"或某数字页码 HTML 的代码如下：

```
< div id = "page">
< strong >< span class = "pc"> 1 </span ></strong >
< a href = "/search/flip?tn = baiduimage&ie = utf-8&word = %E5%A4%8F%E6%95%8F%E6%8D%B7
&pn = 20&gsm = 3c&ct = &ic = 0&lm = -1&width = 0&height = 0">< span class = "pc" data = "right">
2 </span ></a >
< a href = "/search/flip?tn = baiduimage&ie = utf-8&word = %E5%A4%8F%E6%95%8F%E6%8D%B7
&pn = 40&gsm = 0&ct = &ic = 0&lm = -1&width = 0&height = 0">< span class = "pc" data =
"right"> 3 </span ></a >
...
< a href = "/search/flip?tn = baiduimage&ie = utf-8&word = %E5%A4%8F%E6%95%8F%E6%8D%B7
&pn = 180&gsm = 0&ct = &ic = 0&lm = -1&width = 0&height = 0">< span class = "pc" data =
"right"> 10 </span ></a >
< a href = "/search/flip?tn = baiduimage&ie = utf-8&word = %E5%A4%8F%E6%95%8F%E6%8D%B7
&pn = 20&gsm = 3c&ct = &ic = 0&lm = -1&width = 0&height = 0" class = "n">下一页</a >
</div >
```

所以获取"下一页"链接写出如下正则表达式：

```
re.findall(r'< div id = "page">.*< a href = "(.*?)" class = "n">下一页</a >',content,re.S)[0]
```

6.4.2 设计代码

Python 爬虫搜索百度图片库并下载图片的代码如下：

第6章 爬虫应用——爬取百度图片

```python
import requests                                  # 首先导入库
import re
# 设置默认配置
MaxSearchPage = 20                               # 搜索页数
CurrentPage = 0                                  # 当前正在搜索的页数
DefaultPath = "./pictures/"                      # 图片保存的位置
NeedSave = 0                                     # 是否需要存储
CountNum = 0                                     # 下载图片数量编号
# 图片链接正则和下一页的链接正则
def imageFiler(content):                         # 通过正则获取当前页面的图片地址数组
    return re.findall('"objURL":"(.*?)"', content, re.S)
def nextSource(content):                         # 通过正则获取下一页的网址
    next = re.findall(r'<div id = "page">.* < a href = "(.*?)" class = "n">下一页</a>', content,
re.S)[0]
    print(" --------- " + "http://image.baidu.com" + next)
    return next
# 爬虫主体
def spidler(page_url):
    headers = {
            'User - Agent': 'Mozilla/5.0 (Macintosh; Intel Mac OS X 11_2_3) AppleWebKit/537.36
(KHTML, like Gecko) '
            }
    content = requests.get(page_url, headers = headers).text    # 通过链接获取内容
    imageArr = imageFiler(content)               # 获取图片数组
    global CurrentPage
    global CountNum
    print("Current page:" + str(CurrentPage) + " ************************")
    for imageUrl in imageArr:
        print(imageUrl)
        global CountNum
            if NeedSave:                         # 如果需要保存图片则下载图片,否则不下载图片
    global DefaultPath
    try:
                                                 # 下载图片并设置超时时间,如果图片地址错误就不继续等待了
        picture = requests.get(imageUrl, timeout = 10)
    except:
        print("Download image error! errorUrl:" + imageUrl)
        continue
                                # 创建图片保存的路径
    CountNum = CountNum + 1                      # 图片编号
    pictureSavePath = DefaultPath + str(CountNum) + ".jpg"
    print(pictureSavePath)
    fp = open(pictureSavePath, 'wb')             # 以写入二进制的方式打开文件
    fp.write(picture.content)
    fp.close()
            if CurrentPage <= MaxSearchPage:     # 继续下一页爬取
    if nextSource(content):
        CurrentPage += 1
                        # 爬取完毕后通过下一页地址继续爬取
        spidler("https://image.baidu.com" + nextSource(content))

# 爬虫的开启方法
def beginSearch(page = 1, save = 0):
```

```
            #(page:爬取页数,save:是否存储,savePath:默认存储路径)
    globalMaxSearchPage, NeedSave
    MaxSearchPage = page
    NeedSave = save  #是否保存,0是不保存,1是保存
         key = input("Please input you want search:")
            # StartSource = " https://image. baidu. com/search/flip? tn = baiduimage&ie =
    utf – 8&word = " + str(key) + "&ct = 201326592&v = flip"         #分析链接可以得到,替换其word
    值后面的数据来搜索关键词
         #精简一下网址,去掉网址中无意义的参数
    url_first = 'https://image.baidu.com/search/flip?tn = baiduimage&word = '
    StartSource = url_first + str(key)
    spidler(StartSource)

    #调用开启的方法就可以通过关键词搜索图片了
    beginSearch(page = 5, save = 1) #page = 5是下载前5页,save = 1是保存图片
```

运行后输入搜索关键词,例如"夏敏捷",可以在 pictures 文件夹下得到夏敏捷的相关图片,如图 6-10 所示。这里下载的图片的命名采用的是下载的网址,所以需要去除文件名不允许的特殊字符,例如":""/""?"等。当然,更好的处理方法是文件名采用数字编号,避免网址中出现特殊字符。

图 6-10　在 pictures 文件夹下得到相关图片

6.5　动态网页爬虫拓展——爬取今日头条新闻

一些网站的内容由前端的 JavaScript 脚本生成 AJAX 动态网页,由于呈现在网页上的内容是由 JavaScript 脚本生成而来,能够在浏览器上看得到,但是在 HTML 源码中却查找不到。"今日头条"网站采用的就是 AJAX 动态网页。例如,浏览器呈现的"今日头条"科技

网页如图 6-11 所示。

图 6-11 "今日头条"科技网页

网页的新闻在 HTML 源码中一条都找不到，全是由 JavaScript 脚本动态生成加载。遇到这种情况，应该如何对网页进行爬取呢？有两种方法：

方法一：和搜狗图片中获取图片方法一样从网页响应中找到 JavaScript 脚本返回的 JSON 数据。

方法二：使用 Selenium 对网页进行模拟浏览器访问。

此处仍采用第一种方法，第 7 章是关于 Selenium 的使用，并讲解如何利用 Selenium 实现爬取今日头条新闻。

6.5.1 找到 JavaScript 请求的数据接口

即使网页内容是由 JavaScript 脚本动态生成加载的，JavaScript 也需要对某个接口进行调用，并根据接口返回的 JSON 数据再进行加载和渲染。找到 JavaScript 调用的数据接口，从数据接口中找到网页中最后呈现的数据。

打开谷歌浏览器，按 F12 热键打开网页调试工具，单击"科技"后，选择 Network 选项卡后，发现有很多响应，筛选一下只看 XHR 响应，如图 6-12 所示。

然后发现少了很多链接，随便单击一个，例如选择 city，Preview 选项卡中有一串 JSON 数据，如图 6-13 所示，全都是城市的列表，应该是用来加载地区新闻的。

图 6-12 XHR 响应

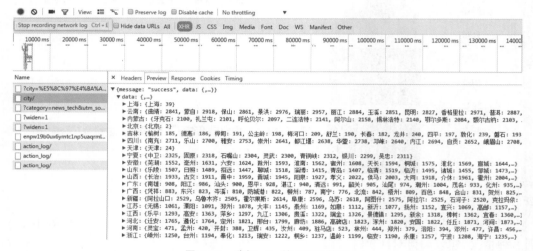

图 6-13 选择 city 的 JSON 数据

可以单击其他的链接分析一下是什么作用。最终可见"?category＝news_tech"链接请求的 JSON 数据就是需要的新闻信息。完整 URL 如下：

> https://www.toutiao.com/api/pc/feed/?category＝news_tech&utm_source＝toutiao&widen＝1&max_behot_time＝1550281752&max_behot_time_tmp＝1550281752&tadrequire＝true&as＝A1B5ACD667D71D8&cp＝5C67A7710D780E1&_signature＝gHrq3QAA3CoPuU6s4xQvboB66s

拖动浏览器滚动条，可以看到 URL 发生变化如下：

> https://www.toutiao.com/api/pc/feed/?category＝news_tech&utm_source＝toutiao&widen＝1&max_behot_time＝1550278445&max_behot_time_tmp＝1550278445&tadrequire＝true&as＝A1D56C2657D6183&cp＝5C67E6E1D853BE1&_signature＝l.cN.wAAy5wYNKmOrm5OV5f3De
> https://www.toutiao.com/api/pc/feed/?category＝news_tech&utm_source＝toutiao&widen＝1&max_behot_time＝1550277934&max_behot_time_tmp＝1550277934&tadrequire＝true&as＝A1153C0627861F3&cp＝5C67A6F19FB31E1&_signature＝l.cN.wAAy5wYNKmOrm42kpf3De"

查看数据接口 URL 返回的 JSON 数据，每次返回的 JSON 有 10 条新闻数据。URL 中有 max_behot_time、category、utm_source、widen、tadrequire、as、cp、_signature 8 个参数，其中 max_behot_time 可以看出是 10 位数字的时间戳；category 是对应的频道名，可以在

首页找到；utm_source 固定是 toutiao，widen 固定是 1，tadrequire 固定是 false，剩下的就是 as、cp 和_signature 这 3 个参数。

由于今日头条进行反爬虫处理，使用 as、cp 和_signature 参数进行加密处理。由于 as、cp 和_signature 生成算法比较复杂，这里就不介绍如何自动生成 as、cp 和_signature 参数了，有兴趣的读者可上网找相关资料，例如：

https://blog.csdn.net/weixin_39416561/article/details/82111455。

有了对应的数据接口，就可以仿照之前的方法对数据接口进行请求和获取相应新闻数据了。

6.5.2 分析 JSON 数据

获取的 JSON 数据如下：

```
{has_more: false, message: "success", data: [{single_mode: true, …}, {single_mode: true, …}, …], …}
data:[{single_mode: true, …}, {single_mode: true, …}, …]
0:{single_mode: true, …}
1:{single_mode: true, …}
2:{single_mode: true, abstract: "转而在新加坡开启新的项目——Omn1 电动摩托车共享服务.新公司 OmniSharing 已经申请沙箱,计划出租 500 辆电动摩托车.", …}
3:{single_mode: true, …}
4:{single_mode: true, abstract: "众多厂商的各种"千奇百怪"的创新手段层出不穷,但奈何用户的换机欲望不断降低,全年整体的出货量下滑成为无情的现实.", …}
5:{single_mode: true, abstract: "不过在整个 2018 年当中,iPhoneXS 表现差强人意,大中华区的销售疲软直接导致了苹果股价的波动.", middle_mode: true, …}
6:{single_mode: true, …}
7:{single_mode: true, abstract: "《军武次位面》作者:C·C▲正在进行测试的美陆军的 M160 军用扫雷机器人在军用机器人高速发展的今天.", middle_mode: true, …}
8:{single_mode: true, abstract: "数据显示,2018 年拼多多新增用户中有 10.5% 来自"北上广深"四座一线城市,其中增长最快的竟然是大北京!", …}
9:{single_mode: true, …}
has_more:false
message:"success"
next:{max_behot_time: 1550243487}
```

可见在 data 下面是需要获取的新闻内容。data 是一个数组。其中一个元素内容如下：

```
single_mode: true
abstract:"日前,美国最大药妆连锁 Walgreens 宣布已开通支付宝.目前中国游客已能在横跨全美的 3000 多家店铺使用手机付款,包括旅游热门城市纽约、旧金山和拉斯维加斯等."
article_genre:"article"
behot_time:1550243489
chinese_tag:"旅游"
comments_count:2
group_id:"6658131237086953995"
image_url://p1.pstatp.com/list/190x124/pgc-image/08d5872584cca024705418a8"
title:"支付宝:已覆盖 54 个国家和地区"
```

从中可以获取摘要 abstract 和标题 title、图片 URL 的 image_url。

6.5.3 请求和解析数据接口

实现请求和解析数据接口程序如下：

```
import requests
import json
#数据接口 URL
url = 'https://www.toutiao.com/api/pc/feed/?category = news_tech&utm_source = toutiao
    &widen = 1&max_behot_time = 1550277934&max_behot_time_tmp = 1550277934&tadrequire = true&as
    = A1153C0627861F3&cp = 5C67A6F19FB31E1&_signature = 1.cN.wAAy5wYNKmOrm42kpf3De'
headers = {
    'User - Agent': 'Mozilla/5.0 (Windows NT 6.1; WOW64) AppleWebKit/537.36 (KHTML, like
    Gecko) Chrome/50.0.2661.102 Safari/537.36',
}
r = requests.get(url,headers = headers)         #对数据接口 URL 进行 HTTP 请求
wbdata = r.text
data = json.loads(wbdata)
#对 HTTP 响应的数据 JSON 化，并索引到新闻数据的位置
news = data['data']
print(" --------------- ")
#对索引出来的 JSON 数据进行遍历和提取
for n in news:
    try:
        title = n['title']
        img_url = n['image_url']
        url = n['media_url']
        print(url,title,img_url)
    except:
        pass
```

至此，就完成了从动态网页中爬取新闻数据。以上代码仅仅能获取 10 条新闻，如果获取另外 10 条新闻，需要不断更换不同参数的数据接口 URL。

实际上进行 HTTP 请求时可以使用 params 传递 URL 参数，代码如下：

```
import requests
import json
url = "http://www.toutiao.com/api/pc/feed/"
#传递的 URL 参数
data = {
            "category":"news_tech",
            "utm_source":"toutiao",
            "widen":"1",
            "max_behot_time":1550277934,
            "max_behot_time_tmp":1550277934,
            "tadrequire":"true",
            "as":"A1153C0627861F35C67A6F19FB31E1",
            "cp":"5C67A6F19FB31E1",
```

```
            "_signature":"1.cN.wAAy5wYNKmOrm42kpf3De"
        }
cookies = {'tt_webid':'6649949084894053895'}
headers = {
    'user-agent':'Mozilla/5.0 (Macintosh; Intel Mac OS X 10_12_3) AppleWebKit/537.36 (KHTML,
like Gecko) Chrome/71.0.3578.98 Safari/537.36'
    }
r = requests.get(url,params = data,headers = headers,cookies = cookies)
#r = requests.get(url,params = data,headers = headers)
wbdata = r.text
data = json.loads(wbdata)
news = data['data']
for n in news:
try:
title = n['title']
img_url = n['image_url']
url = n['media_url']
print(url,title,img_url)
except:
pass
```

这里程序功能不够强大,需要手工获取数据接口,在第 7 章采用 Selenium 对网页进行模拟浏览器访问,可以很好解决这个问题。

第7章 selenium 操作浏览器应用——模拟登录

7.1 模拟登录程序功能介绍

由于需要爬取的网站大多需要先登录才能正常访问或者需要登录后的 Cookie 值才能继续爬取，所以网站的模拟登录是必须要熟悉的。selenium 是一个用于 Web 的自动化测试工具，最初是为网站自动化测试而开发的，类似人们玩游戏用的按键精灵，可以按指定的命令自动操作。不同的是 selenium 测试直接运行在浏览器中，就像真正的用户在操作一样。支持的浏览器包括 IE、Firefox、Safari、Chrome、Opera 等。这种模拟登录由于难度低，逐渐被一些小型爬虫项目使用。

本章主要介绍 selenium 操作浏览器实现模拟登录。使用 Python 调用 selenium 浏览器驱动，执行浏览器操作（输入用户名、密码和单击按钮），进行模拟登录豆瓣网站。

7.2 程序设计的思路

模拟用户登录网站的实现步骤如下：
（1）定位用户名输入框，输入用户名。
（2）定位密码输入框，输入密码。
（3）最后定位"登录"按钮，并在代码中模拟单击该按钮即可。

要想定位这些页面元素，首先使用浏览器打开豆瓣网站 https://www.douban.com/。
查看网站的源代码，从中找到用户名输入框、密码输入框和"登录"按钮的 ID 或者 XPath。其中：

用户名输入框 HTML 源代码如下：

```
< input id = " username" name = " username" type = " text" class = " account - form - input"
placeholder = "手机号 / 邮箱" tabindex = "1">
```

密码输入框 HTML 源代码如下：

```
< input id = "password" type = "password" name = "password" maxlength = "20" class = "account -
form - input password" placeholder = 密码" tabindex = "3">
```

"登录"按钮源代码如下：

```
< a href = "javascript:;" class = "btn btn - account">登录豆瓣</a>
```

通过分析豆瓣网站 HTML 源代码后，就可以通过 selenium 各种定位网页元素的方法来定位，以及模拟单击"登录"按钮等操作。

7.3 关键技术

7.3.1 安装 selenium 库

　　selenium 可以根据用户指令，让浏览器自动加载页面，获取需要的数据，甚至页面的截屏，或者执行网站上某些单击等动作。selenium 本身不带浏览器，需要与第三方浏览器结合在一起使用。但是用户有时需要让它内嵌在代码里运行，此时可以使用"无界面"的 PhantomJS 浏览器代替真实的浏览器。

　　要想使用 selenium，必须先安装。安装 selenium 方法如下。

　　方法一：在联网的情况下，在 Windows 命令行(cmd)输入 pip install selenium 即可自动安装 selenium，安装完成后，输入 pip show selenium 可查看当前的 selenium 版本，如图 7-1 所示。

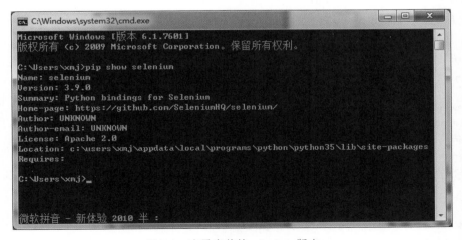

图 7-1　查看当前的 selenium 版本

方法二：从 https://pypi.python.org/pypi/selenium 直接下载 selenium 包。解压后，在解压文件夹下执行 python 3 setup.py install 即可安装。

安装 selenium 成功后，还需要安装浏览器驱动 driver。以下是三大浏览器驱动下载地址。

(1) Chrome 的驱动 chromedriver 下载地址：

http://chromedriver.storage.googleapis.com/index.html

下载时注意 Chrome 版本，查看本机的 Chrome 的版本具体方法如下：

地址栏输入"chrome://version/"后按回车键，出现如图 7-2 所示的页面。

图 7-2　查看本机的 Chrome 的版本

chromedriver 版本支持的 Chrome 版本。

```
v2.33 支持 Chrome v60-62
v2.32 支持 Chrome v59-61
v2.31 支持 Chrome v58-60
v2.30 支持 Chrome v58-60
v2.29 支持 Chrome v56-58
```

(2) Firefox 的驱动 geckodriver 下载地址：

https://github.com/mozilla/geckodriver/releases/

(3) IE 的驱动 IEDriver 下载地址：

http://www.nuget.org/packages/Selenium.WebDriver.IEDriver/

注意：下载解压后，最好将 chromedriver.exe、geckodriver.exe、iedriver.exe 复制到 Python 的安装目录，例如 D:\python。然后再将 Python 的安装目录添加到系统环境变量的 Path 下面。

打开 Python 自带的集成开发环境 IDLE，分别输入以下代码来启动不同的浏览器。

(1) 启动 Chrome 浏览器。

```
from selenium import webdriver
browser = webdriver.Chrome()
# 如果没有添加到系统环境变量，则需要指定 chromedriver.exe 所在文件夹
browser = webdriver.Chrome("D:\\chromedriver_win32\\chromedriver.exe")
browser.get('http://www.baidu.com/')
```

(2) 启动 Firefox 浏览器。

```
from selenium import webdriver
browser = webdriver.Firefox()
browser.get('http://www.baidu.com/')
```

第7章　selenium操作浏览器应用——模拟登录

（3）启动 IE 浏览器。

```
from selenium import webdriver
browser = webdriver.Ie()
browser.get('http://www.baidu.com/')
```

（4）测试 selenium 代码。

```
from selenium import webdriver
browser = webdriver.Chrome("D:\\chromedriver_win32\\chromedriver.exe")
try:
    browser.get("https://www.baidu.com")
    print(browser.page_source)
finally:
    browser.close()
```

7.3.2　selenium 详细用法

❶ 声明浏览器对象

```
from selenium import webdriver
＃声明谷歌、Firefox、Safari 等浏览器对象
browser = webdriver.Chrome()
browser = webdriver.Firefox()
browser = webdriver.Safari()
browser = webdriver.Edge()
browser = webdriver.PhantomJS()
```

❷ 访问页面

```
from selenium import webdriver
browser = webdriver.Chrome()
browser.get("http://www.taobao.com")        ＃访问淘宝页面
print(browser.page_source)                  ＃打印页面的源代码
browser.close()                             ＃关闭当前页面
```

❸ 查找单个元素

```
from selenium import webdriver
from selenium.webdriver.common.by import By
browser = webdriver.Chrome()
browser.get("http://www.taobao.com")
input_first = browser.find_element_by_id("q")                        ＃查找 id 是"q"单个元素
input_second = browser.find_element_by_css_selector("＃q")           ＃查找 css 类名是"q"单个元素
input_third = browser.find_element(By.ID,"q")                        ＃查找 id 是"q"单个元素
print(input_first, input_second, input_first)
browser.close()
```

❹ 查找多个元素

```
from selenium import webdriver
from selenium.webdriver.common.by import By
```

```python
browser = webdriver.Chrome()
browser.get("http://www.taobao.com")
lis = browser.find_elements_by_css_selector("li")      #查找css类名是"li"多个元素
lis_c = browser.find_elements(By.CSS_SELECTOR,"li")    #查找css类名是"li"多个元素
print(lis,lis_c)
browser.close()
```

❺ 元素的交互操作

对获取到的元素调用交互方法，主要有输入内容和单击操作。

```python
from selenium import webdriver
import time
browser = webdriver.Chrome()
browser.get("https://www.taobao.com")
input = browser.find_element_by_id("q")
input.send_keys("iPhone")                              #输入内容"iPhone"
time.sleep(10)
input.clear()
input.send_keys("iPad")                                #输入内容"iPad"
button = browser.find_element_by_class_name("btn-search")    #查找"btn-search"按钮
button.click()                                         #单击操作
time.sleep(10)
browser.close()
```

❻ 交互动作

页面上的一些鼠标操作，比如右击、拖动鼠标、双击等，可以通过使用 ActionChains 把动作附加到交互动作链中从而执行这些动作。

```python
from selenium import webdriver
from selenium.webdriver import ActionChains
import time
from selenium.webdriver.common.alert import Alert
browser = webdriver.Chrome()
url = "http://www.runoob.com/try/try.php?filename=jqueryui-api-droppable"
browser.get(url)
#切换到目标元素所在的 frame
browser.switch_to.frame("iframeResult")
#确定拖曳目标的起点
source = browser.find_element_by_id("draggable")
#确定拖曳目标的终点
target = browser.find_element_by_id("droppable")
#形成动作链
actions = ActionChains(browser)
actions.drag_and_drop(source,target)
#执行动作
actions.perform()
```

❼ 执行 JavaScript 脚本

下面的例子就是拖曳进度条进度到最大，并弹出提示框。

```
from selenium import webdriver
browser = webdriver.Chrome()
browser.get("https://www.zhihu.com/explore")
browser.execute_script("window.scrollTo(0,document.body.scrollHeight)")
browser.execute_script("alert('To Button')")
browser.close()
```

❽ 获取元素信息

下面的例子是获取元素属性信息。

```
from selenium import webdriver
browser = webdriver.Chrome()
url = "https://www.zhihu.com/explore"
browser.get(url)
logo = browser.find_element_by_id("zh-top-link-logo")
print(logo)
print(logo.get_attribute("class"))        #获取元素class属性信息
browser.close()
```

下面的例子是获取元素文本内容。

```
from selenium import webdriver
browser = webdriver.Chrome()
url = "https://www.zhihu.com/explore"
browser.get(url)
logo = browser.find_element_by_id("zh-top-link-logo")
print(logo)
print(logo.text)              #获取元素文本内容
browser.close()
下面的例子是获取元素id、位置、大小和标签名.
from selenium import webdriver
browser = webdriver.Chrome()
url = "https://www.zhihu.com/explore"
browser.get(url)
logo = browser.find_element_by_id("zh-top-link-logo")
print(logo)
print(logo.id)                #id
print(logo.location)          #位置
print(logo.tag_name)          #标签名
print(logo.size)              #大小
browser.close()
```

❾ 等待

（1）隐式等待。

当使用了隐式等待执行测试的时候，如果webdriver没有在DOM中找到元素，将继续等待，超过设定的时间后则抛出找不到元素的异常，换句话说，当查找元素或元素并没有立即出现的时候，隐式等待将等待一段时间再查找DOM，默认时间为0。

```
from selenium import webdriver
browser = webdriver.Chrome()
url = "https://www.zhihu.com/explore"
```

```python
browser.get(url)
browser.implicitly_wait(10)
logo = browser.find_element_by_id("zh-top-link-logo")
print(logo)
browser.close()
```

（2）显式等待。

显式等待是指定某个条件，然后设置最长等待时间，如果超过这个时间还没有找到元素，就会抛出异常。

```python
from selenium import webdriver
from selenium.webdriver.common.by import By
from selenium.webdriver.support.ui import WebDriverWait
from selenium.webdriver.support import expected_conditions as EC
browser = webdriver.Chrome()
url = "https://www.taobao.com"
browser.get(url)
wait = WebDriverWait(browser,10)          #最长等待时间 10 秒
input = wait.until(EC.presence_of_element_located((By.ID,"q")))
button = wait.until(EC.element_to_be_clickable((By.CSS_SELECTOR,".btn-search")))
print(input,button)
browser.close()
```

⑩ 浏览器的前进和后退操作

```python
from selenium import webdriver
import time
browser = webdriver.Chrome()
browser.get("https://www.taobao.com")
browser.get("https://www.baidu.com")
browser.get("https://www.python.org")
browser.back()                            #后退
time.sleep(1)
browser.forward()                         #前进
browser.close()
```

⑪ Cookies 的处理

使用 get_cookies()方法获取页面上所有的 Cookies，使用 delete_all_cookies()方法删除该页面上所有的 Cookies。

```python
from selenium import webdriver
import time
browser = webdriver.Chrome()
browser.get("https://www.zhihu.com/explore")
print(browser.get_cookies())              #获取页面上所有的 Cookies
browser.add_cookie({"name":"name","domain":"www.zhihu.com","value":"germey"})   #添加 Cookies
print(browser.get_cookies())
browser.delete_all_cookies()              #删除所有的 Cookies
```

```
print(browser.get_cookies())
browser.close()
```

⓬ 页面的切换

一个浏览器打开多个页面时，需要实现页面的切换。

```
from selenium import webdriver
import time
browser = webdriver.Chrome()
browser.get("https://www.zhihu.com/explore")         #打开页面
browser.execute_script("window.open()")              #脚本又打开一个空页面
print(browser.window_handles)
browser.switch_to_window(browser.window_handles[1])  #切换页面
browser.get("https://www.taobao.com")
time.sleep(1)
browser.switch_to_window(browser.window_handles[0])  #切换页面
browser.get("https://python.org")
browser.close()
```

7.3.3　selenium 应用实例

selenium 控制 Chrome 浏览器访问百度网站，并搜索关键词"夏敏捷"，获取搜索结果。

```
from selenium import webdriver
from selenium.webdriver.common.by import By
from selenium.webdriver.common.keys import Keys
from selenium.webdriver.support import expected_conditions as EC
from selenium.webdriver.support.wait import WebDriverWait
import time
browser = webdriver.Chrome("D:\\chromedriver_win32\\chromedriver.exe")
try:
    browser.get("https://www.baidu.com")
    input = browser.find_element_by_id("kw")
    input.send_keys("夏敏捷")
    input.send_keys(Keys.ENTER)
    wait = WebDriverWait(browser,10)
    wait.until(EC.presence_of_element_located((By.ID,"content_left")))
    print(browser.current_url)
    print(browser.get_cookies())        # 获取 Cookie
    print(browser.page_source)          # 打印出 HTML 源代码
    time.sleep(10)
finally:
    browser.close()
```

运行结果如图 7-3 所示。同时输出访问的 URL 网址和 Cookie 信息。

```
https://www.baidu.com/s?ie=utf-8&f=8&rsv_bp=0&rsv_idx=1&tn=baidu&wd=%E5%A4%8F%
E6%95%8F%E6%8D%B7&rsv_pq=b71a1d700000caa0&rsv_t=8adbrMVl7YLIA1t7mK%2BHO6K%
2Bptd8LFPW%2B06JI2vZgts6%2FNemuPyu4Q4C99Q&rqlang=cn&rsv_enter=1&rsv_sug3=3&rsv_sug2=
0&inputT=116&rsv_sug4=116
```

[{'name': 'H_PS_PSSID', 'path': '/', 'domain': '.baidu.com', 'secure': False, 'httpOnly': False, 'value': '1426_21094_26350_28413'}, {'name': 'delPer', 'path': '/', 'domain': '.baidu.com', 'secure': False, 'httpOnly': False, 'value': '0'}, {'value': '3BD16854B4625F26780D8F5E9941B0B1:FG=1', 'name': 'BAIDUID', 'path': '/', 'secure': False, 'domain': '.baidu.com', 'httpOnly': False, 'expiry': 3697442966.154094}, {'value': '1549959323', 'name': 'PSTM', 'path': '/', 'secure': False, 'domain': '.baidu.com', 'httpOnly': False, 'expiry': 3697442966.154283}, {'value': '3BD16854B4625F26780D8F5E9941B0B1', 'name': 'BIDUPSID', 'path': '/', 'secure': False, 'domain': '.baidu.com', 'httpOnly': False, 'expiry': 3697442966.154209}{'value': '0e71MPCfHjWuwbXsG2Oy5C3tmxeyIA5NY', 'name': 'H_PS_645EC', 'path': '/', 'secure': False, 'domain': 'www.baidu.com', 'httpOnly': False, 'expiry': 1549961912}]

图 7-3　搜索关键词"夏敏捷"的搜索结果

7.4　程序设计的步骤

7.4.1　selenium 定位 iframe（多层框架）

　　iframe 框架中实际上是嵌入了另一个页面，而 selenium webdriver 驱动每次只能在一个页面中识别，因此需要用 switch_to.frame(iframe 的 id)方法去获取 iframe 中嵌入的页面，才能对那个页面里的元素进行定位。

　　在豆瓣网站的登录页面中，如图 7-4 所示，输入用户名和密码部分实际上是在< iframe style = " height：300px； width：300px；" frameborder = " 0 " src = " //accounts. douban. com/passport/login_popup?login_source=anony"></iframe>这个 iframe 框架中的一个页面内，所以必须先定位到此 iframe 框架。

第7章 selenium操作浏览器应用——模拟登录

图 7-4　登录豆瓣网站

如果 iframe 框架有 id 属性或者 name，例如：

< iframe id = "authframe" height = "170" src = "https://authserver.zut.edu.cn/login?display = basic& " frameborder = "0" width = "230" name = "l" scrolling = "no"></iframe >

id 属性为'authframe'，则 switch_to_frame()可以很方便地定位到所在的 iframe 框架：

browser.switch_to.frame('authframe')　　　　♯切换到目标元素所在的 iframe

注意切换到 iframe 之后，便不能继续操作主文档的元素，这时如果操作主文档内容，则需切回主文档（最上级文档）；使用后需要再次对 iframe 定位。

browser..switch_to.default_content()　　　　♯切回主文档

但有时会碰到如豆瓣网站一样，iframe 里没有 id 或者 name 的情况，这就需要其他办法去定位。

定位 iframe 方法一：

browser.find_element_by_xpath 定位到 iframe 元素。

　　browser.switch_to.frame(browser.find_element_by_xpath(
'// * [@id = "anony - reg - new"]/div/div[1]/iframe'))

定位 iframe 方法二：

根据 iframe 一些属性，例如 src 属性来定位 iframe。

　　browser.switch_to.frame(browser.find_element_by_xpath(
"//iframe[contains(@src,'//accounts.douban.com/passport/login_popup?login_source = anony')]"))

7.4.2　模拟登录豆瓣网站

```
♯模拟登录豆瓣
from selenium import webdriver
from time import sleep
browser = webdriver.Chrome("D:\\chromedriver_win32\\chromedriver.exe")
try:
    browser.get("https://www.douban.com/")
```

```
    #切换到目标元素所在的iframe
    #定位iframe方法一:
    browser.switch_to.frame(browser.find_element_by_xpath(
'//*[@id="anony-reg-new"]/div/div[1]/iframe'))
    #定位iframe方法二:
    browser.switch_to.frame(browser.find_element_by_xpath(
"//iframe[contains(@src,'//accounts.douban.com/passport/login_popup?login_source=anony')]"))
    #定位到"密码登录"无序列表标签元素
    li = browser.find_element_by_xpath("/html/body/div[1]/div[1]/ul[1]/li[2]")
    li.click()
    #用户名
    inputname = browser.find_element_by_name("username")
    inputname.send_keys("18530879925")
    inputpass = browser.find_element_by_name("password")
    inputpass.send_keys("jsjjc_33")
    #<a href="javascript:;" class="btn btn-account">登录豆瓣</a>
    #登录按钮实际是一个超链接
    button = browser.find_element_by_xpath('//*[@id="tmpl_phone"]/div[5]/a')
    #定位登录按钮
    button.click()
    sleep(3)
    browser.save_screenshot("zut.png")      #抓拍登录网站后的图片
finally:
    pass
    # browser.quit()                        #关闭浏览器
```

运行后生成的图片如图7-5所示。

图7-5 抓拍登录网站后的图片

从图 7-5 可见是登录成功后的页面，此时可以继续使用 selenium 技术来获取页面中的信息。例如页面中有多人日记评论信息，通过分析源代码掌握基本结构如图 7-6 所示。

```
▼<div class="content">
  ▶<div class="title">...</div>
    <p> == $0
      "2018年对我来说非常重要,发生了好几件大事,分别和写作、
      阅读、冒险和旅行有关。他们串起来,组成了我这2字头的最后一
      年。而这一年,最难以忘怀的,无疑是伊拉克和叙利亚的旅行。
      本文首发..."
    </p>
</div>
```

图 7-6　日记评论信息的 HTML 结构

```
//*[@id="statuses"]/div[2]/div[1]/div/div/div[2]/div[1]/div[2]/p
//*[@id="statuses"]/div[2]/div[2]/div/div/div[2]/div[1]/div[2]/p
//*[@id="statuses"]/div[2]/div[3]/div/div/div[2]/div[1]/div[2]/p
```

所以规律是第二个 div 下标改变即可。

```
for i in range(1,11):
    try:
        xpath = '//*[@id="statuses"]/div[2]/div[%d]/div/div/div[2]/div[1]/div[2]/p' % (i)
        p = browser.find_element_by_xpath(xpath)      #定位<p>元素
        print(p.text)                                  #输出文本内容
    except:
        continue
```

运行后把前 10 个日记评论信息都打印出来，如下所示。

2018年对我来说非常重要,发生了好几件大事,分别和写作、阅读、冒险和旅行有关。他们串起来,组成了我这2字头的最后一年。而这一年,最难以忘怀的,无疑是伊拉克和叙利亚的旅行。本文首发…
　　去年冬天借住在李水南和江南住处,我去之前,他俩不过是下班打声招呼的合租室友,以至于我问李水南隔壁那个小伙子做什么事的,李水南只知道他在培训学校当老师,教什么的并不知情,以此便可…
　　二姐前段时间生了孩子,母亲就回故乡照顾二姐去了,于是家里就剩下我和父亲两个人。母亲走时,一直忧心忡忡地给我们说:"我走了不知道你们该怎么吃饭,你们都这样懒。"我和父亲就在旁边笑
　　白色和红色的吉普像两艘小船游弋在孤峰之间,将数亿年前形成的喀斯特地貌甩在身后。吉普车里坐着我们一行六人。能迅速凑到五个不上班的朋友来广西自驾,我的中年裸辞也显得合乎情理了。虽然…
　　大家好,我是《地球脉动 2》的总制片人,迈克·冈顿,很高兴能够在豆瓣上,以这种形式与大家见面,我很荣幸。在此前腾讯视频举办的《王朝》超前首映礼上,很高兴听到中国的朋友们,特别是豆…
　　10 月的最后两天,爸爸每天忙得几乎不见踪影。我和宝宝睡得晚、起得晚,而爸爸早上五点即起,常在堂屋弄出动静,那时我还刚半梦半醒睡着不久。他起来便出去做事,平常是放鸭,要把鸭撵到田里…
　　"Winter is coming",当遥远的维斯特洛大陆的北境史塔克家族成员们互相说出这句话的时候,他们的心情非常沉重,因为这句话里包含太多的意义。我也是。我的原因比狼家成员要单纯得多。当…
　　"边缘的、少数人的艺术,只能在一起抱团取暖。这在那个时候是克服艺术孤独的最好方式:共同创作,共同鼓励,甚至是共同生活。"作者:张之琪 在众多关于 20 世纪 80 年代中国前卫艺术的研究著…

豆瓣网站登录没有验证码,实际上现在需要验证码登录的网站越来越多,下面介绍基于 Cookie 绕过验证码实现自动登录。

7.5 基于 Cookie 绕过验证码实现自动登录

7.5.1 为什么要使用 Cookie

Cookie 是客户端技术，是某些网站为了辨别用户身份、进行 session 跟踪而储存在用户本地终端上的数据（通常经过加密）。当用户打开浏览器，单击多个超链接，访问多个 Web 资源，然后关闭浏览器的过程，称之为一个会话（session）。每个用户在使用浏览器与服务器进行会话的过程中，不可避免各自会产生一些数据。每个用户的数据以 Cookie 的形式存储在用户各自的浏览器中。当用户使用浏览器再去访问此服务器中的 Web 资源时，就会带着用户各自的数据信息。

比如有些网站需要登录后才能访问网站页面，为了不让用户每次访问网站都进行登录操作，浏览器会在用户第一次登录成功后放一段加密的信息在 Cookie 中。下次用户访问，网站先检查有没有 Cookie 信息，如果有且合法，那么就跳过登录操作，直接进入登录后的页面。

通过已经登录的 Cookie 信息，可以让爬虫绕过登录过程，直接进入登录后的页面。

7.5.2 查看 Cookie

以 Chrome 浏览器为例讲解查看 Cookie 的方法。

打开 Chrome 浏览器，单击右上角的【自定义及控制】选项图标，单击"更多工具"菜单项下的"开发者工具"命令，或者直接按下 F12 键，会在网页内容下面打开"开发者工具"窗口，使用"开发者工具"可以查看网页的 Cookie 和网络连接情况。

查看网页的 Cookie 可以单击 Network 选项卡，然后单击左侧的某超链接网址（例如 www.baidu.com），右侧选择 Cookies 选项卡进行查看，如图 7-7 所示。查看其他信息可以单击右侧 Headers 选项卡进行查看，如图 7-8 所示。

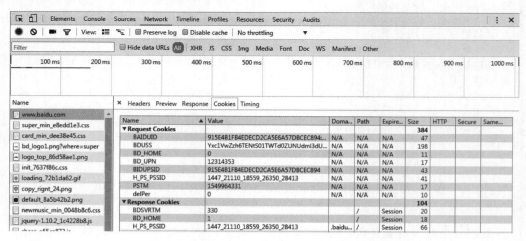

图 7-7　Network 选项卡下查看登录的 Cookie

第7章　selenium操作浏览器应用——模拟登录

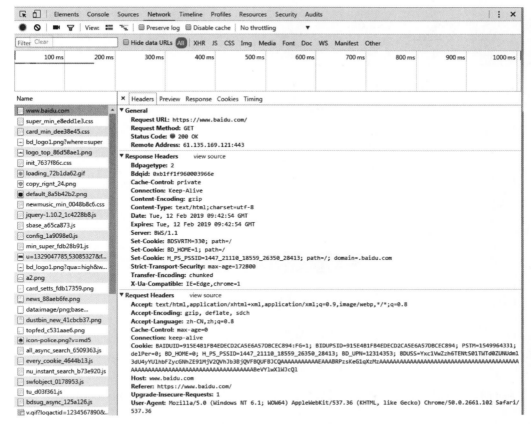

图 7-8　单击 Headers 选项卡进行查看请求和响应头信息

在爬虫程序开发中,需要读者熟练掌握"开发者工具",这样才能获取所要爬取信息对应的标签 Cookie 等信息。

7.5.3　使用 Cookie 绕过百度验证码自动登录账户

登录自己的百度账号(如图 7-9 所示),使用浏览器的"开发者工具"获取 Cookie 信息后,使用下面代码实现自动登录百度账户。

```
#案例:使用Cookie绕过百度验证码自动登录账户
from selenium import webdriver
from time import sleep
#driver = webdriver.Firefox()
driver = webdriver.Chrome("D:\\chromedriver_win32\\chromedriver.exe")
driver.get("https://baidu.com/")
#手动添加 Cookie
driver.add_cookie({'name':'BAIDUID','value':'92241303A3AC5BA1D9FD08FAA258A9BD:FG = 1'})
driver.add_cookie({'name':'BDUSS','value':'ktFaVU3QXBSSUxLNjFxLWg0Qlg1NkJuWGtqU1h6alA2c
nF5bzg0eEFxZFpTQ0piQVFBQUFBJCQAAAAAAAAAEAAAB~V4cC5~Pd0wAAAAAAAAAAAAAAAAAAAAAAA
AAAAAAAAAAAAAAAAAAAAAAAAAAAAAAAAAAAAFm7-1pZu~paM'})
```

163

```
sleep(3)
driver.refresh()
sleep(3)
```

图 7-9　登录自己的百度账号

运行程序可以看到"登录"链接已经是自己的百度用户名,说明已登录成功了。

7.6　selenium 实现 AJAX 动态加载抓取今日头条新闻

7.6.1　selenium 处理滚动条

　　selenium 并不是万能的,有时候页面上的操作无法实现,这时候就需要借助 JavaScript 脚本来完成。例如当页面上的元素超过一屏后,想操作屏幕外的元素,selenium 是不能直接定位到屏幕外的元素。这时候需要借助滚动条来滚动屏幕,使被操作的元素显示在当前的屏幕上。滚动条是无法直接用定位工具来定位的。selenium 中也没有直接的方法去控制滚动条,这时候只能借助 JavaScript 脚本。selenium 提供了一个操作 JavaScript 的方法 execute_script(),可以直接执行 JavaScript 脚本。

　❶ 控制垂直滚动条高度
　（1）滚动条回到顶部。

```
js = "var q = document.documentElement.scrollTop = 0"
driver.execute_script(js)
```

(2) 滚动条拉到底部。

```
js = "var q = document.documentElement.scrollTop = 10000"
driver.execute_script(js)
```

可以修改 scrollTop 的值,来定位右侧滚动条的位置,0 是最上面,10000 是最底部。

以上方法在 Firefox 和 IE 浏览器上是可以的,但是用 Chrome 浏览器不管用。Chrome 浏览器解决办法如下:

```
js = "var q = document.body.scrollTop = 0"              //滚动条回到顶部
js = "var q = document.body.scrollTop = 10000"          //滚动条拉到底部
driver.execute_script(js)
```

❷ 控制水平滚动条

有时候浏览器页面需要左右滚动(一般屏幕最大化后,左右滚动的情况已经很少见了),通过 scrollTo(x, y)同时控制水平和垂直滚动条。

```
js = "window.scrollTo(100,400);"
driver.execute_script(js)
```

❸ 元素聚焦

上面的方法可以解决拖动滚动条的位置问题,但是有时候无法确定需要操作的元素在什么位置,有可能每次打开的页面不一样,元素所在的位置也不一样,这个时候可以先让页面直接跳到元素出现的位置,然后就可以操作了。

同样需要借助 JavaScript 去实现。具体如下:

```
target = driver.find_element_by_xxxx()
driver.execute_script("arguments[0].scrollIntoView();", target)
```

例如定位 id = J_ItemList 的元素如下:

```
#聚焦 id = J_ItemList 元素
target = driver.find_element_by_id("J_ItemList")
driver.execute_script("arguments[0].scrollIntoView();", target)
```

7.6.2 selenium 动态加载抓取今日头条新闻

下面实现一个借助 selenium 拖动滚动条解决 AJAX 动态加载网页,获取"今日头条"中科技新闻信息的爬虫程序。

```
from selenium import webdriver
from lxml import etree
import time
#driver = webdriver.Chrome()
driver = webdriver.Chrome("D:\\chromedriver_win32\\chromedriver.exe")
driver.maximize_window()
driver.get('https://www.toutiao.com/')
driver.implicitly_wait(10)
```

```
driver.find_element_by_link_text('科技').click()        #模拟单击'科技'选项卡标签
driver.implicitly_wait(10)
for x in range(10):
    js = "var q = document.body.scrollTop = " + str(x * 500)
    driver.execute_script(js)                           #不断拖动滚动条
    time.sleep(2)

time.sleep(5)
page = driver.page_source
doc = etree.HTML(str(page))
contents = doc.xpath('//div[@class="wcommonFeed"]/ul/li')
for x in contents:
    title = x.xpath('div/div[1]/div/div[1]/a/text()')   #定位到标题
    if title:
        title = title[0]
        with open('toutiao.txt', 'a+', encoding='utf-8') as f:
            f.write(title + '\n')
        print(title)
    else:
        pass
```

运行结果是在磁盘上生成 toutiao.txt 文本文件,查看内容如下:

```
ofo 的新加坡牌照被暂时吊销
中国 5G"领头羊"华为能否突出重围?
模仿游戏体验 试玩广告成为最有效的应用内置广告形式
对人工智能现状的反思:2018 年
B 站有了两个"马爸爸",左腾讯右阿里
受印度电商新政影响 华为、OPPO 等转向与实体店合作
新旧势力引爆 B 端赋能时代,乱战之下谁能笑傲群雄?
麦肯锡分析报告:驱动制药行业并购潮的三大马车
土豪金、中国红…手机厂商为何爱在颜色上花心思?
拼多多增加补贴超 5 亿   为促品牌下乡
仅 599 元!小米又一新品上手体验,据说音质不错?
如果技术名词掌控世界,我们会如何形容当代生活?|100 个生活大问题
社交电商的非典型性火爆,新零售兴起与电商落幕的孪生体
登上 Nature Medicine 的 NLP 成果,为啥是一次里程碑式的胜利?
零基础深度学习入门:由浅入深理解反向传播算法
新加坡单车共享平台 oBike 终止单车项目拟推出共享电动摩托车
```

当然读者可以通过右击页面,选择"检查",分析页面结构可以进一步获取发布时间等信息。

视频讲解

7.7 selenium 实现动态加载抓取新浪国内新闻

Python 爬取新浪国内新闻,首先需要分析国内新闻首页的页面组织结构,知道新闻标题、链接、时间等在哪个位置(也就是在哪个 HTML 元素中)。使用 Chrome 浏览器打开要

第7章　selenium操作浏览器应用——模拟登录

爬取的页面,网址为 https://news.sina.com.cn/china/,按 F12 键打开"开发人员工具",单击工具栏左上角的 ▣（即审查元素），再单击某一个新闻标题,查看到一个新闻为 class＝feed-card-item 的＜div＞元素,如图 7-10 所示。

```
<div class＝feed－card－item＞
    <h2 suda－uatrack＝"key＝index_feed&amp;value＝news_click:1356:14:0" class＝
    "undefined"＞＜a href＝" https://news.sina.com.cn/c/2019－04－13/doc－
    ihvhiqax2294459.shtml" target＝"_blank"＞全国首部不动产登记省级地方性法规将实
    施</a>
    ＜div class＝"feed－card－a feed－card－clearfix"＞＜div class＝"feed－card－time"＞
    今天 11:51 </div>
</div>
```

图 7-10　新闻所在的＜div＞元素

从图 7-10 中可知,要获取新闻标题是＜h2＞元素内容,新闻的时间是 class＝"feed-card-time"的＜div＞元素,新闻链接是＜h2＞元素内部的＜a href＞元素。现在,就可以根据元素的结构编写爬虫代码。

首先导入需要用到的模块：BeautifulSoup、urllib.requests,然后解析网页。

```
from bs4 import BeautifulSoup
from datetime import datetime
import urllib.request
new_urls = set()                                    ＃存放未访问 URL set 集合
url = 'https://news.sina.com.cn/china/'
web_data = urllib.request.urlopen(url).read()       ＃调用 read()读取响应对象 response 的内容
web_data = web_data.decode("utf-8")
soup = BeautifulSoup(web_data,"html.parser")        ＃解析网页
```

下面是提取新闻的时间、标题和链接信息。

```python
for news in soup.select('.feed-card-item'):
    if(len(news.select('h2')) > 0):           #去除为空的标题数据
        h2 = news.select('h2')[0].text         #标题被储存在标签 h2
        time = news.select('.feed-card-time')[0].text   #time 是 class 类型,前面加点来表示
        a = news.select('a')[0]['href']        #将新闻链接 URL 网址存储在变量 a 中
        print(h2,time,a)
        new_urls.add(a)
```

"soup.select('.feed-card-item')"取出所有特定 feed-card-item 类的元素,也就是所有新闻<div>元素。注意:soup.select()找出所有 class 为 feed-card-item 的元素,class 名前面需要加点(.),即英文状态下的句号;找出所有 id 为 artibodyTitle 的元素,id 名前面需要加井号(#)。

h2 = news.select('h2')[0].text,[0]是取该列表中的第一个元素,text 是取文本数据;news.select('h2')[0].text 存储在变量 h2 中。

time = news.select('.feed-card-time')[0].text 同上将其数据存储在变量 time 中。

用户要抓取的链接存放在 a 标签中,后面用 href,将链接 URL 网址存储在变量 a 中;最后输出想要抓取的新闻标题、时间、链接。

运行程序,发现爬取新浪国内新闻部分结果是空。这是什么原因造成的呢?按 F12 键,打开"开发者工具",可以看到一些元素,例如<div class=feed-card-item>,这是网页源代码在浏览器执行 JavaScript 脚本动态生成的元素,即浏览器处理过的最终网页。而爬虫获得的网页源代码是服务器发送到浏览器 HTTP 响应内容(原始网页源代码),并没有执行 JavaScript 脚本,所以就找不到<div class=feed-card-item>元素,故而没有任何新闻结果。

问题解决办法如下:

一种是直接从 JavaScript 中采集加载的数据,用 JSON 模块处理;另一种方式是借助 PhantomJS 和 selenium 模拟浏览器工具直接采集浏览器中已经加载好数据的网页。

这里通过 selenium 模拟浏览器工具解决。所以爬取新浪国内新闻代码修改如下:

```python
import urllib.request
from bs4 import BeautifulSoup
from selenium import webdriver
#如果没有添加到系统环境变量,则需要指定 chromedriver.exe 所在文件夹
driver = webdriver.Chrome("D:\\chromedriver_win32\\chromedriver.exe")
#driver = webdriver.Chrome()
driver.maximize_window()
driver.get("https://news.sina.com.cn/china/")
data = driver.page_source
soup = BeautifulSoup(data, 'lxml')
for new in soup.select('.feed-card-item'):
    if len(new.select('h2')) > 0:
        a = new.select('a')[0]['href']
        print(new.select('a')[0]['href'])    #新闻链接
        print(new.select('a')[0].text)        #新闻标题
        new_urls.add(a)
```

第7章 selenium操作浏览器应用——模拟登录

爬取2019年4月14日新浪国内新闻部分结果如下：

一南一北 两名"80后"拟任厅级
https://news.sina.com.cn/c/2019-04-14/doc-ihvhiewr5667663.shtml
2019北京半马鸣枪起跑 男女冠军均打破赛会纪录
https://news.sina.com.cn/c/2019-04-14/doc-ihvhiewr5671467.shtml
起底视觉中国：粤沪苏官司最多 最近告了一批医院
https://news.sina.com.cn/c/2019-04-14/doc-ihvhiewr5664941.shtml

如果需要获取新闻的具体内容，则可以进一步分析某一个新闻页面，方法同上。

```python
#根据得到的URL获取HTML文件
def get_soup(url):
    res = urllib.request.urlopen(url).read()
    res = res.decode("utf-8")
    soup = BeautifulSoup(res,"html.parser")          #解析网页
    return soup
#获取新闻中所需新闻来源、责任编辑、新闻详情等内容
def get_information(soup,url):
    dict = {}
    title = soup.select_one('title')
    if(title == None):
        return dict
    dict['title'] = title.text
    #<meta name="weibo: article:create_at" content="2018-12-17 16:16:58" />
    time_source = soup.find('meta',attrs={'name':"weibo: article:create_at"})
    time = time_source["content"]                    #新闻时间
    dict['time'] = time
    #<meta property="article:author" content="新华网" />
    site_source = soup.find('meta',attrs={'property':"article:author"})
    dict['site'] = site_source["content"]            #新闻来源
    content_source = soup.find('meta',attrs={'name':"weibo: article:create_at"})
    content_div = soup.select('#article')            #正文<div class="article" id="article">
    dict['content'] = content_div[0].text[0:100]     #新闻详情
    return dict
```

get_information(soup,url)返回一个字典，包含新闻来源、责任编辑、新闻详情等内容。

最后通过循环从url集合中得到要访问某一个新闻的URL，使用get_information(soup,url)获取新闻详情等内容。

```python
content = []
while 1:
    if (not new_urls):                               #空集合：
        break
    else:
        #从url集合中得到要访问的URL
        url = new_urls.pop()
        soup = get_soup(url)                         #得到soup
        dict = get_information(soup,url)             #获取新闻详情等内容
```

```
            content.append(dict)
            print(dict)
```

至此就完成爬取新浪国内新闻程序,运行后可见到每条新闻来源、责任编辑、新闻详情等内容。由于新浪网站不断改版,所以需要根据上面的思路进行适当的修改,才能真正爬取到新浪国内新闻。

第 8 章 MySQL 数据库存储——微博采集爬虫

视频讲解

8.1 微博采集爬虫功能介绍

视频讲解

随着爬取数据量的增加,以及爬取的网站数据字段的变化,在爬虫入门时使用的文件存储方法局限性可能会骤增。本章以 MySQL 数据库为主,以新浪微博采集爬虫为例,介绍数据库数据存储方式。MySQL 是一种关系数据库管理系统,关系数据库将数据保存在不同的表中,而不是将所有数据放在一个大文件内,这样就提高了数据存取速度,并提高了灵活性。新浪微博采集爬虫运行结果如图 8-1 所示。

图 8-1 新浪微博采集爬虫运行结果

新浪微博数据采集难点在于模拟登录,本章主要介绍使用携带得到的 cookie 访问的方式模拟登录,从而实现微博数据采集。

8.2 微博采集爬虫设计思路

新浪微博数据采集的实现步骤如下。

❶ 模拟登录

由于需要爬取的网站大多需要先登录才能正常访问，或者需要登录后的 cookie 值才能继续爬取，所以网站的模拟登录是必须熟悉的。实现微博登录的方法很多，常用的有直接使用已知的 cookie 访问、模拟登录后再携带得到的 cookie 访问、模拟登录后用 session 保持登录状态等方法。

本章采用模拟登录后再携带得到的 cookie 访问方法，具体实现步骤如下。

（1）在地址栏输入微博登录地址"https://passport.weibo.cn/signin/login"，如图 8-2 所示，输入用户名和密码。

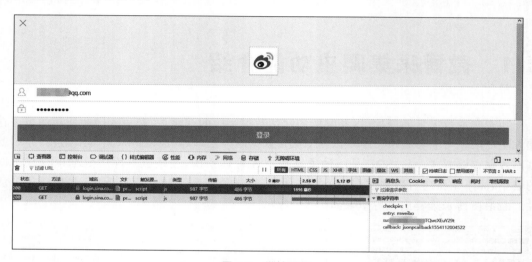

图 8-2 微博登录

（2）抓包发现，输入用户名时，会出现 https://login.sina.com.cn/sso/prelogin.php 请求，点开查看，会发现一些十分可疑的东西，例如 su。用 base64 对其解码，会发现该值即为用户名，如图 8-3 所示。

该请求的参数如图 8-4 所示，其中，su 的值为加密后的用户名。

该请求得到的响应如图 8-5 所示，其中，showpin 的值如果为 1，说明需要输入验证码。

（3）找到地址 https://passport.weibo.cn/sso/login，将用户名、密码等参数数据进行 post 提交，如图 8-6 所示；请求的参数如图 8-7 所示，其中，username 和 password 分别为微博用户名和密码。

微博登录成功后会再次重定向，如图 8-8 所示，找到 weibo.cn 的值，即为登录成功重定向的 URL。

第8章　MySQL数据库存储——微博采集爬虫

图 8-3　微博登录预登录请求

图 8-4　请求的参数

图 8-5　请求的响应

图 8-6　登录请求

图 8-7　请求的参数

图 8-8　请求的响应

（4）访问第三步的 URL，登录成功，返回的 cookie 信息如图 8-9 所示。（注：模拟登录全程使用同一 session 保存 cookie。）

图 8-9　返回的 cookie 信息

❷ 获取网页

requests 库的 session 对象能够帮助我们跨请求保持某些参数，也会在同一个 session 实例发出的所有请求之间保持 cookies，从而实现模拟登录。本例使用 BeautifulSoup 从登录成功后的网页中抓取微博数据。

❸ 数据库存储

使用 PyMySQL 将爬取到微博字段的数据保存到 MySQL 数据库存储。

8.3 关键技术

8.3.1 查看Cookie

本节以火狐浏览器为例讲解查看Cookie的方法。

打开浏览器,单击浏览器右上角的"自定义及控制"选项图标 ≡ ,单击"更多工具"菜单项下的"开发者工具"命令,或者直接按下F12键,会在网页内容下面打开开发者工具窗口。可以使用开发者工具查看网页的Cookie和网络连接情况。

查看网页的cookie可以单击"网络"(Network)选项卡,然后单击左侧的某超链接网址(例如 https://www.zut.edu.cn),右侧选择Cookie选项卡进行查看,如图8-10所示。查看其他信息可以单击右侧的"消息头"(Headers)选项卡进行查看,如图8-11所示。

图8-10　在Network选项卡下查看中原工学院门户登录的Cookie

图8-11　单击Headers选项卡进行查看请求和响应头信息

在爬虫程序开发中,需要读者熟练掌握开发者工具,这样才能获取所要爬取信息对应的标签、cookie 等信息。

8.3.2 模拟登录实例

❶ 获取登录网址

在浏览器中输入需要登录的网址:"https://www.zut.edu.cn/",使用开发者工具抓包(其他工具也可以),找到登录后看到的 request。此处确定需要登录的网址为 https://authserver.zut.edu.cn/authserver/login?display=basic&service=https://authserver.zut.edu.cn/authserver/iframeTestSuccess.jsp。

❷ 查看要传送的 post 数据

找到登录后的 request,会列出登录要用的 post 数据,包括 username、password 等,如图 8-12 所示。

图 8-12 post 数据

❸ 查看 headers 信息

找到登录后看到的 request 的 headers 信息,找出 User-Agent 设置、connection 设置等,如图 8-13 所示。

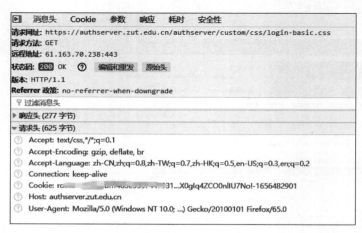

图 8-13 headers 信息

❹ 编写代码实现模拟登录该网站

```python
import requests.packages.urllib3.exceptions
try:
    from urllib.parse import quote_plus, urlparse
except:
    from urllib import quote_plus
#去除ssl验证警告
requests.packages.urllib3.disable_warnings(requests.packages.urllib3.exceptions.InsecureRequestWarning)
#构造Request headers
agent = 'Mozilla/5.0 (Windows NT 6.2; Win64; x64) AppleWebKit/537.36 (KHTML, like Gecko) Chrome/49.0.2623.110 Safari/537.36'
global headers
headers = {
    "Host": "www.zut.edu.cn",
    "Connection": "keep-alive",
    "Upgrade-Insecure-Requests": "1",
    'User-Agent': agent
}
session = requests.session()
#访问登录的初始页面
index_url = "https://www.zut.edu.cn/"
session.get(index_url, headers=headers, verify=False, timeout=20)

def login(username, password):
    postdata = {
        "username": username,
        "password": password,
        "lt": "LT-81858-avPCuoRmCMsCDaH5BDtTdjod3dOkBu1552384831302-VnhR-cas",
        "dllt": "userNamePasswordLogin",
        "execution": "e2s1",
        "entry": "mweibo",
        "_eventId": "submit",
        "rmShown": "1",
    }
    headers["Host"] = "authserver.zut.edu.cn"
    headers["Content-Type"] = "application/x-www-form-urlencoded"
    post_url = "https://authserver.zut.edu.cn/authserver/login?display=basic&service=https://authserver.zut.edu.cn/authserver/iframeTestSuccess.jsp"
    login = session.post(post_url, data=postdata, headers=headers, verify=False, timeout=20)
    mcn = 'https://authserver.zut.edu.cn/authserver/iframeTestSuccess.jsp?ticket=ST-127206-72kSweqTmyuDYuOnHt7I1552384867262-XXZ4-cas'
    headers["Host"] = "authserver.zut.edu.cn"
    r = session.get(mcn, headers=headers, verify=False, timeout=20)
    #打印登录界面
```

```
print(r.text)
if __name__ == "__main__":
    # 登录获得 cookie
    username = "XXXX"
    password = "XXXXX"
    login(username, password)
```

程序运行结果如图 8-14 所示，说明登录成功。

图 8-14　模拟登录网站运行结果

8.3.3　使用 Python 操作 MySQL 数据库

要使用 Python 操作 MySQL 数据库，需要使用驱动。在 Python 2.x 中使用 MySQLdb 驱动；Python 3.x 版本则需要使用 PyMySQL 驱动，用于连接 MySQL 数据库，并实现增、删、改、查等操作。PyMySQL 是一个纯 Python 实现的 MySQL 客户端操作库，支持事务、存储过程、批量执行等，遵循 Python 数据库 API v2.0 规范，使用 pip 命令进行安装：

```
pip install pymysql
```

安装结束后，测试是否可以使用，如图 8-15 所示表示安装成功。

图 8-15　测试 PyMySQL 是否安装成功

由于基本操作与 SQLite 数据库相似，这里仅仅举例说明，不详细介绍使用。

❶ 创建数据库连接

创建数据库连接时，用 MySQL 与 SQLite 的连接字符串不同：

```
# 导入 PyMySQL 模块
import pymysql
# 创建连接
connection = pymysql.connect(host = 'localhost', port = 3306, user = 'testuser',
                             password = 'test123', db = 'TESTDB', charset = 'utf8')
```

connect 方法常用参数如表 8-1 所示。

第8章　MySQL数据库存储——微博采集爬虫

表 8-1　connect 方法常用参数

参　　数	描　　述
host	数据库服务器地址,默认为 localhost
port	数据库端口,默认为 3306
user	数据库用户名
password	数据库登录密码,默认为空字符串
database	默认操作的数据库
charset	数据库编码
db	参数 database 的别名
passwd	参数 password 的别名

完成数据库连接后,就可以进行数据库的任意操作了。

❷ 数据库插入操作

```
# 使用cursor()方法获取操作游标
cursor = db.cursor()
# SQL 插入语句
sql = "INSERT INTO EMPLOYEE(FIRST_NAME, \
       LAST_NAME, AGE, SEX, INCOME) \
       VALUES ('%s', '%s',  %s, '%s',  %s)" % \
       ('Mac', 'Mohan', 20, 'M', 2000)
try:
    # 执行SQL语句
    cursor.execute(sql)
    # 执行SQL语句
    db.commit()
except:
    # 发生错误时回滚
    db.rollback()
# 关闭数据库连接
db.close()
```

❸ 数据库查询操作

```
# 使用cursor()方法获取操作游标
cursor = db.cursor()
# SQL 查询语句
sql = "SELECT * FROM EMPLOYEE WHERE INCOME > %s" % (1000)
try:
    # 执行SQL语句
    cursor.execute(sql)
    # 获取所有记录列表
    results = cursor.fetchall()
    for row in results:
        fname = row[0]
        lname = row[1]
        age = row[2]
        sex = row[3]
```

```
            income = row[4]
            # 打印结果
            print ("fname = % s,lname = % s,age = % s,sex = % s,income = % s" % \
                   (fname, lname, age, sex, income ))
except:
    print ("Error: unable to fetch data")
# 关闭数据库连接
db.close()
```

❹ 数据库更新操作

```
# 使用 cursor()方法获取操作游标
cursor = db.cursor()
# SQL 更新语句
sql = "UPDATE EMPLOYEE SET AGE = AGE + 1 WHERE SEX = '%c'" % ('M')
try:
    # 执行 SQL 语句
    cursor.execute(sql)
    # 提交到数据库执行
    db.commit()
except:
    # 发生错误时回滚
    db.rollback()
# 关闭数据库连接
db.close()
```

❺ 删除操作

```
# 使用 cursor()方法获取操作游标
cursor = db.cursor()
# SQL 删除语句
sql = "DELETE FROM EMPLOYEE WHERE AGE > %s" % (20)
try:
    # 执行 SQL 语句
    cursor.execute(sql)
    # 提交修改
    db.commit()
except:
    # 发生错误时回滚
    db.rollback()
# 关闭连接
db.close()
```

8.3.4　Base64 加密

Base64 是网络上常见的传输 8B 字节码的编码方式,是一种基于 64 个可打印字符表示二进制数据的方法。大多数的编码都是由字符转化成二进制的过程,而从二进制转换成字符的过程称为解码。而 Base64 的概念就恰好反了,由二进制转换到字符称为编码,由字符转换到二进制称为解码。Base64 编码主要用在传输、存储、表示二进制等领域，还可以用来加密，但是这种加密比较简单，平常说的 Base64 加密是为了防止明文传输数据又为了方便解密而使用的。

Base64 编码规则要求把每三个 8 位的字节转换为四个 6 位的字节（$3×8=4×6=24$），然后把 6 位再添两位高位 0，组成四个 8 位的字节，也就是说，转换后的字符串理论上将要比原来的长三分之一。

Python 实现 Base64 加密算法代码如下：

```python
import base64
encode = base64.b64encode(b'hello world')
print(encode)                    #输出：b'aGVsbG8gd29ybGQ='
```

Python 实现 Base64 解密算法代码如下：

```python
import base64
decode = base64.b64decode(b'aGVsbG8gd29ybGQ=')
print(decode)                    #输出：b'hello world'
```

8.4 程序设计步骤

视频讲解

8.4.1 模拟登录

模拟登录这一步很重要，因为在后面的 post 登录请求中会有很多的表单数据，登录过程中需要用到其中的 servertime、nonce、pubkey 等字段。

❶ 定义全局变量，模拟浏览器请求参数

```python
agent = 'Mozilla/5.0 (Windows NT 6.2; Win64; x64) AppleWebKit/537.36 (KHTML, like Gecko) Chrome/49.0.2623.110 Safari/537.36'
global headers
headers = {
    "Host": "passport.weibo.cn",
    "Connection": "keep-alive",
    "Upgrade-Insecure-Requests": "1",
    'User-Agent': agent
}
```

定义全局变量，设置网络代理 10.63.3.171:1080。

```python
global proxie
proxie = {
    'http': 'http://10.63.3.173:1080'
}
```

定义 session，全程用同一 session 保存 cookie。

```
session = requests.session()
#访问登录的初始页面
index_url = "https://passport.weibo.cn/signin/login"
session.get(index_url, headers = headers, verify = False, proxies = proxie, timeout = 20)
```

其中，session 是会话的意思。它也可以让服务器"认得"客户端。简单理解，就是把每个客户端和服务器的互动当作一个"会话"。既然在同一个"会话"中，服务器自然就能知道这个客户端是否登录过。

❷ 构造登录参数模拟登录

新浪微博的用户名加密目前采用 Base64 加密算法，而新浪微博登录密码的加密算法使用 RSA2。

```
params = {
    "checkpin": "1",
    "entry": "mweibo",
    "su": get_su(username),                        #加密后的用户名
    "callback": "jsonpcallback" + str(int(time.time() * 1000) + math.floor(random.random() * 100000))
}
pre_url = https://login.sina.com.cn/sso/prelogin.php   #预登录地址
#模拟浏览器请求头信息
headers["Host"] = "login.sina.com.cn"
headers["Referer"] = index_url
```

访问微博的预登录地址。

```
pre = session.get(pre_url, params = params, headers = headers, verify = False, proxies = proxie, timeout = 20)
```

根据返回信息，判断是否登录成功，主要是网络是否异常，用户名密码是否正确。这里还涉及验证码，自动识别验证码难度较大，选择人工识别并输入。

```
pa = r'\((.*?)\)'
res = re.findall(pa, pre.text)
    #访问异常
    if res == []:
        print("请检查你的网络,或者你的账号输入是否正常")
    else:
        js = json.loads(res[0])
        #showpin = 1 时需要输入验证码
        if js["showpin"] == 1:
            #获取验证码
            headers["Host"] = "passport.weibo.cn"
            capt = session.get("https://passport.weibo.cn/captcha/image", headers = headers, verify = False, proxies = proxie, timeout = 20)
            capt_json = capt.json()
            capt_base64 = capt_json['data']['image'].split("base64,")[1]
            #创建验证码文件 capt.jpg
```

```
            with open('capt.jpg', 'wb') as f:
                f.write(base64.b64decode(capt_base64))
                f.close()
            im = Image.open("capt.jpg")
            im.show()                    # 显示验证码
            im.close()
            cha_code = input("请输入验证码\n>")
            return cha_code, capt_json['data']['pcid']
        else:
            return ""
```

经抓包分析,找到加密 password 等数据的加密 js,在 js 中找到对应加密的方式,破解加密,构造出登录请求所需的参数,模拟登录。

```
# 构造请求参数
    postdata = {
        "username": username,
        "password": password,
        "savestate": "1",
        "ec": "0",
        "pagerefer": "",
        "entry": "mweibo",
        "wentry": "",
        "loginfrom": "",
        "client_id": "",
        "code": "",
        "qq": "",
        "hff": "",
        "hfp": "",
    }
    if pincode == "":
        pass
    else:
        postdata["pincode"] = pincode[0]
        postdata["pcid"] = pincode[1]
```

模拟登录请求的头信息,设置 Host、Reference、Origin、Content-Type 信息。

```
headers["Host"] = "passport.weibo.cn"
headers["Reference"] = index_url
headers["Origin"] = "https://passport.weibo.cn"
headers["Content-Type"] = "application/x-www-form-urlencoded"
```

访问登录地址,设置相应登录参数和代理。

```
post_url = "https://passport.weibo.cn/sso/login"
# 登录
login = session.post(post_url, data = postdata, headers = headers, verify = False, proxies = proxie, timeout = 20)
js = login.json()
```

```
crossdomain = js["data"]["crossdomainlist"]
mcn = crossdomain["weibo.cn"]
headers["Host"] = "login.sina.com.cn"
```

微博登录成功,跳转到微博个人首页。

```
session.get(mcn, headers = headers, verify = False, proxies = proxie, timeout = 20)
    headers["Host"] = "weibo.cn"
    print(session.cookies)                #登录成功,查看 cookie
```

8.4.2 获取网页

requests 库的 session 对象能够帮助我们跨请求保持某些参数,也会在同一个 session 实例发出的所有请求之间保持 cookies。requests 库的 session 对象还能提供请求方法的默认数据,通过设置 session 对象的属性来实现。

❶ 根据设定关键词获取微博搜索页面(注:与模拟登录使用同一 session)

```
key = '郑州大学'                          #可自行设置关键词 key 搜索
page_num = 0
total_num = 10                           #本例默认采集前 1-10 页
while page_num <= total_num:
    page_num += 1
    KWD = parse.urlencode({'keyword': key})
    originalUrl = 'https://weibo.cn/search/mblog/?sort = time&filter = hasori'   #原创
    originalUrl = originalUrl + '&' + KWD + '&page = ' + str(page_num)
    #按照设定关键词搜索
    html = getHtml(originalUrl)

def getHtml(url):
    try:
        time.sleep(23)
        imgHtml = session.get(url, headers = headers, verify = False, proxies = proxie, timeout = 20)
        html = str(imgHtml.content, encoding = 'utf-8')
        return html                       #返回搜索结果页面
    except Exception as e:
        print("网页下载出错!")
        return
```

❷ 获取元素

BeautifulSoup 是 Python 的一个库,它的最主要的功能是从网页抓取数据。BeautifulSoup 提供一些简单的、Python 式的函数用来处理导航、搜索、修改分析树等功能。它是一个工具箱,通过解析文档为用户提供需要抓取的数据。

```
soup = BeautifulSoup(html, "html.parser")       #使用 BeautifulSoup 解析页面
#获取文章列表
weiboList = soup.find_all(class_ = 'c', id = re.compile(''))
if weiboList is None:
```

```python
        return
    if not len(weiboList):
        return
    for weibo in weiboList:
        contentId = weibo['id'].replace('M_', '')
        # 使用find()函数获取正文信息
        content = weibo.find('span', class_ = 'ctt').get_text()
        content = content.replace(':', '', 2)
        content = content.replace('"', '\'')
        keys = key.split();
        # 获取作者信息
        auth = weibo.find('a', class_ = 'nk')
        authName = auth.get_text()
        authUrl = auth['href']
        authid = authUrl.replace('https://weibo.cn/u/', '')
        authid = authid.replace('http://weibo.cn/u/', '')
        authid = authid.replace('https://weibo.cn/', '')
        # 是否认证
        wbV = weibo.find('img', alt = 'V')
        v = 0
        if wbV is not None:
            if wbV['src'] == 'https://h5.sinaimg.cn/upload/2016/05/26/319/5337.gif':
                v = 1
            if wbV['src'] == 'https://h5.sinaimg.cn/upload/2016/05/26/319/5338.gif':
                v = 2
        # 获取点赞、评论、转发数量
        niceNum = weibo.find('a', string = re.compile('赞\[')).string.replace("赞[", '').replace("]", '')
        forward = weibo.find('a', string = re.compile('转发\['))
        forwardNum = forward.string.replace("转发[", '').replace("]", '')
        forwardUrl = forward['href']
        comment = weibo.find('a', string = re.compile('评论\['))
        commentNum = comment.string.replace("评论[", '').replace("]", '')
        commentNum = commentNum.replace('原文', '')
        commentUrl = comment['href']
        # 时间
        wbTime = weibo.find('span', class_ = 'ct').get_text().split("来自")[0]
        eventTime = getIntTime(wbTime)
```

8.4.3 数据入库

❶ 在 MySQL 中创建数据表 wb_content

```sql
CREATE TABLE 'wb_content' (
    'url' varchar(200) NOT NULL,
    'content' longtext COMMENT '正文',
```

```
    'authName' varchar(255) DEFAULT NULL COMMENT '作者',
    'authUrl' varchar(255) DEFAULT NULL COMMENT '作者链接',
    'niceNum' varchar(255) DEFAULT NULL COMMENT '点赞数量',
    'forwardNum' varchar(255) DEFAULT NULL COMMENT '转发数量',
    'commentNum' varchar(255) DEFAULT NULL COMMENT '评论数量',
    'createtime' int(11) DEFAULT NULL COMMENT '采集时间',
    'eventtime' int(11) DEFAULT NULL COMMENT '文章时间',
    'v' int(11) DEFAULT NULL COMMENT '是否认证.0-未认证;1-官方认证;2-个人认证',
    PRIMARY KEY ('url')
) ENGINE = InnoDB DEFAULT CHARSET = utf8;
```

❷ 导入 PyMySQL 数据库模块

```
import pymysql
```

❸ 数据库连接

```
#打开数据库连接
db = pymysql.connect("localhost","testuser","test123","TESTDB")
#连接数据库 TESTDB 使用的用户名为"testuser",密码为"test123",可以自己设定或者直接使用
#root 用户名及其密码,Mysql 数据库用户授权使用 Grant 命令
#使用 cursor() 方法创建一个游标对象 cursor
cursor = db.cursor()
```

❹ 数据库插入操作

```
#SQL 插入语句
insert_table_sql = " insert into wb_content (content, url, authName, authUrl, niceNum,
forwardNum, commentNum,createtime,eventtime,v) " "values ('%s','%s','%s','%s','%s','%s',
'%s','%d','%s','%s')" % (content, comUrl, authName, authUrl, niceNum, forwardNum,
commentNum,time.time(), wbTime, v)
try:
    cursor.execute(insert_table_sql)    #执行 SQL 语句
    connection.commit()                 #提交到数据库执行
except Exception as e:
    print(e)
    connection.rollback()               #如果发生错误则回滚
finally:
    cursor.close()                      #关闭数据库连接
    connection.close()
```

微博采集爬虫完整程序代码如下:

```
import datetime
import requests
import time
import random
import base64
import math
from PIL import Image
import json
```

```python
import re
from urllib.parse import import quote_plus
from urllib import parse
from bs4 import import BeautifulSoup
import pymysql
agent = 'Mozilla/5.0 (Windows NT 6.2; Win64; x64) AppleWebKit/537.36 (KHTML, like Gecko) Chrome/49.0.2623.110 Safari/537.36'
global headers
headers = {
    "Host": "passport.weibo.cn",
    "Connection": "keep-alive",
    "Upgrade-Insecure-Requests": "1",
    'User-Agent': agent
}
global proxie
proxie = {
    'http': 'http://10.63.3.173:1080'
}
session = requests.session()
# 访问登录的初始页面
index_url = "https://passport.weibo.cn/signin/login"
session.get(index_url, headers=headers, verify=False, proxies=proxie, timeout=20)
def get_su(username):
    """
    对 E-mail 地址和手机号码先在 JavaScript 中 encodeURIComponent
    对应 Python 3 中的是 urllib.parse.quote_plus
    然后在 base64 加密后 decode
    """
    username_quote = quote_plus(username)
    username_base64 = base64.b64encode(username_quote.encode("utf-8"))
    return username_base64.decode("utf-8")

def login_pre(username):
    # 采用构造参数的方式
    params = {
        "checkpin": "1",
        "entry": "mweibo",
        "su": get_su(username),
        "callback": "jsonpcallback" + str(int(time.time() * 1000) + math.floor(random.random() * 100000))
    }
    pre_url = "https://login.sina.com.cn/sso/prelogin.php"
    headers["Host"] = "login.sina.com.cn"
    headers["Referer"] = index_url
    pre = session.get(pre_url, params=params, headers=headers, verify=False, proxies=proxie, timeout=20)
    pa = r'\((.*?)\)'
```

```python
            res = re.findall(pa, pre.text)
            if res == []:
                print("请检查你的网络,或者你的账号输入是否正常")
            else:
                js = json.loads(res[0])
                if js["showpin"] == 1:
                    headers["Host"] = "passport.weibo.cn"
                    capt = session.get("https://passport.weibo.cn/captcha/image", headers = headers, verify = False, proxies = proxie, timeout = 20)
                    capt_json = capt.json()
                    capt_base64 = capt_json['data']['image'].split("base64,")[1]
                    with open('capt.jpg', 'wb') as f:
                        f.write(base64.b64decode(capt_base64))
                        f.close()
                    im = Image.open("capt.jpg")
                    im.show()
                    im.close()
                    cha_code = input("请输入验证码\n>")
                    return cha_code, capt_json['data']['pcid']
                else:
                    return ""

def login(username, password, pincode):
    postdata = {
        "username": username,
        "password": password,
        "savestate": "1",
        "ec": "0",
        "pagerefer": "",
        "entry": "mweibo",
        "wentry": "",
        "loginfrom": "",
        "client_id": "",
        "code": "",
        "qq": "",
        "hff": "",
        "hfp": "",
    }
    if pincode == "":
        pass
    else:
        postdata["pincode"] = pincode[0]
        postdata["pcid"] = pincode[1]
    headers["Host"] = "passport.weibo.cn"
    headers["Reference"] = index_url
    headers["Origin"] = "https://passport.weibo.cn"
    headers["Content-Type"] = "application/x-www-form-urlencoded"
```

```python
        post_url = "https://passport.weibo.cn/sso/login"
        login = session.post(post_url, data = postdata, headers = headers, verify = False, proxies = proxie, timeout = 20)
        js = login.json()
        uid = js["data"]["uid"]
        crossdomain = js["data"]["crossdomainlist"]
        cn = "https:" + crossdomain["sina.com.cn"]
        mcn = crossdomain["weibo.cn"]
        headers["Host"] = "login.sina.com.cn"
        session.get(mcn, headers = headers, verify = False, proxies = proxie, timeout = 20)
        headers["Host"] = "weibo.cn"
        print(session.cookies)

def getHtml(url):
    try:
        time.sleep(23)
        imgHtml = session.get(url, headers = headers, verify = False, proxies = proxie, timeout = 20)
        html = str(imgHtml.content, encoding = 'utf-8')
        return html
    except Exception as e:
        print("网页下载出错!")
        return

def do_insert():
    # --------- 可自行设置关键词 key 搜索
    key = '郑州大学'
    page_num = 0
    total_num = 10
    while page_num <= total_num:
        page_num += 1
        KWD = parse.urlencode({'keyword': key})
        originalUrl = 'https://weibo.cn/search/mblog/?sort = time&filter = hasori'   # 原创
        hotUrl = 'https://weibo.cn/search/mblog/?sort = hot'   # 热门 &filter = hasoriwww

        originalUrl = originalUrl + '&' + KWD + '&page = ' + str(page_num)
        # print(originalUrl)
        html = getHtml(originalUrl)
        soup = BeautifulSoup(html, "html.parser")
        weiboList = soup.find_all(class_ = 'c', id = re.compile(''))
        if weiboList is None:
            return
        if not len(weiboList):
            return
        for weibo in weiboList:
            # 文章 id
            contentId = weibo['id'].replace('M_', '')
```

```python
# 正文
content = weibo.find('span', class_ = 'ctt').get_text()
content = content.replace(':', '', 2)
content = content.replace('"', '\'')
# 作者信息
auth = weibo.find('a', class_ = 'nk')
authName = auth.get_text()
authUrl = auth['href']
authid = authUrl.replace('https://weibo.cn/u/', '')
authid = authid.replace('http://weibo.cn/u/', '')
authid = authid.replace('https://weibo.cn/', '')
# 是否认证
wbV = weibo.find('img', alt = 'V')
v = 0
if wbV is not None:
    if wbV['src'] == 'https://h5.sinaimg.cn/upload/2016/05/26/319/5337.gif':
        v = 1
    if wbV['src'] == 'https://h5.sinaimg.cn/upload/2016/05/26/319/5338.gif':
        v = 2

try:
    # 点赞评论转发
    niceNum = weibo.find('a', string = re.compile('赞\[')).string.replace("赞[", '').replace("]", '')
    forward = weibo.find('a', string = re.compile('转发\['))
    forwardNum = forward.string.replace("转发[", '').replace("]", '')
    forwardUrl = forward['href']
    comment = weibo.find('a', string = re.compile('评论\['))
    commentNum = comment.string.replace("评论[", '').replace("]", '')
    commentNum = commentNum.replace('原文', '')
    commentUrl = comment['href']
    query = parse.urlparse(commentUrl)
    param_dict = parse.parse_qs(query.query)
    uidL = param_dict.get('uid')
    if uidL is None:
        uid = authid
    else:
        uid = uidL[0]
    comUrl = 'https://weibo.com/' + uid + '/' + contentId + '?refer_flag=1001030103_'

    # 时间
    wbTime = weibo.find('span', class_ = 'ct').get_text().split("来自")[0]
    eventTime = getIntTime(wbTime)
except Exception as e:
    print(e)
# 获取数据库连接
```

```python
            connection = pymysql.connect(host = 'localhost', user = 'root', passwd = '123456',
db = 'test',charset = 'utf8')
            cursor = connection.cursor()

            # SQL 插入语句
            insert_table_sql = "insert into wb_content (content, url, authName, authUrl, niceNum, forwardNum, commentNum, createtime, eventtime, v) " \
                "values ('%s','%s','%s','%s','%s','%s','%s','%d','%s','%s')" \
            % (content, comUrl, authName, authUrl, niceNum, forwardNum, commentNum,time.time(), eventTime, v)
            try:
                # 执行 SQL 语句
                cursor.execute(insert_table_sql)
                # 提交到数据库执行
                connection.commit()
            except Exception as e:
                print(insert_table_sql)
                print(e)
                # 如果发生错误则回滚
                connection.rollback()
            finally:
                # 关闭数据库连接
                cursor.close()
                connection.close()
# 格式化时间，将时间转为时间戳格式
def getIntTime(strTime):
    strTime = strTime.rstrip().lstrip()
    if '分钟前' in strTime:    # 时间是"几分钟前"的处理
        strTime = strTime.replace('分钟前', '')
        intTime = t = time.time() - int(strTime) * 60
        return intTime
    if '今天' in strTime:      # 时间是"今天"的处理
        strTime = strTime.replace('今天', '')
        strTime = str(datetime.datetime.now().year) + '-' + str(datetime.datetime.now().month) + '-' + str(
            datetime.datetime.now().day) + strTime    # 获取当前年、月、日 + strTime
        intTime = time.mktime(time.strptime(strTime, '%Y-%m-%d %H:%M'))
        return intTime
    if '月' in strTime and '日' in strTime:    # 时间是"**月**日"的处理
        strTime = strTime.replace('月', '-').replace('日', '')
        strTime = str(datetime.datetime.now().year) + '-' + strTime
        # 先转换成时间数组，再抓换成时间戳
        intTime = time.mktime(time.strptime(strTime, '%Y-%m-%d %H:%M'))
        return intTime
    if '-' in strTime:    # 时间里有"-"的处理
        intTime = time.mktime(time.strptime(strTime, '%Y-%m-%d %H:%M:%S'))
        return intTime
```

```python
if __name__ == "__main__":
    # 登录获得 cookie
    username = "XXXX"
    password = "XXXXX"
    pincode = login_pre(username)
    login(username, password, pincode)
    do_insert()
```

至此完成微博采集爬虫。

第 9 章 爬虫框架——Scrapy 框架

视频讲解

9.1 Scrapy 框架简介与安装

Scrapy 是一个使用 Python 语言编写的开源网络爬虫框架,基于 Twisted 的异步网络框架来处理网络通信,可以加快数据下载速度,不用自己去实现异步框架,并且包含了各种中间件接口,可以灵活地完成各种需求,我们只需要编写少量代码,就能够快速抓取到数据内容。Scrapy 简单易用、易拓展,开发社区活跃,并且是跨平台的,在 Windows、Linux 以及 MaxOS 平台上都可以使用。Scrapy 目前由 Scrapinghub Ltd 维护,最新的版本是 Scrapy 1.7。

9.1.1 Scrapy 框架简介

图 9-1 展现了 Scrapy 的架构,包括组件及在系统中发生的数据流的概览(箭头所示)。Scrapy 的各个组件功能描述见表 9-1 所示。

表 9-1 Scrapy 的各个组件描述

组件	描述	类型
Scrapy Engine	引擎,框架的核心,其他所有组件在其控制下协同工作,用来处理整个系统的数据流,触发事务	内部组件
Scheduler	调度器,用来接受从引擎发来的请求,并将它们入队,并在引擎再次请求它们时返回	内部组件
Downloader	下载器,负责获取页面数据并提供给引擎,然后提供给 Spider	内部组件
Spiders	爬虫,用于从特定的网页中提取数据,即所谓的实体(Item),并产生对新页面的下载请求	用户实现

续表

组 件	描 述	类 型
Item Pipelines	数据管道,负责处理爬虫从网页中抽取的实体,主要的功能是持久化实体、验证实体的有效性、清除不需要的信息	可选组件
Downloader middlewares	下载器中间件,位于 Scrapy 引擎和下载器之间,主要是处理 Scrapy 引擎与下载器之间的请求及响应	可选组件
Spider middlewares	Spider 中间件,位于 Scrapy 引擎和爬虫之间,主要工作是处理爬虫的响应输入和请求输出	可选组件

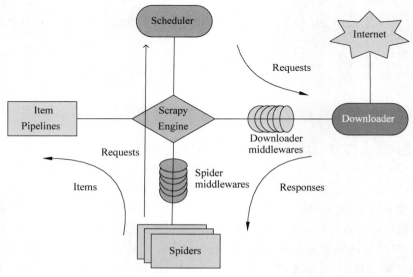

图 9-1　Scrapy 架构

对于用户来说,Spider 是最核心的组件,也是需要用户自己来实现的,Scrapy 爬虫开发是围绕实现 Spider 展开的,而 Scrapy Engine、Scheduler 和 Downloader 组件是框架内部组件,不需要用户实现,Item Pipelines、Downloader middlewares 和 Spider middlewares 组件是可选组件,根据具体情况决定是否需要用户实现。

接下来,分析框架中的数据流,Scrapy 中的数据流由执行引擎控制,由图 9-1 可以看到,数据流共有 3 种对象。

- Request：Scrapy 中的 HTTP 请求对象。
- Response：Scrapy 中的 HTTP 响应对象。
- Item：从页面爬取的一项数据。

大家都知道,Request 和 Response 是 HTTP 中的术语,即 Request 请求和 Response 响应,Scrapy 框架中定义了相应的 Request 和 Response 类。

数据流在框架中的流动过程如下,图 9-2 是对应的图形展示。

(1) 当要爬取某个网站时,引擎打开一个网站,找到处理该网站的 Spider 并向该 Spider 请求第一个要爬取的 URL。

第9章　爬虫框架——Scrapy框架

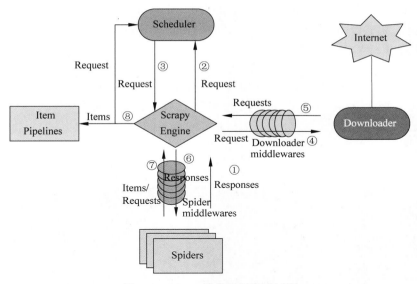

图 9-2　Scrapy 架构数据流动过程

（2）引擎从 Spider 中获取到第一个要爬取的 URL 并通过调度器（Scheduler）以 Request 调度。

（3）引擎向调度器请求下一个要爬取的 URL。

（4）调度器返回下一个要爬取的 URL 给引擎，引擎将 URL 通过下载中间件（请求（Request）方向）转发给下载器（Downloader）。

（5）一旦页面下载完毕，下载器生成一个该页面的 Response，并将其通过下载中间件（返回（Response）方向）发送给引擎。

（6）引擎从下载器中接收到 Response 并通过 Spider 中间件（输入方向）发送给 Spider 处理。

（7）Spider 处理 Response 并返回爬取到的 Item 及（跟进的）新的 Request 给引擎。

（8）引擎将（Spider 返回的）爬取到的 Item 给 Item Pipeline，将（Spider 返回的）Request 给调度器。

（9）（从第二步）重复直到调度器中没有更多的 Request，引擎关闭该网站。

9.1.2　Scrapy 安装

在任意操作系统下，可以使用 pip 安装 Scrapy，例如在 Windows 操作系统下，在命令行输入：

```
pip install scrapy
```

如果出现安装错误：

```
building 'twisted.test.raiser' extension
error: Microsoft Visual C++14.0 is required. Get it with "Microsoft Visual C++Build Tools":
       http://landinghub.visualstudio.com/visual-cpp-build-tools
```

可以从 http://www.lfd.uci.edu/~gohlke/pythonlibs/#twisted 下载 twisted 对应版本的 whl 文件(如笔者的 Twisted17.5.0cp36cp36mwin_amd64.whl),cp 后面是 Python 版本,amd64 代表 64 位,运行命令:

```
pip install C:\Users\CR\Downloads\Twisted-17.5.0-cp36-cp36m-win_amd64.whl
```

其中,install 后面为下载的 whl 文件的完整路径名,安装完成后,再次运行 pip install scrapy,即可成功。

为测试 Scrapy 是否安装成功,可以在命令行输入"scrapy",出现如图 9-3 所示的信息,则证明安装成功。

图 9-3　Windows 系统下成功安装 Scrapy

也可以在 Python 中输入:

```
>>> import scrapy
```

如果没有错误,则说明 Scrapy 安装成功。

9.2　第一个 Scrapy 爬虫

为帮助大家进一步熟悉 Scrapy 框架,首先完成一个简单的爬虫项目。

9.2.1　项目需求

爬取"去哪儿"网站(http://bnb.qunar.com/hotcity.jsp)上的全部酒店城市列表。

该网站中,"客栈民宿"下面的"全部城市"按字母顺序 A~Z 列出了所有城市列表,大约有四千多个,如图 9-4 所示,单击某个城市,可以打开该城市的链接。我们的任务是爬取所有城市名及其链接。

图 9-4 "去哪儿"网站

9.2.2 创建项目

首先创建一个 Scrapy 项目,在命令行使用 scrapy startproject 命令:

```
F:\gyx\python\例子> scrapy startproject qunar
New Scrapy project 'qunar', using template directory
'c:\users\o\appdata\local\programs\python\python36\lib\site-packages\scrapy\templates\
project', created in:
    F:\gyx\python\例子\qunar

You can start your first spider with:
    cd qunar
    scrapy genspider example example.com
```

可以看到在当前目录下,多了一个文件夹 qunar,该文件夹即为项目文件夹,用 PyCharm 打开该项目,可以看到 Scrapy 项目的目录结构,如图 9-5 所示。

可以看到,在项目文件夹下拥有一个同名的子文件夹和一个 scrapy.cfg 文件。

- 同名文件夹 qunar 下存放爬虫项目的核心代码。
- scrapy.cfg 文件主要是爬虫项目的配置文件。

图 9-5 Scrapy 目录结构

同名子文件夹 qunar 下包含 spiders 文件夹、__init__.py、items.py、middlewares.py、piplines.py、settings.py 等 Python 文件。

- spiders 文件夹:此文件夹下放置的是爬虫文件,项目的核心。
- __init__.py:爬虫项目的初始化文件,用来对项目做初始化工作。
- items.py:爬虫项目的数据容器文件,用来定义要获取的数据。
- middlewares.py:爬虫项目的中间件文件。

- piplines.py：爬虫项目的管道文件，用来对 items.py 中定义的数据进行进一步加工与处理。
- settings.py：爬虫项目的设置文件，包含了爬虫项目的设置信息。

9.2.3 分析页面

编写爬虫之前，首先需要对要爬取的页面进行分析，主流的浏览器都带有分析页面的工具或插件，这里选用 Chrome 浏览器的"开发者工具"分析页面。

在 Chrome 浏览器中打开页面 http://bnb.qunar.com/hotcity.jsp，在页面空白处右击，然后选择"检查"，打开"开发者工具"查看其 HTML 代码，找到包含我们要爬取内容的 div，如图 9-6 所示。

图 9-6 "开发者工具"窗口

从图 9-6 中可以看出，A～Z 分别在 26 个 div 中，只要能解析出一个 div，那其他 25 个 div 也就解析出来了。其中每个 div 的 class 属性都等于 e_city_list，一层一层点进去，找到第一个城市"阿坝"，如图 9-7 所示。

可以看到，城市按字母顺序排序，以每个字母开始的所有城市包含在< div class="e_city_list">…</div>元素中，其下的 li 标签列表列出了所有城市信息，打开一个 li 标签，可以看到一个城市的具体信息，如：

```
<li>
    <a target="_blank" href="http://bnb.qunar.com/city/aba/#fromDate=2019-03-13
        &toDate=2019-03-16&from=kezhan_allCity" title="阿坝">阿坝</a>
</li>
```

图 9-7 "去哪儿"网站城市列表

可见，从 div 下找到所有 li 标签中的 a 标签，爬取 a 标签中的文本和 href 属性即可得到城市名称及链接。

9.2.4 定义数据类

要爬取所有城市的城市名称和链接，使用 Items 自定义数据类型，即实现 items.py 文件。该文件在创建项目时已自动生成，需要对它进行修改：

```
import scrapy
class QunarItem(scrapy.Item):
    name = scrapy.Field()      # 城市名称
    url = scrapy.Field()       # 城市 URL
```

这里不展开讲，后面会详细介绍。

9.2.5 实现爬虫

接下来到了最核心的一步，编写爬虫。在 Scrapy 中编写一个爬虫，即实现一个 scrapy.Spider 的子类。实现爬虫的 Python 文件在 qunar/spiders 目录下，在该目录下创建新文件 city.py，在 city.py 中实现爬虫 CitySpider，代码如下：

```
import scrapy
from qunar.items import QunarItem
class CitySpider(scrapy.Spider):
    #爬虫名，每一个爬虫的唯一标识
    name = 'city'
    #爬虫的起始点。起始点可以有多个，这里只有一个
```

```
        start_urls = ['http://bnb.qunar.com/hotcity.jsp']

    def parse(self, response):
        # 提取数据
        # 这里需要两个循环,第一个字母循环,所有字母包含在<div class = "e_city_list">中,使
        # 用xpath()方法找到所有的div元素,并依次迭代;第二个循环是找到某个字母下所有城市,
        # 城市信息包含在div元素下的所有li标签中
        for line in response.xpath('//div[@class = "e_city_list"]'):
            for letter in line.xpath('.//li'):
                item = QunarItem()
                # 城市名称在li>a元素的文本中
                item['name'] = letter.xpath('.//a/text()').extract()
                # 城市链接在li>a元素的href属性中
                item['url'] = letter.xpath('.//a/@href').extract()
                # 返回城市信息
                yield item
```

如果上述代码中有看不懂的部分,不必担心,更多详细内容会在后面介绍,这里只是让大家对爬虫有个整体印象。

9.2.6 配置爬虫

实现 settings.py 文件。该文件在创建项目时已自动生成,需要对它进行修改:

```
ROBOTSTXT_OBEY = False              # 拒绝遵守 Robot 协议
FEED_EXPORT_ENCODING = 'GBK'        # 设置导出数据的编码方式为 GBK,以使中文正常显示
```

9.2.7 运行爬虫

完成代码后,就可以运行爬虫提取数据了,在命令行执行 scrapy crawl <Spider_name> 命令运行爬虫,并将爬取的数据存储到 city.csv 文件中:

```
F:\gyx\python\例子\qunar>scrapy crawl city -o city.csv
2019-03-11 11:52:18 [scrapy.utils.log] INFO: Scrapy 1.6.0 started (bot: qunar)
2019-03-11 11:52:18 [scrapy.utils.log] INFO: Versions: lxml 4.3.0.0, libxml2 2.9.5,
cssselect 1.0.3, parsel 1.5.1, w3lib 1.20.0, T
wisted 18.9.0, Python 3.6.4 (v3.6.4:d48eceb, Dec 19 2017, 06:54:40) [MSC v.1900 64 bit
(AMD64)], pyOpenSSL 19.0.0 (OpenSSL 1.1.1a
 20 Nov 2018), cryptography 2.5, Platform Windows-7-6.1.7601-SP1
2019-03-11 11:52:18 [scrapy.crawler] INFO: Overridden settings: {'BOT_NAME': 'qunar', 'FEED
_EXPORT_ENCODING': 'GBK', 'FEED_FORMAT'
: 'csv', 'FEED_URI': 'city.csv', 'NEWSPIDER_MODULE': 'qunar.spiders', 'SPIDER_MODULES': ['qunar.
spiders']}
```

```
2019 - 03 - 11 11:52:18 [scrapy.extensions.telnet] INFO: Telnet Password: cbe84968492296b2
2019 - 03 - 11 11:52:19 [scrapy.extensions.logstats] INFO: Crawled 0 pages (at 0 pages/min),
scraped 0 items (at 0 items/min)
2019 - 03 - 11 11:52:19 [scrapy.extensions.telnet] INFO: Telnet console listening on 127.0.0.
1:6023
2019 - 03 - 11 11:52:19 [scrapy.core.engine] DEBUG: Crawled (200) < GET http://bnb.qunar.com/
hotcity.jsp > (referer: None)
2019 - 03 - 11 11:52:19 [scrapy.core.scraper] DEBUG: Scraped from < 200 http://bnb.qunar.com/
hotcity.jsp >
{'name': ['阿坝'],
 'url': ['http://bnb.qunar.com/city/aba/#fromDate = 2019 - 03 - 13&toDate = 2019 - 03 - 16&from
 = kezhan_allCity']}
…<省略中间输出部分>…
2019 - 03 - 11 11:52:40 [scrapy.core.engine] INFO: Spider closed (finished)
```

等爬虫运行结束,打开 city.csv 文件,可以看到爬取到的数据,共 4546 条,如图 9-8 所示。

图 9-8 爬取的结果

9.3 Spider 开发流程

视频讲解

在 Scrapy 框架中,我们看到最重要且需要用户自己完成的是 Spider 爬虫组件,实现一个 Spider 需要完成下面 4 个步骤。

(1) 继承 scrapy.Spider。
(2) 为 Spider 起名字。
(3) 设定起始爬取点。
(4) 实现页面解析函数。

下面以 9.2 节中的例子来说明 Spider 的开发步骤。

9.3.1 继承 scrapy.Spider

Scrapy 框架提供了一个 Spider 基类,用户编写的 Spider 必须继承它:

```
import scrapy
class CitySpider(scrapy.Spider):
    …
```

这里先不关注 Spider 基类的细节,需要时可以查阅相关文档。

9.3.2 为 Spider 起名字

在一个 Scrapy 项目中可以实现多个 Spider，但每个 Spider 必须有一个能够唯一区别的标识，这就是 Spider 的类属性 name。

```
import scrapy
class CitySpider(scrapy.Spider):
    #爬虫名,每一个爬虫的唯一标识
    name = 'city'
    ...
```

运行爬虫时需要用到这个标识，告诉 Scrapy 使用哪个 Spider 进行爬取。

9.3.3 设置起始爬取点

Spider 必须知道从哪个或哪些页面开始爬取，称这些页面为起始爬取点，可以用类属性 start_urls 来指定：

```
import scrapy
class CitySpider(scrapy.Spider):
    ...'
    start_urls = ['http://bnb.qunar.com/hotcity.jsp']
    ...
```

start_urls 通常被定义成一个列表，放入所有起始爬取点的 url，本例中只有一个起始点。看到这里大家一定会有疑问，请求页面数据不是一定要提交 Request 对象吗？而这里只有一个 url 列表，相应的 Request 对象是怎么提交的，难道不用提交？通过查阅 Spider 基类的源码可以得到答案，关键代码如下：

```
class Spider(object_ref):
    ...
    def start_requests(self):
        ...
        for url in self.start_urls:
            yield self.make_requests_from_url(url)
        ...

    def make_requests_from_url(self, url):
        return Request(url, dont_filter = True)

    def parse(self, response):
        raise NotImplementedError
    ...
```

可以看到，Spider 基类的 start_requests 方法读取 start_urls 列表内的地址，调用 make_requests_from_url 方法为每个地址生成一个 Request 对象并返回。其中的原理：

（1）起始爬取点的下载请求是由 Scrapy 引擎调用 Spider 对象的 start_requests 方法提交的，由于上例的 CitySpider 类没有实现 start_requests 方法，因此引擎会调用 Spider 基类的 start_requests 方法。

（2）在 start_requests 方法中，self.start_urls 是我们定义的起始爬取点列表，对其进行迭代，用每个 url 作为参数调用 make_requests_from_url 方法。

（3）在 make_requests_from_url 方法中，使用 url 和 dont_filter 参数构造 Request 对象并返回。

（4）构造 Request 对象时并没有传递 callback 参数来指定页面解析函数，因此默认的页面解析函数是 parse 方法，因此 CitySpider 必须实现 parse 方法，否则会调用 Spider 基类的 parse 方法，从而抛出 NotImplementedError 异常。

由于起始爬取点的下载请求是由 Scrapy 引擎调用 Spider 对象的 start_requests 方法提交的，因此我们也可以在 CitySpider 类中自己实现 start_requests 方法覆盖基类 Spider 的 start_requests 方法直接构造并提交 Request 对象。有时使用这种方式更加灵活。

```python
class CitySpider(scrapy.Spider):
    # start_urls = ['http://bnb.qunar.com/hotcity.jsp']
    def start_requests(self):
        yield scrapy.Request('http://bnb.qunar.com/hotcity.jsp', callback = self.parse,
        dont_filter = True)

    def parse(self, response):
        ...
```

总结一下，设置爬虫起始爬取点有两种方法：

- 定义类属性 start_url。
- 实现 start_requests 方法。

9.3.4 实现页面解析函数

页面解析函数就是构造 Request 对象时通过 callback 参数指定的回调函数，如果没有指定就是默认的 parse 方法，该方法是实现爬虫的最核心的部分，需要完成以下两项工作：

（1）使用选择器提取页面数据，将数据封装后提交给 Scrapy 引擎。

（2）使用选择器提取页面链接，用其构造新的 Request 对象并提交给 Scrapy 引擎。

一个页面一般包含多项数据及多个链接，因此页面解析函数需要返回一个可迭代对象，每次迭代返回一项数据或一个 Request 对象。

接下来会详细介绍如何提取数据、封装数据、提取链接等内容。

9.4 Scrapy 选择器

从页面中提取数据的核心技术是 HTTP 文本解析，在 Python 中常用以下模块处理：
- BeautifulSoup：非常流行的 HTTP 解析库，API 简洁易用，但解析速度较慢。
- lxml：一套由 C 语言编写的 XML 解析库，解析速度更快，API 相对复杂。

Scrapy 有自己的一套数据提取机制，称为选择器（Selector），它们通过特定的 XPath 或者 CSS 表达式来选择 HTML 文件中的某个部分。Scrapy 选择器构建在 lxml 库之上，并简化了 API 借口。

9.4.1 Selector 类

在 Scrapy 中，使用 Selector 对象提取页面中的数据，使用时先通过 XPath 或 CSS 选中页面要提取的数据，然后进行提取。

❶ 创建对象

Selector 类的实现位于 scrapy.selector 模块，创建 Selector 对象时，可将页面的 HTML 文档字符串传递给 Selector 构造器方法的 text 参数：

```
>>> from scrapy import Selector
>>> body = '''
        <html>
            <body>
                <ul>
                    <li>C++</li>
                    <li>Python</li>
                    <li>Java</li>
                </body>
            </html>
            '''
>>> selector = Selector(text = body)
>>> selector
<Selector xpath = None data = '<html>\n              <body>\n    '>
```

也可以通过给 Selector 构造器方法的 response 参数传递一个 Response 对象来构造 Selector 对象。

❷ 选中数据

使用 Selector 对象的 XPath 方法或 CSS 方法，可以选择 HTML 中的某个或某些部分。XPath 和 CSS 方法返回一个 SelectorList 对象，包含所有被选中的 Selector 对象。

```
>>> sel = selector.xpath('//li/text()')
>>> sel
[<Selector xpath = '//li/text()' data = 'C++'>, <Selector xpath = '//li/text()' data = 'Python'>,
<Selector xpath = '//li/text()' data = 'Java'>]
```

可以看到 sel 是一个包含三个<li>对应的 Selector 对象。

SelectorList 支持列表接口,可使用 for 迭代访问每个 Selector 对象。

```
>>> for s in sel:
        print(s)

<Selector xpath='//li/text()' data='C++'>
<Selector xpath='//li/text()' data='Python'>
<Selector xpath='//li/text()' data='Java'>
```

❸ 提取数据

调用 Selector 或 SelectorList 对象的以下方法可将选中的内容提取:

- extract():返回选中内容的 Unicode 字符串。
- extract_first():适用于 SelectorList,返回第一个 Selector 对象调用 extract 方法的结果。
- re():使用正则表达式提取选中内容的一部分。
- re_first():适用于 SelectorList,返回第一个 Selector 对象调用 re 方法的结果。

```
>>> sel[0]
<Selector xpath='//li/text()' data='C++'>
>>> sel[0].extract()
'C++'
>>> sel[1].extract()
'Python'
>>> sel.extract_first()
'C++'
>>> sel.re_first('^[A-Za-z]+$')         #返回由字母组成的第一个字符串
'Python'
```

9.4.2　Response 内置 Selector

在实际应用中,Selector 对象几乎不需要手动创建,可以直接使用 Response 对象内置的 Selector 对象。为了方便,Response 对象还提供了 XPath 和 CSS 方法,它们在内部分别调用内置 Selector 对象的 XPath 和 CSS 方法。

```
>>> from scrapy.http import HtmlResponse
>>> body = '''
        <html>
            <body>
                <ul>
                    <li>C++</li>
                    <li>Python</li>
                    <li>Java</li>
                </ul>
            </body>
        </html>
        '''
```

```
>>> response = HtmlResponse(url="http://www.test.com",body=body,encoding="utf-8")
>>> response.xpath('//li/text()').extract()
['C++', 'Python', 'Java']
>>> response.css('li::text').extract_first()
'C++'
```

可以看到,这样使用可以使代码更加简洁。这里 XPath 的具体使用请读者自己查阅相关资料。下面简要介绍 CSS 选择器的使用。

9.4.3 使用 CSS 选择器

CSS 即层叠样式表(Cascading StyleSheet)。其选择器是一种用来确定 HTML 文档中某部分位置的语言。CSS 选择器的语法比 XPath 更简单一些,但功能不如 XPath 强大。表 9-2 列出了 CSS 选择器的一些基本语法。

表 9-2 CSS 选择器的一些基本语法

表达式	描述	实例
*	选择所有元素	*
name	选择 name 元素	p
name1,name2	选择 name1 和 name2 元素	div,pre
name1 name2	选择 name1 后代元素中的 name2 元素	li a
#name	选择 id 为 name 的元素	#main
.name	选择所有 class 包含 name 的元素	.info
[attr]	选择包含 attr 属性的元素	[href]
[attr=value]	选择包含 attr 属性且值为 value 的元素	[method=post]
name::text	选择 name 元素的文本节点	a::text

例如:

```
>>> response.css('li::text').extract_first()
'C++'
```

这里 li::text 表示选择 li 元素的文本节点。

9.4.4 爬取京东商品信息

视频讲解

❶ 页面分析

在京东首页搜索"苹果手机",用 Chrome 浏览器的"开发者工具"可以看到它对应的 Request URL,如图 9-9 所示。

再看看它的 Response,可以看到正是我们需要的信息,如图 9-10 所示。

看一下参数请求,如图 9-11 所示,除去一些未知的参数,这些参数不难构造,而那个 show_items 参数其实就是商品的 id,如图 9-12 所示,准确来说是 data-pid。

此时如果直接在浏览器上访问这个 Request URL,会跳转到 https://www.jd.com/?se=

第9章 爬虫框架——Scrapy框架

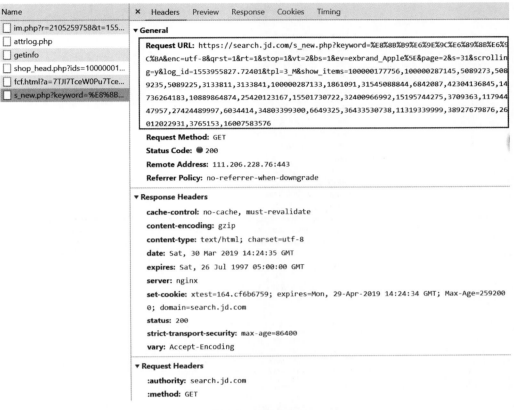

图 9-9 京东页面

图 9-10 Response

图 9-11 请求的参数

图 9-12 商品标签

deny 页面,并没有我们需要的信息,其实这个主要是请求头中的 referer 参数:

https://search.jd.com/Search?keyword=%E8%8B%B9%E6%9E%9C%E6%89%8B%E6%9C%BA&enc=utf-8&wq=%E8%8B%B9%E6%9E%9C%E6%89%8B%E6%9C%BA&pvid=16003d5bddbb46349e4542880c919cc8

这个参数就是地址栏上的那个 URL。单击第 2 页,如图 9-13 所示,可以看到网址变为:

```
https://search.jd.com/Search?keyword=%E8%8B%B9%E6%9E%9C%E6%89%8B%E6%9C%
BA&enc=utf-8&qrst=1&rt=1&stop=1&vt=2&bs=1&wq=%E8%8B%B9%E6%9E%9C%E6%89%
8B%E6%9C%BA&ev=exbrand_Apple%5E&page=3&s=51&click=0
```

图 9-13 第 2 页网址

单击第 3 页,可以看到网址变为:

```
https://search.jd.com/Search?keyword=%E8%8B%B9%E6%9E%9C%E6%89%8B%E6%9C%
BA&enc=utf-8&qrst=1&rt=1&stop=1&vt=2&bs=1&wq=%E8%8B%B9%E6%9E%9C%E6%89%
8B%E6%9C%BA&ev=exbrand_Apple%5E&page=5&s=113&click=0
```

分析第 2 页之后的网址可以发现,URL 主要修改的字段其实就是 keyword、wq 和 page,其中 keyword 和 wq 是一样的,都是检索词。实际上,把第 1 页改成和第 2 页 URL 同样的模板完全可以。那么我们就可以使用第 2 页的 URL 来抓取数据,可以看到第 2 页的 URL 中 page 字段为 3。当然在爬取时还可以加 user-agent。

❷ 编码实现

(1) 创建 scrapy 项目,并创建爬虫模板。

```
scrapy startproject jd_phone
cd JD
scrapy genspider jd jd.com
```

文件结构如图 9-14 所示。

图 9-14　文件结构

（2）定义字段信息。

```
class JdPhoneItem(scrapy.Item):
    id = scrapy.Field()              # 商品编号
    title = scrapy.Field()           # 商品名字
    price = scrapy.Field()           # 价格
    url = scrapy.Field()             # 商品链接
```

（3）实现爬虫。

```
# -*- coding: UTF-8 -*-
import scrapy
from jd_phone.items import JdPhoneItem
class JdSpider(scrapy.Spider):
    name = 'jd'
    allowed_domains = ['jd.com']
    keyword = "苹果手机"
    page = 1
    url = 'https://search.jd.com/Search?keyword=%s&enc=utf-8&qrst=1\
        &rt=1&stop=1&vt=2&bs=1&wq=%s&page=%d'
    next_url = 'https://search.jd.com/s_new.php?keyword=%s&enc=utf-8&qrst=1\
        &rt=1&stop=1&vt=2&bs=1&wq=%s&page=%d&scrolling=y&show_items=%s'

    def start_requests(self):
        yield scrapy.Request(self.url % (self.keyword, self.keyword, self.page), callback=self.parse)

    def parse(self, response):
        # 爬取每页的前 30 个商品,数据直接展示在原网页中
        ids = []
        for li in response.xpath('//*[@id="J_goodsList"]/ul/li'):
            item = JdPhoneItem()
            title = li.xpath('div/div[4]/a/em/text()').extract()            # 标题
            price = li.xpath('div/div[3]/strong/i/text()').extract()        # 价格
            id = li.xpath('@data-pid').extract()                            # id
            ids.append(''.join(id))
```

```python
            url = li.xpath('div/div[@class="p-name p-name-type-2"]/a/@href').extract()
                                                                    # 需跟进的链接
            item['title'] = ''.join(title)
            item['id'] = ''.join(id)
            item['price'] = ''.join(price)
            item['url'] = ''.join(url)
            if item['url'].startswith('//'):
                item['url'] = 'https:' + item['url']
            yield item

        headers = {'referer': response.url}
        # 后 30 页的链接访问会检查 referer, referer 就是本页的实际链接
        # referer 错误会跳转到: https://www.jd.com/?se=deny
        self.page += 1
        yield scrapy.Request(self.next_url % (self.keyword, self.keyword, self.page, ','.join(ids)),
                    callback=self.next_parse, headers=headers)

    def next_parse(self, response):
        """
        爬取每页的后 30 个商品, 数据展示在一个特殊链接中: url + id(这个 id 是前 30 个商品的 id)
        :param response:
        :return:
        """
        for li in response.xpath('//li[@class="gl-item"]'):
            item = JdPhoneItem()
            title = li.xpath('div/div[4]/a/em/text()').extract()        # 标题
            price = li.xpath('div/div[3]/strong/i/text()').extract()    # 价格
            url = li.xpath('div/div[@class="p-name p-name-type-2"]/a/@href').extract()
                                                                    # 需跟进的链接
            id = li.xpath('@data-pid').extract()                        # id
            item['title'] = ''.join(title)
            item['id'] = ''.join(id)                                    # 编号
            item['price'] = ''.join(price)
            item['url'] = ''.join(url)
            if item['url'].startswith('//'):
                item['url'] = 'https:' + item['url']
            yield item
        if self.page < 100:
            self.page += 1
            yield scrapy.Request(self.url % (self.keyword, self.keyword, self.page),
                callback=self.parse)
```

（4）运行爬虫。

```
scrapy crawl jd -o jd.csv
```

运行结束，打开 jd.csv，可以看到共爬取 2858 条信息，如图 9-15 所示。

price	title	url
6099	Apple iPhone XR (A2108) 128GB 黑色 移动联通电信4G 双卡双待	https://item.jd.com/100000177760.html
6349	Apple iPhone X	https://item.jd.com/5089253.html
4799	Apple iPhone 8 Plus	https://item.jd.com/5089275.html
3999	Apple iPhone 8	https://item.jd.com/5089267.html
9998	Apple iPhone XS Max (A2104) 256GB 深空灰色 移动联通电信4G 双卡双待	https://item.jd.com/100000287113.html
7898	Apple iPhone XS (A2100) 64GB 深空灰色 移动联通电信4G	https://item.jd.com/100000177748.html
3599	Apple iPhone7 Plus	https://item.jd.com/3133847.html
3399	Apple iPhone6s Plus	https://item.jd.com/1861101.html
5758	Apple iPhone XR 黑色 全网通 128GB	https://item.jd.com/31545088844.html
5799	【二手95新】Apple iPhoneX 256G 深空灰色 移动联通电信4G X	https://item.jd.com/6842063.html
2688	Apple iPhone 6s Plus 4G 玫瑰金 全网通 32G	https://item.jd.com/10889864876.html
3499	Apple iPhone7	https://item.jd.com/3133821.html
9458	Apple iPhone Xs Max 金色 全网通 256GB	https://item.jd.com/27424489997.html
1169	Apple 5s iPhone 5s (A1530) 4英寸 移动联通双4G 金色 官方标配 16G	https://item.jd.com/11464031106.html
2295	【二手95新】 6s Plus 玫瑰金 64G 全网通 二手 iPhone6s Plus 二手	https://item.jd.com/3709379.html
1099	Apple 5s iPhone 5s (A1530) 4英寸 移动联通4G 金色	https://item.jd.com/40584770190.html
5788	Apple iPhone Xr 红色 全网通 128G	https://item.jd.com/32943442167.html
2899	【二手95新】 7 黑 128G 全网通 二手 iPhone7 二手	https://item.jd.com/5447438.html
6198	Apple iPhone X 全面屏 深空灰色 全网通 64GB	https://item.jd.com/11794447957.html
1118	Apple iPhone 5s智能 金色（移动联通4G）(16G ROM)	https://item.jd.com/16007583576.html
1358	【二手9成新】Apple iphone 6 Plus 6plus 二手 金色 64G 全网通	https://item.jd.com/12172464941.html
2709	Apple iPhone 6s Plus(A1699) 5.5英寸4G智能 玫瑰金 官方标配 32G	https://item.jd.com/40584780420.html
4768	【二手9成新】Apple iPhone X 全面屏 移动联通电信4G国行 深空灰色 64GB 全	https://item.jd.com/34767273586.html
1987	Apple 6s 128G 金 iPhone 6s 二手 二手 iPhone 二手	https://item.jd.com/4703560.html
4199	【二手95新】Apple iPhone8 Plus 深空灰色 全网通 8 Plus	https://item.jd.com/6453576.html
3199	【二手95新】Apple iPhone8 红色 64G 全网通 8	https://item.jd.com/100002731804.html

图 9-15　爬取结果

9.5　Scrapy 数据容器

Scrapy 中的 Item 是一种简单的容器，用来保存爬取到的数据，其使用方法和 Python 字典类似，虽然可以在 Scrapy 中直接使用 dict，但是 Item 提供了额外保护机制来避免拼写错误导致的未定义字段错误。一般来说，你所要保存的任何内容都需要使用 Item 来定义。

9.5.1　Item 和 Field

Scrapy 提供了 Item 和 Field 两个类，使用这两个类用户可以自定义数据类（如第一个例子中的城市信息），封装爬取到的数据：

- Item 基类：自定义数据类（如 QunarItem）的基类。
- Field 类：描述自定义数据类包含的字段，如 name、url 等。

创建 Scrapy 项目时，会自动生成一个 item.py 文件，里面自定义好了用户的数据类型，如 QunarItem 类，该类继承 scrapy.Item 基类，代码如下：

```
import scrapy
class QunarItem(scrapy.Item):
    # define the fields for your item here like:
    # name = scrapy.Field()
    pass
```

用户可以根据具体要爬取的数据信息定义需要的字段，以定义爬取的城市信息为例，它包含两个字段，分别是城市名称 name 和城市链接 url，修改该类如下：

```
import scrapy
class QunarItem(scrapy.Item):
    name = scrapy.Field()            #城市名称
    url = scrapy.Field()             #城市url
```

Item 支持字典接口,在使用上与字典类型类似。

(1)创建 Item 对象。

```
>>> city1 = QunarItem(name = '北京',url = 'http://bnb.qunar.com/city/beijing_city/')
>>> city1
{'name': '北京', 'url': 'http://bnb.qunar.com/city/beijing_city/'}
>>> city2 = QunarItem()
>>> city2
{}
>>> city2['name'] = '郑州'
>>> city2['url'] = 'http://bnb.qunar.com/city/zhengzhou/'
>>> city2
{'name': '郑州', 'url': 'http://bnb.qunar.com/city/zhengzhou/'}
```

(2)获取字段的值。

```
>>> city2['name']
'郑州'
>>> city2['url']
'http://bnb.qunar.com/city/zhengzhou/'
```

(3)获取所有字段名。

```
>>> city2.keys()
dict_keys(['name', 'url'])
```

(4)Item 的复制。

```
>>> city3 = QunarItem()
>>> city3 = city2.copy()
>>> city3
{'name': '郑州', 'url': 'http://bnb.qunar.com/city/zhengzhou/'}
```

9.5.2 Item 扩展

有时候,我们可能需要对原有自定义的数据类进行扩展,用来添加更多的字段。例如,在爬取城市信息(qunar)的项目中,添加一个酒店数量 hotel_num 字段:

```
>>> class newQunarItem(QunarItem):        #继承原有的 Item 类型
        hotel_num = scrapy.Field()        #酒店数量

>>> city = newQunarItem()
>>> city['name'] = '上海'
>>> city['url'] = 'http://bnb.qunar.com/city/shanghai_city/'
```

```
>>> city['hotel_num'] = 10904
>>> city
{'hotel_num': 10904,
 'name': '上海',
 'url': 'http://bnb.qunar.com/city/shanghai_city/'}
```

9.5.3 爬取"百度贴吧"信息

❶ 项目需求

以爬取"深度学习吧"中的帖子为例,爬取"百度贴吧"的发帖者、主题和回复数,如图 9-16 所示。当然换一个关键字就可以爬取其他"贴吧"的信息。

图 9-16 "百度贴吧"页面

❷ 分析页面

用 Chrome 浏览器的"开发者工具"可以看到,帖子在 class=" j_thread_list clearfix"的 li 标签中。遍历所有这样的 li 标签,可以得到当前页的所有帖子,帖子的标题在 li 标签下 class="threadlist_title pull_left j_th_tit"的 div>a 元素的文本中,如:

```
<div class="threadlist_title pull_left j_th_tit">
    <a rel="noreferrer" href="/p/3617695761" title="集成学习:机器学习兵器谱的"屠龙刀""
        target="_blank" class="j_th_tit">集成学习:机器学习兵器谱的"屠龙刀"</a>
</div>
```

发帖者信息在 class="threadlist_author pull_right"的 div 下,class="frs-author-name-wrap"的 span 下的 a 元素的文本,如:

```
<span class="frs-author-name-wrap"><a rel="noreferrer" data-field="{&quot;un&quot;:&quot;shajia2646&quot;,&quot;id&quot;:&quot;9c697368616a696132363436c900&quot;}" class="frs-author-name j_user_card" href="/home/main/?un=shajia2646&amp;ie=utf-8&amp;id=9c697368616a696132363436c900&amp;fr=frs" target="_blank">shajia2646</a></span>
```

帖子回复数在 class="col2_left j_threadlist_li_left" 的 div>span 的文本中,如:

```
<div class = "col2_left j_threadlist_li_left">
    <span class = "threadlist_rep_num center_text" title = "回复">0</span>
</div>
```

如何爬取下一页呢?观察发现,下一页的链接在 class="pagination-default clearfix" 的 div 下,倒数第二个 a 标签中的 href 属性中。

```
<a href = "//tieba.baidu.com/f?kw = % E6 % B7 % B1 % E5 % BA % A6 % E5 % AD % A6 % E4 % B9 % A0
&amp;ie = utf-8&amp;pn = 50" class = "next pagination-item">下一页 &gt;</a>
```

❸ 创建项目

在命令行使用 scrapy startproject 命令:

```
F:\gyx\python\例子> scrapy startproject tieba
New Scrapy project 'tieba', using template directory
'c:\users\o\appdata\local\programs\python\python36\lib\site-packages\scrapy\templates\
project', created in:
    F:\gyx\python\例子\tieba

You can start your first spider with:
    cd tieba
    scrapy genspider example example.com
```

❹ 定义数据类

在 items.py 中定义自己要抓取的数据结构:

```python
import scrapy
class TiebaItem(scrapy.Item):
    # 爬取内容:1.帖子标题;2.帖子作者;3.帖子回复数
    title = scrapy.Field()
    author = scrapy.Field()
    reply_num = scrapy.Field()
```

❺ 实现爬虫

在 spiders 文件夹下新建 mytieba.py 文件,也可以用 scrapy genspider 命令创建。

```python
# - * - coding: UTF-8 - * -
import scrapy
from tieba.items import TiebaItem

class MytiebaSpider(scrapy.Spider):
    name = 'mytieba'
    allowed_domains = ['baidu.com']
    page = 0
    keyword = "深度学习"
    url = "https://tieba.baidu.com/f?ie = utf-8&kw = % s"

    def start_requests(self):          yield scrapy.Request(self.url % (self.keyword),
callback = self.parse)

    def parse(self, response):
        for line in response.xpath('//li[@class = " j_thread_list clearfix"]'):
```

```
            # 初始化 item 对象保存爬取的信息
            item = TiebaItem()
            # 这部分是爬取部分,使用 XPath 的方式选择信息,具体方法根据网页结构而定
            item['title'] = line.xpath(
                './/div[contains(@class,"threadlist_title pull_left j_th_tit ")]/a/
                text()').extract()
            item['author'] = line.xpath(
                './/div[contains(@class,"threadlist_author pull_right")]//span[contains
                (@class,"frs-author-name-wrap")]/a/text()').extract()
            item['reply_num'] = line.xpath(
                './/div[contains(@class,"col2_left j_threadlist_li_left")]/span/text()').
                extract()
            yield item
        # 提取下一页链接
        next_url = response.xpath('//div[@class="pagination-default clearfix"]/
            a[last()-1]/@href').extract()
        next_url = "http:" + next_url[0]
        if next_url:
            yield scrapy.Request(next_url, callback = self.parse)
```

❻ **配置爬虫**

修改 settings.py 文件:

```
ROBOTSTXT_OBEY = False                      # 拒绝遵守 Robot 协议
FEED_EXPORT_ENCODING = 'GBK'                # 设置导出数据的编码方式为 GBK,以使中文正常显示
```

❼ **运行爬虫**

在命令行执行爬虫,并将爬取的数据存储到 deepL.csv 文件中:

```
F:\gyx\python\例子\tieba> scrapy crawl mytieba -o deepL.csv
```

打开 deepL.csv 文件,可以看到共爬取帖子 941 条,如图 9-17 所示。

图 9-17 "百度贴吧"爬取数据结果

9.6 Scrapy 常用命令行工具

Scrapy 提供了两种类型的命令。一种是必须在 Scrapy 项目中运行,是针对项目的命令;另外一种则不需要,属于全局命令。全局命令在项目中运行时的表现可能会与在非项目中的运行表现不完全一样。

9.6.1 全局命令

在非项目路径下,输入"scrapy",可以展示所有的全局命令,如下:

```
F:\gyx\python\例子> scrapy
Scrapy 1.6.0 - no active project
Usage:
  scrapy <command> [options] [args]
Available commands:
  bench         Run quick benchmark test
  fetch         Fetch a URL using the Scrapy downloader
  genspider     Generate new spider using pre-defined templates
  runspider     Run a self-contained spider (without creating a project)
  settings      Get settings values
  shell         Interactive scraping console
  startproject  Create new project
  version       Print Scrapy version
  view          Open URL in browser, as seen by Scrapy

  [ more ]      More commands available when run from project directory

Use "scrapy <command> -h" to see more info about a command
```

可以看到,最后提示用 scrapy <command> -h 可以查看命令的详细信息。

❶ bench

语法:scrapy bench

功能:用于运行 benchmark 测试,测试 Scrapy 在硬件上的效率。

```
scrapybench
```

❷ fetch

语法:scrapy fetch <url>

功能:使用 Scrapy 下载器(downloader)下载给定的 URL,并将获取到的内容送到标准输出。该命令以 Spider 下载页面的方式获取页面。如果是在项目中运行,fetch 将会使用项目中 Spider 的属性访问,如果在非项目中运行,则会使用默认 Scrapy downloader 设定。例如:

```
F:\gyx\python\例子> scrapy fetch --nolog "http://bnb.qunar.com/hotcity.jsp"
```

❸ genspider

语法：scrapy genspider [-t template] < name > < domain >

功能：在当前目录或项目目录中的 spiders 文件夹下创建一个爬虫，如果是在项目中创建，那么它的 name 将在项目中设置为 Spider 的 name，< domain >用来生成 Spider 中的 allowed_domains 和 start_urls 属性。下列具体参数中括号中的指令与前面的缩写指令等价：

- scrapy genspider -h (-help)：显示帮助。
- scrapy genspider -l (-list)：显示可用的模板(templates)，有 basic、crawl、csvfeed、xmlfeed 四种，默认是 basic，最简单的一种。
- scrapy genspider -e (-edit)：创建后编辑，前提是设置好编辑器，以后设置中会介绍。
- scrapy genspider -d (-dump＝TEMPLATE)：该命令不会创建一个爬虫，而是在命令行中展示它的模板代码，也就是预览。
- scrapy genspider -t (-template＝TEMPLATE)：生成一个对应模板的爬虫。
- scrapy genspider-force：如果指定的 Spider 已经存在，那么就用指定的模板覆盖它，默认是 basic 模板。

```
F:\gyx\python\例子> scrapy genspider -l
Available templates:
  basic
  crawl
  csvfeed
  xmlfeed
F:\gyx\python\例子> cd qunar
F:\gyx\python\例子\qunar > scrapy genspider city http://bnb.qunar.com
Created spider 'city' using template 'basic' in module:
  qunar1.spiders.city
```

上面的命令中，city 是 Spider 的名字，http://bnb.qunar.com 是允许的域名。执行该命令后，可在项目的 spiders 文件夹下自动生成基于默认 basic 模板的爬虫文件 city.py，内容如下：

```
import scrapy
class CitySpider(scrapy.Spider):
    name = 'city'
    allowed_domains = ['http://bnb.qunar.com']
    start_urls = ['http://http://bnb.qunar.com/']
    def parse(self, response):
        pass
```

❹ runspider

语法：scrapy runspider < spider_file.py >

功能：在未创建项目的情况下，运行一个编写在 Python 文件中的 Spider。

```
F:\gyx\python\例子> scrapy runspider test.py
```

❺ settings

语法：scrapy settings [option]

功能：获取 Scrapy 的设定。在项目中运行时，该命令将会输出项目的设定值，否则输出 Scrapy 默认设定。例如：

```
F:\gyx\python\例子> scrapy settings -- get BOT_NAME
scrapybot
F:\gyx\python\例子> cd qunar
F:\gyx\python\例子\qunar> scrapy settings -- get BOT_NAME
qunar
```

❻ shell

语法：scrapy shell [url]

功能：以给定的 URL（如果给出）或者空（没有给出 URL）启动 Scrapy shell。查看 Scrapy 终端（Scrapy shell）获取更多信息。

```
scrapy shell
```

❼ startproject

语法：scrapy startproject project_name [project_dir]

功能：将在指定目录或默认当前目录下创建一个指定名称的项目。例如下面命令会在 F:\gyx 目录下创建一个 Scrapy 项目，项目名称为 MyScrapy。

```
F:\gyx\python\例子> scrapy startproject MyScrapy F:\gyx
New Scrapy project 'MyScrapy', using template directory
'c:\users\o\appdata\local\programs\python\python36\lib\site-packages\scrapy\templates\
project', created in:
    F:\gyx
You can start your first spider with:
    cd F:\gyx
    scrapy genspider example example.com
```

❽ version

语法：scrapy version [-v]

功能：输出 Scrapy 版本。配合 -v 运行时，该命令同时输出 Python、Twisted 以及平台的信息，方便 bug 提交。例如：

```
F:\gyx\python\例子> scrapy version -v
Scrapy       : 1.6.0
lxml         : 4.3.0.0
libxml2      : 2.9.5
cssselect    : 1.0.3
parsel       : 1.5.1
w3lib        : 1.20.0
Twisted      : 18.9.0
Python       : 3.6.4 (v3.6.4:d48eceb, Dec 19 2017, 06:54:40) [MSC v.1900 64 bit (AMD64)]
pyOpenSSL    : 19.0.0 (OpenSSL 1.1.1a  20 Nov 2018)
cryptography : 2.5
Platform     : Windows-7-6.1.7601-SP1
```

❾ view

语法：scrapy view < url >

功能：在浏览器中打开给定的 URL，并以 Scrapy Spider 获取到的形式展现。有时 Spider 获取到的页面和普通用户看到的并不相同。因此该命令可以用来检查 Spider 所获取到的页面，并确认是否是期望的。例如下面命令可以打开"去哪儿"网站的城市列表页面。

```
F:\gyx\python\例子> scrapy view  "http://bnb.qunar.com/hotcity.jsp"
```

9.6.2　项目命令

在项目路径下，输入"scrapy"，可以展示所有的项目命令，如下：

```
F:\gyx\python\例子\qunar> scrapy
Scrapy 1.6.0 - project: qunar
Usage:
  scrapy <command> [options] [args]
Available commands:
  bench         Run quick benchmark test
  check         Check spider contracts
  crawl         Run a spider
  edit          Edit spider
  fetch         Fetch a URL using the Scrapy downloader
  genspider     Generate new spider using pre-defined templates
  list          List available spiders
  parse         Parse URL (using its spider) and print the results
  runspider     Run a self-contained spider (without creating a project)
  settings      Get settings values
  shell         Interactive scraping console
  startproject  Create new project
  version       Print Scrapy version
  view          Open URL in browser, as seen by Scrapy

Use "scrapy <command> -h" to see more info about a command
```

上面的项目命令中，在全局命令中已经出现过的这里不再介绍，仅介绍只能用在项目中执行的命令。

❶ check

语法：scrapy check [-l] < spider >

功能：运行检查，即检查 Spider 是否有代码错误。

- scrapy check：检查所有的 Spider，后边跟上 Spider 名字会针对某个 Spider 检查。
- scrapy check -l (-list)：只列出 contracts，但是不检查。
- scrapy check -v (-verbose)：打印出所有 Spider 的 contracts 测试结果，相当于 scrapy check。

```
F:\gyx\python\例子\qunar> scrapy check
----------------------------------------------------------------------
Ran 0 contracts in 0.000s
OK
```

❷ **crawl**

语法：scrapy crawl < spider >

功能：执行爬虫。

- scrapy crawl -a NAME＝VALUE：设置爬虫的参数（可能会重复）。
- scrapy crawl --output＝FILE（-o FILE）：将爬下来的 Item 存储到指定文件。
- scrapy crawl --output-format＝FORMAT（-t FORMAT）：按格式存储 Item 到指定文件，常见的有 FILE.json、FILE.csv 格式等。

```
F:\gyx\python\例子\qunar > scrapy crawl city
F:\gyx\python\例子\qunar > scrapy crawl city - o city.csv
F:\gyx\python\例子\qunar > scrapy crawl city - t csv - o city.csv
```

❸ **edit**

语法：scrapy edit < spider >

功能：使用设定的编辑器编辑给定的 Spider。该命令仅仅是提供一个快捷方式。开发者可以自由选择其他工具或者 IDE 来编写调试 Spider。

❹ **list**

语法：scrapy list

功能：列出当前项目中所有可用的 Spider，每行输出一个 Spider。

```
F:\gyx\python\例子\qunar > scrapy list
city
```

❺ **parse**

语法：scrapy parse < url >［options］

功能：获取给定的 URL 并使用相应的 Spider 分析处理。如果提供--callback 选项，则使用 Spider 中的解析方法处理，支持的选项：

- --spider＝SPIDER：跳过自动检测 Spider 并强制使用特定的 Spider。
- -a NAME＝VALUE：设置 Spider 的参数（可能被重复）。
- --callback＝CALLBACK or -c CALLBACK：Spider 中用于解析返回（Response）的回调函数。
- --pipelines：在 Pipeline 中处理 Item。
- --rules or -r：使用 CrawlSpider 规则来发现用于解析返回（Response）的回调函数。
- --noitems：不显示爬取到的 Item。
- --nolinks：不显示提取到的链接。
- --nocolour：避免使用 pygments 对输出着色。
- --depth or -d：指定跟进链接请求的层次数（默认：1）。
- --verbose or -v：显示每个请求的详细信息。

例如：

```
F:\gyx\python\例子\qunar > scrapy parse -- spider = city "http://bnb.qunar.com/hotcity.jsp"
2019 - 03 - 14 20:54:24 [scrapy.utils.log] INFO: Scrapy 1.6.0 started (bot: qunar)
```

```
2019-03-14 20:54:24 [scrapy.utils.log] INFO: Versions: lxml 4.3.0.0, libxml2 2.9.5,
cssselect 1.0.3, parsel 1.5.1, w3lib 1.20.0, Twisted 18.9.0, Python 3.6.4 (v3.6.4:d48eceb,
Dec 19 2017, 06:54:40) [MSC v.1900 64 bit (AMD64)], pyOpenSSL 19.0.0 (OpenSSL 1.1.1a 20 Nov
2018), cryptography 2.5, Platform Windows-7-6.1.7601-SP1
2019-03-14 20:54:24 [scrapy.crawler] INFO: Overridden settings: {'BOT_NAME': 'qunar', 'FEED
_EXPORT_ENCODING': 'GBK', 'NEWSPIDER_MO
DULE': 'qunar.spiders', 'SPIDER_MODULES': ['qunar.spiders']}
2019-03-14 20:54:24 [scrapy.extensions.telnet] INFO: Telnet Password: 46064c1b2017a77b
2019-03-14 20:54:24 [scrapy.middleware] INFO: Enabled item pipelines:[]
2019-03-14 20:54:24 [scrapy.core.engine] INFO: Spider opened
2019-03-14 20:54:25 [scrapy.core.engine] INFO: Closing spider (finished)
2019-03-14 20:54:25 [scrapy.statscollectors] INFO: Dumping Scrapy stats:
{'downloader/request_bytes': 223,
 'downloader/request_count': 1,
 'downloader/request_method_count/GET': 1,
 'downloader/response_bytes': 89820,
 'downloader/response_count': 1,
 'downloader/response_status_count/200': 1,
 'finish_reason': 'finished',
 'finish_time': datetime.datetime(2019, 3, 14, 12, 54, 25, 176779),
 'log_count/DEBUG': 1,
 'start_time': datetime.datetime(2019, 3, 14, 12, 54, 24, 755755)}
2019-03-14 20:54:25 [scrapy.core.engine] INFO: Spider closed (finished)

>>> STATUS DEPTH LEVEL 1 <<<
# Scraped Items  ------------------------------------------
[{'name': ['阿坝'],
  'url': ['http://bnb.qunar.com/city/aba/#fromDate=2019-03-16&toDate=2019-03-19
&from=kezhan_allCity']},
 {'name': ['巴亭郡'],
  'url': ['http://bnb.qunar.com/city/ba_dinh_district/#fromDate=2019-03-16&toDate=
2019-03-19
&from=kezhan_allCity']},
…..<省略中间部分>…
# Requests  ------------------------------------------
```

9.7 Scrapy 数据处理

视频讲解

当 Spider 爬取获得 Item 之后,会被送到 Item Pipeline,在 Scrapy 中,Item Pipeline 是处理数据的组件,它们接收 Item 参数并对其进行处理。

Item Pipeline 的典型用法有:

- 清理脏数据。
- 验证数据的有效性。
- 去重。
- 将 Item 保存至数据库,即持久化存储。

9.7.1 实现 Item Pipeline

Item Pipeline 的定义位于 pielines.py 中,实现一个 Item Pipeline 无须继承指定基类,只要实现以下方法。

(1) process_item(self, item, spider):必须实现的方法,当 Spider 返回数据(yield)时都会调用。该方法用来处理每一项由 Spider 爬取到的数据,其中的两个参数:
- item:爬取到的一项数据(Item 或字典)。
- spider:爬取此数据的 Spider 对象。

如果该方法返回一个 dict 或 Item,那么返回的数据将会传递给下一个 Pipeline(如果有的话)继续处理。

如果该方法抛出一个 DropItem 异常,那么该 Item 将会被抛弃,不再传递给后面的 Pipeline 继续处理,也不会被导出。通常检测到无效数据或想要过滤数据时抛出 DropItem 异常。

除了必须实现的 process_item 方法外,还有 3 个比较常用的方法,可根据需要选择实现。

(2) open_spider(self, spider):在 Spider 打开时(数据爬取前)调用该方法,该方法通常用于数据爬取前的某些初始化工作,如打开数据库连接。

(3) close_spider(self, spider):在 Spider 关闭时(数据爬取后)调用该方法,该方法通常用于数据爬取后的某些清理工作,如关闭数据库连接。

(4) from_crawler(cls, crawler):创建 Item Pipeline 对象时调用该方法,其返回一个 Item Pipeline 对象。通常,在该方法中通过 crawler.settings 获取项目的配置文件,根据配置生成 Item Pipeline 对象。

9.7.2 Item Pipeline 举例

扩展前面的例子,将从"去哪儿"网站上爬取的城市信息存入 MySQL 数据库。

在 MySQL 中创建数据库和表,创建数据库的时候加上 DEFAULT CHARACTER SET utf8 COLLATE utf8_general_ci,以防出现乱码:

```
create database scrapy DEFAULT CHARACTER SET utf8 COLLATE utf8_general_ci;
use scrapy;
CREATE TABLE city (
    name VARCHAR(100) NOT NULL,       #城市名字
    url VARCHAR(150)                  #城市链接
);
```

创建 Scrapy 项目时,会自动创建一个 pipelines.py 文件,里面是 Item Pipeline 类,本例中为 QunarPipeline 类,下面修改 pipelines.py 文件,实现将爬取到的数据(Item)存储到 MySQL 数据库 scrapy 的 city 表中。

```
#-*- coding: UTF-8 -*-
import pymysql
class QunarPipeline(object):
    host = 'localhost'
    port = 3306
    db = 'scrapy'
    user = 'root'
    passwd = '123'
    charset = 'utf8'
    cursorclass = pymysql.cursors.DictCursor
def open_spider(self, spider):
    # 连接 MySQL 数据库
    self.connection = pymysql.connect(host = self.host, port = self.port, user = self.user,
                          password = self.passwd, db = self.db,
                          charset = self.charset, cursorclass = self.cursorclass)
    # 通过 cursor 创建游标
    self.cursor = self.connection.cursor()

def close_spider(self, spider):
    self.connection.close()
def process_item(self, item, spider):
    # 插入数据
    self.cursor.execute("insert into city values( % s, % s)", (item['name'], item['url']))
    # 提交 SQL 语句
    self.connection.commit()
    return item
```

在 open_spider 方法中首先连接数据库，获取 cursor 以便之后对数据进行增、删、查、改，之后重载方法 process_item(self，item，spider)，在其中通过 cursor 编写 SQL 语句，执行数据的插入操作，然后使用 self.connection.commit()提交 SQL 语句。在 close_spider 方法中关闭数据库连接。

9.7.3 启用 Item Pipeline

在 Scrapy 中，Item Pipeline 是可选组件，需要启用某个或某些 Item Pipeline。在配置文件 settings.py 中进行配置：

```
ITEM_PIPELINES = {
    'qunar.pipelines.QunarPipeline': 300,
}
```

ITEM_PIPELINES 是一个字典文件，我们把想要启用的 Item Pipeline 添加到这个字典中，其中每项的键为要打开的 Item Pipeline 类，值是一个 0～1000 的数字，表示优先级，同时启用多个 Item Pipeline 时，Scrapy 根据这些数值大小决定各 Item Pipeline 处理数据的先后次序，数值越小，优先级越高。

最后执行爬虫：

```
scrapy crawl city
```

打开数据库,查看结果,如图 9-18 所示。

图 9-18 数据库中结果

执行 SQL 查询 select count(*) from city,可以看到一共有 4545 条记录。

9.8 爬取文件和图片

除了爬取文本,爬取网站中的文件和图片也是爬虫很常见的应用需求。Scrapy 框架提供了两个特殊的 Item Pipeline,专门用于下载文件和图片,分别是 FilesPipeline 和 ImagesPipeline。

这两个 Item Pipeline 可以看作是特殊的下载器,使用时只需要通过 Item 的一个特殊字段将要下载的文件或图片的 URL 传递给它们,将会自动将文件或图片下载到本地,并将下载结果存入 Item 的另一个特殊字段。FilesPipeline 和 ImagesPipeline 参数名称和配置见表 9-3 所示。

表 9-3 FilesPipeline 和 ImagesPipeline 参数和配置

参 数	FilesPipeline	ImagesPipeline
导入路径	scrapy.pipelines.files.FilesPipeline	scrapy.pipelines.images.ImagesPipeline
Item 字段	file_urls,files	image_urls,images
存储路径	FILES_STROE	IMAGES_STORE

9.8.1 FilesPipeline

使用 FilesPipeline 可以按照如下步骤进行:
(1) 在配置文件 settings.py 中启用 FilesPipeline。

视频讲解

```
ITEM_PIPELINES = {
    'scrapy.pipelines.files.FilesPipeline':1,
}
```

(2) 在配置文件 settings.py 中使用 FILES_STORE 指定文件存储路径。

```
FILES_STORE = 'examples_src'
```

(3) 实现 ExampleItem(可选)，在 items.py 中定义 file_urls 和 files 两个字段。

```
class ExampleItem(scrapy.Item):
    file_urls = scrapy.Field()
    files = scrapy.Field()
```

(4) 实现 Spider，设置起始爬取点。parse 方法将提取文件的下载 URL 并返回，一般情况下是把这些 URL 赋值给 ExampleItem 的 file_urls。

当 FilesPipeline 下载完 item['file_urls']中的所有文件后，会将各文件的下载结果信息收集到另一个列表，赋值给 item 的 files 字段 item['files']，该字段包含如下内容：

- url：文件的 URL 地址。
- path：文件下载到本地的路径(相对于 FILES_STORE 的相对路径)。
- checksum：文件的校验和。

9.8.2 FilesPipeline 实例

❶ 项目需求

爬取 matplotlib 网站 https://matplotlib.org/examples/index.html 上的例子源码文件，如图 9-19 所示。

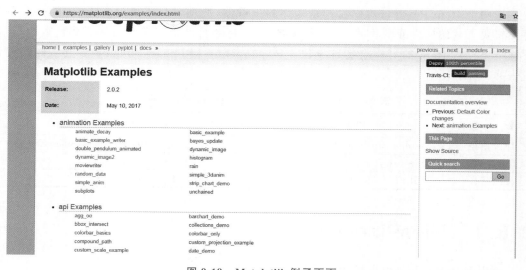

图 9-19 Matplotlib 例子页面

❷ 页面分析

用 Chrome 浏览器的"开发者工具"分析,可以直接右击相应的标签,依次选择"Copy""Copy XPath",可以复制相应的 XPath 表达式。如:animation 例子的 XPath 为://*[@id="matplotlib-examples"]/div/ul/li[1]。

❸ 代码实现

创建项目 matplotlib_example,生成爬虫模板:

```
scrapy startproject matplotlib_example
cd matplotlib_example
scrapy genspider examples matplotlib.org
```

在配置文件 settings.py 和 items.py 中的实现在 9.10.1 节中已经说明,这里不再赘述。直接看实现 Spider 的具体过程,代码如下:

```
# -*- coding: UTF-8 -*-
import scrapy
from matplotlib_example.items import ExampleItem
class ExamplesSpider(scrapy.Spider):
    name = 'examples'
    allowed_domains = ['matplotlib.org']
    start_urls = ['http://matplotlib.org/examples/index.html']

    def parse(self, response):
        for line in response.xpath('//*[@id="matplotlib-examples"]/div/ul/li'):
            for example in line.xpath('.//ul/li'):
                url = example.xpath('.//a/@href').extract_first()
                url = response.urljoin(url)
                print(url)
                yield scrapy.Request(url, callback=self.parse_example)

    def parse_example(self, response):
        href = response.xpath('//div[@class="section"]/p/a/@href').extract_first()
        url = response.urljoin(href)
        example = ExampleItem()
        example['file_urls'] = [url]
        return example
```

❹ 运行爬虫

```
F:\gyx\python\例子\matplotlib_example> scrapy crawl examples -o example.json
```

可以看到在项目文件夹下多了一个 example.json 文件,文件内容如图 9-20 所示。每项主要包含每个文件的 files_urls 和 files 信息,如图 9-21 所示。

在设置的存储文件的路径 examples_src 下,自动生成了一个文件夹 full,该文件夹下是下载的 506 个 Python 源文件,如图 9-22 所示。

图 9-20 example.json 文件内容

```
{'file_urls': ['https://matplotlib.org/mpl examples/api/sankey demo rankine.py'],
 'files': [{'checksum': '148d107d3b289291dc9b155dbd58f86b',
            'path': 'full/f06f2da251dba6896900f07379a4ef18ef8758eb.py',
            'url': 'https://matplotlib.org/mpl examples/api/sankey demo rankine.py'}]}
```

图 9-21 example.json 文件每一项内容

图 9-22 下载的文件

9.8.3 ImagesPipeline

视频讲解

图片也是文件,所以下载图片本质上就是下载文件,ImagesPipeline 是 FilesPipeline 的子类,ImagesPipeline 在 FilesPipeline 基础上增加了一些特有的功能。

❶ 生成图片缩略图

在配置文件 settings.py 中设置 IMAGES_THUMBS，它是一个字典，每项的值是缩略图的尺寸，如：

```
IMAGES_THUMBS = {
    'small': (50, 50),
    'big': (300, 300),
}
```

开启这个功能后，下载一张图片时，本地会出现 3 张图片，1 张原图片和 2 张缩略图。路径在[IMAGES_STORE]/full/下。

❷ 检查图片的宽度和高度

在配置文件 settings.py 中设置 IMAGES_MIN_HEIGHT 和 IMAGES_MIN_WIDTH，它们分别指定图片的最小宽度和高度，过滤掉尺寸小的图片。

```
IMAGES_MIN_WIDTH = 120                  #最小宽度
IMAGES_MIN_HEIGHT = 120                 #最小高度
```

开启这个功能后，如果下载的图片尺寸为 100×200，该图片就会被抛弃，因为它的宽度不符合标准。同样地，当高度不符合时也会被抛弃。

9.8.4 爬取百度图片

❶ 项目需求

百度图片是一个知名的图片搜索网站，在浏览器中打开 https://image.baidu.com，页面如图 9-23 所示。

图 9-23 百度图片

我们输入"流浪地球海报"进行搜索,可以看到大量有关电影《流浪地球》的海报,页面如图 9-24 所示。我们的任务是编写爬虫,爬取这些图片。

图 9-24 《流浪地球》海报

❷ 页面分析

用 Chrome 浏览器打开百度图片,输入"流浪地球海报",按 F12 键或右击"检查",打开"开发者工具",单击"Network"可以查看页面向服务器请求的资源信息。百度图片的网页是动态的,采用的是 Ajax+JSON 机制,单独一次访问返回的 HTML 只是一个空壳,如图 9-25 所示,需要的图片信息并不在其中,它是通过运行 JavaScript,把图片数据插入网页的 HTML 标签中,所以我们在开发者工具中虽然能看到这个 HTML 标签,但是网页的原始数据其实没有这个标签,它只在运行时加载和渲染。真实的图片信息被打包放在 JSON 文件当中,所以真正要解析的是 JSON 文件。

图 9-25 页面向服务器请求的返回信息

在图 9-25 所示页面的"Network"下选中 XHR 进行筛选，然后用鼠标下滑网页，以刷出更多的图片，我们看到增加了几个以 acjson? 开头的 ajax 请求，如图 9-26 所示。

图 9-26　ajax 请求

单击第一个请求，在右边页面选择"Response"，可以看到返回的是 JSON 串，如图 9-27 所示。

图 9-27　返回的 JSON 文件

选择"Headers"可以看到请求服务器返回 JSON 文件的真正的请求 URL，如图 9-28 所示，

图 9-28　请求 URL

第一个 URL：

https://image.baidu.com/search/acjson?tn = resultjson_com&ipn = rj&ct = 201326592&is = &fp = result&queryWord = %E6%B5%81%E6%B5%AA%E5%9C%B0%E7%90%83%E6%B5%B7%E6%8A%A5&cl = 2&lm = −1&ie = utf-8&oe = utf-8&adpicid = &st = −1&z = &ic = 0&hd = &latest = &copyright = &word = %E6%B5%81%E6%B5%AA%E5%9C%B0%E7%90%83%E6%B5%B7%E6%8A%A5&s = &se = &tab = &width = &height = &face = 0&istype = 2&qc = &nc = 1&fr = &expermode = &force = &pn = 30&rn = 30&gsm = 1e&1550296888722 =

第二个 URL：

https://image.baidu.com/search/acjson?tn = resultjson_com&ipn = rj&ct = 201326592&is = &fp = result&queryWord = ％E6％B5％81％E6％B5％AA％E5％9C％B0％E7％90％83％E6％B5％B7％E6％8A％A5&cl = 2&lm = - 1&ie = utf-8&oe = utf-8&adpicid = &st = - 1&z = &ic = 0&hd = &latest = &copyright = &word = ％E6％B5％81％E6％B5％AA％E5％9C％B0％E7％90％83％E6％B5％B7％E6％8A％A5&s = &se = &tab = &width = &height = &face = 0&istype = 2&qc = &nc = 1&fr = &expermode = &force = &pn = 60&rn = 30&gsm = 3c&1550296888902 =

经过观察，发现只有 pn 和 gsm 的值发生了改变，并且可以总结出这些 URL 的规律：
- pn 参数：从第几张图片开始加载，即本部分第一张图片在服务器端的序号。
- rn 参数：每页显示的图片数量。
- gsm 参数：pn 参数的 16 位显示。
- queryWord、word：输入的检索关键字。
- 最后的 13 位数字是时间戳，我们在设置请求的 URL 时可以不用写进去。

在图 9-28 中单击"Preview"，可以看到详细的 JSON 内容，如图 9-29 所示。data 下就是我们要的具体的图片信息。如单击 data 下的第一个，我们看到这里面有 30 条数据，每条都对应一张图片，如图 9-29 所示。

图 9-29　JSON 数据

在图 9-30 中，可以看到图片的名称、URL 等基本信息。

❸ 编码实现

（1）创建 Scrapy 项目 baidu_pic，并创建爬虫模板：

```
scrapy startproject baidu_pic
cd baidu_pic
scrapy genspider baidu image.baidu.com
```

如图 9-31 所示，其中 images 为创建的用于存放图片的文件夹。

（2）实现 BaiduPicItem。

在 items.py 中定义图片标题和图片 URL 两个字段，代码如下：

图 9-30 某张图片的 JSON 信息

图 9-31 百度图片爬虫文件结构

```
class BaiduPicItem(scrapy.Item):
    pic_name = scrapy.Field()                    #图片标题
    pic_url = scrapy.Field()                     #图片 URL
```

(3) 设置起始爬取点。

Spider 需要指明从某个或某些页面开始爬取，可以通过类属性 start_urls 或 start_requests 方法设置爬取点。这里我们假如要爬取百度图片的前 10 页内容，需要向服务器发 10 次请求，这里采用 start_requests 方法来定义起始爬取点。

```
def start_requests(self):
    search_word = '流浪地球海报'
    base_url = 'https://image.baidu.com/search/acjson?tn = resultjson_com&ipn = rj&ct = 201326592&\
            is = &fp = result&queryWord = {0}&cl = 2&lm = - 1&ie = utf-8&oe = utf-8&adpicid = &st = - 1\
            ic = 0&hd = &latest = &copyright = &word = {0}&s = &se = &tab = &width = &height = &face = 0\
            &istype = 2&qc = &nc = 1&fr = &expermode = &force = &pn = {1}&rn = 30&gsm = {2}'
```

```
        page_count = 30
        for i in range(10):            # 发送 10 次请求
            index = i * page_count    # 获取每次请求的起始图片序号
            baidu_pic_url = base_url.format(search_word, index, hex(index)[2:])  # 构造请求的 URL
            yield Request(baidu_pic_url, callback=self.parse)
```

(4) 实现页面解析函数。

parse 方法是百度图片的页面解析函数，是实现 Spider 中最核心的部分，需要将返回的数据封装后提交给 Scrapy 引擎。

```
    def parse(self, response):
        item = BaiduPicItem()                                    # 实例化 item
        response_dict = json.loads(response.text)                # 将 JSON 数据解码为 Python 数据类型
        image_data = response_dict['data']                       # 获取 data 数据，即 30 张图片的详细信息
        for pic in image_data:
            if pic:
                item['pic_url'] = [pic['middleURL']]             # 图片 URL
                item['pic_name'] = pic['fromPageTitleEnc']       # 图片名
                yield item
```

(5) 实现 BaiduPicPipeline。

```
class BaiduPicPipeline(object):
    def process_item(self, item, spider):
        return item
```

其实这就是项目生成时的 Pipeline，不用做修改，因为这个 Pipeline 是 FilesPipeline，但是我们要处理并下载图片用的是 Scrapy 的 ImagesPipeline，所以在 setting 中直接启用 Scrapy 框架中默认的 ImagesPipeline，而并没有启用用户定义的这个 FilesPipeline。

(6) 配置 settings.py。

在配置文件中启用 ImagesPipeline，并指定图片下载目录，settings.py 的代码如下：

```
BOT_NAME = 'baidu_pic'                                          # 项目名字，自动生成
SPIDER_MODULES = ['baidu_pic.spiders']                          # 自动生成
NEWSPIDER_MODULE = 'baidu_pic.spiders'                          # 自动生成
# 配置 pipeline,设定需要进行处理的图片路径
# 指定下载 Image 的网址在 item 的 pic_url 中
IMAGES_URLS_FIELD = "pic_url"
# 设置图片下载后的存储路径,放到工程目录下 images 文件夹
project_dir = os.path.abspath(os.path.dirname(__file__))        # 获取当前目录绝对路径
IMAGES_STORE = os.path.join(project_dir, 'images')              # 获取 Images 存储路径
# Obey robots.txt rules
ROBOTSTXT_OBEY = False            # 拒绝遵守 Robot 协议
FEED_EXPORT_ENCODING = 'GBK'      # 设置导出数据的编码方式为 GBK,以使中文正常显示
ITEM_PIPELINES = {                # 配置 ITEM_PIPELINES 为 Scrapy 框架的 ImagesPipeline
'scrapy.pipelines.images.ImagesPipeline': 1,
}
```

（7）运行爬虫。

```
scrapy crawl baidu - o baidupic.csv
```

在 images 文件夹下，看到多了一个 full 文件夹，里面是所有爬取的图片，如图 9-32 所示。

图 9-32　爬取的图片文件

输出文件 baidupic.csv 的内容如图 9-33 所示，每行代表一张图片，包含 pic_name 和 pic_url 两项内容。

图 9-33　百度图片爬虫的输出文件

9.9　Scrapy 模拟登录

视频讲解

大部分网站都有用户登录功能，而某些网站只有在用户登录后才能获得有价值的信息，爬取这类网站时，Scrapy 需要先模拟用户登录，再爬取内容。

网站登录的核心是向服务器发送含有登录表单数据的 HTTP 请求，通常是 POST 请求。服务器根据保存在客户端（浏览器）的 Cookie 信息（其中包含标识用户身份的 session 信息），识别出发送请求的用户，决定响应怎样的页面。

Scrapy 提供了一个 FormRequest 类，是 Request 的子类，专门用于构造含有表单的数据请求，FormRequest 的构造器有一个 formdata 参数，接收字典形式的表单数据。下面主要介绍使用 FormRequest 模拟登录。

9.9.1 模拟登录分析

以登录 http://example.webscraping.com 为例，介绍模拟登录后爬取用户个人信息的方法，如图 9-34 所示。

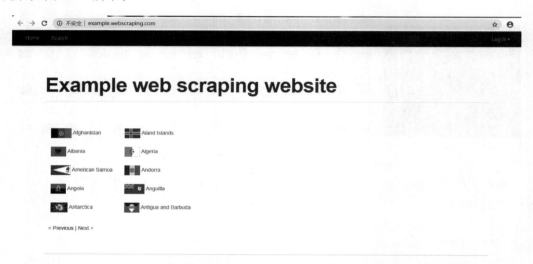

图 9-34　http://example.webscraping.com 首页

用 Chrome 浏览器登录页面 http://example.webscraping.com/places/default/user/login，输入账号和密码，打开"开发者工具"，单击 Login 按钮后浏览器发送的 HTTP 请求如图 9-35 所示。

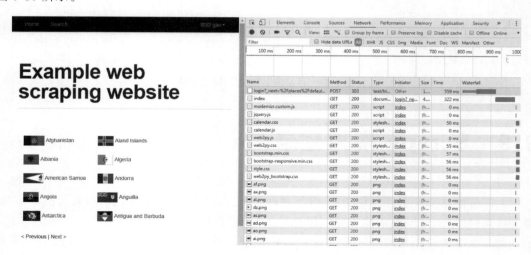

图 9-35　登录 HTTP 请求

从图 9-35 中可以看出，捕获了很多 HTTP 请求，其中第一个就是发送登录表单数据的 POST 请求，查看该请求，可以找到表单数据，如图 9-36 所示。

该HTTP的响应信息,如图9-37所示。响应头部中的Set-Cookie字段就是网站服务器保存在浏览器(客户端)的Cookie信息,其中包含标识用户身份的session信息,之后对该网站发送的其他HTTP请求都会带上这个session信息。从图中可以看到,响应的状态码为303,表示页面重定向,浏览器会读取响应头部中的Location字段(本例中为/places/default/index)描述的路径,再次发送一个GET请求,如图9-38所示,为这个GET请求的信息。

图 9-36 表单数据

图 9-37 响应信息

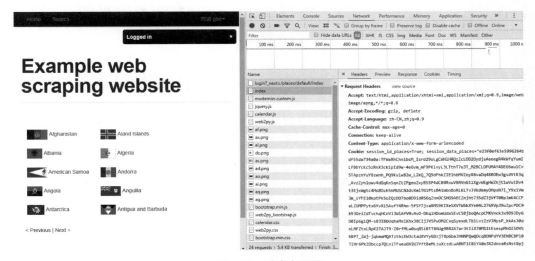

图 9-38 重定向页面

237

观察请求头部的Cookie字段,可以发现,它携带了之前POST请求获取的Cookie信息。最终浏览器用该请求响应的HTML文档刷新了页面,在页面右上角显示"欢迎gao"表示登录成功。

我们的任务是首先模拟登录,登录成功后爬取用户的个人信息,如图9-39所示,爬取用户的FirstName、LastName和Email信息。

图 9-39 用户个人信息页面

9.9.2 代码实现

```
# -*- coding: UTF-8 -*-
import scrapy
from scrapy import FormRequest

class LoginSpider(scrapy.Spider):
    name = "login"
    allowed_domains = ["example.webscraping.com"]
    start_urls = ['http://example.webscraping.com/places/default/user/profile']
    login_url = 'http://example.webscraping.com/places/default/user/login'

    def parse(self, response):
        firstname = response.xpath('//*[@id="auth_user_first_name__row"]/td[2]/text()').extract()
        lastname = response.xpath('//*[@id="auth_user_last_name__row"]/td[2]/text()').extract()
        email = response.xpath('//*[@id="auth_user_email__row"]/td[2]/text()').extract()
        yield {
            'firstName': firstname[0],
            'lastName': lastname[0],
            'email': email[0]
        }

    def start_requests(self):
        yield scrapy.Request(self.login_url, callback=self.login)
```

```
    def login(self,response):
        formdata = { 'email': 'gyxlsn@126.com', 'password': 'gyx111111'}
        yield FormRequest.from_response(response, formdata = formdata, callback = self.parse_login)

    def parse_login(self, response):
        if 'Welcome gao' in response.text:
            yield from super().start_requests()
```

说明:

(1) start_requests 方法:覆写基类的 start_requests 方法,最先请求登录页面,定义爬取的起始点。

(2) login 方法:登录页面的解析函数,在该方法中构造表单请求并提交,进行模拟登录。

(3) parse_login 方法:表单请求的响应处理函数,在该方法中判断是否登录成功,如果成功,调用基类的 start_requests 方法,继续爬取类属性 start_urls 中的页面。

(4) parse 方法:登录成功后个人信息页面的解析函数,获取 FirstName、LastName 和 Email 信息。

运行爬虫,部分运行结果如下,可以看到方框内为爬取的个人信息。

```
2019 - 03 - 21 16:44:15 [scrapy.core.engine] INFO: Spider opened
2019 - 03 - 21 16:44:15 [scrapy.extensions.logstats] INFO: Crawled 0 pages (at 0 pages/min), scraped 0 items (at 0 items/min)
2019 - 03 - 21 16:44:15 [scrapy.extensions.telnet] INFO: Telnet console listening on 127.0.0.1:6023
2019 - 03 - 21 16:44:16 [scrapy.core.engine] DEBUG: Crawled (200) < GET http://example.webscraping.com/places/default/user/login > (referer: None)
2019 - 03 - 21 16:44:16 [scrapy.downloadermiddlewares.redirect] DEBUG: Redirecting (303) to < GET http://example.webscraping.com/places
/default/index > from < POST http://example.webscraping.com/places/default/user/login >
2019 - 03 - 21 16:44:17 [scrapy.core.engine] DEBUG: Crawled (200) < GET http://example.webscraping.com/places/default/index > (referer:
http://example.webscraping.com/places/default/user/login)
2019 - 03 - 21 16:44:17 [scrapy.core.engine] DEBUG: Crawled (200) < GET http://example.webscraping.com/places/default/user/profile > (referer:
http://example.webscraping.com/places/default/index)
2019 - 03 - 21 16:44:17 [scrapy.core.scraper] DEBUG: Scraped from < 200 http://example.webscraping.com/places/default/user/profile >
{'firstName': 'gao', 'lastName': 'yanx', 'email': 'gyxlsn@126.com'}
2019 - 03 - 21 16:44:17 [scrapy.core.engine] INFO: Closing spider (finished)
```

第三篇

游 戏 开 发

第 10 章 益智游戏——连连看游戏

视频讲解

10.1 连连看游戏介绍

"连连看"源自桌面小游戏,曾经风靡一时,吸引了众多程序员开发出多种版本的"连连看"。"连连看"考验的是玩家的眼力,在有限的时间内只要把所有能连接的相同图案两个一对地找出来,每找出一对,它们就会自动消失,把所有的图案全部消除完即可获得胜利。所谓能够连接,指的是无论横向或者纵向,从一个图案到另一个图案之间的连线不能超过两个弯,其中,连线不能从尚未消去的图案上经过。

连连看游戏的规则如下:
- 两个选中的方块是相同的。
- 两个选中的方块之间连接线的折点不超过两个(连接线由 X 轴和 Y 轴的平行线组成)。

本章开发连连看游戏,游戏效果如图 10-1 所示。

图 10-1　连连看游戏的运行界面

本游戏增加了智能查找功能,当玩家自己无法找到可以消去的两个方块时右击画面,系统则会提示可以消去的两个方块(被加上红色的边框线)。

10.2 程序设计的思路

❶ 图标方块的布局

游戏中有 10 种方块,如图 10-2 所示,而且每种方块有 10 个,可以先按顺序把每种图标方块(数字编号)排好放入列表 tmpMap(临时的地图)中,然后用 random.shuffle()打乱列表元素的顺序,依次从 tmpMap(临时的地图)中取一个图标方块放入地图 map 中。实际上,在程序内部是不需要认识图标方块的图像的,只需要用一个 ID 来表示,在运行界面上的图标图形是根据地图中的 ID 取资源里的图片画的。如果 ID 的值为空(" "),则说明此处已经被消除掉了。

图 10-2　图标方块

```
imgs = [PhotoImage(file = 'H:\\连连看\\gif\\bar_0' + str(i) + '.gif') for i in   range(0,10)]
        #所有图标图案
```

所有图标图案存储在列表 imgs 中,地图 map 中是图标图案存储在列表 imgs 中的索引号。如果是 bar_02.gif 图标,在地图 map 中实际存储的是 2;如果是 bar_08.gif 图标,在地图 map 中实际存储的是 8。

```
#初始化地图,将地图中的所有方块区域位置置为空方块状态
map = [[" " for y in range(Height)]for x in range(Width)]
#存储图像对象
image_map = [[" " for y in range(Height)]for x in range(Width)]
cv = Canvas(root, bg = 'green', width = 610, height = 610)
def create_map():                          #产生 map 地图
    global map
    #生成随机地图
    #将所有匹配成对的图标索引号放进一个临时的地图中
    tmpMap = []
    m = (Width) * (Height)//10
    print('m = ',m)
    for x in range(0,m):
        for i in range(0,10):
            tmpMap.append(x)               #每种方块有 10 个
    random.shuffle(tmpMap)                 #生成随机地图
    for x in range(0,Width):
```

```
        for y in range(0,Height):
            map[x][y] = tmpMap[x * Height + y]       # 从上面的临时地图中获取
```

❷ 连通算法

那么分析一下,可以看到连接一般有 3 种情况,如图 10-3 所示。

直连　　　　　　　一个折点　　　　　　两个折点

图 10-3　两个选中方块之间连接线的示意图

1) 直连方式

在直连方式中,要求两个选中的方块 x 和 y 相同,即在一条直线上,并且它们之间没有其他任何图案的方块。直连方式在 3 种连接方式中最简单。

2) 一个折点

其实,该情况相当于两个方块画出一个矩形,这两个方块是一对对角顶点,另外两个顶点中的某个顶点(即折点)如果可以同时和这两个方块直连,就说明可以"一折连通"。

3) 两个折点

这种方式的两个折点($z1$、$z2$)必定在两个目标点(两个选中的方块)p1、p2 所在的 x 方向或 y 方向的直线上。

按 p1($x1$,$y1$)点向 4 个方向探测,例如向右探测,每次 $x1+1$,判断 $z1(x1+1,y1)$ 和 p2($x2$,$y2$)点可否形成一个折点连通性,如果可以形成连通,则两个折点连通,否则直到超过图形右边界区域。假如超过图形右边界区域,则还需要判断两个折点在选中方块的右侧,且两个折点在图案区域之外连通情况是否存在。此时判断可以简化为判断 p2($x2$,$y2$)是否可以水平直通到边界。

经过上面的分析,两个方块是否可以抵消的流程图如图 10-4 所示。

图 10-4　流程图

根据图 10-4 所示的流程图，对选中的两个方块（分别在（x1,y1）、（x2,y2）位置）是否可以抵消的判断如下实现。把该功能封装在 IsLink() 方法里面，其代码如下：

```
'''
判断选中的两个方块是否可以消除
'''
def IsLink(p1,p2):
    if lineCheck(p1, p2):
        return True
    if OneCornerLink(p1, p2):         #一个转弯(折点)的连通方式
        return True
    if TwoCornerLink(p1, p2):         #两个转弯(折点)的连通方式
        return True
    return False
```

直连方式分为 x 或 y 相同的情况，同行同列情况消除的原理是如果两个相同的被消除方块之间的空格数 spaceCount 等于它们的（行/列差-1），则两者可以连通。

```
class Point:
    #点类
    def __init__(self,x,y):
        self.x = x
        self.y = y

'''
* x 代表列, y 代表行
* param p1 第 1 个保存上次选中点坐标的点对象
* param p2 第 2 个保存上次选中点坐标的点对象
'''
#直接连通
def lineCheck(p1, p2):
    absDistance = 0
    spaceCount = 0
    if (p1.x == p2.x or p1.y == p2.y) :      #同行同列吗
        print("同行同列的情况 ------ ")
        #同列的情况
        if (p1.x == p2.x and p1.y != p2.y) :
            print("同列的情况")
            #绝对距离(中间隔着的空格数)
            absDistance = abs(p1.y - p2.y) - 1
            #正/负值
            if  p1.y - p2.y > 0 :
                zf = -1
            else:
                zf = 1
            for i in range(1,absDistance + 1):
                if (map[p1.x][p1.y + i * zf] == " "):
                    #空格数加 1
                    spaceCount += 1
                else:
```

```
                    break;                       #遇到阻碍就不用再探测了
        elif (p1.y == p2.y and p1.x!= p2.x):             #同行的情况
            print("同行的情况")
            absDistance = abs(p1.x - p2.x) - 1
            #正/负值
            if   p1.x - p2.x > 0 :
                zf = -1
            else:
                zf = 1
            for i in range(1,absDistance + 1):
                if (map[p1.x + i * zf][p1.y] == " "):
                    #空格数加1
                    spaceCount += 1
                else:
                    break;                       #遇到阻碍就不用再探测了
        if (spaceCount == absDistance) :
            #可连通
            print(absDistance,spaceCount)
            print("行/列可直接连通")
            return True
        else:
            print("行/列不能消除!")
            return False
    else:
        #不是同行同列的情况,所以直接返回False
        return False;
```

一个折点连通使用 OneCornerLink() 实现判断。其实相当于两个方块画出一个矩形,这两个方块是一对对角顶点,见图 10-5 中两个黑色目标方块的连通情况,右上角打叉的位置就是折点,左下角打叉的位置不能与左上角的黑色目标方块连通,所以不能作为折点。

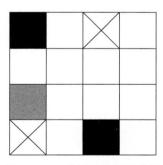

图 10-5 一个折点连通示意图

如果找到,则把折点放入 linePointStack 列表中。

```
#第2种,一个折点连通(直角连通)
'''
一个折点连通
@param first:选中的第1个点
```

```
@param second:选中的第2个点
'''
def OneCornerLink(p1, p2):
    #第1个直角检查点
    checkP = Point(p1.x, p2.y)
    #第2个直角检查点
    checkP2 = Point(p2.x, p1.y);
    #第1个直角点检测
    if (map[checkP.x][checkP.y] == " "):
        if (lineCheck(p1, checkP) and lineCheck(checkP, p2)):
            linePointStack.append(checkP)
            print("直角消除 OK",checkP.x,checkP.y)
            return True
    #第2个直角点检测
    if (map[checkP2.x][checkP2.y] == " "):
        if (lineCheck(p1, checkP2) and lineCheck(checkP2, p2)):
            linePointStack.append(checkP2)
            print("直角消除 OK",checkP2.x,checkP2.y)
            return True
    print("不能直角消除")
    return False
```

两个折点连通(双直角连通)使用 TwoCornerLink() 实现判断。双直角连通的判定可以分两步进行：

(1) 在 p1 点周围的 4 个方向寻找空块 checkP 点。

(2) 调用 OneCornerLink(checkP, p2) 检测 checkP 与 p2 点可否形成一个折点连通性。

两个折点连通即遍历 p1 点周围 4 个方向的空格，使之成为 checkP 点，然后调用 OneCornerLink(checkP，p2)判定是否为真，如果为真，可以双直角连通，若所有的空格都遍历完还没有找到，则失败。

如果找到，则把两个折点放入 linePointStack 列表中。

```
'''
#第3种,两个折点连通(双直角连通)
@param p1 第1个点
@param p2 第2个点
'''
def TwoCornerLink(p1, p2):
    checkP = Point(p1.x, p1.y)
    #4个方向的探测开始
    for i in range(0,4):
        checkP.x = p1.x
        checkP.y = p1.y
        #向下
        if(i == 3):
            checkP.y += 1
            while((checkP.y < Height) and map[checkP.x][checkP.y] == " "):
                linePointStack.append(checkP)
                if(OneCornerLink(checkP, p2)):
                    print("下探测 OK")
```

```
            return True
        else:
            linePointStack.pop()
        checkP.y += 1
# 向右
elif(i == 2):
    checkP.x += 1
    while((checkP.x < Width) and map[checkP.x][checkP.y] == " "):
        linePointStack.append(checkP)
        if (OneCornerLink(checkP, p2)):
            print("右探测 OK")
            return True
        else:
            linePointStack.pop()
        checkP.x += 1
# 向左
elif(i == 1):
    checkP.x -= 1
    while((checkP.x >= 0) and map[checkP.x][checkP.y] == " "):
        linePointStack.append(checkP)
        if(OneCornerLink(checkP, p2)):
            print("左探测 OK")
            return True
        else:
            linePointStack.pop()
        checkP.x -= 1
# 向上
elif(i == 0):
    checkP.y -= 1
    while((checkP.y >= 0) and map[checkP.x][checkP.y] == " "):
        linePointStack.append(checkP)
        if(OneCornerLink(checkP, p2)):
            print("上探测 OK")
            return True
        else:
            linePointStack.pop()
        checkP.y -= 1
# 4 个方向寻完也没找到适合的 checkP 点
print("两直角连接没找到适合的 checkP 点")
return False;
```

注意：上面的代码在测试两个折点连通时并没有考虑两个折点都在游戏区域外部的情况，有些连连看游戏不允许折点在游戏区域外侧（即边界外）。如果允许这种情况，对上面的代码做如下修改。

```
# 向下
if (i == 3):
    checkP.y += 1
    while((checkP.y < Height) and map[checkP.x][checkP.y] == " "):
        linePointStack.append(checkP)
        if(OneCornerLink(checkP, p2)):
            print("下探测 OK")
```

```
            return True
        else:
            linePointStack.pop()
        checkP.y += 1
    # 补充两个折点都在游戏区域底侧外部
    if checkP.y == Height:              # 出了底部，仅需判断 p2 能否达到底部边界
        z = Point(p2.x, Height - 1)     # 底部边界点
        if lineCheck(z, p2):            # 两个折点在区域外部的底侧
            linePointStack.append(Point(p1.x, Height))
            linePointStack.append(Point(p2.x, Height))
            print("下探测到游戏区域外部 OK")
            return True
```

对于其余 3 个方向的边界外部两个折点的连通情况判断，请读者自己思考添加。

❸ 智能查找功能的实现

若要在地图上自动查找出一组相同、可以抵消的方块，通常采用遍历算法。下面借助图 10-6 分析此算法。

在图中找相同的方块时，将按方块地图 map 的下标位置对每个方块进行查找，一旦找到一组相同、可以抵消的方块则马上返回。在查找相同方块组的时候，必须先确定第 1 个选定方块（例如 0 号方块），然后在这个基础上做遍历查找第 2 个选定方块，即从 1 开始按照 1、2、3、4、5、6、7 等的顺序查找第 2 个选定方块，并判断选定的两个方块是否连通抵消，假如 0 号方块与 5 号方块连通，则经过 (0,1)、(0,2)、(0,3)、(0,4)、(0,5) 共 5 组数据的判断对比，若成立即返回。

图 10-6 匹配示意图 1

如果找不到匹配的第 2 个选定方块，则如图 10-7(a) 所示编号加 1 重新选定第 1 个方块（即 1 号方块）进入下一轮，然后在这个基础上做遍历查找第 2 个选定方块，即如图 10-7(b) 所示从 2 号开始按照 2、3、4、5、6、7 等的顺序查找第 2 个选定方块，直到搜索到最后一块（即 15 号方块）。那么为什么从 2 开始查找第 2 个选定方块，而不是从 0 号开始呢？因为在将 1 号方块选定为第 1 个选定方块前，0 号已经作为第 1 个选定方块对后面的方块进行可连通的判断了，它必然不会与后面的方块连通。

(a) 0 号方块找不到匹配方块，选定 1 号   (b) 从 2 号方块开始找匹配

图 10-7 匹配示意图 2

如果找不到与 1 号方块连通且相同的方块，则编号加 1 重新选定第 1 个方块（即 2 号方块）进入下一轮，从 3 号开始按照 3、4、5、6、7 等的顺序查找第 2 个选定方块。

第10章 益智游戏——连连看游戏

按照上面设计的算法,整个流程图如图10-8所示。

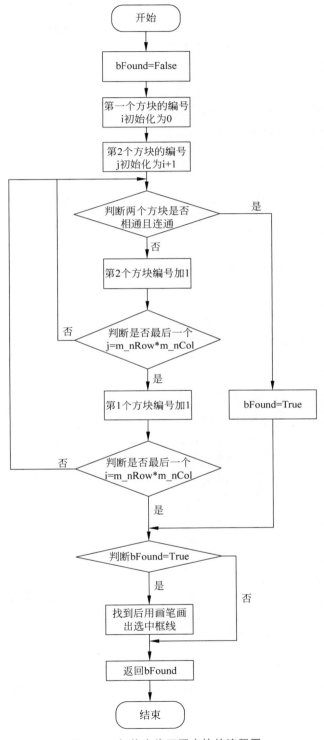

图10-8 智能查找匹配方块的流程图

根据流程图,把自动查找出一组相同、可以抵消的方块的功能封装在Find2Block()方法里面,其代码如下:

```python
def find2Block(event):                                    #自动查找
    global firstSelectRectId, SecondSelectRectId
    m_nRoW = Height
    m_nCol = Width
    bFound = False;
    #第1个方块从地图的0位置开始
    for i in range(0, m_nRoW * m_nCol):
        #找到则跳出循环
        if(bFound):
            break
        #算出对应的虚拟行/列位置
        x1 = i % m_nCol
        y1 = i//m_nCol
        p1 = Point(x1, y1)
        #无图案的方块跳过
        if (map[x1][y1] == ' '):
            continue
        #第2个方块从前一个方块的后面开始
        for j in range(i + 1, m_nRoW * m_nCol):
            #算出对应的虚拟行/列位置
            x2 = j % m_nCol
            y2 = j//m_nCol
            p2 = Point(x2, y2)
            #第2个方块不为空,且与第1个方块的图标相同
            if(map[x2][y2]!= ' ' and IsSame(p1,p2)):
                #判断是否可以连通
                if (IsLink(p1, p2)):
                    bFound = True;
                    break
    #找到后
    if(bFound):                                           #p1(x1,y1)与p2(x2,y2)连通
        print('找到后',p1.x,p1.y,p2.x,p2.y)
        #画选定(x1,y1)处的框线
        firstSelectRectId = cv.create_rectangle(x1 * 40, y1 * 40, x1 * 40 + 40,
            y1 * 40 + 40, width = 2, outline = "red")
        #画选定(x2,y2)处的框线
        secondSelectRectId = cv.create_rectangle(x2 * 40, y2 * 40, x2 * 40 + 40,
            y2 * 40 + 40, outline = "red")
        #t = Timer(timer_interval,delayrun)               #定时函数自动消除
        #t.start()
    return bFound
```

10.3 关键技术

视频讲解

10.3.1 图形绘制——Tinker 的 Canvas 组件

Tinker 的 Canvas(画布)是一个长方形区域,用于图形绘制或复杂的图形界面布局。用户可以在画布上绘制图形、创建文字、放置各种组件和框架。

❶ 创建 Canvas 对象

用户可以使用下面的方法创建一个 Canvas 对象。

```
Canvas 对象 = Canvas(窗口对象, 选项, ...)
```

其常用选项如表 10-1 所示。

表 10-1 Canvas 的常用选项

属 性	说 明
bd	指定画布的边框宽度,单位是像素
bg	指定画布的背景颜色
confine	指定画布在滚动区域外是否可以滚动,默认为 True,表示不能滚动
cursor	指定画布中的鼠标指针,例如 arrow、circle、dot
height	指定画布的高度
highlightcolor	选中画布时的背景色
relief	指定画布的边框样式,可选值有 SUNKEN、RAISED、GROOVE、RIDGE
scrollregion	指定画布的滚动区域的元组(w,n,e,s)

❷ 显示 Canvas 对象

显示 Canvas 对象的方法如下:

```
Canvas 对象.pack()
```

例如创建一个白色背景、宽 300、高 120 的画布。

```
from tkinter import *
root = Tk()
cv = Canvas(root, bg = 'white', width = 300, height = 120)
cv.create_line(10,10,100,80,width = 2, dash = 7)    # 绘制直线
cv.pack()                                            # 显示画布
root.mainloop()
```

10.3.2 Canvas 上的图形对象

在 Canvas 上可以绘制各种图形对象,通过调用以下绘制函数实现。
- create_arc():绘制圆弧。
- create_line():绘制直线。

- create_bitmap()：绘制内置的位图。
- create_image()：绘制位图图像。
- create_oval()：绘制椭圆。
- create_rectangle()：绘制矩形。
- create_polygon()：绘制多边形。
- create_window()：绘制子窗口。
- create_text()：创建一个文字对象。

Canvas 上的每个绘制对象都有一个标识 ID（整数），在使用绘制函数创建绘制对象时返回绘制对象 ID。例如：

```
id1 = cv.create_line(10,10,100,80,width = 2, dash = 7)    #绘制直线
```

通过 ID1 可以得到绘制对象直线 ID。

在创建图形对象时可以使用 tags 属性设置图形对象的标记（tag），例如：

```
rt = cv.create_rectangle(10,10,110,110, tags = 'r1')
```

上面的语句指定矩形对象 rt 具有一个标记 r1。

用户也可以同时设置多个标记，例如：

```
rt = cv.create_rectangle(10,10,110,110, tags = ('r1','r2','r3'))
```

上面的语句指定矩形对象 rt 具有 3 个标记 r1、r2、r3。

在指定标记后，使用 find_withtag() 方法可以获取指定 tag 的图形对象，然后设置图形对象的属性。find_withtag() 方法的语法如下：

```
Canvas 对象.find_withtag(tag 名)
```

find_withtag() 方法返回一个图形对象数组，其中包含所有具有 tag 名的图形对象。

使用 itemconfig() 方法可以设置图形对象的属性，语法如下：

```
Canvas 对象.itemconfig(图形对象, 属性 1 = 值 1, 属性 2 = 值 2…)
```

例 10-1 使用 tags 属性设置图形对象标记。

```
from tkinter import *
root = Tk()
#创建一个 Canvas,设置其背景色为白色
cv = Canvas(root, bg = 'white', width = 200, height = 200)
#使用 tags 给第 1 个矩形指定 3 个 tag
rt = cv.create_rectangle(10,10,110,110, tags = ('r1','r2','r3'))
cv.pack()
cv.create_rectangle(20,20,80,80, tags = 'r3') #使用 tags 给第 2 个矩形指定一个 tag
#将所有与 tag('r3')绑定的 item 边框的颜色设置为蓝色
for item in cv.find_withtag('r3'):
    cv.itemconfig(item,outline = 'blue')
root.mainloop()
```

下面学习使用绘制函数绘制各种图形对象及对图形对象进行修改等操作。

❶ 绘制圆弧

使用 create_arc() 方法可以创建一个圆弧对象,可以是一个弦、饼图扇区或者是一个简单的弧,具体语法如下:

> Canvas 对象.create_arc(弧外框矩形左上角的 x 坐标,弧外框矩形左上角的 y 坐标,弧外框矩形右下角的 x 坐标,弧外框矩形右下角的 y 坐标,选项,...)

创建圆弧时的常用选项:outline 指定圆弧边框的颜色,fill 指定填充颜色,width 指定圆弧边框的宽度,start 代表起始角度,extent 代表指定角度偏移量而不是终止角度。

例 10-2 使用 create_arc() 方法创建圆弧,运行效果如图 10-9 所示。

```
from tkinter import *
root = Tk()
#创建一个 Canvas,设置其背景色为白色
cv = Canvas(root,bg = 'white')
cv.create_arc((10,10,110,110),)        #使用默认参数创建一个圆弧,结果为 90°的扇形
d = {1:PIESLICE,2:CHORD,3:ARC}
for i in d:
    #使用 3 种样式,分别创建了扇形、弓形和弧形
    cv.create_arc((10,10 + 60 * i,110,110 + 60 * i),style = d[i])
    print(i,d[i])
#使用 start/extent 指定圆弧起始角度与偏移角度
cv.create_arc(
        (150,150,250,250),
        start = 10,             #指定起始角度
        extent = 120            #指定角度偏移量(逆时针)
        )
cv.pack()
root.mainloop()
```

图 10-9 创建圆弧

❷ 绘制线条

使用 create_line() 方法可以创建一个线条对象,具体语法如下:

> line = canvas.create_line(x0, y0, x1, y1, …, xn, yn, 选项)

参数(x0, y0),(x1, y1),…,(xn, yn)是线段的端点。

创建线段时的常用选项：width 指定线段宽度，arrow 指定是否使用箭头（没有箭头为 none，起点有箭头为 first，终点有箭头为 last，两端有箭头为 both），fill 指定线段颜色，dash 指定线段为虚线（其整数值决定虚线的样式）。

【例】10-3　使用 create_line() 方法创建线条，运行效果如图 10-10 所示。

```
from tkinter import *
root = Tk()
cv = Canvas(root, bg = 'white', width = 200, height = 100)
cv.create_line(10, 10, 100, 10, arrow = 'none')          #绘制没有箭头的线段
cv.create_line(10, 20, 100, 20, arrow = 'first')         #绘制起点有箭头的线段
cv.create_line(10, 30, 100, 30, arrow = 'last')          #绘制终点有箭头的线段
cv.create_line(10, 40, 100, 40, arrow = 'both')          #绘制两端有箭头的线段
cv.create_line(10,50,100,100,width = 3, dash = 7)        #绘制虚线
cv.pack()
root.mainloop()
```

❸ 绘制矩形

使用 create_rectangle() 方法可以创建矩形对象，具体语法如下：

Canvas 对象.create_rectangle(矩形左上角的 x 坐标，矩形左上角的 y 坐标，矩形右下角的 x 坐标，矩形右下角的 y 坐标，选项，…)

创建矩形对象时的常用选项：outline 指定边框颜色，fill 指定填充颜色，width 指定边框的宽度，dash 指定边框为虚线，stipple 使用指定自定义画刷填充矩形。

【例】10-4　使用 create_rectangle() 方法创建矩形，运行效果如图 10-11 所示。

```
from tkinter import *
root = Tk()
#创建一个 Canvas,设置其背景色为白色
cv = Canvas(root, bg = 'white', width = 200, height = 100)
cv.create_rectangle(10,10,110,110, width = 2,fill = 'red')
                                         #指定矩形的填充色为红色、宽度为 2
cv.create_rectangle(120, 20, 180, 80, outline = 'green') #指定矩形的边框颜色为绿色
cv.pack()
root.mainloop()
```

图 10-10　创建线条

图 10-11　创建矩形对象

❹ 绘制多边形

使用 create_polygon() 方法创建一个多边形对象，可以是一个三角形、矩形或者任意一个多边形，具体语法如下：

> Canvas 对象.create_polygon(顶点 1 的 x 坐标,顶点 1 的 y 坐标,顶点 2 的 x 坐标,顶点 2 的 y 坐标,…,顶点 n 的 x 坐标,顶点 n 的 y 坐标,选项,…)

创建多边形对象时的常用选项:outline 指定边框颜色,fill 指定填充颜色,width 指定边框的宽度,smooth 指定多边形的平滑程度(等于 0 表示多边形的边是折线,等于 1 表示多边形的边是平滑曲线)。

例 10-5 创建三角形、正方形、对顶三角形,运行效果如图 10-12 所示。

```
from tkinter import *
root = Tk()
cv = Canvas(root, bg = 'white', width = 300, height = 100)
cv.create_polygon(35,10,10,60,60,60, outline = 'blue',fill = 'red', width = 2)
                                                                           #等腰三角形
cv.create_polygon(70,10,120,10,120,60, outline = 'blue',fill = 'white',width = 2)
                                                                           #直角三角形
cv.create_polygon (130,10,180,10,180,60,130,60, width = 4)                 #黑色填充正方形
cv.create_polygon (190,10,240,10,190,60,240,60, width = 1)                 #对顶三角形
cv.pack()
root.mainloop()
```

❺ 绘制椭圆

使用 create_oval()方法可以创建一个椭圆对象,具体语法如下:

> Canvas 对象.create_oval(包裹椭圆的矩形左上角 x 坐标,包裹椭圆的矩形左上角 y 坐标,包裹椭圆的矩形右下角 x 坐标,包裹椭圆的矩形右下角 y 坐标,选项,…)

创建椭圆对象时的常用选项:outline 指定边框颜色,fill 指定填充颜色,width 指定边框的宽度。如果包裹椭圆的矩形是正方形,则绘制的是一个圆形。

例 10-6 创建椭圆和圆形,运行效果如图 10-13 所示。

```
from tkinter import *
root = Tk()
cv = Canvas(root, bg = 'white', width = 200, height = 100)
cv.create_oval(10,10,100,50, outline = 'blue', fill = 'red', width = 2)#椭圆
cv.create_oval(100,10,190,100, outline = 'blue', fill = 'red', width = 2)#圆形
cv.pack()
root.mainloop()
```

图 10-12　创建三角形、正方形、对顶三角形

图 10-13　创建椭圆和圆形

❻ 创建文字

使用 create_text()方法可以创建一个文字对象,具体语法如下:

文字对象 = Canvas 对象.create_text((文本左上角的 x 坐标,文本左上角的 y 坐标),选项,…)

创建文字对象时的常用选项：text 是文字对象的文本内容，fill 指定文字颜色，anchor 控制文字对象的位置（其取值 'w' 表示左对齐，'e' 表示右对齐，'n' 表示顶对齐，'s' 表示底对齐，'nw' 表示左上对齐，'sw' 表示左下对齐，'se' 表示右下对齐，'ne' 表示右上对齐，'center' 表示居中对齐，anchor 的默认值为 'center'），justify 设置文字对象中文本的对齐方式（其取值 'left' 表示左对齐，'right' 表示右对齐，'center' 表示居中对齐，justify 的默认值为 'center'）。

例 10-7 创建文本，运行效果如图 10-14 所示。

```
from tkinter import *
root = Tk()
cv = Canvas(root, bg = 'white', width = 200, height = 100)
cv.create_text((10,10), text = 'Hello Python', fill = 'red', anchor = 'nw')
cv.create_text((200,50), text = '你好,Python', fill = 'blue', anchor = 'se')
cv.pack()
root.mainloop()
```

select_from()方法用于指定选中文本的起始位置，具体语法如下：

Canvas 对象.select_from(文字对象，选中文本的起始位置)

select_to()方法用于指定选中文本的结束位置，具体语法如下：

Canvas 对象.select_to(文字对象，选中文本的结束位置)

例 10-8 选中文本的例子，运行效果如图 10-15 所示。

```
from tkinter import *
root = Tk()
cv = Canvas(root, bg = 'white', width = 200, height = 100)
txt = cv.create_text((10,10), text = '中原工学院计算机学院', fill = 'red', anchor = 'nw')
#设置选中文本的起始位置
cv.select_from(txt,5)
#设置选中文本的结束位置
cv.select_to(txt,9)            #选中"计算机学院"
cv.pack()
root.mainloop()
```

图 10-14　创建文本

图 10-15　选中文本

❼ 绘制位图和图像

1）绘制位图

使用 create_bitmap()方法可以绘制 Python 内置的位图，具体语法如下：

Canvas 对象.create_bitmap((x 坐标,y 坐标),bitmap = 位图字符串,选项,…)

(x 坐标,y 坐标)是位图放置的中心坐标。常用选项：bitmap、activebitmap 和 disabledbitmap 分别用于指定正常、活动、禁用状态显示的位图。

2）绘制图像

在游戏开发中需要使用大量图像,采用 create_image()方法可以绘制图形图像,具体语法如下：

Canvas 对象.create_image((x 坐标,y 坐标), image = 图像文件对象,选项,…)

(x 坐标,y 坐标)是图像放置的中心坐标。常用选项：image、activeimage 和 disabledimage 用于指定正常、活动、禁用状态显示的图像。

注意：使用 PhotoImage()函数来获取图像文件对象。

img1 = PhotoImage(file = 图像文件)

例如,img1＝PhotoImage(file＝'C:\\aa.png')获取笑脸图形。Python 支持的图像文件格式一般为.png 和.gif。

例 10-9 绘制图像示例,运行效果如图 10-16 所示。

```
from tkinter import *
root = Tk()
cv = Canvas(root)
img1 = PhotoImage(file = 'C:\\aa.png')              #笑脸
img2 = PhotoImage(file = 'C:\\2.gif')               #方块 A
img3 = PhotoImage(file = 'C:\\3.gif')               #梅花 A
cv.create_image((100,100),image = img1)             #绘制笑脸
cv.create_image((200,100),image = img2)             #绘制方块 A
cv.create_image((300,100),image = img3)             #绘制梅花 A
d = {1:'error',2:'info',3:'question',4:'hourglass',5:'questhead',
     6:'warning',7:'gray12',8:'gray25',9:'gray50',10:'gray75'}   #字典
#cv.create_bitmap((10,220),bitmap = d[1])
#以下遍历字典绘制 Python 内置的位图
for i in d:
    cv.create_bitmap((20 * i,20),bitmap = d[i])
cv.pack()
root.mainloop()
```

图 10-16　绘制图像示例

在学会绘制图像之后,就可以开发图形版的扑克牌、连连看、推箱子等游戏了。

❽ 修改图形对象的坐标

使用 coords()方法可以修改图形对象的坐标,具体语法如下:

> Canvas 对象.coords(图形对象,(图形左上角的 x 坐标,图形左上角的 y 坐标,图形右下角的 x 坐标,图形右下角的 y 坐标))

因为可以同时修改图形对象的左上角的坐标和右下角的坐标,所以可以缩放图形对象。

注意:如果图形对象是图像文件,则只能指定图像的中心点坐标,而不能指定图像对象左上角的坐标和右下角的坐标,故不能缩放图像。

例 10-10 修改图形对象的坐标示例,运行效果如图 10-17 所示。

```
from tkinter import *
root = Tk()
cv = Canvas(root)
img1 = PhotoImage(file = 'C:\\aa.png')          #笑脸
img2 = PhotoImage(file = 'C:\\2.gif')           #方块 A
img3 = PhotoImage(file = 'C:\\3.gif')           #梅花 A
rt1 = cv.create_image((100,100), image = img1)  #绘制笑脸
rt2 = cv.create_image((200,100), image = img2)  #绘制方块 A
rt3 = cv.create_image((300,100), image = img3)  #绘制梅花 A
#重新设置方块 A(rt2 对象)的坐标
cv.coords(rt2,(200,50))                         #调整 rt2 对象的位置
rt4 = cv.create_rectangle(20,140,110,220,outline = 'red',fill = 'green') #正方形对象
cv.coords(rt4,(100,150,300,200))                #调整 rt4 对象的位置
cv.pack()
root.mainloop()
```

图 10-17 调整图形对象位置之前和之后的效果

❾ 移动指定图形对象

使用 move()方法可以移动图形对象的坐标,具体语法如下:

> Canvas 对象.move(图形对象, x 坐标偏移量, y 坐标偏移量)

例 10-11 移动指定图形对象示例,运行效果如图 10-18 所示。

```
from tkinter import *
root = Tk()
#创建一个 Canvas,设置其背景色为白色
cv = Canvas(root, bg = 'white', width = 200, height = 120)
```

```
rt1 = cv.create_rectangle(20,20,110,110,outline = 'red',stipple = 'gray12',    fill = 'green')
cv.pack()
rt2 = cv.create_rectangle(20,20,110,110,outline = 'blue')
cv.move(rt1,20, - 10)                    # 移动 rt1
cv.pack()
root.mainloop()
```

为了对比移动图形对象的效果,程序在同一位置绘制了两个矩形,其中矩形 rt1 有背景花纹,矩形 rt2 无背景填充,然后用 move()方法移动 rt1,将被填充的矩形 rt1 向右移动 20 像素、向上移动 10 像素,则出现如图 10-18 所示的效果。

图 10-18　移动指定图形对象运行效果

❿ 删除图形对象

使用 delete()方法可以删除图形对象,具体语法如下:

Canvas 对象.delete(图形对象)

例如:

```
cv.delete(rt1)                          # 删除 rt1 图形对象
```

⓫ 缩放图形对象

使用 scale()方法可以缩放图形对象,具体语法如下:

Canvas 对象.scale(图形对象,X 轴偏移量,Y 轴偏移量,X 轴缩放比例,Y 轴缩放比例)

例 10-12　缩放图形对象示例,对相同图形对象放大、缩小,运行效果如图 10-19 所示。

```
from tkinter import *
root = Tk()
# 创建一个 Canvas,设置其背景色为白色
cv = Canvas(root, bg = 'white', width = 200, height = 300)
rt1 = cv.create_rectangle(10,10,110,110,outline = 'red',stipple = 'gray12',    fill = 'green')
rt2 = cv.create_rectangle(10,10,110,110,outline = 'green',stipple = 'gray12',    fill = 'red')
cv.scale(rt1,0,0,1,2)                   # y 方向放大一倍
cv.scale(rt2,0,0,0.5,0.5)               # 缩小一半大小
cv.pack()
root.mainloop()
```

图 10-19　缩放图形对象运行效果

10.4 程序设计的步骤

❶ 设计点类 Point

点类 Point 比较简单,主要存储方块所在棋盘的坐标(x,y)。

```
class Point:            # 点类
    def __init__(self,x,y):
        self.x = x
        self.y = y
```

❷ 设计游戏主逻辑

整个游戏在 Canvas 对象中,调用 create_map()实现将图标图案随机放到地图中,地图 map 中记录的是图案的数字编号,最后调用 print_map()按地图 map 中记录的图案信息将图 10-2 中的图标图案绘制在 Canvas 对象中,生成游戏开始的界面,同时绑定 Canvas 对象的鼠标左键和右键事件,并进入窗体显示线程中。

```
root = Tk()
root.title("python 连连看")
imgs = [PhotoImage(file = 'H:\\连连看\\gif\\bar_0' + str(i) + '.gif') for i in  range(0,10)]
                                                # 所有图标图案
Select_first = False                            # 是否已经选中第 1 块
firstSelectRectId = -1                          # 被选中第 1 块地图对象
SecondSelectRectId = -1                         # 被选中第 2 块地图对象
linePointStack = []                             # 存储连接的折点棋盘坐标
Line_id = []
Height = 9
Width = 10
map = [[" " for y in range(Height)]for x in range(Width)]
image_map = [[" " for y in range(Height)]for x in range(Width)]
cv = Canvas(root, bg = 'green', width = 610, height = 610)
cv.bind("<Button - 1>", callback)               # 鼠标左键事件
cv.bind("<Button - 3>", find2Block)             # 鼠标右键事件
cv.pack()
create_map()                                    # 产生 map 地图
print_map()                                     # 打印 map 地图
root.mainloop()
```

❸ 编写函数代码

print_map()按地图 map 中记录的图案信息将图 10-2 中的图标图案显示在 Canvas 对象中,生成游戏开始的界面。

```
def print_map():                                # 输出 map 地图
    global image_map
    for x in range(0,Width):
        for y in range(0,Height):
```

```
            if(map[x][y]!= ' '):
                img1 = imgs[int(map[x][y])]
                id = cv.create_image((x * 40 + 20, y * 40 + 20), image = img1)
                image_map[x][y] = id
    cv.pack()
    for y in range(0, Height):
        for x in range(0, Width):
            print(map[x][y], end = ' ')
        print(",", y)
```

用户在窗口中单击时,由屏幕像素坐标(event.x,event.y)计算被单击方块的地图棋盘位置坐标(x,y)。判断是否为第 1 次选中方块,是则仅仅对选定方块加上蓝色的示意框线。如果是第 2 次选中方块,则加上黄色的示意框线,同时要判断是否图案相同且连通。假如连通则画选中方块之间的连接线,延时 0.3 秒后清除第 1 个选定方块和第 2 个选定方块图案,并清除选中方块之间的连接线。假如不连通,则是清除选定两个方块示意框线。

Canvas 对象鼠标右键事件调用智能查找功能 find2Block()。

```
def find2Block(event):                    # 自动查找
    …                                     # 见前面程序设计的思路
```

Canvas 对象鼠标左键事件代码:

```
def callback(event):                                      # 鼠标左键事件代码
    global Select_first, p1, p2
    global firstSelectRectId, SecondSelectRectId
    # print("clicked at", event.x, event.y, turn)
    x = (event.x)//40                                     # 换算棋盘坐标
    y = (event.y)//40
    print("clicked at", x, y)
    
    if map[x][y] == " ":
        showinfo(title = "提示", message = "此处无方块")
    else:
        if Select_first == False:
            p1 = Point(x, y)
            # 画选定(x1,y1)处的框线
            firstSelectRectId = cv.create_rectangle(x * 40, y * 40, x * 40 + 40, y * 40 + 40,
            outline = "blue")
            Select_first = True
        else:
            p2 = Point(x, y)
            # 判断第 2 次单击的方块是否已被第 1 次单击选取,如果是则返回
            if (p1.x == p2.x) and (p1.y == p2.y):
                return
            # 画选定(x2,y2)处的框线
            print('第 2 次单击的方块', x, y)
            SecondSelectRectId = cv.create_rectangle(x * 40, y * 40, x * 40 + 40, y * 40 + 40,
            outline = "yellow")
            print('第 2 次单击的方块', SecondSelectRectId)
```

```
            cv.pack()
        if IsSame(p1,p2) and IsLink(p1,p2):           #判断是否连通
            print('连通',x,y)
            Select_first = False
            #画选中方块之间的连接线
            drawLinkLine(p1,p2)
            t = Timer(timer_interval,delayrun)        #定时函数
            t.start()
        else:                                         #不能连通则取消选定的两个方块
            cv.delete(firstSelectRectId)              #清除第1个选定框线
            cv.delete(SecondSelectRectId)             #清除第2个选定框线
            Select_first = False
```

IsSame(p1,p2)判断 p1（x1，y1）和 p2(x2，y2)处的方块图案是否相同。

```
def IsSame(p1,p2):
    if map[p1.x][p1.y] == map[p2.x][p2.y]:
        print("clicked at IsSame")
        return True
    return False
```

以下是画方块之间的连接线和清除连接线的方法。

drawLinkLine(p1,p2)绘制(p1,p2)所在两个方块之间的连接线。判断 linePointStack 列表长度，如果为 0，则是直接连通；linePointStack 列表长度为 1，则是一折连通，linePointStack 存储的是一折连通的折点；linePointStack 列表长度为 2，则是两折连通，linePointStack 存储的是两折连通的两个折点。

```
def drawLinkLine(p1,p2):                              #画连接线
    if(len(linePointStack) == 0):
        Line_id.append(drawLine(p1,p2))
    else:
        print(linePointStack,len(linePointStack))
    if(len(linePointStack) == 1):
        z = linePointStack.pop()
        print("一折连通点 z",z.x,z.y)
        Line_id.append(drawLine(p1,z))
        Line_id.append(drawLine(p2,z))
    if(len(linePointStack) == 2):
        z1 = linePointStack.pop()
        print("两折连通点 z1",z1.x,z1.y)
        Line_id.append(drawLine(p2,z1))
        z2 = linePointStack.pop()
        print("两折连通点 z2",z2.x,z2.y)
        Line_id.append(drawLine(z1,z2))
        Line_id.append(drawLine(p1,z2))
```

drawLinkLine(p1,p2)绘制(p1,p2)之间的直线。

```
def drawLine(p1,p2):
    print("drawLine p1,p2",p1.x,p1.y,p2.x,p2.y)
```

第10章 益智游戏——连连看游戏

```
    id = cv.create_line(p1.x * 40 + 20, p1.y * 40 + 20, p2.x * 40 + 20, p2.y * 40 + 20, width = 5,
        fill = 'red')
    #cv.pack()
    return id
```

undrawConnectLine()删除 Line_id 记录的连接线。

```
def undrawConnectLine():
    while len(Line_id) > 0:
        idpop = Line_id.pop()
        cv.delete(idpop)
```

clearTwoBlock()清除(p1,p2)之间的连线及所在方块的图案。

```
def clearTwoBlock():                              #清除连线及方块
    #清除第 1 个选定框线
    cv.delete(firstSelectRectId)
    #清除第 2 个选定框线
    cv.delete(SecondSelectRectId)
    #清空记录方块的值
    map[p1.x][p1.y] = " "
    cv.delete(image_map[p1.x][p1.y])
    map[p2.x][p2.y] = " "
    cv.delete(image_map[p2.x][p2.y])
    Select_first = False
    undrawConnectLine()                           #清除选中方块之间的连接线
```

delayrun()函数是定时函数,延时 timer_interval(0.3 秒)后清除(p1,p2)之间的连线及所在方块的图案。

```
timer_interval = 0.3                              #0.3 秒
def delayrun():
    clearTwoBlock()                               #清除连线及方块
```

IsWin()检测是否尚有未被消除的方块,即地图 map 中的元素值非空(" "),如果没有则表示已经赢得了游戏。

```
'''
#检测是否已经赢得了游戏
'''
def IsWin()
    #检测是否尚有未被消除的方块
    #(非 BLANK_STATE 状态)
    for y in range(0,Height):
        for x in range(0,Width):
            if map[i] != " "):
                return False;
    return True;
```

至此完成连连看游戏。

第 11 章 益智游戏——推箱子游戏

11.1 推箱子游戏介绍

经典的推箱子游戏是一个来自日本的古老游戏,目的是训练玩家的逻辑思考能力。该游戏的思想是,在一个狭小的仓库中,要求把木箱放到指定的位置,玩家稍不小心就会出现箱子无法移动或者通道被堵住的情况,所以需要巧妙地利用有限的空间和通道合理安排移动的次序和位置,这样才能顺利地完成任务。

推箱子游戏的功能如下:游戏运行载入相应的地图,屏幕中出现一个推箱子的工人,其周围是围墙▨、人可以走的通道▪、几个可以移动的箱子▨和箱子放置的目的地◉。玩家通过按上、下、左、右键控制工人▨推箱子,当箱子都推到了目的地后出现过关信息,并显示下一关。如果推错了,玩家按空格键重新玩这关,直到通过全部关卡。

本章开发推箱子游戏,推箱子游戏界面如图 11-1 所示。

图 11-1 推箱子游戏界面

本游戏使用的图片元素的含义如下：

目的地　　工人　　箱子　　通道　　围墙　　箱子已在目的地

11.2　程序设计的思路

首先来确定一下开发难点。对工人的操作很简单，就是 4 个方向移动，工人移动，箱子也移动，所以对按键的处理也比较简单。当箱子到达目的地位置时就会产生游戏过关事件，需要一个逻辑判断。仔细地想一下，所有事件都发生在一张地图中。这张地图包括了箱子的初始化位置、箱子最终放置的位置和围墙障碍等。每关地图都要更换，这些位置也要变。所以每关的地图数据是最关键的，它决定了每关的不同场景和物体位置。那么下面重点分析一下地图。

这里把地图想象成一个网格，每个格子就是工人每次移动的步长，也是箱子移动的距离，这样问题就简化多了。首先设计一个 7×7 的二维列表 myArray，按照这样的框架来思考。对于格子的 x、y 两个屏幕像素坐标，可以由二维列表下标换算。

对于每个格子的状态值，分别用常量 Wall(0) 代表墙、Worker(1) 代表人、Box(2) 代表箱子、Passageway(3) 代表路、Destination(4) 代表目的地、WorkerInDest(5) 代表人在目的地、RedBox(6) 代表放到目的地的箱子。在文件中，原始地图中格子的状态值采用相应的整数形式存放。

在玩家通过键盘控制工人推箱子的过程中，需要按游戏规则判断是否响应该按键指示。下面分析一下工人将会遇到什么情况，以便归纳出所有的规则和对应算法。为了描述方便，可以假设工人的移动趋势方向为向右，其他方向的原理是一致的。P1、P2 分别代表工人移动趋势方向前的两个方格。

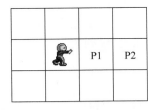

❶ 前方 P1 是通道

如果工人前方是通道，工人可以进到 P1 方格，修改相关位置格子的状态值。

❷ 前方 P1 是围墙或出界

如果工人前方是围墙或出界（即阻挡工人的路线），退出规则判断，布局不做任何改变。

❸ 前方 P1 是目的地

如果工人前方是目的地，工人可以进到 P1 方格，修改相关位置格子的状态值。

❹ 前方 P1 是箱子

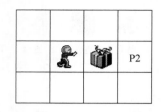

在前面 3 种情况中,只要根据前方 P1 处的物体就能判断出工人是否可以移动,而在第 4 种情况中,需要判断箱子前方 P2 处的物体才能判断出工人是否可以移动,此时有以下可能。

(1) P1 处为箱子,P2 处为墙或出界:如果工人前方 P1 处为箱子,P2 处为墙或出界,退出规则判断,布局不做任何改变。

(2) P1 处为箱子,P2 处为通道:如果工人前方 P1 处为箱子,P2 处为通道,工人可以进到 P1 方格;P2 方格状态为箱子,修改相关位置格子的状态值。

(3) P1 处为箱子,P2 处为目的地:如果工人前方 P1 处为箱子,P2 处为目的地,工人可以进到 P1 方格,P2 方格状态为放置好的箱子,修改相关位置格子的状态值。

(4) P1 处为放到目的地的箱子,P2 处为通道:如果工人前方 P1 处为放到目的地的箱子,P2 处为通道,工人可以进到 P1 方格;P2 方格状态为箱子,修改相关位置格子的状态值。

(5) P1 处为放到目的地的箱子,P2 处为目的地:如果工人前方 P1 处为放到目的地的箱子,P2 处为目的地,工人可以进到 P1 方格;P2 方格状态为放置好的箱子,修改相关位置格子的状态值。

综合前面的分析,可以设计出整个游戏的实现流程。

11.3 关键技术

在该游戏中设计"重玩"功能便于玩家无法通过时重玩此关游戏,这时需要将地图信息恢复到初始状态,所以需要将 7×7 的二维列表 myArray 进行复制,注意此时需要了解"列表复制——深复制"问题。

下面举个例子。

问题描述:已知一个列表 a,生成一个新的列表 b,列表元素是对原列表的复制。

```
a = [1,2]
b = a
```

这种做法其实并未真正生成一个新的列表,b 指向的仍然是 a 所指向的对象。这样,如果对 a 或 b 的元素进行修改,a、b 列表的值同时发生变化。

解决的方法如下:

```
a = [1,2]
b = a[:]              # 切片,或者使用 b = copy.copy(a)
```

这样修改 a 对 b 没有影响,修改 b 对 a 没有影响。

这种方法只适用于简单列表,也就是列表中的元素都是基本类型,如果列表元素中还存在列表,这种方法就不适用了。原因是 a[:]这种处理只是将列表元素的值生成一个新的列表,如果列表元素也是一个列表,例如 a=[1,[2]],那么这种复制对于元素[2]的处理只是复制[2]的引用,并未生成[2]的一个新的列表复制。为了证明这一点,测试步骤如下:

```
>>> a = [1,[2]]
>>> b = a[:]
>>> b
[1, [2]]
>>> a[1].append(3)
>>> a
[1, [2, 3]]
>>> b
[1, [2, 3]]
```

可见,对 a 的修改影响到了 b。如果要解决这一问题,可以使用 copy 模块中的 deepcopy()函数。修改测试如下:

```
>>> import copy
>>> a = [1,[2]]
>>> b = copy.deepcopy(a)
>>> b
[1, [2]]
>>> a[1].append(3)
>>> a
[1, [2, 3]]
>>> b
[1, [2]]
```

知道这一点是非常重要的,因为在本游戏中需要一个新的二维列表(现在状态地图),并且对这个新的二维列表进行操作,同时不想影响原来的二维列表(原始地图)。

11.4 程序设计的步骤

视频讲解

❶ 设计游戏地图

整个游戏在 7×7 区域中,使用二维列表 myArray 存储。其中,方格状态值 0 代表墙,1 代表人,2 代表箱子,3 代表路,4 代表目的地,5 代表人在目的地,6 代表放到目的地的箱子。例如图 11-1 所示的推箱子游戏界面的对应数据如下:

0	0	0	3	3	0	0
3	3	0	3	4	0	0
1	3	3	2	3	3	0
4	2	0	3	3	3	0
3	3	3	0	3	3	0
3	3	3	0	0	3	0
3	0	0	0	0	0	0

方格状态值采用 myArray1 存储(注意按列存储):

```
#原始地图
myArray1 = [[0,3,1,4,3,3,3],
            [0,3,3,2,3,3,0],
            [0,0,3,0,3,3,0],
            [3,3,2,3,0,0,0],
            [3,4,3,3,3,0,0],
            [0,0,3,3,3,3,0],
            [0,0,0,0,0,0,0]]
```

为了明确表示方格状态信息,这里定义变量名(Python 没有枚举类型)来表示,并使用 imgs 列表存储图像,而且按照图形代号的顺序储存图像。

```
Wall = 0
Worker = 1
Box = 2
Passageway = 3
Destination = 4
WorkerInDest = 5
RedBox = 6
#原始地图
myArray1 = [[0,3,1,4,3,3,3],
            [0,3,3,2,3,3,0],
            [0,0,3,0,3,3,0],
            [3,3,2,3,0,0,0],
            [3,4,3,3,3,0,0],
            [0,0,3,3,3,3,0],
            [0,0,0,0,0,0,0]]
imgs = [PhotoImage(file = 'bmp\\Wall.gif'),
        PhotoImage(file = 'bmp\\Worker.gif'),
        PhotoImage(file = 'bmp\\Box.gif'),
        PhotoImage(file = 'bmp\\Passageway.gif'),
        PhotoImage(file = 'bmp\\Destination.gif'),
        PhotoImage(file = 'bmp\\WorkerInDest.gif'),
        PhotoImage(file = 'bmp\\RedBox.gif')]
```

❷ 绘制整个游戏区域图形

绘制整个游戏区域图形就是按照地图 myArray 储存图形代号,从 imgs 列表获取对应图像,显示到 Canvas 上。全局变量 x、y 代表工人当前位置,即(x,y),从地图 myArray 读取时如果是 1(Worker 值为 1),则记录当前位置。

```
def drawGameImage():
    global x,y
    for i in range(0,7) :                              # 0～6
        for j in range(0,7) :                          # 0～6
            if myArray[i][j] == Worker :
                x = i
                y = j                                  # 工人当前位置(x,y)
                print("工人当前位置:",x,y)
            img1 = imgs[myArray[i][j]]                 # 从 imgs 列表获取对应图像
            cv.create_image((i*32+20,j*32+20),image = img1)    # 显示到 Canvas 上
            cv.pack()
```

❸ 按键事件处理

在游戏中对于用户按键的操作采用 Canvas 对象的 KeyPress 按键事件处理。KeyPress 按键处理函数 callback() 根据用户的按键消息计算出工人移动趋势方向前两个方格的位置坐标(x1, y1)、(x2, y2)，将所有位置作为参数，调用 MoveTo(x1, y1, x2, y2) 判断并做地图更新。如果用户按空格键，则恢复游戏界面到原始地图状态，实现"重玩"功能。

```
def callback(event) :                                  # 按键处理
    # (x1, y1)、(x2, y2)分别代表工人移动趋势方向前的两个方格
    global x,y,myArray
    print("按下键:" )
    print("按下键:", event.char)
    KeyCode = event.keysym
    # 工人当前位置(x,y)
    if KeyCode == "Up":                                # 分析按键消息
    # 向上
        x1 = x
        y1 = y - 1
        x2 = x
        y2 = y - 2
        # 将所有位置输入以判断并做地图更新
        MoveTo(x1, y1, x2, y2)
    # 向下
    elif KeyCode == "Down":
        x1 = x
        y1 = y + 1
        x2 = x
        y2 = y + 2
        MoveTo(x1, y1, x2, y2)
    # 向左
    elif KeyCode == "Left":
        x1 = x - 1
        y1 = y
        x2 = x - 2
        y2 = y
        MoveTo(x1, y1, x2, y2)
    # 向右
    elif KeyCode == "Right":
```

```
            x1 = x + 1
            y1 = y
            x2 = x + 2
            y2 = y
            MoveTo(x1, y1, x2, y2)
    elif KeyCode == "Space":                    #空格键
        print("按下键:", event.char)
        myArray = copy.deepcopy(myArray1)       #恢复原始地图
        drawGameImage()
```

IsInGameArea(row,col)判断是否在游戏区域中。

```
def IsInGameArea(row, col):
    return(row >= 0 and row < 7 and col >= 0 and col < 7)
```

MoveTo(x1,y1,x2,y2)方法是最复杂的部分,实现前面分析的所有规则和对应算法。

```
def MoveTo(x1, y1, x2, y2):
    global x,y
    P1 = None                                   #P1、P2 是移动趋势方向前的两个格子
    P2 = None
    if IsInGameArea(x1, y1):                    #判断是否在游戏区域
        P1 = myArray[x1][y1]
    if IsInGameArea(x2, y2):
        P2 = myArray[x2][y2]
    if P1 == Passageway:                        #P1 处为通道
        MoveMan(x, y)
        x = x1; y = y1
        myArray[x1][y1] = Worker
    if P1 == Destination:                       #P1 处为目的地
        MoveMan(x, y)
        x = x1; y = y1
        myArray[x1][y1] = WorkerInDest
    if P1 == Wall or not IsInGameArea(x1, y1):
        #P1 处为墙或出界
        return
    if P1 == Box:                               #P1 处为箱子
        if P2 == Wall or not IsInGameArea(x1, y1) or P2 == Box: #P2 处为墙或出界
            return
    #以下 P1 处为箱子
    #P1 处为箱子,P2 处为通道
    if P1 == Box and P2 == Passageway:
        MoveMan(x, y)
        x = x1; y = y1
        myArray[x2][y2] = Box
        myArray[x1][y1] = Worker
    if P1 == Box and P2 == Destination:
        MoveMan(x, y)
        x = x1; y = y1
        myArray[x2][y2] = RedBox
        myArray[x1][y1] = Worker
```

```
    ♯P1 处为放到目的地的箱子,P2 处为通道
    if P1 == RedBox and P2 == Passageway :
        MoveMan(x, y)
        x = x1; y = y1
        myArray[x2][y2] = Box
        myArray[x1][y1] = WorkerInDest
    ♯P1 处为放到目的地的箱子,P2 处为目的地
    if P1 == RedBox and P2 == Destination :
        MoveMan(x, y)
        x = x1; y = y1
        myArray[x2][y2] = RedBox
        myArray[x1][y1] = WorkerInDest
drawGameImage()
♯这里要验证是否过关
if IsFinish() :
    showinfo(title = "提示",message = "恭喜你顺利过关" )
    print("下一关")
```

MoveMan(x,y)移走位置为(x,y)的工人,修改格子状态值。

```
def MoveMan(x, y) :
    if myArray[x][y] == Worker :
        myArray[x][y] = Passageway
    elif myArray[x][y] == WorkerInDest :
        myArray[x][y] = Destination
```

IsFinish()验证是否过关,只要方格状态存在目的地(Destination)或人在目的地上(WorkerInDest),则表明有没放好的箱子,游戏还未成功,否则成功。

```
def IsFinish():                          ♯验证是否过关
    bFinish = True;
    for i in range(0,7) :                ♯0～6
        for j in range(0,7) :            ♯0～6
            if(myArray[i][j] == Destination
                or myArray[i][j] == WorkerInDest) :
                bFinish = False
    return bFinish
```

❹ 主程序

```
root = Tk()
root.title(" 推箱子～夏敏捷 ")
cv = Canvas(root, bg = 'green', width = 226, height = 226)
myArray = copy.deepcopy(myArray1)
drawGameImage()
cv.bind("<KeyPress>", callback)
cv.pack()
cv.focus_set()                           ♯将焦点设置到 cv 上
root.mainloop()
```

至此完成推箱子游戏。读者可以考虑一下多关推箱子游戏如何开发,例如把 10 关游戏的地图信息存储在 map.txt 文件中,需要时从文件中读取下一关数据即可。

第 12 章

娱乐游戏——两人麻将游戏

视频讲解

12.1 麻将游戏介绍

麻将起源于中国,它集益智性、趣味性、博弈性于一体,是中国传统文化的一个重要组成部分,不同地区的游戏规则稍有不同。麻将牌每副 136 张,主要有"饼(文钱)""条(索子)""万(万贯)"等。与其他牌形式相比,麻将的玩法最为复杂、有趣,它的基本打法简单,因此成为中国历史上最能吸引人的博戏形式之一。

12.1.1 麻将术语

麻将术语是"吃""碰""杠""听"。
- 吃:如果任何一位选手手中的牌的两张加上上家选手刚打下的一张牌恰好成顺子,他就可吃牌。
- 碰:如果某方打出一张牌,而自己手中有两张以上与该牌相同的牌,可以选择碰牌。碰牌后,取得对方打出的这张牌,加上自己提供的两张相同的牌成为刻子,倒下这个刻子,不能再出。然后再出一张牌。"碰"比"吃"优先,如果要碰的牌刚好是出牌方下家要吃的牌,则吃牌失败,碰牌成功。
- 杠:其他人打出一张牌,自己手中有 3 张相同的牌,即可杠牌。杠牌分明杠和暗杠两种。
- 听:当将手中的牌都凑成了有用的牌,只需再加上第 14 张便可和牌,则玩家就可以进入听牌的阶段。

12.1.2 牌数

麻将共 136 张牌。

(1) 万牌：从一万至九万，各 4 张，共 36 张。
(2) 饼牌：从一饼至九饼，各 4 张，共 36 张。
(3) 条牌：从一条至九条，各 4 张，共 36 张。
(4) 字牌：东、南、西、北，各 4 张，共 16 张。中、发、白，各 4 张，共 12 张。

本章设计的是两人麻将程序，可以实现玩家（人）和计算机对下。游戏有吃、碰功能，和牌判断。为了降低程序的复杂度，游戏没有设计杠的功能。同时对计算机出牌进行了智能设计，游戏中上方为计算机的牌，下方为玩家的牌，有"吃牌""碰牌""和牌""摸牌"和"出牌"按钮供玩家选择，游戏初始界面如图 12-1 所示。

图 12-1　两人麻将游戏运行的初始界面

12.2　两人麻将游戏设计的思路

12.2.1　素材图片

麻将牌共 136 张。在设计时麻将牌图片文件按以下规律编号：一饼至九饼为 11.jpg～19.jpg，一条至九条为 21.jpg～29.jpg，一万至九万为 31.jpg～39.jpg，字牌为 41.jpg～47.jpg，如图 12-2 所示。

图 12-2　素材图片

视频讲解

12.2.2　游戏的逻辑实现

玩家自己出过牌，MyTurn = False，则轮到计算机智能出牌，计算机出完牌则 MyTurn = True，同时"摸牌"按钮有效，这样又轮到玩家出牌。

```
MyTurn = True                      # 轮到玩家出牌
Get_btn["state"] = NORMAL          # 摸牌有效
```

在游戏过程中，playersCard 列表（数组）记录两个牌手的牌，其中 playersCard[0] 记录玩家自己（0 号牌手）的牌，playersCard[1] 记录计算机（1 号牌手）的牌。同理，playersOutCard 数组记录两个牌手出过的牌。所有的牌存入 m_aCards 列表（数组），同时为了便于知道该发哪张牌，这里 k 记录已发牌的个数，从而知道要摸的牌是 m_aCards[k]。

12.2.3　碰/吃牌的判断

在游戏过程中玩家自己可以碰牌和吃牌，所以需要判断计算机（1 号牌手）刚出的牌玩家是否可以碰、吃，如果能够碰、吃，则"碰牌""吃牌"和"摸牌"按钮有效。

能否碰牌的判断比较简单，由于每张牌对应文件的主文件名是 imageID，所以仅仅统计相同 imageID 的牌即可知道是否有两张以上，如果有则可以碰牌。

```
# 是否可以碰牌
def canPeng(a,card):  # (List a, Card card)
    n = 0
    for i in range(0,len(a)):
        c = a[i]
        if(c.imageID == card.imageID):
            n += 1
```

第12章 娱乐游戏——两人麻将游戏

```
    if n >= 2:
        return True
print("不能碰牌!!!",card.imageID)
return False
```

能否吃牌的判断也比较简单,由于牌手手里的牌(a 列表)已经排过序了,只要判断以下 3 种情况:

1 * *

* 1 *

* * 1

1 代表对方刚出的牌,如果符合这 3 种情况则可以吃牌。

```
#是否可以吃牌
def canChi(a,card):
    n = 0
    if card.m_nType == 4:          #字牌不用判断吃
        return False
    for i in range(0,len(a)-1):    #1 * *
        c1 = a[i]
        c2 = a[i+1]
        if(c1.m_nNum == card.m_nNum + 1 and c1.m_nType == card.m_nType
          and c2.m_nNum == card.m_nNum + 2 and c2.m_nType == card.m_nType):
            return True
    for i in range(0,len(a)-1):    # * 1 *
        c1 = a[i]
        c2 = a[i+1]
        if(c1.m_nNum == card.m_nNum - 1 and c1.m_nType == card.m_nType
          and c2.m_nNum == card.m_nNum + 1 and c2.m_nType == card.m_nType):
            return True
    for i in range(0,len(a)-1):    # * * 1
        c1 = a[i]
        c2 = a[i+1]
        if(c1.m_nNum == card.m_nNum - 2 and c1.m_nType == card.m_nType
          and c2.m_nNum == card.m_nNum - 1 and c2.m_nType == card.m_nType):
            return True
    print("不能吃牌!!!",card.imageID)
    return False
```

12.2.4 和牌算法

视频讲解

❶ 数据结构的定义

麻将由"万""饼"(筒)"条"(索)"字"4 类牌组成。

这里定义了一个 4×10 的二维列表(相当于其他语言中的 4×10 的二维数组 int allPai[4][10]),它记录了牌手手中的牌的全部信息,行号记录类别信息,第 0～3 行分别代表"饼""条""万""字"。

以第2行为例,它的第0列记录了牌中所有"万"的总数,第1~9列分别对应"一万"~"九万"的个数,"饼"和"条"类似。"字"不同的是第1~7列对应的是"中""发""白""东""南""西""北"的个数,第8、9列恒为0。

根据麻将的规则,数组中牌的总数一定为 $3n+2$,其中 $n=0,1,2,3,4$。例如有以下数组:

```
allPai = [
        [6,1,1,1,0,3],          #饼,6个饼牌,"一饼""二饼""三饼"和3个"五饼"
        [5,0,2,0,3],            #条,5个条牌,2个"二条"和3个"四条"
        [0],                    #万,无万牌
        [3,0,3]                 #字,3个字牌"发"
        ]
```

它表示牌手手中的牌为"一饼""二饼""三饼""五饼""五饼""五饼","二条""二条""四条""四条""四条","发""发""发",共6张"饼"、5张"条"、0张"万"、3张"字"。

❷ 算法设计

由于"七对子""十三幺"这种特殊牌型的和牌依据不是牌的相互组合,而且规则也不尽相同,这里将这类情况排除在外。

尽管能构成和牌的形式千变万化,但稍加分析可以看出它离不开一个模型:可以分解为"三、三……三、二"的形式(总牌数为 $3n+2$ 张),其中的"三"表示的是"顺"或"刻"(连续3张牌叫作"顺",例如"三饼""四饼""五饼","字"牌不存在"顺";3张同样的牌叫作"刻",例如"三饼""三饼""三饼");其中的"二"表示的是"将"(两张相同的牌可作为"将",例如"三饼""三饼")。

在代码实现中,首先判断牌手手中的牌是否符合这个模型,这样就用极少的代价排除了大多数情况,具体方法是用3除 allPai[i][0](存储每种牌型数量),其中 $i=0,1,2,3$,只有在余数有且仅有一个为2,其余全为0的情况下才可能构成和牌。

对于余数为0的牌,它一定要能分解成一个"刻"和"顺"的组合,这是一个递归的过程,由函数 bool Analyze(list,bool) 处理。

对于余数为2的牌,一定要能分解成一对"将"与"刻"和"顺"的组合,由于任何数目大于或等于2的牌均有作为"将"的可能,需要对每张牌进行轮询,如果它的数目大于或等于2,去掉这对"将"后再分析它能否分解为"刻"和"顺"的组合,这个过程的开销相对较大,放在程序的最后进行处理。在递归和轮询过程中,尽管每次去掉了某些牌,但最终都会再次将这些牌加上,使数组中的数据保持不变。

最后分析递归函数 bool Analyze(list,bool),列表(数组)参数表示一类牌,即"万""饼""条""字"之一,布尔参数指出列表(数组)参数是否为"字"牌,这是因为"字"牌只能"刻"不能"顺"。对于列表(数组)中的第1张牌,如果要构成和牌,它就必须与其他牌构成"顺"或"刻"。

如果数目大于或等于3,那么它们一定是以"刻"的形式组合。例如当前有3张"五万",如果它们不构成"刻",则必须有3张"六万"、3张"七万"与其构成3个"顺"(注意此时"五万"是数组中的第1张牌),否则就会剩下"五万"不能组合,而此时的3个"顺"实际上也是3个"刻"。去掉这3张牌,递归调用 bool Analyze(list,bool) 函数,如果成功则和牌。当该牌

不是字牌且其下 2 张牌均存在时它还可以构成"顺",去掉这 3 张牌,递归调用 bool Analyze (list,bool)函数,如果成功则和牌。如果此时还不能构成和牌,说明该牌不能与其他牌顺利组合,传入的参数不能分解为"顺"和"刻"的组合,不可以构成和牌。

这里根据上述思想单独设计一个类文件(huMain.py)验证和牌算法,代码如下:

```python
class huMain():
    def __init__(self):                              # 构造函数
        # 定义牌手手中的牌 int allPai[4][10]
        self.allPai = [[6,1,4,1,0,0,0,0,0,0],        # 饼
                       [3,1,1,1,0,0,0,0,0,0],        # 条
                       [0,0,0,0,0,0,0,0,0,0],        # 万
                       [5,2,3,0,0,0,0,0,0,0]]        # 字
        if self.Win(self.allPai):
            print("Hu!\n")
        else:
            print("Not Hu!\n")
    # 判断是否和牌的函数
    def Win(self,allPai):
        jiangPos = 0                                 # "将"的位置
        jiangExisted = False
        # 是否满足 3,3,3,3,2 模型
        for i in range(0,4):
            # yuShu
            yuShu = allPai[i][0] % 3                 # 余数
            if  yuShu == 1 :
                return False                         # 不满足 3,3,3,3,2 模型
            if  yuShu == 2 :
                if  jiangExisted == True:
                    return False                     # 不满足 3,3,3,3,2 模型
                jiangPos = i                         # "将"在哪行
                jiangExisted = True

        # 不含"将"处理
        for i in range(0,4):
            if  i != jiangPos :
                if  not self.Analyze(allPai[i],i == 3):
                    return False

        # 该类牌中要包含"将",因为要对"将"进行轮询,效率较低,放在最后
        success = False                              # 指出除掉"将"后能否通过
        for j in range(1,10):                        # 对列进行操作,用 j 表示
            if(allPai[jiangPos][j] >= 2):
                # 除去这两张将牌
                allPai[jiangPos][j] -= 2
                allPai[jiangPos][0] -= 2
                if self.Analyze(allPai[jiangPos],jiangPos == 3) :
                    success = True
                # 还原这 2 张将牌
```

```python
                    allPai[jiangPos][j] += 2
                    allPai[jiangPos][0] += 2
                    if success == True :
                        break
        return success

    #分解成"刻""顺"组合
    def Analyze(self,aKindPai,ziPai):      # (int aKindPai[],Boolean ziPai)
        if aKindPai[0] == 0 :
            return True
        #寻找第1张牌
        for j in range(1,10):
            if aKindPai[j]!= 0:
                break
        if aKindPai[j]>= 3:                # 作为刻牌
            #除去这3张刻牌
            aKindPai[j] -= 3
            aKindPai[0] -= 3
            result = self.Analyze(aKindPai,ziPai)
            #还原这3张刻牌
            aKindPai[j] += 3
            aKindPai[0] += 3
            return result
        #作为顺牌
        if(not ziPai)and(j < 8) and(aKindPai[j + 1]> 0) and(aKindPai[j + 2]> 0):
            #除去这3张顺牌
            aKindPai[j] -= 1
            aKindPai[j + 1] -= 1
            aKindPai[j + 2] -= 1
            aKindPai[0] -= 3
            result = self.Analyze(aKindPai,ziPai)
            #还原这3张顺牌
            aKindPai[j] += 1
            aKindPai[j + 1] += 1
            aKindPai[j + 2] += 1
            aKindPai[0] += 3
            return result
        return False
```

12.2.5 实现计算机智能出牌

在游戏中有两个牌手,一个是玩家自己(0号牌手),一个是计算机(1号牌手)。如果计算机只能随机出牌,则游戏的可玩性较差,所以智能出牌是一个设计重点。

为了判断出牌,需要首先计算牌手手中各种牌型的数量。二维列表 paiArray 存储了和牌算法的数据结构,记录了牌手手中牌的全部信息,行号记录类别信息,第 0~3 行分别代表"饼""索""万""字"。本游戏这里给出一个智能出牌的算法:

假设 cards 为手中所有的牌。

(1) 判断字牌的单张,即 paiArray 行号为 3 的元素是否为 1,有则找到,返回在 cards 的索引号。

(2) 判断顺子、刻子(3 张相同的),有则从 paiArray 中消去,即不需要考虑这些牌。

(3) 判断单张非字牌(饼、条、万),有则找到,返回在 cards 中的索引号。

(4) 判断两张牌(饼、条、万,包括字牌),有则找到(即拆双牌),返回在 cards 中的索引号。

(5) 如果以上情况均没出现,则随机选出 1 张牌,当然此种情况一般不会出现。

```python
#计算机智能出牌 v1.0,计算出牌的索引号
def  ComputerCard(cards):
    #计算牌手手中各种牌型的数量
    paiArray = [[0,0,0,0,0,0,0,0,0,0],
                [0,0,0,0,0,0,0,0,0,0],
                [0,0,0,0,0,0,0,0,0,0],
                [0,0,0,0,0,0,0,0,0,0]]
    for i in range(0,14):
        card = cards[i]
        if(card.imageID > 10 and card.imageID < 20):    #饼
            paiArray[0][0] += 1
            paiArray[0][card.imageID - 10] += 1
        if(card.imageID > 20 and card.imageID < 30):    #条
            paiArray[1][0] += 1
            paiArray[1][card.imageID - 20] += 1
        if(card.imageID > 30 and card.imageID < 40):    #万
            paiArray[2][0] += 1
            paiArray[2][card.imageID - 30] += 1
        if(card.imageID > 40 and card.imageID < 50):    #字
            paiArray[3][0] += 1
            paiArray[3][card.imageID - 40] += 1
    print(paiArray)
    #计算机智能选牌
    #(1)判断字牌的单张,有则找到
    for j in range(1,10):
        if(paiArray[3][j] == 1):
            #获取在手中的牌的位置下标
            k = ComputerSelectCard(cards,3 + 1,j)
            return k
    #(2)判断顺子、刻子(3 张相同的)
    for i in range(0,3):
        for j in range(1,10):
            if(paiArray[i][j] >= 3):                    #刻子
                paiArray[i][j] -= 3
            if(j <= 7 and paiArray[i][j] >= 1 and  paiArray[i][j+1] >= 1
                and   paiArray[i][j+2] >= 1):           #顺子
                paiArray[i][j] -= 1
                paiArray[i][j+1] -= 1
                paiArray[i][j+2] -= 1
```

```
    #(3)判断单张非字牌(饼、条、万),有则找到
    for i in range(0,3):
        for j in range(1,10):
            if(paiArray[i][j] == 1):
                #获取在手中的牌的位置下标
                k = ComputerSelectCard(cards,i + 1,j)
                return k
    #(4)判断2张牌(饼、条、万,包括字牌),有则找到,拆双牌
    for i in range(3,-1):
        for j in range(1,10):
            if(paiArray[i][j] == 2):
                #获取在手中的牌的位置下标
                k = ComputerSelectCard(cards,i + 1,j)
                return k
    #(5)如果以上情况均没出现,则随机选出1张牌
    k = random.randint(0,13)              #随机选出1张牌
    return k
#根据牌(花色nType,点数nNum)找在a数组中的索引位置
def ComputerSelectCard(a, nType,nNum):
    for i in range(0,len(a)):
        card = a[i]
        if(card.m_nType == nType and card.m_nNum == nNum):
            return i
    return -1
```

12.3 关键技术

12.3.1 声音的播放

winsound 模块可以访问由 Windows 平台提供的基本的声音播放设备,它包含数个声音播放函数和常量。

❶ **Beep(frequency,duration)函数**

计算机蜂鸣器。其中,frequency 参数指定声音的频率,单位为赫兹,并且取值范围必须是 37~32 767;duration 参数指定声音应该持续的毫秒数。

❷ **PlaySound(sound,flags)函数**

从 Windows 平台 API 中调用 PlaySound()函数。其中,sound 参数必须是一个由文件名、音频数据形成的字符串,或为 None。它的解释依赖于 flags 的值,该值可以是一个运算方式或下面变量的组合。

- SND_FILENAME:sound 参数是一个 WAV 文件的文件名。
- SND_LOOP:重复地播放声音。
- SND_MEMORY:提供给 PlaySound()的 sound 参数是一个 WAV 文件的内存映像形成的字符串。

- SND_PURGE：停止播放所有指定声音的实例。
- SND_ASYNC：立即返回，允许声音异步播放。
- SND_NOSTOP：不中断当前播放的声音。
- MB_ICONASTERISK：播放 SystemDefault 声音。
- MB_ICONEXCLAMATION：播放 SystemExclamation 声音。

例如播放"八柄.wav"声音文件的代码如下：

```
import winsound
winsound.PlaySound("res\\sound\\八柄.wav", winsound.SND_FILENAME)
```

12.3.2　返回对应位置的组件

在 Python Tkinter 中，用鼠标单击某组件，如何得到对应位置的组件呢？

实际上，当鼠标单击，参数 event 的 event.x 和 event.y 可以获取鼠标坐标的时候，event.widget 返回的就是事件发生时所在的组件，也就是被用户单击的组件。

例如，当用户选麻将牌时，系统自动调用鼠标按下事件函数，其中将被单击的麻将牌上移 20 像素。如果此麻将牌已被选过，则下移 20 像素恢复到原来的正常位置。

```
def btn_MouseDown(event):              #鼠标单击按下事件函数
    #找到相应的麻将牌对象
    card = event.widget                #event.widget 获取触发事件的对象
    card.y -= 20                       #上移 20 像素
    card.place(x = event.widget.x, y = event.widget.y)
    if(m_LastCard == None):            #未选过的牌
        m_LastCard = card
        PlayerSelectCard = card
    else:                              #已经选过的牌
        m_LastCard.MoveTo(m_LastCard.getX(), m_LastCard.getY() + 20)    #下移 20 像素
        m_LastCard = card
        PlayerSelectCard = card
```

12.3.3　对保存麻将牌的列表排序

Python 语言中的列表排序方法有 3 个，即 reverse()（反转/倒序排序）、sort()（正序排序）、sorted()（获取排序后的列表），后两种方法还可以加入条件参数进行排序。

❶ reverse()方法

将列表中的元素倒序，把原列表中的元素顺序从右至左重新存放。例如下面这样：

```
>>> x = [1,5,2,3,4]
>>> x.reverse()
>>> x              #结果是[4, 3, 2, 5, 1]
```

❷ sort()方法

此方法对列表内容进行正向排序，排序后的新列表会覆盖原列表（ID 不变），是就地排

序，以节约空间。也就是说，sort()排序方法是直接修改原列表。

```
>>> a = [5,7,6,3,4,1,2]
>>> a.sort()
>>> a          # 结果是[1, 2, 3, 4, 5, 6, 7]
```

❸ sorted()方法

该方法既可以保留原列表，又能得到已经排好序的列表，其操作方法如下：

```
>>> a = [5,7,6,3,4,1,2]
>>> b = sorted(a)
>>> a          # 结果是[5, 7, 6, 3, 4, 1, 2]
>>> b          # 结果是[1, 2, 3, 4, 5, 6, 7]
```

注意：使用 sort()方法和 sorted()方法可以加入参数。

列表的元素可以是各种类型，例如字符串、字典、用户自己定义的类。如果不使用内置比较函数，可以使用参数：

```
sort(cmp = None, key = None, reverse = False)
sorted(cmp = None, key = None, reverse = False)
```

其中，cmp 和 key 都是函数，这两个函数作用于列表的元素上产生一个结果，sorted()方法根据这个结果来排序。reverse 是一个布尔值，表示是否反转比较结果。

cmp(e1,e2)是带两个参数的比较函数，当返回值为负数时 e1＜e2，为 0 时 e1==e2，为正数时 e1＞e2，默认为 None，即用内置的比较函数。例如：

```
>>> students = [('张海',20),('李斯',19),('赵大强',31),('王磊',14)]
>>> students.sort(cmp = lambda x,y:cmp(x[1],y[1]))       # 按年龄数字大小排序
>>> students
```

结果如下：

```
[('王磊', 14), ('李斯', 19), ('张海', 20), ('赵大强', 31)]
```

key 是带一个参数的函数，用来为每个元素提取比较值。其默认为 None，即直接比较每个元素。通常，key 比 cmp 快很多，因为对每个元素，key 只处理一次，而 cmp 会处理多次。例如：

```
>>> students = [('张海',20),('李斯',19),('赵大强',31),('王磊',14)]
>>> students.sort(key = lambda x:x[1])
>>> students
```

结果如下：

```
[('王磊', 14), ('李斯', 19), ('张海', 20), ('赵大强', 31)]
```

用元素已经命名的属性做 key：

```
students.sort(key = lambda student: student.age)
```

用 operator 函数来加快速度，上面的排序等价于：

```
>>> from operator import itemgetter, attrgetter
>>> students.sort(key = itemgetter(2))
>>> students.sort(key = attrgetter('age'))
```

说明：cmp 参数在 Python 3.0 以后不再支持，所以 Python 3.5 只能使用 key、reverse 参数。

在本章中需要按花色理牌手手中的牌，使用的就是 sort()排序，参数 key 使用的是麻将牌的图像 ID 属性。由于麻将牌的图像 ID 是有次序的，从而实现按花色理牌。

```
def sortPoker2(cards):              # 按花色理牌手手中的牌
    n = len(cards)                  # 元素(牌)的个数
    cards.sort(key = operator.attrgetter('imageID'))    # 按麻将牌的图像 ID 属性排序
    print("排序后")
```

12.4 两人麻将游戏设计的步骤

12.4.1 设计麻将牌类

视频讲解

Card.as 为麻将牌类(继承按钮组件 Button)，构造函数根据参数 type 指定麻将牌的类型，参数 num 指定麻将牌的点数。从牌的类型和牌的点数计算出对应的麻将牌图片。麻将牌的所有图片见图 12-2 所示的素材。

Card 麻将牌类可以实现麻将牌正面、背面的显示以及移动的功能。

```
# Card 麻将牌类
'''m_bFront 表示是否显示牌正面的标志
   m_nType 表示牌的类型 饼 = 1 条 = 2 万 = 3 字牌 = 4
   m_nNum 表示牌的点数(1~9)
   FrontURL 表示牌文件的 URL 路径
   imageID 表示牌自己的图像编号 ID
   cardID 表示牌自己在数组中的索引 ID
   x,y 表示牌的坐标
'''
# 可以实现麻将牌正面、背面的显示以及移动的功能
class Card(Button):
    # 构造函数,参数 type 指定牌的类型,参数 num 指定牌的点数
    def __init__(self,cardtype,num,bm,master):
        Button.__init__(self,master)
        self.m_nType = cardtype         # 牌的类型 饼 = 1 条 = 2 万 = 3 字牌 = 4
        self.m_nNum = num               # 牌的点数(1~9)
        # 根据牌的类型及编号来设置牌文件的路径及文件名
        if self.m_nType == 1 :          # 桶(饼)
            FrontURL = "res/nan/1"
        elif self.m_nType == 2 :        # 条
            FrontURL = "res/nan/2"
```

```
            elif self.m_nType == 3 :                # 万
                FrontURL = "res/nan/3"
            elif self.m_nType == 4 :                # 字牌
                FrontURL = "res/nan/4"
            self.img = bm
            self.imageID = self.m_nType * 10 + self.m_nNum      # 牌的图像编号 ID
            FrontURL = FrontURL + str(self.m_nNum)  # URL 地址
            FrontURL = FrontURL + ".png"
            self["width"] = 51                      # 麻将牌方块的宽度
            self["height"] = 67                     # 麻将牌方块的高度
            self["text"] = str(self.imageID) + ".png"
            self.setFront(False)
            # self.MoveTo(100, 100)
            self.bind("< ButtonPress >",btn_MouseDown)
            self.cardID = 0
        def __cmp__(self, other):
            return cmp(self.imageID, other.imageID)
        def setFront(self, b):                      # 是否显示牌正面
            self.m_bFront = b
            if( b == True ):
                self["image"] = self.img            # 显示牌正面图片
            else:
                self["image"] = back                # 显示牌背面图片
        def MoveTo(self, x1, y1):                   # 移到指定的(x1, y1)位置
            self.place(x = x1, y = y1)
            self.x = x1
            self.y = y1                             # 牌的坐标
        def getX(self):
            return self.x
        def getY(self):
            return self.y
        def getImageID(self):                       # 牌自己的图像编号 ID
            return imageID
    # ------------------------------------ Card end
```

12.4.2　设计游戏主程序

导入包及相关的类：

```
from tkinter import *
import random
from threading import Timer
import time
import operator
import winsound                    # 声音模块
from tkinter.messagebox import *
```

创建窗口对象，imgs 用来存储麻将图片。

```
win = Tk()                                          # 创建窗口对象
win.title("两人麻将——夏敏捷")                       # 设置窗口标题
win.geometry("995x750")
imgs = []                                           # 存储麻将的正面图片
back = PhotoImage(file = 'res\\bei.png')            # 存储牌的背面图片
m_aCards = []                                       # 存储136张麻将牌的列表
playersCard = [[],[]]                               # 记录两个牌手拿到的牌
playersOutCard = [[],[]]                            # 记录两个牌手出过的牌
k = 0                                               # 记录已发出牌的个数
m_LastCard = None                                   # 用户是否选过牌
PlayerSelectCard = None                             # 用户选中的牌
MyTurn = True                                       # 轮到玩家出牌(游戏开始玩家先出牌)
```

实例化"吃牌""碰牌""和牌""摸牌"按钮，由于还未发牌，所以这些按钮均设置为无效。

```
# 功能按钮
Get_btn = Button(win,text = "摸牌", command = OnBtnGet_Click)
Peng_btn = Button(win,text = "碰牌", command = OnBtnChi_Click)
Chi_btn = Button(win,text = "吃牌", command = OnBtnChi_Click)
Out_btn = Button(win,text = "出牌", command = OnBtnOut_Click)
Win_btn = Button(win,text = "和牌", width = 70,height = 27)
Win_btn.place(x = 500,y = 600,width = 70,height = 27)
Chi_btn.place(x = 600,y = 600,width = 70,height = 27)
Peng_btn.place(x = 700,y = 600,width = 70,height = 27)
Out_btn.place(x = 800,y = 600,width = 70,height = 27)
Get_btn.place(x = 900,y = 600,width = 70,height = 27)
#Get_btn.pack_forget()                              # 隐藏button
#Get_btn["state"] = DISABLED                        # "摸牌"按钮无效
Peng_btn["state"] = DISABLED                        # "碰牌"按钮无效
Chi_btn["state"] = DISABLED                         # "吃牌"按钮无效
Out_btn["state"] = DISABLED                         # "出牌"按钮无效
Win_btn["state"] = DISABLED                         # "和牌"按钮无效
BeginGame()                                         # 开始游戏,玩家先出牌
win.mainloop()
```

BeginGame()函数加载136张麻将牌到舞台，同时重置游戏，完成洗牌功能，即随机交换 m_aCards 中的两张牌；并将136张麻将牌的背面显示在舞台上，设置两家26张初始麻将牌的位置。

```
def BeginGame():                                    # 开始游戏,玩家先出牌
    MyTurn = True
    LoadCards()                                     # 加载136张麻将牌到舞台
    random.shuffle(m_aCards)                        # 洗牌操作,将列表中的元素打乱
    ResetGame()                                     # 初始发26张牌给玩家和计算机
```

LoadCards()创建136张麻将牌，并将牌添加到游戏舞台和 m_aCards 列表(数组)中。

```
def LoadCards():                                    # 加载136张麻将牌到舞台
    for m_nType in range(1,4):                      # 1~3代表饼、条、万
        for num in range(1,10):                     # 1~9
            # 根据牌的类型及编号来设置牌文件的路径及文件名
```

```python
            if m_nType == 1:                        # 桶(饼)
                FrontURL = "res/nan/1"
            elif m_nType == 2 :                     # 条
                FrontURL = "res/nan/2"
            elif m_nType == 3 :                     # 万
                FrontURL = "res/nan/3"

            FrontURL = FrontURL + str(num)          # URL 地址
            FrontURL = FrontURL + ".png"
            imgs.append(PhotoImage(file = FrontURL))
            for n in range(1,5):                    # 1~4,每种牌 4 张
                card = Card(m_nType,num,imgs[len(imgs)-1],win) # 创建"饼、条、万"牌
                # card.MoveTo(100 + num * 60,100 + m_nType * 80)
                m_aCards.append(card)               # 将牌添加到列表(数组)

    cardtype = 4                                    # 字牌
    for num in range(1,8):                          # 1~7,7 种字牌
        FrontURL = "res/nan/4"
        FrontURL = FrontURL + str(num)              # URL 地址
        FrontURL = FrontURL + ".png"
        imgs.append(PhotoImage(file = FrontURL))
        for n in range(1,5):                        # 每种牌 4 张
            card = Card(cardtype,num,imgs[len(imgs)-1],win)    # 创建字牌
            # card.MoveTo(100 + num * 60,100 + 4 * 80)
            # card["state"] = DISABLED
            m_aCards.append(card)                   # 将牌添加到列表(数组)
```

ResetGame()在洗牌操作后将 136 张麻将牌的背面显示在舞台上,并完成发牌功能,共发给两个玩家 26 张麻将牌,同时设置 26 张初始麻将牌的位置。

```python
def ResetGame():                                    # 发给两家 26 张麻将牌
    playersCard[0] = []                             # 玩家手中的牌
    playersCard[1] = []                             # 计算机的牌
    for n in range(0,len(m_aCards)):                # 重新设置 136 牌在场景中的位置
        m_aCards[n].x = 90 + 20 * (n % 34)
        m_aCards[n].y = 170 + 55 * (n - n % 34)/34
        m_aCards[n].MoveTo(m_aCards[n].x, m_aCards[n].y)
        # m_aCards[n].setComponentZOrder(m_aCards[n], n)
        m_aCards[n].setFront(False)                 # 显示麻将牌的背面
    # 开始发牌
    ShiftCards()
    m_LastCard = None                               # 上次用户所选择的卡片
    playersOutCard[0] = []                          # 玩家出过的牌
    playersOutCard[1] = []                          # 计算机出过的牌
```

ShiftCards()发给两个玩家 26 张麻将牌,每个玩家发完 13 张牌以后,需要调用 sortPoker2(cards)按花色理牌手手中的牌。

```python
def ShiftCards():
    global k
```

```
for k in range(0,26):                    #发牌,设置最初发的26张麻将牌的位置
    Shift(k)
print("玩家按花色理手中的牌")
sortPoker2(playersCard[0])               #玩家按花色理手中的牌
print("计算机按花色理手中的牌")
sortPoker2(playersCard[1])               #计算机按花色理手中的牌
OuterPlayerNum = 0                       #出牌人数为0
k = 26                                   #发牌数量
```

Shift()设置最初26张麻将牌的位置,并且给发给玩家的麻将牌加上"<ButtonPress>"事件监听,当单击麻将牌时系统将调用btn_MouseDown()事件函数,对发给玩家的对家(计算机)的麻将牌则不需要监听。

```
def Shift(k):                            #设置每张麻将牌的位置
    #global k
    #print('running',k)
    i = k % 2
    j = (k - k % 2)/2
    if i == 0:                           #玩家自己
        m_aCards[k].setFront(True)       #显示麻将牌的正面
        m_aCards[k].MoveTo(80 + 55 * j, 500)
        #监听每张麻将牌,当单击麻将牌时系统将调用btn_MouseDown()
        m_aCards[k].bind("<ButtonPress>",btn_MouseDown)
    elif i == 1:                         #玩家的对家(计算机)
        m_aCards[k].MoveTo(80 + 55 * j, 80)
        m_aCards[k].setFront(True)       #显示麻将牌的正面
    playersCard[(k%2)].append(m_aCards[k])   #按顺序存储到记录两个牌手的牌的数组
```

sortPoker2(cards)按花色理玩家手中的牌。由于imageID是按照花色编号的,所以按照imageID大小排序就可以了。

```
def sortPoker2(cards):                   #按花色理牌手手中的牌
    n = len(cards)                       #元素(牌)的个数
    #排序
    cards.sort(key = operator.attrgetter('imageID'))
    print("排序后")
    for index in range(0,n):             #重新设置各张牌在场景中的位置
        print(cards[index].imageID)
        newx = 90 + 55 * index
        y = cards[index].getY()
        cards[index].MoveTo(newx, y)
        cards[index].cardID = index
```

玩家手中的牌可以响应鼠标单击,当用户选麻将牌时系统将调用btn_MouseDown()事件函数。另外,通过event.widget可以获取用户选的麻将牌对象,将此牌上移20像素。如果已经选过牌,则还需要将已经选过的牌下移20像素。

```
#当用户选麻将牌时系统将自动调用此函数
def btn_MouseDown(event):                #鼠标单击按下事件函数
    global m_LastCard,PlayerSelectCard
```

```python
if event.widget["state"] == DISABLED:
    return
if(event.widget.m_bFront == False):
    return
#找到相应的麻将牌对象
card = event.widget                          #event.widget 获取触发事件的对象
card.y -= 20
card.place(x = event.widget.x, y = event.widget.y)
if(m_LastCard == None):                      #未选过的牌
    m_LastCard = card
    PlayerSelectCard = card
else:                                        #已经选过的牌
    m_LastCard.MoveTo(m_LastCard.getX(), m_LastCard.getY() + 20) #下移 20 像素
    m_LastCard = card
    PlayerSelectCard = card
```

以下是 4 个按钮的单击事件处理。

在"摸牌"按钮单击事件中,将 m_aCards[k]牌移动到玩家牌所在的位置,并按花色排序理牌;调用 ComputerCardNum(playersCard[0])计算玩家手中各种牌型的数量并判断是否和牌,如果和牌则游戏结束。

```python
def OnBtnGet_Click():                        #"摸牌"按钮事件
    global k
    global playersCard, MyTurn
    #玩家按花色理手中的牌
    m_aCards[k].MoveTo(90 + 55 * 13, 500)
    m_aCards[k].setFront(True)               #显示麻将牌的正面
    print("玩家手中牌 1111", len(playersCard[0]))
    playersCard[0].append(m_aCards[k])       #第 14 张牌
    #监听第 14 张牌
    m_aCards[k].bind("<ButtonPress>", btn_MouseDown)
    print("玩家手中牌 2222", len(playersCard[0]))
    sortPoker2(playersCard[0])               #按顺序存储到记录牌手的牌的数组
    result1 = ComputerCardNum(playersCard[0]) #计算牌手手中各种牌型的数量,判断是否和牌
    if(result1):                             #和牌了
        Win_btn["state"] = NORMAL
        showinfo(title = "恭喜", message = "玩家 Win!")
        return                               #玩家不需要再出牌
    k = k + 1                                #下一张要摸的牌在 m_aCards 中的索引号
    Out_btn["state"] = NORMAL                #"出牌"按钮有效
    Chi_btn["state"] = DISABLED              #"吃牌"按钮无效
    Peng_btn["state"] = DISABLED             #"碰牌"按钮无效
    Get_btn["state"] = DISABLED              #"摸牌"按钮无效
    MyTurn = True
```

在"出牌"按钮单击事件中,将被选中的牌 PlayerSelectCard 移到左侧,并从 playersCard[0]中删除被选中的牌 PlayerSelectCard,轮到计算机出牌时,ComputerOut()实现计算机智能出牌。

```
def OnBtnOut_Click():
    global MyTurn
    global PlayerSelectCard,m_LastCard,MyTurn
    print("出牌")
    if(MyTurn == False):                                    # 没轮到自己出牌
        return
    if(PlayerSelectCard == None):                           # 还没选择出的牌
        showinfo(title = "提示",message = "还没选择出的牌")
        return
    print(PlayerSelectCard)
    if not(PlayerSelectCard == None):
        Out_btn["state"] = DISABLED                         # "出牌"按钮无效
        playersOutCard[0].append(PlayerSelectCard);
        PlayerSelectCard.x = len(playersOutCard[0]) * 25 - 25;  # 移动被选中的牌
        PlayerSelectCard.y = 420;
        PlayerSelectCard.MoveTo(PlayerSelectCard.x, PlayerSelectCard.y);
        # outCardOrder(playersOutCard[0]);                  # 整理玩家出的牌的Z轴深度
        # 玩家牌减少
        print(PlayerSelectCard.cardID)
        del(playersCard[0][PlayerSelectCard.cardID])
        # playersCard[0].remove(PlayerSelectCard);
        m_LastCard = None
        PlayerSelectCard = None
        MyTurn = False
        Out_btn["state"] = DISABLED
        ComputerOut()                                       # 计算机智能出牌
        fun2()                                              # 游戏顺序逻辑控制
```

对于碰、吃牌,这里不再区分处理,仅仅将对家的牌加入玩家自己的 playersCard[0] 列表(数组)中,对 playersCard[0] 记录的牌进行排序,从而达到理牌目的。最后计算牌手手中各种牌型的数量,判断是否和牌,如果和牌则"出牌"按钮无效,否则"出牌"按钮出现,玩家选择牌后可以出牌。

```
# 对于碰、吃牌,这里不再区分处理
def OnBtnChi_Click():                                       # "吃牌"按钮单击事件
    global MyTurn
    card = playersOutCard[1][len(playersOutCard[1]) - 1];
    card.MoveTo(90 + 55 * 13, 500);
    card.setFront(True);                                    # 显示麻将牌的正面
    playersCard[0].append(card);                            # 第 14 张牌
    # 监听第 14 张牌
    # card.bind("<ButtonPress>",btn_MouseDown)              # 不绑定事件,可以防止此牌被玩家再次出
    print("碰吃的牌是",card.imageID)
    sortPoker2(playersCard[0]);                             # 按顺序存储到记录玩家的牌的列表(数组)中
    result1 = ComputerCardNum(playersCard[0]);# 计算牌手手中各种牌型的数量,判断是否和牌
    if(result1):                                            # 和牌了
        Win_btn["state"] = NORMAL
        Out_btn["state"] = DISABLED                         # "出牌"按钮无效
```

```
            showinfo(title = "恭喜",message = "玩家 Win!")
            return                                          #玩家不需要再出牌
     Out_btn["state"] = NORMAL                              #"出牌"按钮有效
     Get_btn["state"] = DISABLED                            #"摸牌"按钮无效
     Chi_btn["state"] = DISABLED                            #"吃牌"按钮无效
     Peng_btn["state"] = DISABLED                           #"碰牌"按钮无效
     MyTurn = True
```

fun2()实现游戏过程中出牌顺序的控制逻辑。在游戏中有两个牌手,一个是玩家自己(0号牌手),一个是计算机(1号牌手)。在玩家出牌后系统自动调用ComputerOut()实现计算机智能出牌,这时又轮到玩家出牌,需要判断计算机出的牌玩家是否可以吃、碰,如果可以,则"吃牌""碰牌"按钮有效。

```
    def   fun2():                                           #出牌顺序控制
        MyTurn = True                                       #轮到玩家出牌
        Get_btn["state"] = NORMAL                           #"摸牌"按钮有效
        if(len(playersOutCard[1])> 0):
            #取计算机出的牌,即最后一张
            card = playersOutCard[1][len(playersOutCard[1]) - 1]
            #判断计算机出的牌玩家是否可以吃、碰
            if(canPeng(playersCard[0],card)):               #玩家是否可以碰牌
                Peng_btn["state"] = NORMAL                  #"碰牌"按钮有效
            if (canChi(playersCard[0],card)):               #玩家是否可以吃牌
                Chi_btn["state"] = NORMAL                   #"吃牌"按钮有效
            #不能吃、碰则只能直接摸牌
            if ( not canChi(playersCard[0],card)and not canPeng(playersCard[0],card)):
                Peng_btn["state"] = DISABLED
                Chi_btn["state"] = DISABLED
                #OnBtnGet_Click();                          #直接摸牌
        else:                                               #计算机没出过牌直接摸牌
            Get_btn["state"] = NORMAL                       #"摸牌"按钮有效
```

为了实现在不能吃、碰的情况下自动摸牌,不需要等玩家单击"摸牌"按钮后才摸牌,可以将上面的"直接摸牌"行的注释取消掉,这样就可以减少让玩家摸牌的麻烦,但是如果可以选择吃、碰,这时还是可以让玩家单击"摸牌"按钮的,因为玩家可以放弃吃、碰。

ComputerOut(Order:int)实现计算机智能出牌,首先将 m_aCards[k]牌移动到对家(计算机)牌所在的位置,并按花色排序理牌。调用 ComputerCardNum(playersCard[0])计算牌手手中各种牌型的数量并判断是否和牌,如果和牌则游戏结束,否则调用ComputerCard (playersCard[1])智能出牌。

```
    def ComputerOut():                     #计算机智能出牌
        global k,MyTurn
        #对家(计算机)摸牌
        m_aCards[k].MoveTo(90 + 55 * 13,80);
        m_aCards[k].setFront(True);       #显示麻将牌正面
        playersCard[1].append(m_aCards[k]);      #第 14 张牌
        result1 = ComputerCardNum(playersCard[1]);#计算计算机的各种牌型的数量,判断是否和牌
        if(result1):                      #和牌了
```

```
            showinfo(title = "遗憾",message = "计算机 Win!")
            return;                              # 对家(计算机)不需要再出牌

        i = ComputerCard(playersCard[1]);        # 智能出牌
        # i = 0;                                 # 总是出第1张牌,没有智能出牌
        card = playersCard[1][i]
        del(playersCard[1][i])
        # 加到计算机出过牌的数组
        playersOutCard[1].append(card)
        # outCardOrder(playersOutCard[1]);       # 整理出过的牌,Z轴深度问题
        card.setFront(True);                     # 显示麻将牌正面
        playSound(card)                          # 根据计算机出牌选择声音文件播放
        # 计算机按花色理手中的牌
        sortPoker2(playersCard[1]);
        card.x = len(playersOutCard[1]) * 25 - 25;
        card.y = 10;
        card.MoveTo(card.x, card.y);
        k = k + 1                                # 发过牌的总数
        MyTurn = True                            # 轮到玩家
```

playSound(card)实现播放牌对应的声音文件。

```
def playSound(card):
    # music = "res/sound/二条.wav";
    # 根据牌的类型及编号来设置牌文件的路径及文件名
    music = "res/sound/" + toChineseNumString(card.m_nNum);
    if card.m_nType == 1:                        # 饼(桶)
        music += "饼.wav";
    elif card.m_nType == 2:                      # 条
        music += "条.wav";
    elif card.m_nType == 3:                      # 万
        music += "万.wav";
    elif card.m_nType == 4:                      # 字
        music = "res/sound/give.wav";
    winsound.PlaySound(music, winsound.SND_FILENAME)
```

由于声音文件名是汉字,例如"一万.mp3""二万.mp3",所以在计算机出牌时toChineseNumString(n:int)将牌面的数字转换成汉字。

```
def toChineseNumString(n):
    if n == 1:
        music = "一"
    elif n == 2:
        music = "二"
    elif n == 3:
        music = "三"
    elif n == 4:
```

```
            music = "四"
        elif n == 5:
            music = "五"
        elif n == 6:
            music = "六"
        elif n == 7:
            music = "七"
        elif n == 8:
            music = "八"
        elif n == 9:
            music = "九"
        return music
```

在和牌算法中需要计算每种花色麻将牌的数量以及每种牌型的数量，ComputerCardNum(cards)根据cards计算出数据按和牌的数据结构存入paiArray中，调用和牌算法类中的Win(paiArray)判断是否和牌。

```
    def ComputerCardNum(cards):                          #玩家手中的牌
        #计算牌手手中各种牌型的数量
        paiArray = [[0,0,0,0,0,0,0,0,0,0],
                    [0,0,0,0,0,0,0,0,0,0],
                    [0,0,0,0,0,0,0,0,0,0],
                    [0,0,0,0,0,0,0,0,0,0]]
        print("玩家手中的牌",len(cards))
        for i in range(0,14):
            card = cards[i]
            if(card.imageID > 10 and card.imageID < 20):    #饼
                paiArray[0][0] += 1
                paiArray[0][card.imageID - 10] += 1
            if(card.imageID > 20 and card.imageID < 30):    #条
                paiArray[1][0] += 1
                paiArray[1][card.imageID - 20] += 1
            if(card.imageID > 30 and card.imageID < 40):    #万
                paiArray[2][0] += 1
                paiArray[2][card.imageID - 30] += 1
            if(card.imageID > 40 and card.imageID < 50):    #字
                paiArray[3][0] += 1
                paiArray[3][card.imageID - 40] += 1
        print(paiArray)
        hu = huMain()                                    #和牌算法类
        result = hu.Win(paiArray)                        #判断是否和牌
        return result
```

两人麻将游戏还有许多地方需要完善，例如碰、吃牌功能，需要记录哪几张牌"吃"和"碰"，这几张牌不能再出，可以通过在Card类中增加Selected属性来记录是否用于"吃"和"碰"，这样玩家选择出牌时判断Selected属性的真假就可以知道是否能出。另外还有"杠"的处理，本游戏没有考虑，读者可以进一步去完善。本游戏的运行界面如图12-3所示。

第12章 娱乐游戏——两人麻将游戏

图 12-3 两人麻将游戏的运行界面

娱乐游戏——贪吃蛇游戏

13.1 贪吃蛇游戏介绍

游戏说明：在该游戏中，玩家操纵一条贪吃的蛇在长方形场地里行走，贪吃蛇按玩家所按的方向键折行，蛇头吃到豆（食物）后，分数加 10 分，蛇身会变长，如果贪吃蛇碰上墙壁或者自身，游戏就结束了（当然也可能是减去一条生命）。游戏过程中，字母 P 键控制"暂停"或"继续"。游戏运行界面如图 13-1 所示。

图 13-1 贪吃蛇游戏运行界面

13.2　程序设计的思路

游戏画面由 16×12 的方格组成。豆(食物)和组成蛇的块均在屏幕上占据一个方格。游戏设计中主要用到如下 4 个类。

SnakeGame 类：主要处理键盘输入事件和蛇的移动游戏逻辑。
Grid 类：表示蛇运动的场地。在场地上可以显示蛇身的方块和豆(食物)。
Food 类：抽象了豆的属性和动作，随机放置豆(食物)，绘制豆(食物)。
Snake 类：抽象了贪吃蛇的属性和动作。一条蛇可以看成由许多"块"(或称为"节")拼凑而成，块是蛇身上最小的单位。

13.3　程序设计的步骤

13.3.1　Grid 类(场地类)

游戏的主场地默认为 16×12 的方格(即 800 像素×600 像素)。每个格子为 50 像素×50 像素的大小，组成蛇身的"块"以及豆(食物)都是一个格子。draw(self, pos, color) 绘制方格既可以是蛇身的"块"，也可以是豆(食物)。

最主要的 grid_list(self) 方法，用于获取游戏场地的所有格子，计算蛇身有效的位置，以及用来判断出界。

```python
from tkinter import *
from tkinter.messagebox import *
from random import randint
import sys
class Grid(object):
    def __init__(self, master = None, window_width = 800, window_height = 600, grid_width = 50, offset = 10):
        self.height = window_height
        self.width = window_width
        self.grid_width = grid_width
        self.offset = offset
        self.grid_x = self.width//self.grid_width           #计算格子x方向数量
        self.grid_y = self.height//self.grid_width          #计算格子y方向数量
        self.bg = "#EBEBEB"
        self.canvas = Canvas(master, width = self.width + 2 * self.offset, height = self.height + 2 * self.offset, bg = self.bg)     #设置画布大小
        self.canvas.pack()
        self.grid_list()                                    #获取游戏场地的所有格子，可以用来判断出界
    def draw(self, pos, color):                             #绘制方格
```

```
            x = pos[0] * self.grid_width + self.offset
            y = pos[1] * self.grid_width + self.offset
            self.canvas.create_rectangle(x, y, x + self.grid_width, y + self.grid_width, fill =
            color, outline = self.bg)
    def grid_list(self):
        grid_list = []
        for y in range(0, self.grid_y):
            for x in range(0, self.grid_x):
                grid_list.append((x, y))
        self.grid_list = grid_list
```

13.3.2　Food类（豆类）

在此游戏中，首先会在场地的特定位置出现一个豆，豆要不断被蛇吃掉，当豆被吃掉后，原豆消失，又在新的位置出现新的豆。这些豆都是由豆（Food）类创建的对象。

```
class Food(object):
    def __init__(self, Grid):
        self.grid = Grid
        self.color = "#23D978"
        self.set_pos()
    def set_pos(self):
        x = randint(0, self.grid.grid_x - 1)         #随机新的位置
        y = randint(0, self.grid.grid_y - 1)
        self.pos =  (x, y)
    def display(self):                                #显示豆
        self.grid.draw(self.pos, self.color)
```

13.3.3　Snake（蛇类）

构造函数 __init__(self, Grid)根据游戏开始时蛇运动的默认方向（向上）和给定的参数，确定组成蛇的初始5"块"的位置坐标，然后把各块添加到Body中；并初始化蛇的速度为0.3秒和吃到豆的标志为False。

move(self, food)采用"添头去尾"方式实现蛇的移动。根据蛇的运行方向，在蛇头前面增加一个块。在蛇头前增加的块的位置坐标由原来的蛇头块位置坐标和蛇的运动方向决定。如果没有吃到豆，则同时去掉蛇尾；如果吃到豆，则设置吃到豆的标志为True。这样就实现蛇的移动。在蛇的移动过程中计算蛇身是否在有效位置（即出界或碰到自身）。

```
class Snake(object):
    def __init__(self, Grid):                        #构造函数
        self.grid = Grid
        self.body = [(10,6),(10,7),(10,8),(10,9),(10,10)]   #蛇身初始有5"块"
        self.direction = "Up"                        #运动方向
        self.status = ['run','stop']                 #游戏状态——运行或暂停（结束）
        self.speed = 300                             #速度（每0.3秒移动一次）
```

```
            self.color = "#5FA8D9"
            self.gameover = False
            self.hit = False                    # 是否吃到豆
        def available_grid(self):               # 计算蛇身有效位置,可以用来判断出界和碰到自身
            return [i for i in self.grid.grid_list if i not in self.body[1:]]
        def change_direction(self, direction):  # 转向
            self.direction = direction
        def display(self):                      # 显示蛇
            for (x,y) in self.body:
                self.grid.draw((x,y),self.color)
        def move(self, food):                   # 蛇的移动
            head = self.body[0]
            if self.direction == 'Up':          # 向上
                new = (head[0], head[1] - 1)
            elif self.direction == 'Down':      # 向下
                new = (head[0], head[1] + 1)
            elif self.direction == 'Left':      # 向左
                new = (head[0] - 1, head[1])
            else:
                new = (head[0] + 1, head[1])    # 向右
            if not food.pos == head:            # 没吃到食物豆
                pop = self.body.pop()           # 去掉蛇尾
                self.grid.draw(pop, self.grid.bg)
            else:                               # 吃到食物豆
                self.hit = True
            self.body.insert(0, new)            # 添加到蛇身中
            if not new in self.available_grid():# 计算蛇身不在有效位置,即出界或碰到自身
                self.status.reverse()           # 游戏状态反转,即运行或暂停(结束)反转
                self.gameover = True            # 游戏结束标志
            else:
                self.grid.draw(new, color = self.color)    # 绘制新块
```

13.3.4　SnakeGame(游戏逻辑类)

　　SnakeGame(游戏逻辑类)的功能是依次显示场地内的所有对象,包括场地边框、豆和蛇;还要检查蛇是否吃了豆,如果豆被蛇吃掉,得分增加1分,显示新豆。游戏结束用消息框显示得分。

　　绑定的 key_release 事件方法 key_release(self,event),它包含与此事件相关的数据。参数中 event.keysym 获取按键的键值。根据按键情况,调用蛇的 change_direction()方法,改变蛇的运行方向。如果按键为字母 P 键,则改变游戏的状态。

```
class SnakeGame(Frame):
    def __init__(self,master = None):
        Frame.__init__(self, master)
        self.score = 0
        self.master = master
```

```python
        self.grid = Grid(master = master)
        self.snake = Snake(self.grid)
        self.food = Food(self.grid)
        self.display_food()
        self.bind_all("<KeyRelease>", self.key_release)
        self.snake.display()

    def display_food(self):
        while(self.food.pos in self.snake.body):
            self.food.set_pos()
        self.food.display()
    def run(self):
        if not self.snake.status[0] == 'stop':
            self.snake.move(self.food)
            if self.snake.hit == True:
                self.display_food()                 #吃到食物豆
                self.score += 1                     #重新产生位置
                self.snake.hit = False              #恢复没吃到豆

            if self.snake.gameover == True:
                message =    messagebox.showinfo("Game Over","your score: %d" % self.score)
                if message == 'ok':
                    sys.exit()
            self.after(self.snake.speed,self.run)
    def key_release(self, event):
        key = event.keysym                          #获取按键的键值
        key_dict = {"Up":"Down","Down":"Up","Left":"Right","Right":"Left"}
        #根据当前蛇的运行方向和传递来的参数来设置蛇的新运动方向
        #蛇不可以向自己的反方向走
        if key in key_dict.keys() and not key == key_dict[self.snake.direction]:
            self.snake.change_direction(key)
            self.snake.move(self.food)
        elif key == 'p':
            self.snake.status.reverse()
```

以下是主程序。

```python
if __name__ == '__main__':
    root = Tk()
    root.title(" 贪吃蛇 ")
    snakegame = SnakeGame(root)
    snakegame.run()
    snakegame.mainloop()
```

至此贪吃蛇小游戏就完成了。

第14章 益智游戏——人机对战黑白棋游戏

视频讲解

14.1 黑白棋游戏介绍

黑白棋又叫反棋（Reversi）、奥赛罗棋（Othello）、苹果棋、翻转棋。黑白棋在西方和日本很流行。游戏通过相互翻转对方的棋子，最后以棋盘上谁的棋子多来判断胜负。

黑白棋的棋盘是一个有 8×8 方格的棋盘。下棋时将棋下在空格中间，而不是像围棋一样下在交叉点上。开始时在棋盘正中有两白两黑四个棋子交叉放置，黑棋总是先下子。游戏开始时效果如图 14-1 所示。

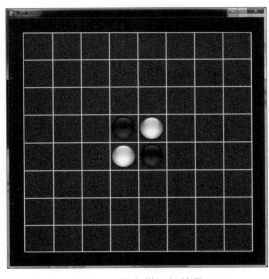

图 14-1 黑白棋运行效果

游戏规则如下：

（1）将棋子下在棋盘的空格上，而当自己放下的棋子在横、竖、斜八个方向内有一个自己的棋子，则被夹在中间的异色棋子全部翻转会成为自己的棋子；

（2）只有在可以翻转棋子的地方才可以下子；

（3）如果玩家在棋盘上没有地方可以下子，则该玩家的对手可以连下。

胜负判定条件：

（1）双方都没有棋子可以下时，棋局结束，以棋子数目来计算胜负，棋子多的一方获胜；

（2）在棋盘还没有下满时，如果一方的棋子已经被对方吃光，则棋局也结束，将对手棋子吃光的一方获胜。

14.2 黑白棋游戏设计的思路

本程序的核心思想是处理棋盘 64 个格子里面棋子的颜色。按照游戏规则规定黑棋先走，玩家先走或计算机先走随机选择。设计该游戏的主要难点有如下两个。

（1）按照规则，找出计算机或玩家可以落子的格子。

（2）计算机下棋的 AI 算法。如果计算机在所有落子的选择中，有四个边角，可落子在边角，因为边角的棋子无法被翻转。如果没有边角，则选择可以翻转对手最多的位置落子。

14.3 程序设计的步骤

首先导入相关模块和定义所有图片的列表。

```python
from tkinter import *
from tkinter.messagebox import *
import random
root = Tk('人机黑白棋')
#加载图片
imgs = [PhotoImage(file = 'black.png'), PhotoImage(file = 'white.png'),
        PhotoImage(file = 'board.png'),PhotoImage(file = 'info2.png')]
```

❶ 重置棋盘

（1）按照黑白棋的规则，开局时先放置黑白各两个棋子在中间。

（2）用一个 8×8 列表保存棋子。

```python
#重置棋盘
def resetBoard(board):
    for x in range(8):
        for y in range(8):
            board[x][y] = 'none'
    #开局时先放置黑白各两个棋子在中间
    board[3][3] = 'black'
```

```python
    board[3][4] = 'white'
    board[4][3] = 'white'
    board[4][4] = 'black'

#开局时建立新棋盘
def getNewBoard():
    board = []
    for i in range(8):
        board.append(['none'] * 8)
    return board
```

❷ 游戏规则实现

（1）是否允许落子。

（2）落子后的翻转。

```python
#是不是合法走法,如果合法,返回需要翻转的棋子列表
def isValidMove(board, tile, xstart, ystart):
    #如果该位置已经有棋子或者出界了,返回 False
    if not isOnBoard(xstart, ystart) or board[xstart][ystart] != 'none':
        return False
    #临时将 tile 放到指定的位置
    board[xstart][ystart] = tile
    if tile == 'black':
        otherTile = 'white'
    else:
        otherTile = 'black'
    #要被翻转的棋子
    tilesToFlip = []
    for xdirection, ydirection in [ [0, 1], [1, 1], [1, 0], [1, -1], [0, -1], [-1, -1],
[-1, 0], [-1, 1] ]:
        x, y = xstart, ystart
        x += xdirection
        y += ydirection
        if isOnBoard(x, y) and board[x][y] == otherTile:
            x += xdirection
            y += ydirection
            if not isOnBoard(x, y):
                continue
            #一直走到出界或不是对方棋子的位置
            while board[x][y] == otherTile:
                x += xdirection
                y += ydirection
                if not isOnBoard(x, y):
                    break
            #出界了,则没有棋子要翻转 OXXXXX
            if not isOnBoard(x, y):
                continue
            #是自己的棋子 OXXXXXO
            if board[x][y] == tile:
```

```python
                    while True:
                        x -= xdirection
                        y -= ydirection
                        # 回到了起点则结束
                        if x == xstart and y == ystart:
                            break
                        # 需要翻转的棋子
                        tilesToFlip.append([x, y])
    # 将前面临时放上的棋子去掉,即还原棋盘
    board[xstart][ystart] = 'none'
    # 没有要被翻转的棋子,则走法非法
    if len(tilesToFlip) == 0:
        return False
    return tilesToFlip

# 是否出界
def isOnBoard(x, y):
    return x >= 0 and x <= 7 and y >= 0 and y <= 7
```

❸ 获取可落子的位置

```python
def getValidMoves(board, tile):
    validMoves = []
    for x in range(8):
        for y in range(8):
            if isValidMove(board, tile, x, y) != False:
                validMoves.append([x, y])
    return validMoves
```

❹ 获取棋盘上黑白双方的棋子数

```python
def getScoreOfBoard(board):
    xscore = 0
    oscore = 0
    for x in range(8):
        for y in range(8):
            if board[x][y] == 'black':
                xscore += 1
            if board[x][y] == 'white':
                oscore += 1
    return {'black':xscore, 'white':oscore}
```

❺ 随机决定谁先走棋

```python
def whoGoesFirst():                        # 决定谁先走
    if random.randint(0, 1) == 0:
        return 'computer'
    else:
        return 'player'
```

第14章 益智游戏——人机对战黑白棋游戏

❻ 计算机 AI 走法

```python
def getComputerMove(board, computerTile):
    #获取所有合法走法
    possibleMoves = getValidMoves(board, computerTile)
    if not possibleMoves:                    #如果没有合法走法
        print("计算机没有合法走法")
        return None

    #打乱所有合法走法
    random.shuffle(possibleMoves)
    #[x, y]在角上, 则优先走, 因为角上的不会被再次翻转
    for x, y in possibleMoves:
        if isOnCorner(x, y):
            return [x, y]
    bestScore = -1
    for x, y in possibleMoves:
        dupeBoard = getBoardCopy(board)
        makeMove(dupeBoard, computerTile, x, y)
        #按照分数选择走法, 优先选择翻转后分数最多的走法
        score = getScoreOfBoard(dupeBoard)[computerTile]
        if score > bestScore:
            bestMove = [x, y]
            bestScore = score
    return bestMove

#将一个 tile 棋子放到(xstart, ystart)
def makeMove(board, tile, xstart, ystart):
    tilesToFlip = isValidMove(board, tile, xstart, ystart)
    if tilesToFlip == False:
        return False
    board[xstart][ystart] = tile
    for x, y in tilesToFlip:                 #tilesToFlip 是需要翻转的棋子列表
        board[x][y] = tile                   #翻转棋子
    return True

#复制棋盘
def getBoardCopy(board):
    dupeBoard = getNewBoard()
    for x in range(8):
        for y in range(8):
            dupeBoard[x][y] = board[x][y]
    return dupeBoard

#是否在角上
def isOnCorner(x, y):
    return (x == 0 and y == 0) or (x == 7 and y == 0) or (x == 0 and y == 7) or (x == 7 and y == 7)
```

❼ 实现计算机走棋

```python
def computerGo():                                          #计算机走棋
    global turn
    if (gameOver == False and turn == 'computer'):
        x, y = getComputerMove(mainBoard, computerTile)    #计算机AI走法
        makeMove(mainBoard, computerTile, x, y)
        savex, savey = x, y
        #玩家没有可行的走法了,则计算机继续,否则切换到玩家走
        if getValidMoves(mainBoard, playerTile) != []:
            turn = 'player'
        else:
            if getValidMoves(mainBoard, computerTile) != []:
                showinfo(title = "计算机继续", message = "计算机继续")
                computerGo()
```

❽ 鼠标事件

（1）鼠标操纵,完成玩家走棋。
（2）轮流走棋。

```python
def callback(event):                                       #走棋
    global turn
    #print ("clicked at", event.x, event.y, turn)
    #x = (event.x)//40                                      #换算棋盘坐标
    #y = (event.y)//40
    if (gameOver == False and turn == 'computer'):#没轮到玩家走棋
        return
    col = int((event.x - 40)/80)                           #换算棋盘坐标
    row = int((event.y - 40)/80)
    if mainBoard[col][row]!= "none":
        showinfo(title = "提示", message = "已有棋子")
    if makeMove(mainBoard, playerTile, col, row) == True:  #将一个玩家棋子放到(col, row)
        if getValidMoves(mainBoard, computerTile) != []:
            turn = 'computer'
    #计算机走棋
    if getComputerMove(mainBoard, computerTile) == None:
        turn = 'player'
        showinfo(title = "玩家继续", message = "玩家继续")
    else:
        computerGo()
    #重画所有的棋子和棋盘
    drawAll()
    drawCanGo()
    if isGameOver(mainBoard):                              #游戏结束,显示双方棋子数量
        scorePlayer = getScoreOfBoard(mainBoard)[playerTile]
        scoreComputer = getScoreOfBoard(mainBoard)[computerTile]
        outputStr = gameoverStr + "玩家:" + str(scorePlayer) + ":" + "计算机:" + str(scoreComputer)
        showinfo(title = "游戏结束提示", message = outputStr)
```

❾ 重画所有的棋子和棋盘

```python
def  drawAll():                         #重画所有的棋子和棋盘
    drawQiPan()
    for x in range(8):
        for y in range(8):
            if mainBoard[x][y] == 'black':
                cv.create_image((x * 80 + 80, y * 80 + 80), image = imgs[0])
                cv.pack()
            elif mainBoard[x][y] == 'white':
                cv.create_image((x * 80 + 80, y * 80 + 80), image = imgs[1])
                cv.pack()
def drawQiPan( ):                       #画棋盘
    img1 = imgs[2]
    cv.create_image((360, 360), image = img1)
    cv.pack()
```

❿ 画提示位置

```python
#画提示位置
def  drawCanGo():
    list1 = getValidMoves(mainBoard, playerTile)
    for m in list1:
        x = m[0]
        y = m[1]
        cv.create_image((x * 80 + 80, y * 80 + 80), image = imgs[3])
        cv.pack()
```

⓫ 判断是否游戏结束

```python
def isGameOver(board):                  #是否游戏结束
    for x in range(8):
        for y in range(8):
            if board[x][y] == 'none':
                return False
    return True
```

⓬ 主程序

```python
#初始化
gameOver = False
gameoverStr = 'Game Over Score '
mainBoard = getNewBoard()
resetBoard(mainBoard)
turn = whoGoesFirst()
showinfo(title = "游戏开始提示", message = turn + "先走!")
print(turn, "先走!")
if turn == 'player':
    playerTile = 'black'
    computerTile = 'white'
else:
    playerTile = 'white'
```

```
        computerTile = 'black'
        computerGo()

#设置窗口
cv = Canvas(root, bg = 'green', width = 720, height = 780)
#重画所有的棋子和棋盘
drawAll()
drawCanGo()
cv.bind("<Button-1>", callback)
cv.pack()
root.mainloop()
```

至此完成人机对战黑白棋游戏设计。游戏效果如图14-2所示。

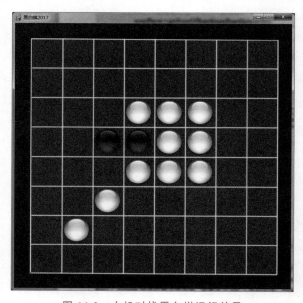

图 14-2 人机对战黑白棋运行效果

第15章 益智游戏——中国象棋游戏

中国象棋和五子棋一样，也是一种家喻户晓的棋类游戏，它的多变吸引了无数玩家。在信息化的今天，再用纸棋盘、木棋子下象棋有点太落伍，能否来点革新，把古老的象棋请进计算机呢？本章介绍制作"中国象棋"游戏的原理和过程。

15.1 中国象棋介绍

视频讲解

❶ 棋盘

棋子活动的场所叫作"棋盘"，在长方形的平面上，9条平行的竖线和10条平行的横线相交，共90个交叉点，棋子就摆在这些交叉点上。其中的第5、第6两横线之间未画竖线的空白地带称为"河界"，整个棋盘以"河界"分为相等的两部分；两方将帅坐镇、画有"米"字方格的地方叫作"九宫"。

❷ 棋子

象棋的棋子共32个，分为红、黑两组，各16个，由对弈双方各执一组，每组兵种是一样的，各分为7种。

- 红方：帅、仕、相、车、马、炮、兵。
- 黑方：将、士、象、车、马、炮、卒。

其中，帅与将、仕与士、相与象、兵与卒的作用完全相同，仅仅是为了区分红棋和黑棋。

❸ 各棋子的走法说明

1）帅与将

移动范围：只能在王宫内移动。

移动规则：每一步只可以水平或垂直移动一点。

2）仕与士

移动范围：只能在王宫内移动。

移动规则：每一步只可以沿对角线方向移动一点。

3）相与象

移动范围：河界的一侧。

移动规则：每一步只可以沿对角线方向移动两点，另外，在移动的过程中不能够穿越障碍。

4）马

移动范围：任何位置。

移动规则：每一步只可以水平或垂直移动一点，再按对角线方向向左或者向右斜着移动一点，俗称"马走日"。另外，在移动的过程中不能够穿越障碍。

5）车

移动范围：任何位置。

移动规则：可以在水平或垂直方向移动任意个无阻碍的点。

6）炮

移动范围：任何位置。

移动规则：移动起来和车很相似，但它必须跳过一个棋子去吃掉对方的一个棋子。

7）兵与卒

移动范围：任何位置。

移动规则：每一步只能向前移动一点。过河以后，它便增加了向左/右移动的能力，兵不允许向后移动。

❹ 关于胜、负、和

在对局中，若出现下列情况之一，本方输，对方赢：

（1）己方的帅（将）被对方棋子吃掉。

（2）己方发出认输请求。

（3）己方走棋超出步时限制。

15.2 关键技术

❶ 移动指定图形对象

使用 move()方法可以修改图形对象（例如一个棋子）的坐标，具体语法如下：

Canvas 对象.move(图形对象,x 坐标偏移量,y 坐标偏移量)

例如移动"帅"棋子图片向右 150 像素、向下 150 像素，从矩形左上角移到右下角。

```
from tkinter import *
def callback():                              #事件处理函数
    cv.move(rt1,150,150)                     #移动 rt1
root = Tk()
root.title('移动"帅"棋子')                    #设置窗口标题
#创建一个 Canvas,设置其背景色为白色
cv = Canvas(root, bg = 'white', width = 260, height = 220)
img1 = PhotoImage(file = '红帅.png')
```

```
cv.create_rectangle(40,40,190,190,outline = 'red',fill = 'green')
rt1 = cv.create_image((40,40),image = img1)          #绘制"帅"棋子图片
cv.pack()
button1 = Button(root,text = "移动棋子",command = callback,fg = "red")
button1.pack()
root.mainloop()
```

为了对比移动图形对象的效果,程序在(40,40,190,190)位置绘制了一个矩形(由绿色填充),单击"移动棋子"按钮后,"帅"棋子 rt1 通过 move()方法移动到矩形右下角,出现如图 15-1 所示的效果。

图 15-1　移动"帅"棋子图形对象

❷ 删除指定图形对象

使用 delete()方法可以删除图形对象(例如选中棋子的提示框),具体语法如下:

```
Canvas 对象.delete(图形对象)
```

将前面例子中的最后一行改成如下 5 行:

```
def callback2():                    #事件处理函数
    cv.delete(rt1)                  #删除 rt1
button2 = Button(root,text = "删除棋子",command = callback2,fg = "red")
button2.pack()
root.mainloop()
```

单击"删除棋子"按钮,"帅"棋子消失,出现如图 15-2 所示的效果。

图 15-2　删除指定图形对象

15.3 中国象棋游戏的设计思路

❶ 棋盘的表示

棋盘的表示就是使用一种数据结构来描述棋盘及棋盘上的棋子，这里使用一个二维列表 chessmap 来表示。一个典型的中国象棋棋盘使用 9×10 的二维列表（数组）来表示，每个元素代表棋盘上的一个交点，一个没有棋子的交点所对应的元素是 −1。一个二维列表（数组）chessmap 保存了当前棋盘的布局。当 chessmap[x][y]=i 时说明(x,y)处是棋子图像 i，否则 chessmap[x][y]=−1，表示此处为空（无棋子）。

该程序中下棋的棋盘界面通过 DrawBoard() 函数在 Canvas 对象 cv 上画出。

```
img1 = PhotoImage(file = 'D:\\python\\bmp\\棋盘.png')
def DrawBoard():                          #画棋盘
    p1 = cv.create_image((0,0),image = img1)
    cv.coords(p1,(360,400))               #指定棋盘图像的中心点坐标为(360,400)
```

❷ 棋子的表示

棋子的显示需要图片，每种棋子的图案和棋盘使用的对应图片资源如图 15-3 所示。该游戏中红方在南，黑方在北。

图 15-3　棋子图片资源

❸ 走棋规则

对于象棋来说，有马走"日"、象走"田"等一系列复杂的规则。走法的产生是博弈程序中一个相当复杂而且耗费运算时间的工作，不过，通过良好的数据结构可以显著地提高算法生成的速度。

判断是否能走棋的算法如下：

根据棋子名称的不同，按相应规则进行判断。

（1）如果为"车"，检查是否走直线，及中间是否有子。

（2）如果为"马"，检查是否走"日"字，是否蹩脚。

（3）如果为"炮"，检查是否走直线，判断是否吃子，如果吃子，则检查中间是否只有一个棋子；如果不吃，则检查中间是否有棋子。

（4）如果为"兵"或"卒"，检查是否走直线，走一步及向前走，根据是否过河，检查是否横走。

（5）如果为"将"或"帅"，检查是否走直线，走一步及是否超过范围。

（6）如果为"士"或"仕"，检查是否走斜线，走一步及是否超出范围。

（7）如果为"象"或"相"，检查是否走"田"字，是否蹩脚，及是否超出范围。

那么如何分辨棋子？在程序中采用了棋子图形对象来获取。

在该程序中，IsAbleToPut(id, x, y, oldx, oldy)函数实现判断是否能走棋并返回逻辑值，它的代码较复杂，其参数含义如下：

参数id代表走的棋子图形对象；因为dict_ChessName字典中存储的是id对应的棋子名（例如"红马"），如果qi_name = dict_ChessName[id]，获取棋子名含颜色信息，而字符串[1]可以获取字符串的第2个字符，所以dict_ChessName[id][1]意味着取字符串的第2个字符，例如"红马"取第2个字符得到"马"。

参数x和y代表走棋的目标位置。参数oldx和oldy代表走动棋子的原始位置。

IsAbleToPut(id, x, y, oldx, oldy)函数实现走棋规则的判断。

例如"将"或"帅"的走棋规则：只能走一格，所以原x坐标与新位置x坐标之差不能大于1，原y坐标与新位置y坐标之差不能大于1。

```
if(abs(x - oldx) > 1 or abs(y - oldy) > 1):
    return False;
```

由于不能走出九宫，所以x坐标为3、4、5且0≤y≤2或7≤y≤9（因为走棋时自己的"将"或"帅"只能在九宫中），否则此步违规，将返回False。

```
if(x < 3 or x > 5 or (y >= 3 and y <= 6)):
    return False;
```

最终"将"或"帅"的走棋规则如下：

```
#"将"或"帅"的走棋判断
if(qi_name == "将" or qi_name == "帅"):
    if((x - oldx) * (y - oldy) != 0):          #斜线走棋
        return False;
    if(abs(x - oldx) > 1 or abs(y - oldy) > 1):
        return False;
    if(x < 3 or x > 5 or (y >= 3 and y <= 6)):
        return False;
    return True;
```

"仕"或"士"的走棋规则：只能走斜线一格，所以原x坐标与新位置x坐标之差为1，且原y坐标与新位置y坐标之差也为1。

```
if(qi_name == "士" or qi_name == "仕"):
    if((x - oldx) * (y - oldy) == 0):
        return False;
    if(abs(x - oldx)> 1 or abs(y - oldy)> 1):
        return False;
```

由于不能走出九宫，所以 x 坐标为 3、4、5 且 0≤y≤2 或 7≤y≤9，否则此步违规，将返回 False。

```
if(x < 3 or x > 5 or (y > = 3 and y < = 6)):
    return False;
```

"炮"的走棋规则：只能走直线，所以 x 和 y 不能同时改变，即 (x — oldx) * (y — oldy) = 0 保证走直线。然后判断如果 x 坐标改变了，原位置 oldx 到目标位置 x 之间是否有棋子，如果有，则累加之间棋的个数 c。通过 c 是否为 1 且目标处非己方棋子，可以判断是否可以走棋。同样的方法判断"炮"的 y 坐标改变时是否可以走棋。

"兵"或"卒"的走棋规则：只能向前走一步，根据是否过河检查是否横走，所以 x 与原坐标 oldx 改变的值不能大于 1，同时 y 与原坐标 oldy 改变的值也不能大于 1。例如红兵如果过河即是 y＜5（游戏时红方在南）。

```
#"卒"或"兵"的走棋判断
if(qi_name == "卒" or qi_name == "兵"):          #红方在南,黑方在北
    if((x - oldx) * (y - oldy)!= 0):             #不是直线走棋
        return False;
    if(abs(x - oldx)> 1 or abs(y - oldy)> 1):    #走多步,不符合兵仅能走一步
        return False;
    if(y > = 5 and (x - oldx)!= 0 and qi_name == "兵"):
                                                 #红兵未过河且横向走棋
        return False;
    if(y < 5 and (x - oldx)!= 0 and qi_name == "卒"):   #黑卒未过河且横向走棋
        return False;
    if(y - oldy > 0 and qi_name == "兵"):        #兵后退
        return False;
    if(y - oldy < 0 and qi_name == "卒"):        #卒后退
        return False;
return True;
```

其余棋子的判断方法类似，这里不再一一介绍。

❹ 坐标的转换

整个棋盘左上角的坐标为 (0,0)，右下角的坐标为 (8,9)，如图 15-4 所示。例如"黑车"的初始位置即为 (0,0)，"黑将"的初始位置即为 (4,0)，"红帅"的初始位置即为 (4,9)。在走棋过程中，需要将鼠标像素坐标转换成棋盘坐标，棋盘方格的大小是 76 像素，通过整除 76 解析出棋盘坐标 (x,y)。

```
x = (event.x - 14)//76                          #换算成棋盘坐标
y = (event.y - 14)//76
```

图 15-4 棋盘坐标示意图

15.4 中国象棋游戏的实现步骤

视频讲解

首先导入 tkinter 库。

```
from tkinter import *
from tkinter.messagebox import *
```

创建一个 Canvas，设置其背景色为白色，用 Canvas 显示棋盘中所有的棋子。imgs 是 PhotoImage 对象列表，获取所有的棋子图片。

```
dict_ChessName = {}                    #定义一个字典
```

例如，本游戏中字典 dict_ChessName 存储的内容如下：
{2:'黑车', 3:'黑马', 4:'黑象', 5:'黑士', 6:'黑将', 7:'黑士', 8:'黑象', 9:'黑马', 10:'黑车', 11:'黑卒', 12:'黑卒', 13:'黑卒', 14:'黑卒', 15:'黑卒', 16:'黑炮', 17:'黑炮', 18:'红车', 19:'红马', 20:'红相', 21:'红仕', 22:'红帅', 23:'红仕', 24:'红相', 25:'红马', 26:'红车', 27:'红兵', 28:'红兵', 29:'红兵', 30:'红兵', 31:'红兵', 32:'红炮', 33:'红炮'}

字典的 Key 为每个棋子图像的 id，Value 是棋子种类名，例如图像对象 11 对应的是黑卒。因为首先建立 Canvas 对象 id=0 和棋盘对象 id=1，所以棋子图像的 id 是从 2 开始的。

```
root = Tk()
#创建一个 Canvas,设置其背景色为白色
cv = Canvas(root, bg = 'white', width = 720, height = 800)
chessname = ["黑车","黑马","黑象","黑士","黑将","黑士","黑象","黑马","黑车",
```

```
"黑卒","黑炮","红车","红马","红相","红仕","红帅","红仕","红相","红马","红车",
        "红兵","红炮"]
imgs = [PhotoImage(file = 'bmp\\' + chessname[i] + '.png')for i in range(0,22)]
chessmap = [[-1,-1,-1,-1,-1,-1,-1,-1,-1]for y in range(10)]
dict_ChessName = {}              #定义一个字典
LocalPlayer = "红"               #LocalPlayer 记录自己是红方还是黑方
first = True                     #区分是第 1 次还是第 2 次选中的棋子
IsMyTurn = True
rect1 = 0
rect2 = 0
firstChessid = 0
```

程序运行时,首先调用 DrawBoard()和 LoadChess()加载棋盘图片和棋子到 Canvas 中;LoadChess()初始化游戏区中各个棋子的位置,红方在南,黑方在北,并且在 chessmap 列表中按坐标记录每个棋子图像的 id;然后绑定 Canvas 鼠标事件函数 callback(),也就是鼠标单击游戏画面时的处理函数,在此函数中处理游戏的走棋吃子过程。

```
img1 = PhotoImage(file = 'bmp\\棋盘.png')
def DrawBoard():                                    #画棋盘
    p1 = cv.create_image((0,0),image = img1)
    cv.coords(p1,(360,400))
def LoadChess():                                    #加载棋子
    global chessmap
    #黑方 16 个棋子
    for i in range(0,9):    #"黑车","黑马","黑象","黑仕","黑将","黑仕","黑象","黑马","黑车"
        img = imgs[i]
        id = cv.create_image((60 + 76 * i,54),image = img)     #76×76 棋盘格子大小
        dict_ChessName[id] = chessname[i];          #图像对应的是哪种棋子
        chessmap[i][0] = id                         #图像 id
    for i in range(0,5):                            #5 个卒
        img = imgs[9]                               #卒图像
        id = cv.create_image((60 + 76 * 2 * i,54 + 3 * 76),image = img)  #76×76 棋盘格子大小
        chessmap[i * 2][3] = id
        dict_ChessName[id] = "黑卒";                #图像对应的是哪种棋子
    img = imgs[10]                                  #黑方炮
    id = cv.create_image((60 + 76 * 1,54 + 2 * 76),image = img)    #76×76 棋盘格子大小
    chessmap[1][2] = id
    dict_ChessName[id] = "黑炮";                    #图像对应的是哪种棋子
    id = cv.create_image((60 + 76 * 7,54 + 2 * 76),image = img)    #76×76 棋盘格子大小
    chessmap[7][2] = id
    dict_ChessName[id] = "黑炮";                    #图像对应的是哪种棋子
    #红方 16 个棋子
    for i in range(0,9):    #"红车","红马","红相","红仕","红帅","红仕","红相","红马","红车"
        img = imgs[i + 11]
        id = cv.create_image((60 + 76 * i,54 + 9 * 76),image = img)   #76×76 棋盘格子大小
        dict_ChessName[id] = chessname[i + 11];     #图像对应的是哪种棋子
        chessmap[i][9] = id                         #图像 id
    for i in range(0,5):                            #5 个兵
        img = imgs[20]                              #兵图像
```

```
            id = cv.create_image((60 + 76 * 2 * i, 54 + 6 * 76), image = img)    # 76×76 棋盘格子大小
            chessmap[i * 2][6] = id                                              # 图像
            dict_ChessName[id] = chessname[20];                                  # 图像对应的是哪种棋子
        img = imgs[21]                                                           # 红方炮
        id = cv.create_image((60 + 76 * 1, 54 + 7 * 76), image = img)            # 76×76 棋盘格子大小
        chessmap[1][7] = id
        dict_ChessName[id] = "红炮";                                             # 图像对应的是哪种棋子
        id = cv.create_image((60 + 76 * 7, 54 + 7 * 76), image = img)            # 76×76 棋盘格子大小
        chessmap[7][7] = id
        dict_ChessName[id] = "红炮";                                             # 图像对应的是哪种棋子
    # ------------------------------------------------------------------
    DrawBoard()                                                                  # 画棋盘
    LoadChess()                                                                  # 加载棋子
    # ------------------------------------------------------------------
    print(dict_ChessName)
    cv.bind("<Button-1>", callback)
    cv.pack()
    lable1 = Label(root, fg = 'red', bg = 'white', text = "红方先走")            # 提示信息标签
    lable1['text'] = "红方先走 1"
    lable1.pack()
    root.mainloop()
```

游戏区的单击事件处理用户走棋过程。在用户走棋时,首先要选中自己的棋子(第 1 次选择棋子),所以有必要判断是否单击成对方棋子了。如果是自己的棋子,则 firstChessid 记录用户选择的棋子,同时棋子被加上红色框线示意被选中。

当用户选过己方棋子后,单击对方棋子(secondChessid 记录用户第 2 次选择的棋子,被加上黄色框线),则是吃子,如果将或帅被吃掉,则游戏结束。当然,第 2 次选择棋子有可能是用户改变主意,选择自己的另一棋子,则 firstChessid 重新记录用户选择的己方棋子。

当用户选过己方棋子后,在单击的位置无棋子,则处理没有吃子的走棋过程。调用 IsAbleToPut(CurSelect,x,y)判断是否能走棋,如果符合走棋规则,移动棋子,修改 chessmap 记录的棋子信息。

```
def callback(event):                          # 走棋 picBoard_MouseClick
    global LocalPlayer
    global chessmap
    global rect1, rect2                       # 选中框图像 id
    global firstChessid, secondChessid
    global x1, x2, y1, y2
    global first
    print("clicked at", event.x, event.y, LocalPlayer)
    x = (event.x - 14)//76                    # 换算棋盘坐标
    y = (event.y - 14)//76
    print("clicked at", x, y, LocalPlayer)
    
    if (first):                               # 第 1 次单击棋子
        x1 = x;
        y1 = y;
        firstChessid = chessmap[x1][y1]
```

```python
        if not(chessmap[x1][y1] == -1):              #此位置不空,有棋子
            player = dict_ChessName[firstChessid][0]
                                                     #获取单击棋子的颜色,例如"红马"取红
            if(player!= LocalPlayer):                #颜色不同
                print("单击成对方棋子了!");
                return
            print("第1次单击",firstChessid)
            first = False;
            rect1 = cv.create_rectangle(60 + 76 * x - 40, 54 + y * 76 - 38,
                60 + 76 * x + 80 - 40, 54 + y * 76 + 80 - 38, outline = "red")     #画选中标记框
    else:                                            #第2次单击
        x2 = x;
        y2 = y;
        secondChessid = chessmap[x2][y2]
        #目标处如果是自己的棋子,则换上次选择的棋子
        if not(chessmap[x2][y2] == -1):              #此位置不空,有棋子
            player = dict_ChessName[secondChessid][0]  #获取单击棋子的颜色
            if(player == LocalPlayer):               #如果是自己的棋子,则换上次选择的棋子
                firstChessid = chessmap[x2][y2]
                print("第2次单击",firstChessid)
                cv.delete(rect1);                    #取消上次选择的棋子标记框
                x1 = x;
                y1 = y;
                #设置选择的棋子颜色
                rect1 = cv.create_rectangle(60 + 76 * x - 40, 54 + y * 76 - 38,
                    60 + 76 * x + 80 - 40, 54 + y * 76 + 80 - 38, outline = "red")    #画选中标记框
                print("第2次单击",firstChessid)
                return;
            else:                                    #在落子目标处画框
                rect2 = cv.create_rectangle(60 + 76 * x - 40, 54 + y * 76 - 38,
                    60 + 76 * x + 80 - 40, 54 + y * 76 + 80 - 38, outline = "yellow")   #目标处画框
        #目标处没棋子,移动棋子
        print("kkkkk",firstChessid)
        if(chessmap[x2][y2] == " " or chessmap[x2][y2] == -1):
                                                     #目标处没棋子,移动棋子
            print("目标处没棋子,移动棋子",firstChessid,x2,y2,x1,y1)
            if(IsAbleToPut(firstChessid,x2,y2,x1,y1)):   #判断是否可以走棋
                print("can 移动棋子",x1,y1)
                cv.move(firstChessid,76 * (x2 - x1),76 * (y2 - y1));
                # ***************************************************
                #在map中取掉原棋子
                chessmap[x1][y1] = -1;
                chessmap[x2][y2] = firstChessid
                cv.delete(rect1);                    #删除选中标记框
                cv.delete(rect2);                    #删除目标标记框
                # ***************************************************
                first = True;
                SetMyTurn(False);                    #该对方了
            else:
```

```
                    #错误走棋
                    print("不符合走棋规则");
                    showinfo(title = "提示",message = "不符合走棋规则")
             return;
         else:
             #目标处有棋子,可以吃子
             if(not(chessmap[x2][y2] == -1) and IsAbleToPut(firstChessid,x2,
             y2,x1,y1)):                                          #可以吃子
                 first = True;
                 print("can 吃子",x1,y1)
                 cv.move(firstChessid,76 * (x2 - x1),76 * (y2 - y1));
                 #*****************************************************
                 #在 map 中取掉原棋子
                 chessmap[x1][y1] = -1;
                 chessmap[x2][y2] = firstChessid
                 cv.delete(secondChessid);
                 cv.delete(rect1);
                 cv.delete(rect2);
                 #*****************************************************
                 if(dict_ChessName[secondChessid][1] == "将"):    #"将"
                     showinfo(title = "提示",message = "红方你赢了")
                     return;
                 if(dict_ChessName[secondChessid][1] == "帅"):    #"帅"
                     showinfo(title = "提示",message = "黑方你赢了")
                     return;
                 #send
                 SetMyTurn(False);                                #该对方了
             else:                                                #不能吃子
                 print("不能吃子");
                 lable1['text'] = "不能吃子"
                 cv.delete(rect2);                                #删除目标标记框
```

SetMyTurn()设置该哪方走棋,LocalPlayer 记录轮到哪方走棋,并在标签上显示提示信息。

```
def SetMyTurn(flag):
    global LocalPlayer
    IsMyTurn = flag
    if LocalPlayer == "红" :
        LocalPlayer = "黑"
        lable1['text'] = "轮到黑方走"
    else:
        LocalPlayer = "红"
        lable1['text'] = "轮到红方走"
```

def IsAbleToPut(id,x,y,oldx,oldy)实现判断是否能走棋并返回逻辑值,其代码较复杂。

```
def IsAbleToPut(id, x, y, oldx, oldy):
    #oldx, oldy 棋子在棋盘的原坐标
```

```python
#x,y棋子移动到棋盘的新坐标
qi_name = dict_ChessName[id][1]
            #取字符串中的第2个字符,例如"黑将"中的"将",从而得到棋子类型
#"将"或"帅"的走棋判断
if(qi_name == "将" or qi_name == "帅"):
    if((x - oldx) * (y - oldy) != 0):
        return False;
    if(abs(x - oldx) > 1 or abs(y - oldy) > 1):
        return False;
    if(x < 3 or x > 5 or (y >= 3 and y <= 6)):
        return False;
    return True;
#"仕"或"士"的走棋判断
if(qi_name == "士" or qi_name == "仕"):
    if((x - oldx) * (y - oldy) == 0):
        return False;
    if(abs(x - oldx) > 1 or abs(y - oldy) > 1):
        return False;
    if(x < 3 or x > 5 or (y >= 3 and y <= 6)):
        return False;
    return True;
#"象"或"相"的走棋判断
if(qi_name == "象" or qi_name == "相"):
    if((x - oldx) * (y - oldy) == 0):
        return False;
    if(abs(x - oldx) != 2 or abs(y - oldy) != 2):
        return False;
    if(y < 5 and qi_name == "相"):                #过河
        return False;
    if(y >= 5 and qi_name == "象"):               #过河
        return False;
    i = 0; j = 0;                                 #i、j必须有初始值
    if(x - oldx == 2):
        i = x - 1;
    if(x - oldx == -2):
        i = x + 1;
    if(y - oldy == 2):
        j = y - 1;
    if(y - oldy == -2):
        j = y + 1;
    if(chessmap[i][j] != -1):                     #瞥象腿
        return False;
    return True;
#"马"的走棋判断
if(qi_name == "马"):
    if(abs(x - oldx) * abs(y - oldy) != 2):
        return False;
    if(x - oldx == 2):
        if(chessmap[x - 1][oldy] != -1):          #瞥马腿
            return False;
```

```python
            if(x - oldx == -2):
                if(chessmap[x + 1][oldy]!= -1):        # 蹩马腿
                    return False;
            if(y - oldy == 2):
                if(chessmap[oldx][y - 1]!= -1):        # 蹩马腿
                    return False;
            if(y - oldy == -2):
                if(chessmap[oldx][y + 1]!= -1):        # 蹩马腿
                    return False;
        return True;
    # "车"的走棋判断
    if(qi_name == "车"):
        # 判断是否为直线
        if((x - oldx) * (y - oldy)!= 0):
            return False;
        # 判断是否隔有棋子
        if(x!= oldx):
            if(oldx > x):
                t = x;
                x = oldx;
                oldx = t;
            for i in range(oldx, x + 1):
                if(i!= x and i!= oldx):
                    if(chessmap[i][y]!= -1):
                        return False;
        if(y!= oldy):
            if(oldy > y):
                t = y;
                y = oldy;
                oldy = t;
            for  j in range(oldy, y + 1):
                if(j!= y and j!= oldy):
                    if (chessmap[x][j]!= -1):
                        return False;
        return True;
    # "炮"的走棋判断
    if(qi_name == "炮"):
        swapflagx = False;
        swapflagy = False;
        if((x - oldx) * (y - oldy)!= 0):
            return False;
        c = 0;
        if(x!= oldx):
            if(oldx > x):
                t = x;
                x = oldx;
                oldx = t;
                swapflagx = True;
            for  i in range(oldx, x + 1):    # for (i = oldx; i <= x; i += 1):
                if(i!= x and i!= oldx):
```

```python
                    if(chessmap[i][y]!=-1):
                        c = c+1;
        if(y!=oldy):
            if(oldy>y):
                t = y;
                y = oldy;
                oldy = t;
                swapflagy = True;
            for  j in range(oldy,y+1):  #for(j=oldy; j<=y; j+=1):
                if(j!=y and j!=oldy):
                    if(chessmap[x][j]!=-1):
                        c = c+1;
        if(c>1):
            return False;                          #与目标处间隔1个以上的棋子
        if(c==0):                                  #与目标处无间隔棋子
            if(swapflagx==True):
                t = x;
                x = oldx;
                oldx = t;
            if(swapflagy==True):
                t = y;
                y = oldy;
                oldy = t;
            if(chessmap[x][y]!=-1):
                return False;
        if(c==1):                                  #与目标处间隔1个棋子
            if(swapflagx==True):
                t = x;
                x = oldx;
                oldx = t;
            if(swapflagy==True):
                t = y;
                y = oldy;
                oldy = t;
            if(chessmap[x][y]==-1):                #如果目标处无棋子,则不能走此步
                return False;
        return True;
    #"卒"或"兵"的走棋判断
    if(qi_name == "卒" or qi_name == "兵"):
        if((x-oldx)*(y-oldy)!=0):                  #不是直线走棋
            return False;
        if(abs(x-oldx)>1 or abs(y-oldy)>1):
                                                   #走多步,不符合兵只能走一步
            return False;
        if(y>=5 and (x-oldx)!=0 and qi_name == "兵"):
                                                   #未过河且横向走棋
            return False;
        if(y<5 and (x-oldx)!=0 and qi_name == "卒"):
                                                   #未过河且横向走棋
            return False;
```

```
            if(y - oldy > 0 and qi_name == "兵"):      #后退
                return False;
            if(y - oldy < 0 and qi_name == "卒"):      #后退
                return False;
        return True;
    return True;
```

其运行效果如图 15-5 和图 15-6 所示。读者可以根据网络五子棋的 UDP 通信知识完善本游戏，从而实现网络版中国象棋。

图 15-5　中国象棋初始界面

图 15-6　中国象棋运行界面

第16章 娱乐游戏——人物拼图游戏

16.1 人物拼图游戏介绍

拼图游戏将一幅图片分割成若干拼块,并将它们随机打乱顺序,当将所有拼块都放回原位置时就完成了拼图(游戏结束)。

本人物拼图游戏为 3 行 3 列,拼块以随机顺序排列,玩家通过用鼠标单击空白块四周来交换它们的位置,直到所有拼块都回到原位置。拼图游戏的运行界面如图 16-1 所示。

图 16-1 拼图游戏的运行界面

16.2 程序设计的思路

游戏程序首先将图片分割成相应的3行3列的拼块，并按顺序编号，动态生成一个大小为3×3的列表board，存放0~8的数，每个数字代表一个拼块（例如3×3的游戏拼块的编号如图16-2所示），其中8号拼块不显示。

游戏开始时，随机打乱数组board，例如board[0][0]是5号拼块，则在左上角显示编号是5的拼块。根据玩家用鼠标单击的拼块和空白块所在位置来交换board数组对应的元素，最后通过判断元素的排列顺序来判断是否已经完成游戏。

图16-2 拼块编号示意图

16.3 关键技术

16.3.1 复制和粘贴图像区域

使用crop()方法可以从一幅图像中裁剪指定区域，例如：

```
from PIL import Image
im = Image.open("D:\\test.jpg")
box = (100,100,400,400)
region = im.crop(box)
```

该区域使用四元组来指定。四元组的坐标是（左，上，右，下）。在PIL中指定坐标系的左上角坐标为(0,0)。用户可以旋转上面代码获取的区域，然后使用paste()方法将该区域放回去，具体实现如下：

```
region = region.transpose(Image.ROTATE_180)      # 逆时针旋转180°
im.paste(region,box)
```

16.3.2 调整尺寸和旋转

如果要调整一幅图像的尺寸，可以调用resize()方法。该方法的参数是一个元组，用来指定新图像的大小：

```
out = im.resize((128,128))
```

如果要旋转一幅图像，可以使用逆时针方式表示旋转角度，然后调用rotate()方法：

```
out = im.rotate(45)                              # 逆时针旋转45°
```

16.3.3 转换成灰度图像

对于彩色图像，不管其图像格式是 PNG、BMP 还是 JPG，在 PIL 中使用 Image 模块的 open() 函数打开后，返回的图像对象的模式都是"RGB"。对于灰度图像，不管其图像格式是 PNG、BMP 还是 JPG，打开后模式都为"L"。

对于 PNG、BMP 和 JPG 彩色图像格式之间的互相转换，都可以通过 Image 模块的 open() 和 save() 函数来完成。具体来说就是，在打开这些图像时 PIL 会将它们解码为三通道的"RGB"图像，用户可以基于这个"RGB"图像对其进行处理，处理完毕后使用 save() 函数可以将处理结果保存成 PNG、BMP 和 JPG 中的任何格式，这样也就完成了几种格式之间的转换。当然，对于不同格式的灰度图像，也可以通过类似途径完成，只是 PIL 解码后是模式为"L"的图像。

这里详细介绍一下 Image 模块的 convert() 函数，用于不同模式图像之间的转换。convert() 函数有 3 种形式的定义，它们的定义形式如下：

```
im.convert(mode)
im.convert('P', **options)
im.convert(mode, matrix)
```

使用不同的参数，将当前的图像转换为新的模式（在 PIL 中有 9 种不同模式，分别为 1、L、P、RGB、RGBA、CMYK、YCbCr、I、F），并产生新的图像作为返回值。

例如：

```
from PIL import Image                    # 或直接 import Image
im = Image.open('a.jpg')
im1 = im.convert('L')                    # 将图片转换成灰度图
```

"L"模式的图像为灰色图像，它的每个像素用 8 个 bit 表示，0 表示黑，255 表示白，其他数字表示不同的灰度。在 PIL 中，从"RGB"模式转换为"L"模式是按照下面的公式进行的：

$$L = R * 299/1000 + G * 587/1000 + B * 114/1000$$

打开图片并转换成灰度图的方法如下：

```
im = Image.open('a.jpg').convert('L')
```

如果转换成黑白图像（二值图像），也就是模式为"1"的图像（非黑即白），它的每个像素用 8 个 bit 表示，0 表示黑，255 表示白。下面将彩色图像转换为黑白图像。

```
from PIL import Image                    # 或直接 import Image
im = Image.open('a.jpg')
im1 = im.convert('1')                    # 将彩色图像转换成黑白图像
```

16.3.4 对像素进行操作

getpixel(x,y) 用于获取指定像素的颜色，如果图像为多通道，则返回一个元组。该方法的执行比较慢,如果用户需要使用 Python 处理图像中的较大部分数据,可以使用像素访问对象(load()或者 getdata()方法)。putpixel(xy,color)可以改变单个像素点的颜色。

```
img = Image.open("smallimg.png")
img.getpixel((4,4))                    #获取像素的颜色
img.putpixel((4,4),(255,0,0))          #改变单个像素点为红色
img.save("img1.png","png")
```

说明:getpixel()得到图片 img 的坐标为(4,4)的像素点,putpixel()将坐标为(4,4)的像素点变为(255,0,0)的颜色,即红色。

16.4 程序设计的步骤

16.4.1 Python 处理图片切割

使用 PIL 库的 Image 模块中的 crop()方法可以从一幅图像中裁剪指定区域,该区域使用四元组来指定,四元组的坐标是(左,上,右,下)。在 PIL 中指定坐标系的左上角坐标为(0,0)。其具体实现如下:

```
from PIL import Image
img = Image.open(r'C:\woman.jpg')
box = (100,100,400,400)
region = img.crop(box)                 #裁切图片
#保存裁切后的图片
region.save('crop.jpg')
```

在本游戏中需要把图片分割成 3 行×3 列的图片块,在上面的基础上指定不同的区域即可裁剪、保存。为了更通用一些,编成 splitimage(src,rownum,colnum,dstpath)函数,实现将指定的 src 图片文件分割成 rownum×colnum 数量的小图片块。其具体实现如下:

```
import os
from PIL import Image
def splitimage(src, rownum, colnum, dstpath):
    img = Image.open(src)
    w, h = img.size                    #图片大小
    if rownum <= h and colnum <= w:
        print('Original image info: %sx%s, %s, %s' % (w, h, img.format,
              img.mode))
        print('开始处理图片切割,请稍候…')
        s = os.path.split(src)
        if dstpath == '':              #没有输入路径
            dstpath = s[0]             #使用源图片所在目录 s[0]
        fn = s[1].split('.')           #s[1]是源图片文件名
        basename = fn[0]               #主文件名
        ext = fn[-1]                   #扩展名
```

```python
                num = 0
                rowheight = h                           # rownum
                colwidth = w                            # colnum
                for r in range(rownum):
                    for c in range(colnum):
                        box = (c * colwidth, r * rowheight, (c + 1) * colwidth,(r + 1) * rowheight)
                        img.crop(box).save(os.path.join(dstpath, basename + '_' +
                        str(num) + '.' + ext))
                        num = num + 1
                print('图片切割完毕,共生成 %s 张小图片.' % num)
            else:
                print('不合法的行列切割参数!')
src = input('请输入图片文件路径:')
# src = "C:\woman.png"
if os.path.isfile(src):
    dstpath = input('请输入图片输出目录(不输入路径则表示使用源图片所在目录):')
    if (dstpath == '') or os.path.exists(dstpath):
        row = int(input('请输入切割行数:'))
        col = int(input('请输入切割列数:'))
        if row > 0 and col > 0:
            splitimage(src, row, col, dstpath)
        else:
            print('无效的行列切割参数!')
    else:
        print('图片输出目录 %s 不存在!' % dstpath)
else:
    print('图片文件 %s 不存在!' % src)
```

运行结果如下:

```
请输入图片文件路径:C:\woman.png
请输入图片输出目录(不输入路径则表示使用源图片所在目录):
请输入切割行数:3
请输入切割列数:3
Original image info: 283x212, PNG, RGBA
开始处理图片切割,请稍候…
图片切割完毕,共生成 9 张小图片。
```

视频讲解

16.4.2 游戏的逻辑实现

❶ 定义常量及加载图片

```
from tkinter import *
from tkinter.messagebox import *
import random
# 定义常量
# 画布的尺寸
WIDTH = 312
```

```python
HEIGHT = 450
#图像块的边长
IMAGE_WIDTH = WIDTH // 3
IMAGE_HEIGHT = HEIGHT // 3
#游戏的行/列数
ROWS = 3
COLS = 3
#移动步数
steps = 0
#保存所有图像块的列表
board = [[0, 1, 2],
         [3, 4, 5],
         [6, 7, 8]]
root = Tk('拼图 2017')
root.title("拼图 -- 夏敏捷 2017 - 10 - 5")
#载入外部事先生成的9个小图像块
Pics = []
for i in range(9):
    filename = "woman_" + str(i) + ".png"
    Pics.append(PhotoImage(file = filename))
```

❷ 图像块类

每个图像块（拼块）是一个 Square 对象，具有 draw 功能，即将本拼块图片绘制到 Canvas 上。orderID 属性是每个图像块（拼块）对应的编号。

```python
#图像块(拼块)类
class Square:
    def __init__(self, orderID):
        self.orderID = orderID
    def draw(self, canvas, board_pos):
        img = Pics[self.orderID]
        canvas.create_image(board_pos, image = img)
```

❸ 初始化游戏

random.shuffle(board)打乱二维列表只能按行进行，所以使用一维列表来实现编号的打乱。在打乱图像块后，根据编号生成对应的图像块（拼块）到 board 列表中。

```python
def init_board():
    #打乱图像块
    L = list(range(9))              #L列表中[0,1,2,3,4,5,6,7,8]
    random.shuffle(L)
    #填充拼图板
    for i in range(ROWS):
        for j in range(COLS):
            idx = i * ROWS + j
            orderID = L[idx]
            if orderID is 8:        #8号拼块不显示,所以存为None
                board[i][j] = None
            else:
                board[i][j] = Square(orderID)
```

❹ 绘制游戏界面中的各元素

```python
def drawBoard(canvas):
    #画黑框
    canvas.create_polygon((0, 0, WIDTH, 0, WIDTH, HEIGHT, 0, HEIGHT),
        width = 1, outline = 'Black')
    #画所有图像块
    for i in range(ROWS):
        for j in range(COLS):
            if board[i][j] is not None:
                board[i][j].draw(canvas, (IMAGE_WIDTH * (j + 0.5), IMAGE_
                HEIGHT * (i + 0.5)))
```

❺ 鼠标事件

将单击位置换算成拼图板上的棋盘坐标,如果单击空位置,什么也不移动,否则依次检查被单击当前图像块的上、下、左、右是否有空位置,如果有,就移动当前图像块。

```python
def mouseclick(pos):
    global steps
    #将单击位置换算成拼图板上的棋盘坐标
    r = int(pos.y // IMAGE_HEIGHT)
    c = int(pos.x // IMAGE_WIDTH)
    if r < 3 and c < 3:                               #单击位置在拼图板内才移动图片
        if board[r][c] is None:                       #单击空位置,什么也不移动
            return
        else:
            #依次检查被单击当前图像块的上、下、左、右是否有空位置,如果有,就移动当前图像块
            current_square = board[r][c]
            if r - 1 >= 0 and board[r - 1][c] is None:   #判断上面
                board[r][c] = None
                board[r - 1][c] = current_square
                steps += 1
            elif c + 1 <= 2 and board[r][c + 1] is None:  #判断右面
                board[r][c] = None
                board[r][c + 1] = current_square
                steps += 1
            elif r + 1 <= 2 and board[r + 1][c] is None:  #判断下面
                board[r][c] = None
                board[r + 1][c] = current_square
                steps += 1
            elif c - 1 >= 0 and board[r][c - 1] is None:  #判断左面
                board[r][c] = None
                board[r][c - 1] = current_square
                steps += 1
            #print(board)
            label1["text"] = "步数:" + str(steps)
            cv.delete('all')                              #清除画布上的内容
            drawBoard(cv)
    if win():
        showinfo(title = "恭喜", message = "你成功了!")
```

第16章 娱乐游戏——人物拼图游戏

❻ 输赢的判断

判断拼块的编号是否为有序的，如果不是有序的，则返回 False。

```python
def win():
    for i in range(ROWS):
        for j in range(COLS):
            if board[i][j] is not None and board[i][j].orderID!= i * ROWS + j:
                return False
    return True
```

❼ 重置游戏

```python
def play_game():
    global steps
    steps = 0
    init_board()
```

❽ "重新开始"按钮的单击事件

```python
def callBack2():
    print("重新开始")
    play_game()
    cv.delete('all')              # 清除画布上的内容
    drawBoard(cv)
```

❾ 主程序

```python
# 设置窗口
cv = Canvas(root, bg = 'green', width = WIDTH, height = HEIGHT)
b1 = Button(root, text = "重新开始", command = callBack2, width = 20)
label1 = Label(root, text = "步数:" + str(steps), fg = "red", width = 20)
label1.pack()
cv.bind("<Button-1>", mouseclick)
cv.pack()
b1.pack()
play_game()
drawBoard(cv)
root.mainloop()
```

至此完成人物拼图游戏设计。

第 17 章

基于 Pygame 的游戏设计

Pygame 最初由 Pete Shinners 开发，它是一个跨平台的 Python 模块，专为电子游戏设计，包含图像、声音功能和网络支持，这些功能使开发者很容易用 Python 写一个游戏。虽然不使用 Pygame 也可以写一个游戏，但如果能充分利用 Pygame 库中已经写好的代码，开发要容易得多。Pygame 能把游戏设计者从低级语言（例如 C 语言）的束缚中解放出来，专注于游戏逻辑本身。

由于 Pygame 很容易使用且跨平台，所以在游戏开发中十分受欢迎。因为 Pygame 是开放源代码的软件，也促使一大批游戏开发者为完善和增强它的功能而努力。

17.1　Pygame 基础知识

17.1.1　安装 Pygame 库

在开发 Pygame 程序之前，需要安装 Pygame 库。用户可以通过 Pygame 的官方网站"http://www.pygame.org/download.shtml"下载源文件，安装指导也可以在相应页面找到。

一旦安装了 Pygame，就可以在 IDLE 交互模式中输入以下语句检验是否安装成功：

```
>>> import pygame
>>> print(pygame.ver)
1.9.2a0
```

1.9.2 是 Pygame 的最新版本，读者也可以找一找其他更新的版本。

17.1.2　Pygame 的模块

Pygame 有大量可以被独立使用的模块。对于计算机的常用设备，都有对应的模块进行控制，另外还有其他一些模块，例如 pygame.display 是显示模块，pygame.keyboard 是键盘模块，pygame.mouse 是鼠标模块，如表 17-1 所示。

表 17-1 Pygame 软件包中的模块

模 块 名	功 能
pygame.cdrom	访问光驱
pygame.cursors	加载光标
pygame.display	访问显示设备
pygame.draw	绘制形状、线和点
pygame.event	管理事件
pygame.font	使用字体
pygame.image	加载和存储图片
pygame.joystick	使用游戏手柄或者类似的东西
pygame.key	读取键盘按键
pygame.mixer	声音
pygame.mouse	鼠标
pygame.movie	播放视频
pygame.music	播放音频
pygame.overlay	访问高级视频叠加
pygame	Python 模块，专为电子游戏设计
pygame.rect	管理矩形区域
pygame.sndarray	操作声音数据
pygame.sprite	操作移动图像
pygame.surface	管理图像和屏幕
pygame.surfarray	管理点阵图像数据
pygame.time	管理时间和帧信息
pygame.transform	缩放和移动图像

建立 Pygame 项目和建立其他 Python 项目的方法一样，在 IDLE 或文本编辑器中新建一个空文档，需要告诉 Python 该程序用到了 Pygame 模块。

为了实现此目的，这里使用一个 import 指令，该指令告诉 Python 载入外部模块。例如输入下面两行在新项目中引入必要的模块：

```
import pygame, sys, time, random
from pygame.locals import *
```

第 1 行引入 Pygame 的主要模块、sys 模块、time 模块和 random 模块。

第 2 行告诉 Python 载入 pygame.locals 的所有指令使它们成为原生指令，这样在使用这些指令时就不需要用全名调用。

由于硬件和游戏的兼容性或者请求的驱动没有安装的问题，有些模块可能在某些平台上不存在，可以用 None 测试一下。例如测试字体是否载入：

```
if pygame.font is None:
    print("The font module is not available!")
    pygame.quit()                    #如果没有则退出 Pygame 的应用环境
```

下面对常用模块进行简要说明。

❶ pygame.surface

该模块中有一个 surface() 函数，surface() 函数的一般格式如下：

```
pygame.surface((width, height), flags = 0, depth = 0, masks = none)
```

它返回一个新的 surface 对象。这里的 surface 对象是一个有确定尺寸的空图像，可以用它进行图像的绘制与移动。

❷ pygame.locals

在 pygame.locals 模块中定义了 Pygame 环境中用到的各种常量，而且包括事件类型、按键和视频模式等名字，在导入所有内容（from pygame.locals import *）时用起来很安全。

如果用户知道需要的内容，也可以导入具体的内容（例如 from pygame.locals import FULLSCREEN）。

❸ pygame.display

pygame.display 模块包括处理 Pygame 显示方式的函数，其中包括普通窗口和全屏模式。

游戏程序通常需要下面的函数：

1) flip()/update()

(1) flip()：更新显示。一般来说，在修改当前屏幕时要经过两步，首先需要对 get_surface() 函数返回的 surface 对象进行修改，然后调用 pygame.display.flip() 更新显示以反映所做的修改。

(2) update()：在只想更新屏幕一部分的时候使用 update() 函数，而不是 flip() 函数。

2) set_mode()

该函数建立游戏窗口，返回 surface 对象。它有 3 个参数，第 1 个参数是元组，用于指定窗口的尺寸；第 2 个参数是标志位，具体含义如表 17-2 所示，例如 FULLSCREEN 表示全屏，默认值为不对窗口进行设置，读者可根据需要选择；第 3 个参数为色深，用于指定窗口的色彩位数。

表 17-2　set_mode 的窗口标志位的参数取值

窗口标志位	功　　能
FULLSCREEN	创建一个全屏窗口
DOUBLEBUF	创建一个"双缓冲"窗口，建议在 HWSURFACE 或者 OPENGL 时使用
HWSURFACE	创建一个硬件加速的窗口，必须和 FULLSCREEN 同时使用
OPENGL	创建一个 OPENGL 渲染的窗口
RESIZABLE	创建一个可以改变大小的窗口
NOFRAME	创建一个没有边框的窗口

3) set_caption()

该函数设定游戏程序的标题。当游戏以窗口模式（对应于全屏）运行时尤其有用，因为该标题会作为窗口的标题。

4) get_surface()

该函数返回一个可用来画图的 surface 对象。

❹ pygame.font

pygame.font 模块用于表现不同字体，可以用于文本。

❺ pygame.sprite

pygame.sprite 模块有两个非常重要的类——sprite 精灵类和 group 精灵组。

sprite 精灵类是所有可视游戏的基类。为了实现自己的游戏对象，需要子类化 sprite，覆盖它的构造函数，以设定 image 和 rect 属性（决定 sprite 的外观和放置的位置），再覆盖 update() 方法。在 sprite 需要更新的时候可以调用 update() 方法。

group 精灵组的实例用作 sprite 精灵对象的容器。在一些简单的游戏中，只要创建名为 sprites、allsprite 或是其他类似的组，然后将所有 sprite 精灵对象添加到上面即可。当 group 精灵组对象的 update() 方法被调用时会自动调用所有 sprite 精灵对象的 update() 方法。group 精灵组对象的 clear() 方法用于清理它包含的所有 sprite 对象（使用回调函数实现清理），group 精灵组对象的 draw() 方法用于绘制所有的 sprite 对象。

❻ pygame.mouse

该模块用来管理鼠标。

- pygame.mouse.set_visible(False/true)：隐藏/显示鼠标光标。
- pygame.mouse.get_pos()：获取鼠标位置。

❼ pygame.event

pygame.event 模块会追踪鼠标单击、鼠标移动、按键按下和释放等事件。其中，pygame.event.get() 可以获取最近事件列表。

❽ pygame.image

这个模块用于处理保存在 GIF、PNG 或者 JPEG 内的图形，用户可以用 load() 函数读取图像文件。

17.2 Pygame 的使用

本节主要讲解用 Pygame 开发游戏的逻辑、鼠标事件的处理、键盘事件的处理、字体的使用和声音的播放等基础知识，最后以一个"移动的坦克"例子来体现这些基础知识的应用。

17.2.1 Pygame 开发游戏的主要流程

Pygame 开发游戏的基础是创建游戏窗口，核心是处理事件、更新游戏状态和在屏幕上绘图。游戏状态可理解为程序中所有变量值的列表。在有些游戏中，游戏状态包括存放人物健康和位置的变量、物体或图形位置的变化，这些值可以在屏幕上显示。

物体或图形位置的变化只有通过在屏幕上绘图才能看出来。

可以简单地抽象出 Pygame 开发游戏的主要流程,如图 17-1 所示。

图 17-1 Pygame 开发游戏的主要流程

下面举一个具体例子来说明。

例 17-1 使用 Pygame 开发一个显示"Hello World!"标题的游戏窗口。

```python
import pygame                              # 导入 Pygame 模块
from pygame.locals import *
import sys
def hello_world():
    pygame.init()                          # 任何 Pygame 程序均需要执行此语句进行模块的初始化

    # 设置窗口的模式,(680,480)表示窗口像素
    # 此函数返回一个 surface 对象,本程序不使用它,故没保存到对象变量中
    pygame.display.set_mode((680,480))
    pygame.display.set_caption('Hello World!')    # 设置窗口标题

    # 无限循环,直到接收到窗口关闭事件
    while True:
        # 处理事件
        for event in pygame.event.get():
            if event.type == QUIT:         # 接收到窗口关闭事件
                pygame.quit()
                sys.exit()                 # 退出
        # 将 surface 对象绘制在屏幕上
        pygame.display.update()
```

```
if __name__ == "__main__":
    hello_world()
```

程序运行后仅见到黑色的游戏窗口,标题是"Hello World!",如图17-2所示。

图 17-2　用 Pygame 开发的游戏窗口

在导入 Pygame 模块后,任何 Pygame 游戏程序均需要执行 pygame.init()语句进行模块的初始化,它必须在进入游戏的无限循环之前被调用。这个函数会自动初始化其他所有模块(例如 pygame.font 和 pygame.image),通过它载入驱动和硬件请求,这样游戏程序才可以使用计算机上的所有设备,比较费时间。如果只使用少量模块,应该分别初始化这些模块以节省时间,例如 pygame.sound.init()仅仅初始化声音模块。

该代码中有个无限循环,每个 Pygame 程序都需要它,在无限循环中可以做以下操作。
(1) 处理事件:例如鼠标、键盘、关闭窗口等事件。
(2) 更新游戏状态:例如坦克的位置变化、数量变化等。
(3) 在屏幕上绘图:例如绘制新的敌方坦克等。
不断重复上面的3个步骤,从而完成游戏逻辑。

在本例代码中仅仅处理关闭窗口事件,也就是玩家关闭窗口时 pygame.quit()退出游戏。

17.2.2　Pygame 的图像/图形绘制

❶ **Pygame 的图像绘制**

Pygame 支持多种存储图像的方式(也就是图片格式),例如 JPEG、PNG 等,具体支持 JPEG(一般扩展名为.jpg 或者.jpeg,数码相机、网上的图片基本上都是这种格式,这是一种有损压缩方式,尽管对图片的质量有些损坏,但对于减小文件尺寸非常棒,其优点很多,只是不支持透明)、PNG(支持透明,无损压缩)、GIF(网上使用的很多,支持透明和动画,但只能有 256 种颜色,在软件和游戏中的使用很少)以及 BMP、PCX、TGA、TIF 等格式。

Pygame 使用 surface 对象来加载绘制的图像。对于 Pygame，加载图片使用 pygame.image.load()，给它一个文件名然后就返回一个 surface 对象。尽管读入的图像格式不同，但 surface 对象隐藏了这些不同。用户可以对一个 surface 对象进行涂画、变形、复制等各种操作。事实上，游戏屏幕也只是一个 surface，pygame.display.set_mode() 返回了一个 surface 对象。

对于任何一个 surface 对象，可以用 get_width()、get_height() 和 gei_size() 函数来获取它的尺寸，get_rect() 用来获取它的区域形状。

例 17-2 使用 Pygame 开发一个显示坦克自由移动的游戏窗口。

```python
import pygame
from pygame.locals import *
import sys
def play_tank():
    pygame.init()
    window_size = (width, height) = (600, 400)        # 窗口大小
    speed = [1, 1]                                    # 坦克运行偏移量，即[水平,垂直],值越大,移动越快
    color_black = (255, 255, 255)                     # 窗口背景色 RGB 值(白色)
    screen = pygame.display.set_mode(window_size)     # 设置窗口模式
    pygame.display.set_caption('自由移动的坦克')      # 设置窗口标题
    tank_image = pygame.image.load('tankU.bmp')       # 加载坦克图片,返回一个 surface 对象
    tank_rect = tank_image.get_rect()                 # 获取坦克图片的区域形状
    while True:                                       # 无限循环
        for event in pygame.event.get():
            if event.type == pygame.QUIT:             # 退出事件处理
                pygame.quit()
                sys.exit()
        # 使坦克移动,速度由 speed 变量控制
        tank_rect = tank_rect.move(speed)
        # 当坦克运动出窗口时重新设置偏移量
        if(tank_rect.left < 0) or (tank_rect.right > width):    # 水平方向
            speed[0] = - speed[0]                     # 水平方向反向
        if(tank_rect.top < 0) or (tank_rect.bottom > height):   # 垂直方向
            speed[1] = - speed[1]                     # 垂直方向反向
        screen.fill(color_black)                      # 填充窗口背景
        screen.blit(tank_image, tank_rect)            # 在窗口指定区域 tank_rect 上绘制坦克
        pygame.display.update()                       # 更新窗口显示内容
if __name__ == '__main__':
    play_tank()
```

程序运行后，可以看到白色背景的游戏窗口，标题是"自由移动的坦克"，如图 17-3 所示。

在该游戏中通过修改坦克图像(surface 对象)区域的 left 属性(可以认为是 x 坐标)、surface 对象的 top 属性(可以认为是 y 坐标)改变坦克位置，从而显示出坦克自由移动的效果。在窗口(窗口也是 surface 对象)使用 blit() 函数上绘制坦克图像，最后注意需要更新窗口显示内容。

第17章 基于Pygame的游戏设计

图 17-3　自由移动的坦克游戏窗口

设置 fpsClock 变量的值即可控制游戏速度，语法如下：

```
fpsClock = pygame.time.Clock()
```

在无限循环中写入 fpsClock.tick(50)，可以按指定帧频 50 更新游戏画面（即每秒刷新 50 次屏幕）。

❷ **Pygame 的图形绘制**

在屏幕上绘制各种图形时使用 pygame.draw 模块中的一些函数，事实上 Pygame 可以不加载任何图片，而使用图形来制作一个游戏。

pygame.draw 中函数的第 1 个参数总是一个 surface，然后是颜色，接着是一系列的坐标等。对于计算机中的坐标，(0,0) 代表左上角，水平向右为 X 轴的正方向，垂直向下为 Y 轴的正方向。该函数的返回值是一个 rect 对象，包含了绘制的区域，这样就可以很方便地更新那个部分了。pygame.draw 中的函数如表 17-3 所示。

表 17-3　pygame.draw 中的函数

函　数	作　用	函　数	作　用
rect()	绘制矩形	line()	绘制线
polygon()	绘制多边形（3 个及 3 个以上的边）	lines()	绘制一系列的线
circle()	绘制圆	aaline()	绘制一根平滑的线
ellipse()	绘制椭圆	aalines()	绘制一系列平滑的线
arc()	绘制圆弧		

下面详细说明 pygame.draw 中各个函数的使用。

1) pygame.draw.rect()

格式：pygame.draw.rect(surface, color, rect, width=0)

pygame.draw.rect() 在 surface 上画一个矩形，除了 surface 和 color 以外，rect 接收一个矩形的坐标和线宽参数，如果线宽是 0 或省略，则填充。

2) pygame.draw.polygon()

格式：pygame.draw.polygon(surface, color, pointlist, width=0)

polygon() 用于画多边形，其用法类似于 rect()，与 rect() 的第 1、第 2、第 4 个参数都是相同的，只不过 polygon() 会接受一系列坐标的列表，代表了各个顶点的坐标。

3) pygame.draw.circle()

格式：pygame.draw.circle(surface, color, pos, radius, width=0)

circle() 用于画一个圆，它接受一个圆心坐标和半径参数。

4) pygame.draw.ellipse()

格式：pygame.draw.ellipse(surface, color, rect, width=0)

用户可以把 ellipse 想象成一个被压扁的圆，事实上，它可以被一个矩形包起来。pygame.draw.ellipse() 的第 3 个参数就是这个椭圆的外接矩形。

5) pygame.draw.arc()

格式：pygame.draw.arc(surface, color, rect, start_angle, stop_angle, width=1)

arc 是椭圆的一部分，所以它的参数比椭圆多一点。但是它是不封闭的，因此没有 fill() 方法。start_angle 和 stop_angle 为开始和结束的角度。

6) pygame.draw.line()

格式：pygame.draw.line(surface, color, start_pos, end_pos, width=1)

line() 用于画一条线段，start_pos、end_pos 是线段起点和终点坐标。

7) pygame.draw.lines()

格式：pygame.draw.lines(surface, color, closed, pointlist, width=1)

closed 是一个布尔变量，指明是否需要多画一条线来使这些线条闭合（这样就和 polygon 一样了），pointlist 是一个顶点坐标的数组。

17.2.3 Pygame 的键盘和鼠标事件的处理

所谓事件，就是程序上发生的事。例如用户按键盘上的某个键或是单击、移动鼠标。对于这些事件，游戏程序需要做出反应。在例 17-2 中，程序会一直运行下去，直到用户关闭窗口而产生了一个 QUIT 事件，Pygame 会接收用户的各种操作（例如按键盘上的键、移动鼠标等）产生事件。事件随时可能发生，而且量可能会很大，Pygame 的做法是把一系列事件存放到一个队列里逐个处理。

在例 17-2 中使用了 pygame.event.get() 来处理所有事件，如果使用 pygame.event.wait()，Pygame 会等到发生一个事件时才继续下去，一般在游戏中不太实用，因为游戏往往是需要动态运作的。Pygame 中的常用事件如表 17-4 所示。

表 17-4 Pygame 中的常用事件

事 件	产 生 途 径	参 数
QUIT	用户按下"关闭"按钮	none
ACTIVEEVENT	Pygame 被激活或者隐藏	gain、state
KEYDOWN	键盘被按下	unicode、key、mod
KEYUP	键盘被放开	key、mod
MOUSEMOTION	鼠标移动	pos、rel、buttons
MOUSEBUTTONDOWN	鼠标被按下	pos、button
MOUSEBUTTONUP	鼠标被放开	pos、button

第17章 基于Pygame的游戏设计

❶ **Pygame 的键盘事件的处理**

通常用 pygame.event.get() 获取所有事件,若 event.type == KEYDOWN,这时是键盘事件,再判断按键 event.key 的种类(即 K_a、K_b、K_LEFT 这种形式)。用户也可以使用 pygame.key.get_pressed() 获取所有被按下的键值,它会返回一个元组。这个元组的索引就是键值,对应的就是键是否被按下。

```
pressed_keys = pygame.key.get_pressed()
if pressed_keys[K_SPACE]:
    #空格键被按下
    fire() #发射子弹
```

在 key 模块下有很多函数。
- key.get_focused():返回当前的 Pygame 窗口是否被激活。
- key.get_pressed():获得所有按下的键值。
- key.get_mods():按下的组合键(Alt、Ctrl、Shift)。
- key.set_mods():模拟按下组合键的效果(KMOD_ALT、KMOD_CTRL、KMOD_SHIFT)。

【例】**17-3** 使用 Pygame 开发一个由用户控制坦克移动的游戏。在例 17-2 的基础上增加通过方向键控制坦克运动的功能,并为游戏增加背景图片。程序的运行效果如图 17-4 所示。

```python
import os
import sys
import pygame
from pygame.locals import *
def control_tank(event):                          #控制坦克运动函数
    speed = [x,y] = [0, 0]                        #相对坐标
    speed_offset = 1                              #速度
    #当方向键被按下时进行位置计算
    if event.type == pygame.KEYDOWN:
        if event.key == pygame.K_LEFT:
            speed[0] -= speed_offset
        if event.key == pygame.K_RIGHT:
            speed[0] = speed_offset
        if event.key == pygame.K_UP:
            speed[1] -= speed_offset
        if event.key == pygame.K_DOWN:
            speed[1] = speed_offset
    #当方向键被释放时相对偏移为0,即不移动
    if event.type == pygame.KEYUP:
        speed = [0, 0]
    return speed
def play_tank():
    pygame.init()
    window_size = Rect(0, 0, 600, 400)             #窗口大小
    speed = [1, 1]                                 #坦克运行偏移量,即[水平,垂直],值越大,移动越快
    color_black = (255, 255, 255)                  #窗口背景色 RGB 值(白色)
```

```python
    screen = pygame.display.set_mode(window_size.size)            # 设置窗口模式
    pygame.display.set_caption('用户方向键控制坦克移动')            # 设置窗口标题
    tank_image = pygame.image.load('tankU.bmp')                   # 加载坦克图片
    # 加载窗口背景图片
    back_image = pygame.image.load('back_image.jpg')
    tank_rect = tank_image.get_rect()                             # 获取坦克图片的区域形状
    while True:
        # 退出事件处理
        for event in pygame.event.get():                          # pygame.event.get()获取事件序列
            if event.type == pygame.QUIT:
                pygame.quit()
                sys.exit()
        # 使坦克移动,速度由 speed 变量控制
        cur_speed = control_tank(event)
        # rect 的 clamp()方法使移动范围限制在窗口内
        tank_rect = tank_rect.move(cur_speed).clamp(window_size)
        screen.blit(back_image,(0, 0))                            # 设置窗口背景图片
        screen.blit(tank_image, tank_rect)                        # 在窗口上绘制坦克
        pygame.display.update()                                   # 更新窗口显示内容
if __name__ == '__main__':
    play_tank()
```

图 17-4　用方向键控制坦克运动的游戏窗口

当用户按下方向键,计算出相对位置 cur_speed 后,使用 tank_rect.move(cur_speed)函数向指定方向移动坦克。当释放方向键时坦克停止移动。

❷ Pygame 的鼠标事件的处理

pygame.mouse 的函数如下。

- pygame.mouse.get_pressed():返回按键的按下情况,返回的是一元组,分别为左键、中键、右键,如果被按下则为 True。
- pygame.mouse.get_rel():返回相对偏移量,即(x 方向偏移量,y 方向偏移量)的一元组。
- pygame.mouse.get_pos():返回当前鼠标位置(x, y)。例如"x, y = pygame.

mouse.get_pos()"用于获取鼠标位置。
- pygame.mouse.set_pos()：设置鼠标位置。
- pygame.mouse.set_visible()：设置鼠标光标是否可见。
- pygame.mouse.get_focused()：如果鼠标在 Pygame 窗口内有效，返回 True。
- pygame.mouse.set_cursor()：设置鼠标的默认光标样式。
- pygame.mouse.get_cursor()：返回鼠标的光标样式。

【例】17-4　演示鼠标事件处理的程序，运行效果如图 17-5 所示。

```
import pygame
from pygame.locals import *
from sys import exit
from random import *
from math import pi
pygame.init()
screen = pygame.display.set_mode((640, 480), 0, 32)
points = []
while True:
    for event in pygame.event.get():
        if event.type == QUIT:
            pygame.quit()
            exit()
        if event.type == KEYDOWN:
            #按任意键可以清屏，并把点回复到原始状态
            points = []
            screen.fill((255,255,255))        #用白色填充窗口背景
        if event.type == MOUSEBUTTONDOWN:     #鼠标按下
            screen.fill((255,255,255))
            #画随机矩形
            rc = (255,0,0)                    #红色
            rp = (randint(0,639), randint(0,479))
            rs = (639 - randint(rp[0],639), 479 - randint(rp[1],479))
            pygame.draw.rect(screen, rc, Rect(rp,rs))
            #画随机圆形
            rc = (0,255,0)                    #绿色
            rp = (randint(0,639),randint(0,479))
            rr = randint(1,200)
            pygame.draw.circle(screen,rc,rp,rr)
            #获得当前鼠标单击位置
            x,y = pygame.mouse.get_pos()
            points.append((x,y))
            #根据单击位置画弧线
            angle = (x/639.) * pi * 2.
            pygame.draw.arc(screen,(0,0,0),(0,0,639,479),0,angle,3)
            #根据单击位置画椭圆
            pygame.draw.ellipse(screen,(0,255,0),(0,0,x,y))
            #从左上和右下画两根线连接到单击位置
            pygame.draw.line(screen,(0,0,255),(0,0),(x,y))
            pygame.draw.line(screen,(255,0,0),(640,480),(x,y))
```

```
        # 画单击轨迹图
        if len(points)> 1:
            pygame.draw.lines(screen,(155,155,0),False,points,2)
        # 和轨迹图基本一样,只不过是闭合的,因为会覆盖,所以这里注释了
        # if len(points)>= 3:
        #     pygame.draw.polygon(screen,(0,155,155),points,2)
        # 把每个点画明显一点
        for p in points:
            pygame.draw.circle(screen,(155,155,155),p,3)
    pygame.display.update()
```

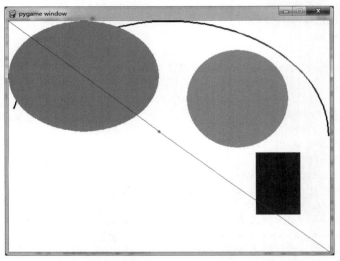

图 17-5　演示鼠标事件处理的程序的运行效果

运行这个程序,在窗口上单击鼠标就会有图形出来,按任意键可以重新开始。

17.2.4　Pygame 的字体使用

Pygame 可以直接调用系统字体,也可以调用 TTF 字体。为了使用字体,首先应该创建一个 Font 对象,对于系统自带的字体应该这样调用:

```
font1 = pygame.font.SysFont('arial', 16)
```

第 1 个参数是字体名,第 2 个参数是字号。在正常情况下系统中都会有 arial 字体,如果没有会使用默认字体,默认字体和用户使用的系统有关。

用户可以使用 pygame.font.get_fonts() 来获取当前系统所有的可用字体:

```
>>> pygame.font.get_fonts()
'gisha', 'fzshuti', 'simsunnsimsun', 'estrangeloedessa',
'symboltigerexpert', 'juiceitc', 'onyx', 'tiger', 'webdings',
'franklingothicmediumcond', 'edwardianscriptitc'
```

第17章 基于Pygame的游戏设计

另外还有一种调用方法是使用自己的 TTF 字体：

```
my_font = pygame.font.Font("my_font.ttf", 16)
```

这个方法的好处是可以把字体文件和游戏一起打包分发，避免玩家计算机上没有这个字体而无法显示的问题。一旦有了 Font 对象，就可以用 render() 方法来设置文字内容，然后通过 blit() 方法写到屏幕上：

```
text = font1.render("坦克大战",True,(0,0,0),(255,255,255))
```

render() 方法的第 1 个参数是写入的文字内容；第 2 个参数是布尔值，说明是否开启抗锯齿；第 3 个参数是字体本身的颜色；第 4 个参数是背景的颜色。如果不想有背景色，也就是让背景透明，可以不加第 4 个参数。

例如自己定义一个文字处理函数 show_text()，其中参数 surface_handle 为 surface 句柄，pos 为文字显示位置，color 为文字颜色，font_bold 为是否加粗，font_size 为字体大小，font_italic 为是否斜体。

```
def show_text(surface_handle, pos, text, color, font_bold = False, font_
    size = 13, font_italic = False):
    #cur_font = pygame.font.SysFont("宋体", font_size)     #获取系统字体
    cur_font = pygame.font.Font('simfang.ttf', 30)         #获取字体,并设置文字大小
    cur_font.set_bold(font_bold)                           #设置是否加粗
    cur_font.set_italic(font_italic)                       #设置是否斜体
    text_fmt = cur_font.render(text, 1, color)             #设置文字内容
    surface_handle.blit(text_fmt, pos)                     #绘制文字
```

在更新窗口内容 pygame.display.update() 前加入：

```
text_pos = u "坦克大战"
show_text(screen, (20, 220), text_pos, (255, 0, 0), True)
text_pos = u"坦克位置:(%d,%d)" % (tank_rect.left, tank_rect.top)
show_text(screen, (20, 420), text_pos, (0, 255, 255), True)
```

此时会在屏幕上的(20，220)处显示红色的"坦克大战"文字，并且在(20，420)处显示现在坦克所处位置的坐标，移动坦克，位置坐标文字同时会改变。

17.2.5　Pygame 的声音播放

❶ Sound 对象

在初始化声音设备后就可以读取一个音乐文件到一个 Sound 对象中。pygame.mixer.sound() 接受一个文件名，也可以是一个文件对象，不过这个文件必须是 WAV 或者 OGG 文件。

```
hello_sound = pygame.mixer.Sound("hello.ogg")    #建立 Sound 对象
hello_sound.play()                                #声音播放一次
```

一旦这个 Sound 对象出来了，就可以使用 play() 来播放它。play(loop, maxtime) 可以接受两个参数，loop 是重复的次数（取 1 是两次，注意是重复的次数而不是播放的次数），

345

-1意味着无限循环;maxtime是指多少毫秒后结束。

若不使用任何参数调用,意味着把这个声音播放一次。一旦play()方法调用成功,就会返回一个Channel对象,否则返回一个None。

❷ music对象

在Pygame中还提供了pygame.mixer.music类来控制背景音乐的播放。pygame.mixer.music用来播放MP3和OGG音乐文件,不过MP3并不是所有的系统都支持(Linux默认就不支持MP3播放)。用户可以用pygame.mixer.music.load()加载一个文件,然后使用pygame.mixer.music.play()播放,不放的时候就用stop()方法停止,当然也有类似录影机上的pause()和unpause()方法。

```
♯加载背景音乐
pygame.mixer.music.load("hello.mp3")
pygame.mixer.music.set_volume(music_volume/100.0)
♯循环播放,从音乐的第30秒开始
pygame.mixer.music.play(-1, 30.0)
```

在游戏退出事件中加入停止音乐播放的代码:

```
♯停止音乐播放
pygame.mixer.music.stop()
```

music对象提供了丰富的函数方法,下面分别介绍。

1) pygame.mixer.music.load()

功能:加载音乐文件。

格式:pygame.mixer.music.load(filename)

2) pygame.mixer.music.play()

功能:播放音乐。

格式:pygame.mixer.music.play(loops=0,start=0.0)

其中,loops表示循环次数,如果设置为-1,表示不停地循环播放,如果loops为5,则播放5+1=6次;start参数表示从音乐文件的哪一秒开始播放,设置为0表示从开始完整播放。

3) pygame.mixer.music.rewind()

功能:重新播放。

格式:pygame.mixer.music.rewind()

4) pygame.mixer.music.stop()

功能:停止播放。

格式:pygame.mixer.music.stop()

5) pygame.mixer.music.pause()

功能:暂停播放。

格式:pygame.mixer.music.pause()

用户可通过pygame.mixer.music.unpause()恢复播放。

6) pygame.mixer.music.set_volume()

功能:设置音量。

第17章 基于Pygame的游戏设计

格式：pygame.mixer.music.set_volume(value)

其中，value 的取值为 0.0~1.0。

7) pygame.mixer.music.get_pos()

功能：获取当前播放了多长时间。

格式：pygame.mixer.music.get_pos()：return time

17.2.6 Pygame 的精灵使用

pygame.sprite.Sprite 是 Pygame 中用来实现精灵的一个类，在使用时并不需要对它实例化，只需要继承它，然后按需写出自己的类，因此非常简单、实用。

❶ 精灵

精灵可以被认为是一个个小图片（帧）序列（例如人物行走），它可以在屏幕上移动，并且可以与其他图形对象交互。精灵图像可以是使用 Pygame 绘制形状函数绘制的形状，也可以是图像文件。图 17-6 所示为由 16 帧图片组成的人物行走序列。

❷ Sprite 类的成员

pygame.sprite.Sprite 用来实现精灵类，Sprite 的数据成员和函数方法主要如下。

1) self.image

其负责显示什么图形，例如 self.image = pygame.Surface([x,y])说明该精灵是一个 x×y 大小的矩形，self.image = pygame.image.load(filename)说明该精灵显示 filename 这个图片文件。

图 17-6 精灵图片序列

self.image.fill([color])负责对 self.image 着色，例如：

```
self.image = pygame.Surface([x,y])
self.image.fill([255,0,0])          #对 x×y 大小的矩形填充红色
```

2) self.rect

其负责在哪里显示。一般来说，先用 self.rect=self.image.get_rect()获取 image 矩形大小，然后给 self.rect 设定显示的位置，一般用 self.rect.topleft 确定左上角的显示位置，当然也可以用 topright、bottomright、bottomleft 分别确定其他几个角的位置。

另外，self.rect.top、self.rect.bottom、self.rect.left、self.rect.right 分别表示上、下、左、右。

3) self.update()

其负责使精灵行为生效。

4) Sprite.add()

添加精灵到 groups 中。

5）Sprite.remove()

从精灵组 groups 中删除。

6）Sprite.kill()

从精灵组 groups 中删除全部精灵。

7）Sprite.alive()

判断某个精灵是否属于精灵组 groups。

❸ 建立精灵

所有精灵在建立时都是从 pygame.sprite.Sprite 中继承的，建立精灵要设计自己的精灵类。

例 17-5 建立 Tank 精灵。

```python
import pygame,sys
pygame.init()
class Tank(pygame.sprite.Sprite):
    def __init__(self,filename,initial_position):
        pygame.sprite.Sprite.__init__(self)
        self.image = pygame.image.load(filename)
        self.rect = self.image.get_rect()           #获取 self.image 的大小
        #self.rect.topleft = initial_position       #确定左上角的显示位置
        self.rect.bottomright = initial_position    #右下角的显示位置是[150,100]

screen = pygame.display.set_mode([640,480])
screen.fill([255,255,255])
fi = 'tankU.jpg'
b = Tank(fi,[150,100])
while True:
    for event in pygame.event.get():
        if event.type == pygame.QUIT:
            sys.exit()
    screen.blit(b.image,b.rect)
    pygame.display.update()
```

例 17-6 使用图 17-6 所示的精灵图片序列建立动画效果的人物行走精灵。

在游戏动画中，人物行走是基本动画，在精灵中不断切换人物行走图片，从而达到动画的效果。

```python
import pygame
from pygame.locals import *
class MySprite(pygame.sprite.Sprite):
    def __init__(self, target):
        pygame.sprite.Sprite.__init__(self)
        self.target_surface = target
        self.image = None
        self.master_image = None
        self.rect = None
        self.topleft = 0,0
        self.frame = 0
```

第17章 基于Pygame的游戏设计

```
            self.old_frame = -1
            self.frame_width = 1
            self.frame_height = 1
            self.first_frame = 0        #第1帧序号
            self.last_frame = 0         #最后一帧序号
            self.columns = 1            #列数
            self.last_time = 0
```

在加载一个精灵图片序列的时候需要告知程序一帧的大小(传入帧的宽度和高度以及文件名和列数)。

```
def load(self, filename, width, height, columns):
    self.master_image = pygame.image.load(filename).convert_alpha()
    self.frame_width = width
    self.frame_height = height
    self.rect = 0,0,width,height
    self.columns = columns
    rect = self.master_image.get_rect()
    self.last_frame = (rect.width//width) * (rect.height//height) - 1
```

一个循环动画通常是这样工作的：从第1帧开始不断地加载直到最后一帧，然后再返回第1帧，并不断重复这个操作。

但是如果只是这样做，程序会一股脑地将动画播放完，这里想让它根据时间间隔一张一张地播放，因此加入定时的代码，将帧速率 ticks 传递给 Sprite 的 update() 函数，这样就可以轻松地让动画按照帧速率来播放。

```
        def update(self, current_time, rate = 60):
            if current_time > self.last_time + rate:     #如果时间超过上次时间+60毫秒
                self.frame += 1                           #帧号加1,意味着显示下一帧图像
                if self.frame > self.last_frame:          #帧号超过最后一帧
                    self.frame = self.first_frame         #回到第1帧
                self.last_time = current_time
            if self.frame != self.old_frame:
                #首先需要计算单个帧左上角的x、y位置值
                frame_x = (self.frame % self.columns) * self.frame_width
                frame_y = (self.frame // self.columns) * self.frame_height
                #然后将计算好的x,y值传递给位置属性
                rect = (frame_x, frame_y, self.frame_width, self.frame_height)
                                                          #要显示区域
                self.image = self.master_image.subsurface(rect)
                                                          #截取要显示区域图像
                self.old_frame = self.frame
pygame.init()
screen = pygame.display.set_mode((800,600),0,32)
pygame.display.set_caption("精灵类测试")
font = pygame.font.Font(None, 18)
#启动一个定时器,然后调用 tick(num)函数就可以让游戏以 num 帧来运行
framerate = pygame.time.Clock()
cat = MySprite(screen)
```

```
cat.load("sprite2.png", 92, 95, 4)           # 精灵图片,每帧 92×95 大小,共 4 列
group = pygame.sprite.Group()
group.add(cat)
while True:
    framerate.tick(10)                       # 指定帧速率
    ticks = pygame.time.get_ticks()          # 获取运行时间
    for event in pygame.event.get():
        if event.type == pygame.QUIT:
            pygame.quit()
            exit()
        key = pygame.key.get_pressed()
        if key[pygame.K_ESCAPE]:             # Esc 键
            exit()

    screen.fill((0,0,100))
    # cat.draw(screen)                       # 没有此方法
    cat.update(ticks)
    screen.blit(cat.image,cat.rect)
    # group.update(ticks)
    # group.draw(screen)
    pygame.display.update()
```

运行后可见一个人物行走动画,用户也可以使用精灵组的 update() 和 draw() 函数实现精灵动画。

```
group.update(ticks)    # 将帧速率 ticks 传递给 sprite 的 update() 函数,让动画按照帧速率来播放
group.draw(screen)
```

❹ 建立精灵组

当程序中有大量实体的时候,操作这些实体将会是一件相当麻烦的事,那么有没有什么容器可以将这些精灵放在一起统一管理呢? 答案就是使用精灵组。

Pygame 使用精灵组来管理精灵的绘制和更新,精灵组是一个简单的容器。

使用 pygame.sprite.Group() 函数可以创建一个精灵组:

```
group = pygame.sprite.Group()
group.add(sprite_one)
```

精灵组也有 update() 和 draw() 函数:

```
group.update()
group.draw()
```

Pygame 还提供了精灵与精灵之间的冲突检测、精灵与组之间的碰撞检测,这些碰撞检测技术在 17.4 节的飞机大战游戏中要使用。

❺ 精灵与精灵之间的碰撞检测

1) 两个精灵之间的矩形检测

在只有两个精灵的时候可以使用 pygame.sprite.collide_rect() 函数进行一对一的冲突检测。这个函数需要传递两个精灵,并且每个精灵都需要继承自 pygame.sprite.Sprite。

这里举个例子：

```
sprite_1 = MySprite("sprite_1.png",200,200,1)    #MySprite是例17-6创建的精灵类
sprite_2 = MySprite("sprite_2.png",50,50,1)
result = pygame.sprite.collide_rect(sprite_1,sprite_2)
if result:
    print("精灵碰撞上了")
```

2）两个精灵之间的圆检测

矩形冲突检测并不适用于所有形状的精灵，因此在 Pygame 中还提供了圆形冲突检测。pygame.sprite.collide_circle()函数是基于每个精灵的半径值来进行检测的，用户可以自己指定精灵半径，或者让函数计算精灵半径。

```
result = pygame.sprite.collide_circle(sprite_1,sprite_2)
if result:
    print("精灵碰撞上了")
```

3）两个精灵之间的像素遮罩检测

如果矩形检测和圆形检测都不能满足需求，Pygame 还为用户提供了一个更加精确的检测——pygame.sprite.collide_mask()。

这个函数接受两个精灵作为参数，返回值是一个 bool 变量。

```
if pygame.sprite.collide_mask(sprite_1,sprite_2):
    print("精灵碰撞上了")
```

4）精灵和组之间的矩形冲突检测

在调用 pygame.sprite.spritecollide(sprite,sprite_group,bool)函数的时候，一个组中的所有精灵都会逐个地对另外一个单个精灵进行冲突检测，发生冲突的精灵会作为一个列表返回。

这个函数的第 1 个参数是单个精灵，第 2 个参数是精灵组，第 3 个参数是一个 bool 值，最后这个参数起了很大的作用，当为 True 的时候会删除组中所有冲突的精灵，当为 False 的时候不会删除冲突的精灵。

```
list_collide = pygame.sprite.spritecollide(sprite,sprite_group,False);
```

另外，这个函数还有一个变体——pygame.sprite.spritecollideany()，这个函数在判断精灵组和单个精灵冲突的时候会返回一个 bool 值。

5）精灵组之间的矩形冲突检测

利用 pygame.sprite.groupcollide()函数可以检测两个组之间的冲突，它返回一个字典（键值对）。

以上学习了几种常用的冲突检测函数，下面在游戏实例中实际运用这些函数。

17.3 基于 Pygame 设计贪吃蛇游戏

贪吃蛇游戏通过玩家控制蛇移动，不断吃到食物（红色草莓）增长，直到蛇身碰到边界游戏结束。其运行效果如图 17-7 所示。

```
import pygame, sys, time, random
from pygame.locals import *
```

输入下面的两行来启用Pygame,这样Pygame在该程序中就可以用了:

```
pygame.init()
fpsClock = pygame.time.Clock()
```

第1行告诉Pygame初始化,第2行创建一个名为fpsClock的变量,该变量用来控制游戏的速度。然后用下面的两行代码新建一个Pygame显示层(游戏元素画布)。

图17-7 基于Pygame设计的贪吃蛇游戏的运行效果

```
playSurface = pygame.display.set_mode((640, 480))
pygame.display.set_caption('Raspberry Snake')
```

接下来定义一些颜色,虽然这一步并不是必需的,但它会减少代码量。下面的代码定义了程序中用到的颜色:

```
redColour = pygame.Color(255, 0, 0)
blackColour = pygame.Color(0, 0, 0)
whiteColour = pygame.Color(255, 255, 255)
greyColour = pygame.Color(150, 150, 150)
```

下面的几行代码初始化了程序中用到的一些变量,这是很重要的一步,因为如果游戏开始时这些变量为空,Python将无法正常运行。

```
snakePosition = [100,100]                        #蛇头位置
snakeSegments = [[100,100],[80,100],[60,100]]    #蛇身序列
raspberryPosition = [300,300]                    #草莓位置
raspberrySpawned = 1                             #是否吃到草莓,1为没有吃到,0为吃到
direction = 'right'                              #运动方向,初始向右
changeDirection = direction
```

第17章 基于Pygame的游戏设计

此时可以看到变量 snakePosition、snakeSegments 和 raspberryPosition 被设置为用逗号分隔的列表。

用下面几行代码来定义 gameOver()函数：

```
def gameOver():
    gameOverFont = pygame.font.Font('freesansbold.ttf', 72)
    gameOverSurf = gameOverFont.render('Game Over', True, greyColour)
    gameOverRect = gameOverSurf.get_rect()
    gameOverRect.midtop = (320, 10)
    playSurface.blit(gameOverSurf, gameOverRect)
    pygame.display.flip()
    time.sleep(5)
    pygame.quit()
    sys.exit()
```

gameOver()函数用了一些 Pygame 命令来完成一个简单的任务：用大号字体将 Game Over 打印在屏幕上，停留5秒，然后退出 Pygame 和 Python 程序。在游戏开始之前就定义了结束函数，这看起来有点奇怪，但是所有的函数都应该在被调用前定义。Python 是不会自己执行 gameOver()函数的，直到用户调用该函数。

至此程序的开头部分已经完成，接下来进入主要部分。该程序运行在一个无限循环（一个永不退出的 while 循环）中，直到蛇撞到了墙或者自己才会结束游戏。首先用下面的代码开始主循环：

```
while True:
```

没有其他的比较条件，Python 会检测 True 是否为真。如果 True 一直为真，循环会一直进行，直到用户调用 gameOver()函数告诉 Python 退出该循环。

```
for event in pygame.event.get():
    if event.type == QUIT:
        pygame.quit()
        sys.exit()
    elif event.type == KEYDOWN:
        if event.key == K_RIGHT or event.key == ord('d'):
            changeDirection = 'right'
        if event.key == K_LEFT or event.key == ord('a'):
            changeDirection = 'left'
        if event.key == K_UP or event.key == ord('w'):
            changeDirection = 'up'
        if event.key == K_DOWN or event.key == ord('s'):
            changeDirection = 'down'
        if event.key == K_ESCAPE:
            pygame.event.post(pygame.event.Event(QUIT))
```

for 循环用来检测按键等 Pygame 事件。

第1个检测 if event.type == QUIT 告诉 Python，如果 Pygame 发出了 QUIT 信息（当用户按下 Esc 键时），执行下面缩进的代码。之后的两行类似 gameOver()函数，通知 Pygame 和 Python 程序结束并退出。

第 2 个检测以 elif 开头的行用来检测 Pygame 是否发出 KEYDOWN 事件，该事件在用户按下键盘时产生。

KEYDOWN 事件修改变量 changeDirection 的值，该变量用于控制蛇的运动方向。在本例中提供了两种控制蛇的方法，即用鼠标或者键盘上的 W、D、A、S 键让蛇向上、右、下、左移动。程序开始时，蛇会按照 changeDirection 预设的值向右移动，直到用户按下键盘改变其方向。

在程序开始的初始化部分有一个叫 direction 的变量，这个变量协同 changeDirection 检测用户发出的命令是否有效。蛇不应该立即向后运动（如果发生该情况，蛇会死亡，同时游戏结束）。为了防止这样的情况发生，将用户发出的请求（保存在 changeDirection 里）和目前的方向（保存在 direction 里）进行比较，如果方向相反，忽略该命令，蛇会继续按原方向运动。这里用下面几行代码进行比较：

```python
if changeDirection == 'right' and not direction == 'left':
    direction = changeDirection
if changeDirection == 'left' and not direction == 'right':
    direction = changeDirection
if changeDirection == 'up' and not  direction == 'down':
    direction = changeDirection
if changeDirection == 'down' and not direction == 'up':
    direction = changeDirection
```

这样就保证了用户输入的合法性，蛇（在屏幕上显示为一系列块）就能够按照用户的输入移动。每次转弯时，蛇都会向该方向移动一小节。每个小节为 20 像素，用户可以告诉 Pygame 在任何方向移动一小节。

```python
if direction == 'right':
    snakePosition[0] += 20
if direction == 'left':
    snakePosition[0] -= 20
if direction == 'up':
    snakePosition[1] -= 20
if direction == 'down':
    snakePosition[1] += 20
```

snakePosition 为蛇头的新位置，程序开始处的另一个列表变量 snakeSegments 却不是这样。该列表存储蛇身体的位置（头部后边），随着蛇吃掉草莓导致长度增加，列表会增加长度同时提高游戏难度。随着游戏的进行，避免蛇头撞到身体的难度变大。如果蛇头撞到身体，蛇会死亡，同时游戏结束。此时用下面的代码使蛇的身体增长：

```python
snakeSegments.insert(0,list(snakePosition))
```

这里用 insert() 方法向 snakeSegments 列表（存有蛇当前的位置）中添加新项目。每当 Python 运行到这一行，它就会将蛇的身体增加一节，同时将这一节放在蛇的头部，在玩家看来蛇在增长。当然，用户只希望蛇吃到草莓时才增长，否则蛇会一直变长。输入下面的几行代码：

```
if snakePosition[0] == raspberryPosition[0]
and snakePosition[1] == raspberryPosition[1]:
    raspberrySpawned = 0
else:
    snakeSegments.pop()
```

第 1 条 if 语句检查蛇头部的 x 和 y 坐标是否等于草莓(玩家的目标点)的坐标。如果等于,该草莓就会被蛇吃掉,同时 raspberrySpawned 变量置为 0。else 语句告诉 Python 如果草莓没有被吃掉,将 snakeSegments 列表中最早的项目 pop 出来。

pop 语句简单、易用,它返回列表中末尾的项目并从列表中删除,使列表缩短一项。在 snakeSegments 列表中,它使 Python 删掉距离头部最远的一部分。在玩家看来,蛇整体在移动而不会增长。实际上,它在一端增加小节,在另一端删除小节。由于有 else 语句,pop 语句只有在没吃到草莓时执行。如果吃到了草莓,列表中的最后一项不会被删掉,所以蛇会增加一小节。

现在,蛇就可以通过吃草莓让自己变长了。但是如果游戏中只有一个草莓会有些无聊,所以若蛇吃了一个草莓,用下面的代码增加一个新的草莓到游戏界面中:

```
if raspberrySpawned == 0:
    x = random.randrange(1,32)
    y = random.randrange(1,24)
    raspberryPosition = [int(x * 20),int(y * 20)]
raspberrySpawned = 1
```

这部分代码通过判断变量 raspberrySpawned 是否为 0 来判断草莓是否被吃掉了,如果被吃掉,使用程序开始引入的 random 模块获取一个随机的位置。然后将这个位置和蛇的每个小节的长度(20 像素宽,20 像素高)相乘来确定它在游戏界面中的位置。随机地放置草莓是很重要的,防止用户预先知道下一个草莓出现的位置。最后将 raspberrySpawned 变量置 1,以保证每个时刻界面上只有一个草莓。

现在有了让蛇移动和生长的代码,包括草莓被吃和新建的操作(在游戏中称为草莓重生),但是还没有在界面上画东西,输入下面的代码:

```
playSurface.fill(blackColour)
for position in snakeSegments:              #画蛇(一系列方块)
    pygame.draw.rect(playSurface,whiteColour,Rect(position[0],
        position[1], 20, 20))
pygame.draw.rect(playSurface,redColour,Rect(raspberryPosition[0],
raspberryPosition[1], 20, 20))              #草莓
pygame.display.flip()
```

这些代码让 Pygame 填充背景色为黑色,蛇的头部和身体为白色,草莓为红色。最后一行的 pygame.display.flip()让 Pygame 更新界面(如果没有这条语句,用户将看不到任何东西。每次在界面上画完对象时,记得使用 pygame.display.flip()让用户看到更新)。

现在还没有涉及蛇死亡的代码。如果游戏中的角色永远死不了,玩家很快会感到无聊,所以用下面的代码设置一些让蛇死亡的场景:

```
if snakePosition[0]> 620 or snakePosition[0]< 0:
    gameOver()
```

```
if snakePosition[1]> 460 or snakePosition[1]< 0:
    gameOver()
```

第1个if语句检查蛇是否已经走出了界面的上、下边界,第2个if语句检查蛇是否已经走出了左、右边界。这两种情况都是蛇的末日,触发前面定义的gameOver()函数,打印游戏结束信息并退出游戏。如果蛇头撞到了自己身体的任何部分,也会让蛇死亡,所以输入下面几行代码:

```
for snakeBody in snakeSegments[1:]:
    if snakePosition[0] == snakeBody[0] and
    snakePosition[1] == snakeBody[1]:
        gameOver()
```

这里的for语句遍历蛇的每一小节的位置(从列表的第2项开始到最后一项),同时和当前蛇头的位置比较。这里用snakeSegments[1:]来保证从列表的第2项开始遍历。列表的第1项为头部位置,如果从第1项开始比较,那么游戏一开始蛇就死亡了。

最后,只需要设置fpsClock变量的值即可控制游戏速度。

```
fpsClock.tick(20)
```

使用IDLE的Run Module选项或者在终端中输入python snake.py来运行程序。

贪吃蛇snake.py的完整源代码如下:

```python
import pygame, sys, time, random
from pygame.locals import *
pygame.init()
fpsClock = pygame.time.Clock()
playSurface = pygame.display.set_mode((640, 480))
pygame.display.set_caption('Raspberry Snake')
#定义一些颜色
redColour = pygame.Color(255, 0, 0)
blackColour = pygame.Color(0, 0, 0)
whiteColour = pygame.Color(255, 255, 255)
greyColour = pygame.Color(150, 150, 150)
#初始化程序中用到的一些变量
snakePosition = [100,100]
snakeSegments = [[100,100],[80,100],[60,100]]
raspberryPosition = [300,300]                    #草莓位置
raspberrySpawned = 1                             #是否吃到草莓,1为没有吃到,0为吃到
direction = 'right'                              #运动方向
changeDirection = direction
def gameOver():
    gameOverFont = pygame.font.Font('simfang.ttf', 72)
    gameOverSurf = gameOverFont.render('Game Over', True, greyColour)
    gameOverRect = gameOverSurf.get_rect()
    gameOverRect.midtop = (320, 10)
    playSurface.blit(gameOverSurf, gameOverRect)
    pygame.display.flip()
    time.sleep(5)
    pygame.quit()
```

```
            sys.exit()
while True:
    for event in pygame.event.get():
        if event.type == QUIT:
            pygame.quit()
            sys.exit()
        elif event.type == KEYDOWN:
            if event.key == K_RIGHT or event.key == ord('d'):
                changeDirection = 'right'
            if event.key == K_LEFT or event.key == ord('a'):
                changeDirection = 'left'
            if event.key == K_UP or event.key == ord('w'):
                changeDirection = 'up'
            if event.key == K_DOWN or event.key == ord('s'):
                changeDirection = 'down'
            if event.key == K_ESCAPE:
                pygame.event.post(pygame.event.Event(QUIT))
    if changeDirection == 'right' and not direction == 'left':
        direction = changeDirection
    if changeDirection == 'left' and not direction == 'right':
        direction = changeDirection
    if changeDirection == 'up' and not   direction == 'down':
        direction = changeDirection
    if changeDirection == 'down' and not direction == 'up':
        direction = changeDirection
    if direction == 'right':
        snakePosition[0] += 20
    if direction == 'left':
        snakePosition[0] -= 20
    if direction == 'up':
        snakePosition[1] -= 20
    if direction == 'down':
        snakePosition[1] += 20
    #将蛇的身体增加一节,同时将这一节放在蛇的头部
    snakeSegments.insert(0,list(snakePosition))
    #检查蛇头部的 x 和 y 坐标是否等于草莓(玩家的目标点)的坐标
    if snakePosition[0] == raspberryPosition[0] and snakePosition[1] == raspberryPosition[1]:
        raspberrySpawned = 0
    else:
        snakeSegments.pop()
    #在游戏界面中增加一个新的草莓
    if raspberrySpawned == 0:
        x = random.randrange(1,32)
        y = random.randrange(1,24)
        raspberryPosition = [int(x * 20),int(y * 20)]
    raspberrySpawned = 1
    playSurface.fill(blackColour)
    for position in snakeSegments:          #画蛇(一系列方块)
        pygame.draw.rect(playSurface,whiteColour,Rect(position[0],
            position[1], 20, 20))
    #画草莓
    pygame.draw.rect(playSurface,redColour,Rect(raspberryPosition[0],
```

```
    raspberryPosition[1], 20, 20))
pygame.display.flip()
if snakePosition[0]> 620 or snakePosition[0] < 0:
    gameOver()
if snakePosition[1]> 460 or snakePosition[1] < 0:
    gameOver()
for snakeBody in snakeSegments[1:]:
    if snakePosition[0] == snakeBody[0] and snakePosition[1] ==
    snakeBody[1]:
        gameOver()
fpsClock.tick(10)
```

17.4 基于 Pygame 设计飞机大战游戏

相信玩过《雷电》的朋友都熟悉打飞机，这里将游戏做了简化。飞机的速度固定，子弹的速度固定，基本操作是通过键盘移动玩家飞机，敌机随机从屏幕上方出现并匀速落到下方，子弹从玩家飞机发出，碰到目标飞机会击毁，如果目标飞机碰到玩家飞机，则游戏结束并显示分数。飞机大战游戏的运行效果如图 17-8 所示。

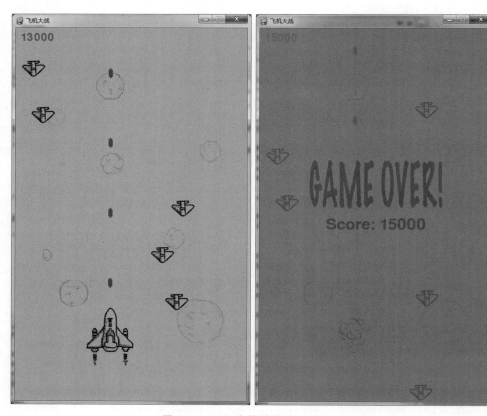

图 17-8 飞机大战游戏的运行效果

17.4.1 游戏角色

本游戏中所需的角色包括玩家飞机、敌机及子弹。用户可以通过键盘移动玩家飞机在屏幕上的位置来打不同位置的敌机，因此设计玩家类 Player、敌机类 Enemy 和子弹类 Bullet 对应 3 种游戏角色。

对于玩家类 Player，需要的操作有射击和移动两种，移动又分为上、下、左、右 4 种情况。

对于敌机类 Enemy，则比较简单，只需要移动即可，从屏幕上方出现并移动到屏幕下方。

对于子弹类 Bullet，与飞机相同，仅需要以一定的速度移动即可。

玩家、子弹和敌机都可以写成一个类，继承 Pygame 的 Sprite 类，实现一些动画效果以及检测碰撞。

```python
import pygame
from sys import exit
from pygame.locals import *
import random

SCREEN_WIDTH = 480
SCREEN_HEIGHT = 800
TYPE_SMALL = 1
TYPE_MIDDLE = 2
TYPE_BIG = 3

#子弹类
class Bullet(pygame.sprite.Sprite):                    #继承 Sprite 精灵类
    def __init__(self, bullet_img, init_pos):
        pygame.sprite.Sprite.__init__(self)
        self.image = bullet_img
        self.rect = self.image.get_rect()
        self.rect.midbottom = init_pos
        self.speed = 10
    def move(self):
        self.rect.top -= self.speed                    #y 坐标减少
#玩家类
class Player(pygame.sprite.Sprite):                    #继承 Sprite 精灵类
    def __init__(self, plane_img, player_rect, init_pos):
        pygame.sprite.Sprite.__init__(self)
        self.image = []                                #用来存储玩家对象精灵图片的列表
        for i in range(len(player_rect)):
            self.image.append(plane_img.subsurface(player_rect[i])
                .convert_alpha())
        self.rect = player_rect[0]                     #初始化图片所在的矩形
        self.rect.topleft = init_pos                   #初始化矩形的左上角坐标
        self.speed = 8                                 #初始化玩家速度，这里是一个确定的值
        self.bullets = pygame.sprite.Group()           #玩家飞机所发射的子弹的集合
        self.img_index = 0                             #玩家精灵图片索引
```

```python
            self.is_hit = False                              # 玩家是否被击中
        def shoot(self, bullet_img):
            bullet = Bullet(bullet_img, self.rect.midtop)
            self.bullets.add(bullet)
        def moveUp(self):
            if self.rect.top <= 0:
                self.rect.top = 0
            else:
                self.rect.top -= self.speed
        def moveDown(self):
            if self.rect.top >= SCREEN_HEIGHT - self.rect.height:
                self.rect.top = SCREEN_HEIGHT - self.rect.height
            else:
                self.rect.top += self.speed
        def moveLeft(self):
            if self.rect.left <= 0:
                self.rect.left = 0
            else:
                self.rect.left -= self.speed
        def moveRight(self):
            if self.rect.left >= SCREEN_WIDTH - self.rect.width:
                self.rect.left = SCREEN_WIDTH - self.rect.width
            else:
                self.rect.left += self.speed
#敌机类
class Enemy(pygame.sprite.Sprite):                           #继承 Sprite 精灵类
        def __init__(self, enemy_img, enemy_down_imgs, init_pos):
            pygame.sprite.Sprite.__init__(self)
            self.image = enemy_img
            self.rect = self.image.get_rect()
            self.rect.topleft = init_pos
            self.down_imgs = enemy_down_imgs
            self.speed = 2
            self.down_index = 0
        def move(self):
            self.rect.top += self.speed
```

以上设计了游戏中的 3 个角色。

17.4.2 游戏界面显示

在游戏画面中使用了一些飞机、子弹图像，这里使用 shoot.png 文件（如图 17-9 所示）存储所有飞机、子弹、爆炸等图像，在程序中需要分割出来显示。当然，可以用图像处理软件分解成一个个独立文件，这样处理后开发程序简单些。

所有的飞机都在 shoot.png 图片中。在游戏中显示的元素（包括飞机、子弹等）在 Pygame 中都是一个 surface，这时可以利用 Pygame 提供的 subsurface() 方法，首先载入一张大图，然后调用 subsurface() 方法选取其中的一小部分生成一个新的 surface。

第17章 基于Pygame的游戏设计

图17-9 飞机大战游戏的图像文件 shoot.png

```
# 载入飞机图片
plane_img = pygame.image.load('resources/image/shoot.png')
# 选择飞机在大图中的位置,并生成 subsurface,然后初始化飞机开始的位置
player_rect = pygame.Rect(0, 99, 102, 126)
player1 = plane_img.subsurface(player_rect)    # 获取飞机图片
player_pos = [200, 600]
screen.blit(player1, player_pos)               # 绘制飞机
```

初始化游戏并根据设置好的大小生成游戏窗口;载入游戏音乐、背景图片 background.png、游戏结束画面 gameover.png 以及飞机和子弹图像 shoot.png;设置相关参数。最后定义存储敌人的飞机精灵组 enemies1 和用来渲染击毁精灵动画的爆炸飞机精灵组 enemies_down。

```
# 初始化游戏
pygame.init()
screen = pygame.display.set_mode((SCREEN_WIDTH, SCREEN_HEIGHT))
pygame.display.set_caption('飞机大战')

# 载入游戏音乐
bullet_sound = pygame.mixer.Sound('resources/sound/bullet.wav')
enemy1_down_sound = pygame.mixer.Sound('resources/sound/enemy1_down.wav')
game_over_sound = pygame.mixer.Sound('resources/sound/game_over.wav')
bullet_sound.set_volume(0.3)
enemy1_down_sound.set_volume(0.3)
game_over_sound.set_volume(0.3)
pygame.mixer.music.load('resources/sound/game_music.wav')
pygame.mixer.music.play(-1, 0.0)
pygame.mixer.music.set_volume(0.25)

background = pygame.image.load('resources/image/background.png')
.convert()                        # 载入背景图
game_over = pygame.image.load('resources/image/gameover.png')
                                  # 载入游戏结束图 gameover.png
```

```python
filename = 'resources/image/shoot.png'
plane_img = pygame.image.load(filename)                          # 载入飞机和子弹图 shoot.png

# 设置玩家相关参数
player_rect = []
player_rect.append(pygame.Rect(0, 99, 102, 126))
player_rect.append(pygame.Rect(165, 360, 102, 126))              # 玩家精灵图片区域
player_rect.append(pygame.Rect(165, 234, 102, 126))
player_rect.append(pygame.Rect(330, 624, 102, 126))              # 玩家爆炸精灵图片区域
player_rect.append(pygame.Rect(330, 498, 102, 126))
player_rect.append(pygame.Rect(432, 624, 102, 126))
player_pos = [200, 600]
player = Player(plane_img, player_rect, player_pos)

# 定义子弹对象使用的 surface 相关参数
bullet_rect = pygame.Rect(1004, 987, 9, 21)
bullet_img = plane_img.subsurface(bullet_rect)

# 定义敌机对象使用的 surface 相关参数
enemy1_rect = pygame.Rect(534, 612, 57, 43)
enemy1_img = plane_img.subsurface(enemy1_rect)
enemy1_down_imgs = []
enemy1_down_imgs.append(plane_img.subsurface(pygame.Rect(267, 347, 57, 43)))
enemy1_down_imgs.append(plane_img.subsurface(pygame.Rect(873, 697, 57, 43)))
enemy1_down_imgs.append(plane_img.subsurface(pygame.Rect(267, 296, 57, 43)))
enemy1_down_imgs.append(plane_img.subsurface(pygame.Rect(930, 697, 57, 43)))
enemies1 = pygame.sprite.Group()                                 # 存储敌人的飞机
enemies_down = pygame.sprite.Group()                             # 存储被击毁的飞机,用来渲染击毁精灵动画
shoot_frequency = 0
enemy_frequency = 0
player_down_index = 16
score = 0
clock = pygame.time.Clock()
running = True
```

17.4.3 游戏的逻辑实现

下面进入游戏主循环,在主循环中进行了以下操作:

❶ 处理键盘输入的事件,增加游戏操作交互

处理键盘输入的事件指上、下、左、右按键操作,增加游戏操作交互指玩家飞机的上、下、左、右移动。

```python
key_pressed = pygame.key.get_pressed()
# 若玩家被击中,则无效
if not player.is_hit:
    if key_pressed[K_w] or key_pressed[K_UP]:                    # 处理键盘事件(移动飞机的位置)
        player.moveUp()
```

```
        if key_pressed[K_s] or key_pressed[K_DOWN]:     #处理键盘事件(移动飞机的位置)
            player.moveDown()
        if key_pressed[K_a] or key_pressed[K_LEFT]:     #处理键盘事件(移动飞机的位置)
            player.moveLeft()
        if key_pressed[K_d] or key_pressed[K_RIGHT]:    #处理键盘事件(移动飞机的位置)
            player.moveRight()
```

❷ 处理子弹

这里控制发射子弹的频率并发射子弹,移动已发射过的子弹,若超出窗口范围则删除。

```
#控制发射子弹的频率并发射子弹
if not player.is_hit:                       #(1)判断玩家飞机没有被击中
    if shoot_frequency % 15 == 0:
        bullet_sound.play()
        player.shoot(bullet_img)
    shoot_frequency += 1
    if shoot_frequency >= 15:
        shoot_frequency = 0
#移动已发射过的子弹,若超出窗口范围则删除
for bullet in player.bullets:
    bullet.move()                           #(2)以固定速度移动子弹
    if bullet.rect.bottom < 0:              #(3)子弹移动出屏幕后删除子弹
        player.bullets.remove(bullet)       #删除子弹
```

❸ 敌机处理

敌机需要在界面上方随机产生,并以一定的速度向下移动,详细步骤如下:

(1) 生成敌机,需要控制生成频率。
(2) 移动敌机。
(3) 敌机与玩家飞机碰撞效果的处理。
(4) 移出屏幕后删除敌机。
(5) 敌机被子弹击中效果的处理。

❹ 得分显示

在游戏界面的固定位置显示消灭了多少目标敌机。

```
score_font = pygame.font.Font(None, 36)
score_text = score_font.render(str(score), True, (128, 128, 128))
text_rect = score_text.get_rect()
text_rect.topleft = [10, 10]
screen.blit(score_text, text_rect)
```

游戏主循环的完整代码如下:

```
while running:
    clock.tick(60)                          #控制游戏最大帧率为60
    #控制发射子弹的频率并发射子弹
    if not player.is_hit:
        if shoot_frequency % 15 == 0:
            bullet_sound.play()
            player.shoot(bullet_img)
```

```python
            shoot_frequency += 1
            if shoot_frequency >= 15:
                shoot_frequency = 0
        # 移动子弹,若超出窗口范围则删除
        for bullet in player.bullets:
            bullet.move()
            if bullet.rect.bottom < 0:
                player.bullets.remove(bullet)

        # 生成敌机
        if enemy_frequency % 50 == 0:                    # (1)生成敌机,需要控制生成频率
            enemy1_pos = [random.randint(0, SCREEN_WIDTH - enemy1_rect.width), 0]
            enemy1 = Enemy(enemy1_img, enemy1_down_imgs, enemy1_pos)
            enemies1.add(enemy1)
        enemy_frequency += 1
        if enemy_frequency >= 100:
            enemy_frequency = 0

        # 移动敌机,若超出窗口范围则删除
        for enemy in enemies1:
            enemy.move()                                  # (2)移动敌机
            # 判断玩家是否被击中
            if pygame.sprite.collide_circle(enemy, player):
                                                          # (3)敌机与玩家飞机碰撞效果的处理
                enemies_down.add(enemy)
                enemies1.remove(enemy)
                player.is_hit = True
                game_over_sound.play()
                break
            if enemy.rect.top > SCREEN_HEIGHT:            # (4)移出屏幕后删除飞机
                enemies1.remove(enemy)
        # (5)敌机被子弹击中效果的处理
        # 将被击中的敌机对象添加到击毁敌机 Group 中,用来渲染击毁动画
        enemies1_down = pygame.sprite.groupcollide(enemies1, player.bullets, 1, 1)
        for enemy_down in enemies1_down:
            enemies_down.add(enemy_down)

        # 绘制背景
        screen.fill(0)
        screen.blit(background, (0, 0))

        # 绘制玩家飞机
        if not player.is_hit:
            screen.blit(player.image[player.img_index], player.rect)
            # 更换图片索引使飞机有动画效果
            player.img_index = shoot_frequency        // 8
        else:
            player.img_index = player_down_index      // 8
            screen.blit(player.image[player.img_index], player.rect)
            player_down_index += 1
```

```python
                if player_down_index > 47:
                    running = False
            # 绘制击毁动画
            for enemy_down in enemies_down:
                if enemy_down.down_index == 0:
                    enemy1_down_sound.play()
                if enemy_down.down_index > 7:
                    enemies_down.remove(enemy_down)
                    score += 1000
                    continue
                screen.blit(enemy_down.down_imgs[enemy_down.down_index // 2],
                enemy_down.rect)
                enemy_down.down_index += 1
            # 绘制子弹和敌机
            player.bullets.draw(screen)
            enemies1.draw(screen)
            # 绘制得分
            score_font = pygame.font.Font(None, 36)
            score_text = score_font.render(str(score), True, (128, 128, 128))
            text_rect = score_text.get_rect()
            text_rect.topleft = [10, 10]
            screen.blit(score_text, text_rect)
            # 更新屏幕
            pygame.display.update()
            for event in pygame.event.get():
                if event.type == pygame.QUIT:
                    pygame.quit()
                    exit()
            # 监听键盘事件
            key_pressed = pygame.key.get_pressed()
            # 若玩家被击中,则无效
            if not player.is_hit:
                if key_pressed[K_w] or key_pressed[K_UP]:
                    player.moveUp()
                if key_pressed[K_s] or key_pressed[K_DOWN]:
                    player.moveDown()
                if key_pressed[K_a] or key_pressed[K_LEFT]:
                    player.moveLeft()
                if key_pressed[K_d] or key_pressed[K_RIGHT]:
                    player.moveRight()
font = pygame.font.Font(None, 48)
text = font.render('Score: ' + str(score), True, (255, 0, 0))
text_rect = text.get_rect()
text_rect.centerx = screen.get_rect().centerx
text_rect.centery = screen.get_rect().centery + 24
screen.blit(game_over, (0, 0))
screen.blit(text, text_rect)
while 1:
    for event in pygame.event.get():
        if event.type == pygame.QUIT:
```

```
            pygame.quit()
            exit()
pygame.display.update()
```

目前基本实现了玩家移动并发射子弹、随机生成敌机、击中敌机并爆炸、玩家飞机被击毁、背景音乐及音效、游戏结束并显示分数这几项功能，已经是一个简单、可玩的游戏。整个游戏的实现不到 300 行代码，可以看出 Python 代码是多么简洁和高效。

第四篇

人工智能开发

第18章 机器学习案例——基于朴素贝叶斯算法的文本分类

视频讲解

18.1 文本分类功能介绍

视频讲解

对于分类问题,其实大家都很熟悉,说每个人每天都在执行分类操作一点也不夸张,只是大家没有意识到罢了。例如,当看到一个陌生人,脑子里会下意识地判断是男是女;走在路上,可能经常会对身旁的朋友说"这个人一看就很有钱""这个人看着很谦和"之类的话,其实这就是一种分类操作,也就是根据这个人身上的某些特征做出的一个推断。

文本分类和其他分类本质上是一样的,只不过分类的对象是文本。文本分类问题是根据文本的特征将其分到预先设定好的类别中,类别可以是两类,也可以是更多的类别。文本数据是互联网时代的一种最常见的数据形式,新闻报道、电子邮件、网页、评论留言、博客文章、学术论文等都是常见的文本数据类型,文本分类问题所采用的类别划分往往也会根据目的不同而有较大差别。例如,根据文本内容可以有"政治""经济""体育"等不同类别;根据应用目的要求,在检测垃圾邮件时可以有"垃圾邮件"和"非垃圾邮件";根据文本特点,在做情感分析时可以有"积极情感文本"和"消极情感文本"。可见,文本分类的应用非常广泛。

常用的文本分类算法有朴素贝叶斯算法、支持向量机算法、决策树、KNN 最近邻算法等。KNN 最近邻算法的原理最简单,但是分类精度一般,速度很慢;朴素贝叶斯算法对于短文本分类效果最好,精度很高;支持向量机算法的优势是支持线性不可分的情况,在精度上取中。本章以朴素贝叶斯算法为例讲解文本分类的一般过程,并以垃圾邮件过滤作为朴素贝叶斯算法的一个应用案例进行测试。

18.2 程序设计的思路

文本分类主要有3个步骤。

❶ 文本的表达

这个阶段的主要任务是将文档转变成矢量形式,常用且最简单的就是词集模型。其基本思想是假定对于一个文档忽略其词序、语法和句法等要素,将文档仅仅看作是若干词汇的集合,而文档中每个单词的出现都是独立的,不依赖于其他词汇的出现。简单来说,就是将每篇文档都看成一个词汇集合,然后看这个集合里出现了什么词汇,将其分类。例如有以下两个文档。

文档一:Bob likes to play basketball,Jim likes too。
文档二:Bob also likes to play football games。
基于这两个文档,先构造一个词汇表:

```
wordList = {"Bob","likes","to","play","basketball","Jim","too","also",
"football","games"}
```

可以看到,这个词汇表由10个不同的单词组成,利用单词在词汇表中的索引,上面两个文档都可以用一个10维向量表示,向量中的每个元素表示词汇表中的相应单词在文档中是否出现,出现为1,不出现为0。

文档一:[1,1,1,1,1,1,1,0,0,0]
文档二:[1,1,1,1,0,0,0,1,1,1]

❷ 分类器的选择与训练

这个阶段是文本分类的关键步骤,使用的分类算法不同,具体步骤也不同,这里使用朴素贝叶斯算法进行文本分类,具体将在18.3节详细介绍。

❸ 分类结果的评价

机器学习领域的算法评估常用的评价指标如下:

错分率＝所有分类错误的记录数/测试集中的记录总数
准确率＝被识别为该分类的正确分类记录数/被识别为该分类的记录数
召回率＝被识别为该分类的正确分类记录数/测试集中该分类的记录总数
F1-score＝2(准确率×召回率)/(准确率＋召回率)

18.3 关键技术

18.3.1 贝叶斯算法的理论基础

❶ 条件概率

假设一个盒子里装了9个小球,如图18-1所示,其中4个黑色的、5个白色的,如果从盒

第18章 机器学习案例——基于朴素贝叶斯算法的文本分类

子里随机取一个小球,那么是黑色小球的可能性有多大?由于取小球有 9 种可能,其中 4 种为黑色,所以取出黑色小球的概率为 4/9。那么取出白色小球的概率又会是多少呢?很显然,是 5/9。如果用 P(black)表示取黑色小球的概率,其概率值等于黑色小球的数量除以小球总数。

图 18-1 一个装有 9 个小球的盒子

如果将 9 个小球分开放在两个盒子中,如图 18-2 所示,那么上述概率应该如何计算?

A盒

B盒

图 18-2 将 9 个小球分别放在两个盒子中

将 9 个小球如图 18-2 所示放在两个盒子中,要计算 P(black)或者 P(white),事先得知小球所在盒子的信息会不会改变结果?假设从 A 盒中取出黑色小球的概率为 P(black|A 盒),即"在已知小球取自 A 盒的情况下取出黑色小球的概率",容易得到从 A 盒中取出黑色小球的概率 P(black|A 盒)为 1/4,这就是所谓的条件概率。

条件概率的定义:已知事件 B 发生的条件下事件 A 发生的概率称为事件 A 关于事件 B 的条件概率,记为 P(A|B)。对于任意事件 A 和 B,若 P(B)≠0,则"在事件 B 发生的条件下事件 A 发生的条件概率"记为 P(A|B),定义为 $P(A|B) = \dfrac{P(AB)}{P(B)}$。

那么,对于小球这个例子来说,依据条件概率的定义,P(black|A 盒)=P(black and A 盒)/P(A 盒)。

下面来看上述公式是否合理。P(black and A 盒)表示取出 A 盒中黑色小球的概率,用 A 盒中的黑色小球数量除以小球总数可得,即 1/9;P(A 盒)表示从 A 盒中取小球的可能性,即用 A 盒中的小球数量除以小球总数,即 4/9。于是有 P(black|A 盒)=P(black and A 盒)/P(A 盒)=(1/9)/(4/9)=1/4,结论与前面分析得到的结果相同,说明公式完全合理。

❷ **全概率公式**

若事件组($A_1, A_2, \cdots, A_n$)满足以下关系:

(1) $A_i (i=1,2,\cdots,n)$两两互斥,且 $P(A_i) > 0$。

(2) $\sum\limits_{1}^{n} A_i = \Omega$,$\Omega$ 为样本空间。

则称事件组($A_1, A_2, \cdots, A_n$)是样本空间 Ω 的一个划分。

全概率公式:设($A_1, A_2, \cdots, A_n$)是样本空间 Ω 的一个划分,B 为任一事件,则有

$$P(B) = \sum_{i=1}^{N} P(A_i) P(B|A_i)$$

❸ **贝叶斯公式**

设($A_1, A_2, \cdots, A_n$)是样本空间 Ω 的一个划分,B 为任一事件,则有:

$$P(A_i|B) = \frac{P(A_iB)}{P(B)} = \frac{P(A_i)P(B|A_i)}{\sum_{j=1}^{n}P(A_j)P(B|A_j)}$$

上式中的 A_i 常被视为导致试验结果 B 发生的"原因",$P(A_i)(i=1,2,\cdots,n)$ 表示各种原因发生的可能性大小,故称先验概率;$P(A_i|B)(i=1,2,\cdots,n)$ 则反映当试验产生了结果 B 之后再对各种原因概率的新认识,故称后验概率。

18.3.2 朴素贝叶斯分类

❶ 朴素贝叶斯分类的原理

朴素贝叶斯分类基于条件概率、贝叶斯公式和独立性假设原则。

基于概率论的方法告诉我们,当只有两种分类时:

如果 P1(x,y)＞P2(x,y),那么分入类别 1;

如果 P2(x,y)＞P1(x,y),那么分入类别 2。

这里提到的 P1(x,y)、P2(x,y)是一种简化描述,分别表示 $P(c_1|x,y)$ 和 $P(c_2|x,y)$,这些符号表示的意义可以这样理解,给定某个由 x、y 两个特征表示的数据点,那么该数据点是类别 c_1 的概率是多少?是类别 c_2 的概率又是多少?应用贝叶斯定理可得:

$$P(c_i|x,y) = \frac{P(x,y|c_i)P(c_i)}{p(x,y)}$$

从而可以定义贝叶斯分类准则如下:

如果 $p(c_1|x,y) > p(c_2|x,y)$,那么属于类别 c_1;

如果 $p(c_1|x,y) < p(c_2|x,y)$,那么属于类别 c_2。

这样,使用贝叶斯公式可以通过计算已知的 3 个概率值来得到未知的概率值。如果仅仅为了比较 $P(c_1|x,y)$ 和 $P(c_2|x,y)$ 的大小,因为分母相同,只需要已知分子上的两个概率即可。这里还有一个假设,就是基于特征条件独立的假设,也就是上面说到的数据点的两个特征 x 和 y 相互独立,不会相互影响,因此可以将 $P(x,y|c_i)$ 展开成独立事件概率相乘的形式,则有:

$$P(x,y|c_i) = P(x|c_i)P(y|c_i)$$

当然,对于多个特征条件的情况,上式仍然成立,这样计算概率就简单多了。

❷ 朴素贝叶斯分类的定义

扩展到一般情况,朴素贝叶斯分类的正式定义如下:

(1) 设 $x=\{a_1,a_2,\cdots,a_m\}$ 为一个待分类项,a_i 为 x 的一个特征属性,有类别 $C=\{y_1,y_2,\cdots,y_n\}$。

(2) 计算 $p(y_1|x),p(y_2|x),\cdots,p(y_n|x)$。

(3) 如果 $p(y_k|x)=\max\{p(y_1|x),p(y_2|x),\cdots,p(y_n|x)\}$,则 $x \in y_k$。

现在的关键是如何计算第(2)步中的各个条件概率,可以这么做:

① 找到一个已知分类的待分类项集合,这个集合称为训练样本集。

② 统计得到各类别下各个特征属性的条件概率估计,即 $P(a_1|y_1),P(a_2|y_1),\cdots,P(a_m|y_1);P(a_1|y_2),P(a_2|y_2),\cdots,P(a_m|y_2);\cdots;P(a_1|y_n),P(a_2|y_n),\cdots,P(a_m|y_n)$。

③ 如果各个特征属性是条件独立的,则根据贝叶斯公式有如下推导:

$$P(Y_i|x) = \frac{P(x|y_i)P(y_i)}{p(x)}$$

因为分母对于所有类别相同,所以只要将分子最大化即可。又因为各特征属性是条件独立的,所以有:

$$P(x|y_i)P(y_i) = P(a_1|y_i)P(a_2|y_i)\cdots P(a_m|y_i)P(Y_i) = P(y_i)\prod_{j=1}^{m}P(a_j|y_i)$$

❸ 朴素贝叶斯分类的流程

根据上述分析,朴素贝叶斯分类的流程可以用图 18-3 表示。

图 18-3　朴素贝叶斯分类流程

可以看到,整个朴素贝叶斯分类分为 3 个阶段。

（1）准备阶段:这个阶段为朴素贝叶斯分类做必要的准备,主要工作是根据具体应用情况确定特征属性,并对每个特征属性进行适当划分,然后由人工对一部分待分类项进行分类,形成训练样本集合。这一阶段的输入是所有待分类数据,输出是特征属性和训练样本集合。这一阶段是整个朴素贝叶斯分类中非常重要的一个阶段,也是唯一需要人工完成的阶段,其质量对整个过程有重要影响,分类器的质量在很大程度上由特征属性、特征属性划分及训练样本质量决定。

（2）分类器训练阶段:这个阶段就是生成分类器,主要工作是计算每个类别在训练样本中的出现概率及每个特征属性划分对每个类别的条件概率估计,并将结果记录。其输入是特征属性和训练样本,输出是分类器。这一阶段是自动化阶段,根据前面讨论的公式可以由程序自动计算完成。

（3）应用阶段:这个阶段的任务是使用分类器对待分类项进行分类,其输入是分类器和待分类项,输出是待分类项与类别的映射关系。这一阶段也是自动化阶段,由程序完成。

18.3.3　使用 Python 进行文本分类

在文本分类中，要从文本中获取特征，需要先拆分文本，以一封电子邮件为例，电子邮件中的某些元素构成特征。我们可以解析得到文本中的词，并把每个词作为一个特征，而每个词是否出现作为该特征的值，然后将每个文本表示为一个词条向量，就是前面提到的词集模型。每个文本的词条向量的大小与词汇表中词的数目一致。

假设特征之间相互独立。所谓独立指的是统计意义上的独立，即一个特征或者单词出现的可能性与它和其他单词相邻没有关系，比如说，"今天天气真好！"中的"今天"和"天气"出现的概率与这两个词相邻没有任何关系。这个假设正是朴素贝叶斯分类器中"朴素"一词的含义。朴素贝叶斯分类器中的另一个假设是每个特征同等重要。

18.4　程序设计的步骤

掌握了上面的基本理论，就可以开启文本分类之旅了，本节以判断留言板的留言是否为侮辱性言论为例，详细讲解使用朴素贝叶斯算法进行文本分类的过程。

问题概述：构建一个快速过滤器来屏蔽在线社区留言板上的侮辱性言论。如果某条留言中出现了负面或者侮辱性的词汇，就将该留言标识为内容不当。对此问题建立两个类别——侮辱类和非侮辱类，分别用 1 和 0 表示。

现在正式开始，首先创建一个名为 Nbayes.py 的新文件，然后依次将程序清单添加到文件中。

视频讲解

18.4.1　收集训练数据

为了将主要精力集中在分类算法本身，直接用简单的英文语料作为数据集。在实际应用中，可以通过爬虫或其他途径获取真实数据。

```
def loadDataSet():
    postingList = [['my','dog','has','flea','problems','help','please'],
                   ['maybe','not','take','him','to','dog','park','stupid'],
                   ['my','dalmation','is','so','cute','I','love','him'],
                   ['stop','posting','stupid','worthless','garbage'],
                   ['mr','licks','ate','my','steak','how','to','stop','him'],
                   ['quit','buying','worthless','dog','food','stupid']]
    classVec = [0,1,0,1,0,1]           #1代表侮辱性言论,0代表正常言论
    return postingList,classVec
```

loadDataSet() 函数直接用模拟的 6 个已分词的小文档和对应的 6 个类别标签作为训练数据。该函数返回两个列表，其中 postingList 表示已分词的文档列表，classVec 表示文档对应的类别列表。

18.4.2 准备数据

有了数据集，接下来需要从数据集生成文本的结构化描述方法，即向量空间模型，把文本表示为一个向量，把向量的每个特征表示为文本中出现的词，这里用前面提到的词集模型，首先遍历训练集中的所有文本，生成词汇表。

```
def vocabList(dataSet):
    vocabSet = set([])                       # 使用 set 创建不重复的词汇集
    for document in dataSet:
        vocabSet = vocabSet|set(document)    # 创建两个集合的并集
    return list(vocabSet)
```

vocabList(dataSet)函数的参数 dataSet 为文档集的单词列表，即 loadDataSet()函数的 postingList 返回值。该函数根据文档数据集 dataSet 创建一个包含在所有文档中不重复出现的单词列表，为此使用 Python 的 set 数据类型。首先创建一个空的集合，然后将每个文档的词集合加入该集合中，操作符"|"表示求两个集合的并集。

下面根据词汇表生成每篇文档的词集模型表示，即词向量。

```
def setOfWordsVec(vocabList,inputText):
    textVec = [0] * len(vocabList)              # 创建一个所有元素都为 0 的向量
    # 遍历文档中的所有单词,若出现了词汇表中的单词,则令文档向量中的对应值为 1
    for word in inputText:
      if word in vocabList:
          textVec[vocabList.index(word)] = 1
    return textVec
```

setOfWordsVec(vocabList,inputText)函数有两个参数，vocabList 表示已知的词汇表，inputText 表示某个文档的单词列表，函数返回值 textVec 为文档 inputText 的词向量，向量中的每个元素为 0 或 1，表示词汇表中的元素在文档中是否出现，没有出现为 0，出现为 1。向量的长度与词汇表的长度相同。该函数首先创建一个和词汇表一样长的向量，向量元素全部为 0，接着遍历文档中的每个单词，判断该单词是否在词汇表中，如果是，就将文档词向量相应位置的元素置为 1。

18.4.3 分析数据

现在可以检查函数的执行情况，首先检查单词列表，看有无遗漏或重复单词，确保数据解析的正确性。保存 Nbayes.py 文件，运行该文件，然后在 Python 提示符下输入：

```
>>> listOposts,listClasses = loadDataSet()
>>> wordList = vocabList(listOposts)
>>> wordList
['dog', 'stop', 'my', 'has', 'worthless', 'licks', 'mr', 'ate', 'I', 'steak',
'please', 'maybe', 'help', 'park', 'food', 'quit', 'is', 'so', 'buying',
'love', 'dalmation', 'take', 'him', 'posting', 'how', 'stupid', 'not',
'flea', 'problems', 'garbage', 'cute', 'to']
```

经检查没有遗漏单词,也没有重复单词,这样就生成了共有 32 个单词的词汇表。

下面检查 setOfWordsVec() 函数的执行效果,生成第 1 篇文档的词向量:

```
>>> setOfWordsVec(wordList,listOposts[0])
[1, 0, 1, 1, 0, 0, 0, 0, 0, 0, 1, 0, 1, 0, 0, 0, 0, 0, 0, 0, 0, 0, 0, 0, 0, 1, 1, 0, 0, 0]
```

可以看到文档向量中索引为 0 的元素为 1,对应词汇表中的 dog,可以查看第 1 篇文档 ['my','dog','has','flea','problems','help','please'],发现单词 dog 果然出现了。同理,将其他元素值为 1 的都验证一遍,完全正确。

下面检查单词 dog 在第 5 篇文档中是否出现。

```
>>> setOfWordsVec(wordList,listOposts[4])
[0, 1, 1, 0, 0, 1, 1, 1, 0, 1, 0, 0, 0, 0, 0, 0, 0, 0, 0, 0, 1, 0, 1, 0, 0, 0, 0, 0, 0, 1]
```

可以看到文档向量中索引为 0(对应词汇表中的 dog)的元素为 0,表示 dog 没有出现,可以查看第 5 篇文档 ['mr','licks','ate','my','steak','how','to','stop','him'],单词 dog 果然没有出现,完全正确。

18.4.4 训练算法

视频讲解

现在已经知道了一个单词在一篇文档中是否出现,也知道了该文档所属的类别。接下来重写贝叶斯公式,将之前的 x、y 替换为 **w**,粗体的 **w** 表示一个向量,即它由多个值组成。在这个例子中,数值个数与词汇表中的单词个数相同。

$$P(c_i | \mathbf{w}) = \frac{P(\mathbf{w}|c_i)P(c_i)}{p(\mathbf{w})}$$

通过前面的分析可以知道,需要计算每个类别的这个概率值,然后选取概率最大值对应的类别作为最终的类别。上式中每个类别概率的分母相等,因此只需要计算分子的两个概率 $P(c_i)$ 和 $P(\mathbf{w}|c_i)$。

首先通过类别 i(侮辱性留言或者非侮辱性留言)中的文档数除以总的文档数来计算概率 $P(c_i)P(c_i)$。接下来计算 $P(\mathbf{w}|c_i)$,这里假设所有单词都互相独立,将 **w** 展开为一个个独立的特征(单词),那么概率 $P(\mathbf{w}|c_i)$ 就可以写为 $P(w_0, w_1, w_2, \cdots, w_n|c_i)$,可以使用 $P(w_0|c_i) P(w_1|c_i) P(w_2|c_i) \cdots P(w_n|c_i) * P(w_n|c_i)$ 来计算上述概率,这样计算过程就简便多了。

下面通过程序来计算两种类别下每个单词的概率 $P(w_i|c_0)$、$P(w_i|c_1)$ 和每个类别的概率值 $P(c_i)$。因为该问题是二分类问题,类别只有两类,因此只要计算一种类别的概率如 $P(c_1)$,另一种类别的概率 $P(c_0)=1-P(c_1) P(c_0)=1-P(c_1)$。

$P(c_1)$ 表示带有侮辱性语言的文档的概率,可以用侮辱性文档数目除以文档总数得到。

$P(w_i|c_1)$ 表示侮辱性文档中单词 w_i 的条件概率,可以用侮辱性文档中单词 w_i 出现的次数除以所有侮辱性文档的单词总数得到。

为了简化程序的逻辑,在计算过程中用到了 Numpy 中的一些函数,故应确保导入 numpy 包,需要将 from numpy import * 语句加在 Nbayes.py 文件的最前面。

第18章 机器学习案例——基于朴素贝叶斯算法的文本分类

```python
from numpy import *
def trainNB(trainDocMatrix,trainCategory):       #训练算法,由词向量计算概率
    numTrainDoc = len(trainDocMatrix)            #文档数
    numWord = len(trainDocMatrix[0])             #单词数
    #侮辱性文件的出现概率,即用trainCategory中所有的1的个数除以文档总数
    pAbusive = sum(trainCategory)/float(numTrainDoc)
    #构造单词出现的次数数组,初值为0,大小为单词数
    p0Num = zeros(numWord)
    p1Num = zeros(numWord)
    #整个数据集单词出现的总数
    p0Denom = 0.0
    p1Denom = 0.0
    #对每个文档遍历
    for i in range(numTrainDoc):
        #是否为侮辱性文档
        if trainCategory[i] == 1:
            #如果是侮辱性文档,对侮辱性文档的向量进行求和
            p1Num += trainDocMatrix[i]
            #对向量中的所有元素求和,也就是计算所有侮辱性文档中出现的单词总数
            p1Denom += sum(trainDocMatrix[i])
        else:
            p0Num += trainDocMatrix[i]
            p0Denom += sum(trainDocMatrix[i])
    #类别1下每个单词出现的概率
    p1Vec = p1Num/p1Denom
    #类别0下每个单词出现的概率
    p0Vec = p0Num/p0Denom
    return p0Vec,p1Vec,pAbusive
```

trainNB()函数有两个参数 trainDocMatrix 和 trainCategory,分别是所有训练文档的词向量构成的矩阵和文档对应的类别标签数组,输出为 $P(w|c_0)$(即 p0Vec)、$P(w|c_1)$(即 p1Vec)和 $P(c_1)$(即 pAbusive)。该函数首先计算 $P(c_1)$,即文档属于侮辱性文档(类别为1)的概率,用侮辱性文档数除以文档总数即可得到。

计算 p0Vec 和 p1Vec(即 $P(w|c_0)$ 和 $P(w|c_1)$),需要计算每个单词在每个类别下的概率,这里用了 Numpy 数组快速计算,p0Vec 和 p1Vec 都是向量,大小与词汇表相同,向量中的元素值表示在相应类别下对应的词汇表中的单词出现的概率。在程序中 p1Num 首先用 Numpy 的 zeros()初始化为长度与词汇表等长的全 0 数组;p1Denom 初始化为 0。在 for 循环中,遍历训练集的所有文档,如果文档是侮辱性文档,就将该文档和 p1Num 进行向量相加,并且将该文档的单词总数累加到 p1Denom;如果是正常文档,也做相应的处理。这样,循环结束,p1Num 向量中保存的是侮辱性文档中每个单词出现的次数;p1Denom 保存的是所有侮辱性文档中出现的单词总数,是一个整数;最后用每个单词出现的次数除以该类别中的单词总数(p1Num/p1Denom),则可以得到每个单词在该类别下的概率,即 $P(w_j|c_i)(j=0,1,2,\cdots,n)$。

现在测试 trainNB()函数的效果。将 trainNB()函数的代码加入 Nbayes.py 文件中,运行该文件,并在 Python 提示符下输入:

```
>>> listOposts, listClasses = loadDataSet()
>>> wordList = vocabList(listOposts)
>>> wordList
```

至此生成一个包含所有词的词汇表 wordList，下面构建 trainNB() 函数所需要的文档词向量矩阵。使用词向量生成函数 setOfWordsVec() 循环生成每篇文档的词向量，填充到 trainDocMat 矩阵中，可以得到最终的文档词向量矩阵。

```
>>> trainDocMat = []
>>> for inDoc in listOposts:
        trainDocMat.append(setOfWordsVec(wordList, inDoc))
>>> trainDocMat
[[1, 0, 1, 1, 0, 0, 0, 0, 0, 0, 1, 0, 1, 0, 0, 0, 0, 0, 0, 0, 0, 0, 0, 0, 0, 1, 1, 0, 0, 0],
 [1, 0, 0, 0, 0, 0, 0, 0, 0, 0, 0, 1, 0, 1, 0, 0, 0, 0, 0, 0, 1, 1, 0, 1, 1, 0, 0, 0, 0, 1],
 [0, 0, 1, 0, 0, 0, 0, 1, 0, 0, 0, 0, 0, 0, 1, 1, 0, 1, 1, 0, 1, 0, 0, 0, 0, 0, 0, 0, 1, 0],
 [0, 1, 0, 1, 0, 0, 0, 0, 0, 0, 0, 0, 0, 0, 0, 0, 0, 0, 0, 0, 1, 0, 0, 0, 0, 0, 1, 0, 0],
 [0, 1, 1, 0, 0, 1, 1, 1, 0, 1, 0, 0, 0, 0, 0, 0, 0, 0, 0, 0, 1, 0, 1, 0, 0, 0, 0, 0, 0, 1],
 [1, 0, 0, 0, 0, 0, 0, 0, 0, 0, 1, 1, 0, 1, 0, 0, 0, 0, 0, 0, 0, 1, 0, 0, 0, 0, 0, 0, 0]]
```

下面给出侮辱性文档的概率和两个类别的概率向量。

```
>>> p0V, p1V, pAb = trainNB(trainDocMat, listClasses)
>>> pAb
0.5
>>> p0V
array([0.04166667, 0.04166667, 0.125     , 0.04166667, 0.        ,
       0.04166667, 0.04166667, 0.04166667, 0.04166667, 0.04166667,
       0.04166667, 0.        , 0.04166667, 0.        , 0.        ,
       0.        , 0.04166667, 0.04166667, 0.        , 0.04166667,
       0.04166667, 0.        , 0.08333333, 0.        , 0.04166667,
       0.        , 0.        , 0.04166667, 0.04166667, 0.        ,
       0.04166667, 0.04166667])
>>> p1V
array([0.10526316, 0.05263158, 0.        , 0.        , 0.10526316,
       0.        , 0.        , 0.        , 0.        , 0.        ,
       0.        , 0.05263158, 0.        , 0.05263158, 0.05263158,
       0.05263158, 0.        , 0.        , 0.05263158, 0.        ,
       0.        , 0.05263158, 0.05263158, 0.05263158, 0.        ,
       0.15789474, 0.05263158, 0.        , 0.        , 0.05263158,
       0.        , 0.05263158])
```

可以看到，侮辱性文档的概率 pAb 为 0.5，从训练数据可知，一共有 6 篇文档，其中 3 篇是侮辱性文档，因此该值正确。下面看看单词在给定类别下的概率是否正确，词汇表的第 1 个单词是 dog，其在类别 0 中出现 1 次，而类别 0 的文档单词总数为 24 个，对应的条件概率为 1/24 = 0.04166667；在类别 1 中出现两次，类别 1 的文档单词总数为 19 个，对应的条件概率为 2/19 = 0.10526316，该计算是正确的。下面看看两类概率中的最大值，发现是 p1V 中的 0.15789474，该概率的索引为 25，对应词汇表中的 stupid，意味着该单词 stupid 是最能表征类别（侮辱性文档类）的单词。通过查看训练数据，可以发现单词 stupid 在 3 篇侮辱性文档中全部出现了。

18.4.5 测试算法并改进

从上面的测试结果可以看到，在 p0V 和 p1V 中都存在一些单词概率为 0 的现象，那么计算 $P(w_0|c_i)P(w_1|c_i)P(w_2|c_i)\cdots P(w_n|c_i)$ 的值肯定为 0，这将导致用朴素贝叶斯分类器对文档分类时下面式子中的分子为 0，无法比较概率大小，最终无法分类。

$$P(c_i|\mathbf{w}) = \frac{P(\mathbf{w}|c_i)P(c_i)}{p(\mathbf{w})}$$

为了避免这种现象，可以将所有单词的出现次数由初始化为 0 改为 1，并将 p1Vec = p1Num/p1Denom 和 p0Vec = p0Num/p0Denom 中的分母初始化为 2.0，确保分母不为 0。注意，这里初始化为 1 或 2 的目的主要是为了保证分子和分母不为 0，大家可以根据业务需求进行更改。

将 trainNB() 函数中初始化的这几条语句：

```
p0Num = zeros(numWord)
p1Num = zeros(numWord)
p0Denom = 0.0
p1Denom = 0.0
```

修改为：

```
p0Num = ones(numWord)
p1Num = ones(numWord)
p0Denom = 2.0
p1Denom = 2.0
```

另一个需要注意的问题是下溢出，这是由于很多很小的数相乘造成的。当计算乘积 $P(w_0|c_i)P(w_1|c_i)P(w_2|c_i)\cdots P(w_n|c_i)$ 时，由于大部分因子都非常小，乘积将会变得更小，所以可能会产生下溢出或者得到不正确的答案。一种有效的解决办法是对乘积取自然对数。因为 $\ln(ab) = \ln(a) + \ln(b)$，于是通过求对数可以避免下溢出或者浮点数舍入导致的错误。在数学上，$f(x)$ 与 $\ln(f(x))$ 的取值结果虽然不同，但在相同区域内变化的趋势一致，并且在相同值上取到极值。因此，采用自然对数进行处理不会影响最终结果，所以将 trainNB() 函数中 return 前的两行代码修改为：

```
p1Vec = log(p1Num/p1Denom)
p0Vec = log(p0Num/p0Denom)
```

到现在为止，分类器已经修改好了，下面开始检验分类效果。

18.4.6 使用算法进行文本分类

依据朴素贝叶斯公式 $P(c_i|\mathbf{w}) = \dfrac{P(\mathbf{w}|c_i)P(c_i)}{p(\mathbf{w})}$ 及前面的分析，只要计算公式中的分子即可，重点是比较分子的大小，分子大的对应的类别就是文档的类别。将 trainNB() 函数求得的 3 个概率 p0Vec、p1Vec、pAbusive 及需要分类文档的词向量代入公式，分别比较两种

类别下的概率大小,即可确认文档的类别。classifyNB()函数实现了上述过程。

```python
def classifyNB(textVec,p0Vec,p1Vec,pClass1):
    """
    分类函数
    :param textVec: 要分类的文档向量
    :param p0Vec: 正常文档类(类别0)下的单词概率列表
    :param p1Vec: 侮辱性文档类(类别1)下的单词概率列表
    :param pClass1: 侮辱性文档(类别1)概率
    :return: 类别1或0
    """
    p1 = sum(textVec * p1Vec) + log(pClass1)
    p0 = sum(textVec * p0Vec) + log(1.0 - pClass1)
    print('p1 = ',p1)
    print('p0 = ',p0)
    if p1 > p0:
        return 1
    else:
        return 0
```

为了测试更加方便,将前面在Python提示符下的所有操作进行封装,构造测试函数testNB()。

```python
def testNB():                    #朴素贝叶斯算法测试
    #(1)加载数据集
    listOposts,listClasses = loadDataSet()
    #(2)创建词汇表
    wordList = vocabList(listOposts)
    #(3)构造训练数据的文档词向量矩阵
    trainDocMat = []
    for inDoc in listOposts:
        trainDocMat.append(setOfWordsVec(wordList, inDoc))
    #(4)训练数据
    p0V,p1V,pAb = trainNB(array(trainDocMat),array(listClasses))
    #(5)测试数据
    testText = ['love','my','ate']
    thisDoc = array(setOfWordsVec(wordList,testText))
    print(testText,'classified as:',classifyNB(thisDoc,p0V,p1V,pAb))
    testText = ['stupid','dog']
    thisDoc = array(setOfWordsVec(wordList,testText))
    print(testText,'classified as:',classifyNB(thisDoc,p0V,p1V,pAb))
```

将所有函数保存到Nbayes.py文件中,运行该文件,并在Python提示符下输入:

```
>>> testNB()
```

可以看到运行结果如下:

```
p1 = -9.826714493730215
p0 = -7.694848072384611
['love', 'my', 'ate'] classified as: 0
```

```
p1 = -4.2972854062187915
p0 = -6.516193076042964
['stupid', 'dog'] classified as: 1
```

18.5 使用朴素贝叶斯分类算法过滤垃圾邮件

视频讲解

18.4节运用朴素贝叶斯算法完整实现了社区留言板言论的分类，下面将朴素贝叶斯算法应用于垃圾邮件过滤，同样用朴素贝叶斯算法分类的通用框架来解决该问题。使用朴素贝叶斯算法对电子邮件进行分类的实现流程如下。

(1) 收集训练数据：提供已知的文本文件。
(2) 准备数据：将文本文件解析为词向量。
(3) 分析数据：检查词条确保解析的正确性。
(4) 训练算法：从词向量计算概率，使用前面建立的trainNB()函数。
(5) 测试算法：使用朴素贝叶斯算法进行交叉验证。
(6) 使用算法：构建完整的程序对一组邮件进行分类，将错分的邮件输出到屏幕上。

18.5.1 收集训练数据

假设训练数据已知，这里用50封邮件作为训练数据，其中垃圾邮件和非垃圾邮件各25封。

18.5.2 将文本文件解析为词向量

在18.4节中，为了着重理解朴素贝叶斯算法分类的核心过程，文本的词向量是预先给定的，下面介绍如何从文本构建自己的词向量。

对于一个英文文本字符串，可以使用Python的string.split()方法切分。下面看一下实际的运行效果。在Python提示符下输入：

```
>>> text = 'In fact, persistence hunting remained in use until 2014, such as with the San people of the Kalahari Desert.'
>>> text.split()
['In', 'fact,', 'persistence', 'hunting', 'remained', 'in', 'use', 'until', '2014,', 'such', 'as', 'with', 'the', 'San', 'people', 'of', 'the', 'Kalahari', 'Desert.']
```

可以看到在默认情况下split()按照单词之间的空格进行切分，整体切分效果不错，但美中不足的是，标点符号也被当作单词的一部分进行了切分。可以使用正则表达式来切分文本，其中分隔符是除单词、数字以外的任意字符串。

```
>>> import re
>>> regEx = re.compile('\W*')
>>> wordList = regEx.split(text)
>>> wordList
['In', 'fact', 'persistence', 'hunting', 'remained', 'in', 'use', 'until', '2014', 'such', 'as',
'with', 'the', 'San', 'people', 'of', 'the', 'Kalahari', 'Desert', '']
```

可以看到标点符号没有了,但是多了空字符串,可以计算字符串的长度,只返回长度大于 0 的字符串,去掉空字符串。这里用列表推导式实现:

```
>>> [word for word in wordList if len(word)> 0]
['In', 'fact', 'persistence', 'hunting', 'remained', 'in', 'use', 'until', '2014', 'such', 'as',
'with', 'the', 'San', 'people', 'of', 'the', 'Kalahari', 'Desert']
```

可以看到空字符串去掉了,但是英文句子的第 1 个单词和专用名词的首字母是大写的,为了使所有单词的形式统一,将其全部转换成小写,用 lower() 函数即可实现。

```
>>> [word.lower() for word in wordList if len(word)> 0]
['in', 'fact', 'persistence', 'hunting', 'remained', 'in', 'use', 'until', '2014', 'such', 'as',
'with', 'the', 'san', 'people', 'of', 'the', 'kalahari', 'desert']
```

另外,在实际处理中通常也要过滤掉长度小于 3 的字符串,使得词汇表尽量小一些。将上面的文本处理过程整理为一个独立的文本解析函数。

```
import re
def textParse(text):
    regEx = re.compile('\W*')
    wordList = re.split(regEx,text)
    return [word.lower() for word in wordList if len(word)> 2]
```

当然,在实际应用中文本解析是一个相当复杂的过程,这里是一种简单的处理。尤其是中文文本的解析,由于不像英文句子中有空格分隔,要识别出中文文本中的词汇,即中文分词本身就是一个值得研究的应用领域。但好在现在有一些成熟的支持 Python 的专门的分词模块,这里推荐使用 jieba 分词,它专门使用 Python 的分词系统,占用的资源少,常识类文档的分词精度较高,对于非专业文档绰绰有余,如果需要可以直接下载使用。

现在将电子邮件文本传入 textParse() 函数,就可以得到该电子邮件的单词列表。

调用 18.4 节实现的 vocabList() 函数可以生成所有训练数据的词汇表。构建文档的词向量可以用 18.4 节实现的 setOfWordsVec() 函数。训练算法则直接调用 trainNB() 函数,这里不再重复叙述。直接用分类算法进行邮件分类测试。

18.5.3　使用朴素贝叶斯算法进行邮件分类

这里使用朴素贝叶斯算法对邮件进行分类,并进行交叉验证。交叉验证也称为循环估计,是一种统计学上将数据样本切割成较小子集的实用方法。在给定的建模样本中,拿出大部分样本进行建模,留小部分样本用刚建立的模型进行预报,并求这小部分样本的预报误差。

第18章 机器学习案例——基于朴素贝叶斯算法的文本分类

本例中的样本数据共有 50 封邮件,随机选择 10 封邮件作为测试集,剩下的 40 封邮件作为训练集。

```python
def spamTest():
    """
    对贝叶斯垃圾邮件分类器进行自动化处理
    return:对测试集中的每封邮件进行分类,若邮件分类错误,则错误数加1,最后返回错分率
    """
    emailWordList = []                          # 邮件的词向量列表,大小与邮件数相同
    classList = []                              # 邮件的类别标签列表
    # 这里提供的训练邮件共 50 封,垃圾邮件和正常邮件分别 25 封
    for i in range(1,26):
        # 切分,解析数据,并归类为 1 类别
        wordList = textParse(open('email/spam/%d.txt' % i,encoding = "utf-8").read())
        emailWordList.append(wordList)
        classList.append(1)
        # 切分,解析数据,并归类为 0 类别
        wordList = textParse(open('email/noSpam/%d.txt' % i,encoding = "utf-8").read())
        emailWordList.append(wordList)
        classList.append(0)
    # 创建词汇表
    wordTable = vocabList(emailWordList)
    trainingSet = list(range(50))
    # 构造测试集
    testSet = []
    # 随机选择 10 封邮件用来测试
    for i in range(10):
        randIndex = int(random.uniform(0,len(trainingSet)))
        testSet.append(trainingSet[randIndex])
        del(trainingSet[randIndex])
    # 构造训练集文档词向量矩阵和对应的类别向量
    trainDocMat = []
    trainDocClass = []
    for docIndex in trainingSet:
        trainDocMat.append(setOfWordsVec(wordTable,
            emailWordList[docIndex]))
        trainDocClass.append(classList[docIndex])
    # 用训练集的邮件进行训练
    p0V,p1V,pSpam = trainNB(array(trainDocMat),array(trainDocClass))
    errorCount = 0                              # 记录错误邮件的数目
    # 用测试集中的邮件进行分类测试
    for docIndex in testSet:
        # 对每一封邮件生成词向量
        wordVector = setOfWordsVec(wordTable,emailWordList[docIndex])
        # 测试的分类类别与原标注类别比较,若不相等,说明分类错误
        if classifyNB(array(wordVector),p0V,p1V,pSpam)!=
            classList[docIndex]:
                print("classification error:",docIndex)
```

```
                    errorCount += 1
        errRate = float(errorCount/len(testSet))              #错分率
        print('the error rate is :', errRate)
```

spamTest()函数对朴素贝叶斯垃圾邮件分类器进行自动化处理。首先导入已经整理好的垃圾邮件和正常邮件的文本文件,分别在文件夹 spam 与 noSpam 下,并分别对它们进行解析处理,生成邮件的词向量列表 emailWordList 和类别列表 classList。调用 18.4 节案例的 vocabList()方法,可以得到没有重复单词的词汇表 wordTable。

接下来进行交叉验证,需要分别构建训练集和测试集,本例中共有 50 封邮件,随机选择 10 封作为测试集,剩下的 40 封邮件作为训练集。那么如何选择呢?初始化时 trainingSet= list(range(50)),testSet=[],可以知道 trainingSet 是一个 0~49 的整数列表,testSet 是一个空列表。随机函数 random.uniform()可以生成一个指定范围内的随机浮点数,int(random.uniform(0,len(trainingSet)))将产生一个 0~49 的整数,产生的数字加入测试集列表 testSet 中,同时将该数字从训练集 trainingSet 中删除,循环 10 次,就随机产生了 10 个 0~49 的整数,整数索引对应的邮件作为测试集,剩下的 40 封邮件作为训练集。

接着遍历训练集中的所有文档,对每封邮件基于词汇表并使用 setOfWordsVec()函数构造训练集的词向量矩阵 trainDocMat,同时生成类别向量 trainDocClass,并通过训练函数 trainNB()计算出分类所需要的 3 个概率。

最后遍历测试集,对每封邮件用 classifyNB()进行分类,与已知的邮件类别进行对比,如果分类错误则错误数加 1,并输出错分的邮件索引,以便于进一步查验,最后给出总的错分率。

下面对上述过程进行测试,将上述所有程序代码保存至 Nbayes.py 文件中并运行,在 Python 提示符下输入:

```
>>> spamTest()
the error rate is : 0.0
>>> spamTest()
classification error: 32
the error rate is : 0.1
```

spamTest()函数会输出 10 封随机选择的邮件的分类错误率,上面的测试是运行两次的结果,因为测试集的 10 封邮件是随机选择的,每次选择的测试集不一定相同,所以每次的运行结果可能会有些差别。如果有分类错误,会输出文档索引,以便于进一步分析错分的邮件。为了更精确地估计错分率,需要重复运行多次,然后求平均值,运行 100 次,获得的平均错分率为 3.5%。

18.5.4 改进算法

在前面的算法中,把邮件文本用词集模型表示,将文本的每个词作为一个特征,将词是否出现作为特征的值。实际上,大家经常见到一个词在一个文本中多次出现的情况,一个词多次出现是否可以比是否出现更加能够表达某种意义?这种方法被称为词袋(Bag of Words)模型。下面来试一试。

只要将词集模型中的单词是否出现修改为出现次数就可以了，这样只需要对 setOfWordsVec() 函数做简单修改，当扫描到一个单词时就将词向量中该单词的对应值加1。

```
def bagOfWordsVec(vocabList, inputText):
    textVec = [0] * len(vocabList)        # 创建一个所包含元素都为0的向量
    # 遍历文档中的所有单词，若出现了词汇表中的单词，则将文档向量中的对应值加1
    for word in inputText:
        if word in vocabList:
            textVec[vocabList.index(word)] += 1
    return textVec
```

修改 spamTest() 函数，将两处生成词向量的语句改为调用上面的词袋模型函数 bagOfWordsVec()，重新执行 spamTest() 函数 100 次，得到的错分率为 0，看来这样修改后确实可以提高分类的准确度。当然，在实际分类中是做不到百分之百正确的，这可能和用户选用的数据集有关。

18.6 使用 Scikit-Learn 库进行文本分类

视频讲解

Scikit-Learn 是一个用于机器学习的 Python 库，建立在 Numpy、Scipy 和 Matplotlib 基础之上。它提供了机器学习常用的算法模块，例如监督学习、无监督学习、模型选择和评估、数据集转换等，在监督学习模块中包含机器学习常用的分类算法，例如朴素贝叶斯、KNN、决策树、支持向量机等。

视频讲解

Scikit-Learn 的官方网站"http://scikit-learn.org"是学习和应用机器学习算法的最重要的工具之一，以朴素贝叶斯算法为例，网站提供了一整套算法学习的教程和资源，网址为"http://scikit-learn.org/stable/modules/naive_bayes.html"。

如果要安装 Scikit-Learn，需要先安装 Numpy、Scipy 和 Matplotlib，直接用 pip install 命令安装：

```
pip install numpy
pip install scipy
pip install matplotlib
pip install scikit-learn
```

本节选择 Scikit-Learn 的朴素贝叶斯算法进行文本分类，对 18.4 节和 18.5 节的例子重新进行实现。

用 Scikit-Learn 的朴素贝叶斯算法进行文本分类包含以下几个步骤：
(1) 收集样本数据。
(2) 提取文本特征：生成文本的向量空间模型。
(3) 训练分类器。
(4) 在测试集上进行测试。
(5) 分类结果评估。

18.6.1 文本分类常用的类和函数

❶ load_files() 函数

load_files() 函数位于 sklearn.datasets 模块下，功能是加载文本文件，将二层文件夹名字作为分类类别。Scikit-Learn 本身也自带了一些数据集，可以供用户学习测试使用，一般通过 sklearn.datasets 模块下的其他函数加载使用。

```
sklearn.datasets.load_files(container_path, description = None,
categories = None, load_content = True, shuffle = True, encoding = None,
decode_error = 'strict', random_state = 0)
```

主要参数如下。
- container_path：文件夹的路径。
- load_content：是否把文件中的内容加载到内存，该项为可选项，默认值为 True。
- encoding：编码方式。当前文本文件的编码方式一般为"UTF-8"，如果不指明编码方式(encoding=None)，那么文件内容将会按照 bytes 处理，而不是按照 unicode 处理，其默认值为 None。
- 该函数的返回值为 Bunch 对象，主要属性如下。
- data：原始数据。
- filenames：每个文件的名字。
- target：类别标签（从 0 开始的整数索引）。
- target_names：类别标签的具体含义（由子文件夹的名字决定）。

注意：需要将数据组织成如下文件结构，有几种类别就有几个子文件夹，当然文件夹及文件的名字可以自定义。

```
container_folder/
    category_1_folder/
        file_1.txt file_2.txt ... file_42.txt
    category_2_folder/
        file_43.txt file_44.txt ...
```

例如在垃圾邮件过滤例子中，email 文件夹下的二级文件夹 spam 和 noSpam 将作为类别标签。

❷ train_test_split() 函数

该函数位于 sklearn.model_selection 模块下，能够从样本数据随机按比例选取训练子集和测试子集，并返回划分好的训练集测试集样本和训练集测试集标签。

```
sklearn.model_selection.train_test_split(train_data,train_target,test_size, random_state)
```

参数如下。
- train_data：被划分的样本特征集。
- train_target：被划分的样本标签。
- test_size：如果是 0~1 的浮点数，表示样本占比；如果是整数，则是样本的数量，该

第18章 机器学习案例——基于朴素贝叶斯算法的文本分类

项为可选项,默认值为 None。
- random_state：随机数的种子,不同的种子会造成不同的随机采样结果,相同的种子采样结果相同,该项为可选项,默认值为 None。

❸ CountVectorizer 类

CountVectorizer 类是文本特征提取模块 sklearn.feature_extraction.text 下的一个常用的类,能够将文档词块化,并进行数据预处理,例如去音调、转小写、去停用词,最后生成文档的词频矩阵,即前面所说的词袋模型。

```
class sklearn.feature_extraction.text.CountVectorizer(input = u'content', encoding = u'utf-8',
decode_error = u'strict', strip_accents = None, lowercase = True, preprocessor = None, tokenizer
 = None, stop_words = None, token_pattern = u'(?u)\b\w\w + \b', ngram_range = (1, 1), analyzer = u
'word', max_df = 1.0, min_df = 1, max_features = None, vocabulary = None, binary = False, dtype =
<type 'numpy.int64'>)
```

其参数很多,这里介绍最常用的几个,其他用默认值即可。
- stop_words：设置停用词,可以为 english、list 或 None(默认值),设为 english 将使用内置的英语停用词,设为一个 list 可自定义停用词,设为 None 则不使用停用词,设为 None 且 max_df∈[0.7, 1.0)将自动根据当前的语料库建立停用词表。
- lowercase：是否将所有字符转变成小写,默认值为 True。
- token_pattern：表示 token 的正则表达式,只有当 analyzer == 'word'时才使用,默认的正则表达式选择两个及以上的字母或数字作为 token,标点符号默认当作 token 分隔符,而不会被当作 token。
- analyzer：一般使用默认值,可设置为 string 类型{'word', 'char', 'char_wb'}或 callable,特征基于 wordn-grams 或 character n-grams。
- decode_error：默认为 strict,若遇到不能解码的字符将报 UnicodeDecodeError 错误,设为 ignore 将会忽略解码错误。

CountVectorizer 类的核心函数是 fit_transform(),通过该函数能够学习词汇表,返回文档的词频矩阵。

```
fit_transform(raw_documents, y = None)
```

其参数 raw_documents 为迭代器,可以是 str、unicode 或文件对象。
其返回值是文档的词频矩阵,矩阵大小为文档数×特征数。

❹ MultinomialNB 类

在 Scikit-Learn 中共有 3 个朴素贝叶斯的分类算法类,分别是 GaussianNB、MultinomialNB 和 BernoulliNB。其中,GaussianNB 是先验概率为高斯分布的朴素贝叶斯,MultinomialNB 是先验概率为多项式分布的朴素贝叶斯,BernoulliNB 是先验概率为伯努利分布的朴素贝叶斯。

这 3 个类适用的分类场景不同,一般来说,如果样本特征的分布大部分是连续值,使用 GaussianNB 会比较好；如果样本特征的分布大部分是多元离散值,使用 MultinomialNB 比较合适；如果样本特征是二元离散值或者很稀疏的多元离散值,应该使用 BernoulliNB。因为考虑文本分类中的特征是离散的单词,所以用 MultinomialNB。

```
class sklearn.naive_bayes.MultinomialNB(alpha = 1.0,fit_prior = True,class_prior = None)
```

参数如下。
- alpha：拉普拉斯平滑参数，是一个大于 0 的常数，该项为可选项，默认值为 1。
- fit_prior：是否要考虑先验概率，如果是 False，则所有的样本类别输出都有相同的类别先验概率，该项为可选项，默认值为 True。
- class_prior：类别的先验概率，该项为可选项，默认值为 None。

MultinomialNB 类下有两个核心函数。

(1) fit()函数：拟合朴素贝叶斯分类器。

```
fit(X, y, sample_weight = None)
```

参数如下。
- X：训练数据的词频矩阵。
- y：训练数据的类别标签向量。

其返回值为 MultinomialNB 对象。

(2) predict()函数：对测试集进行分类。

```
predict(X)
```

参数 X 为要分类的文档的词频矩阵，矩阵大小为测试集中的文档数×特征数。

其返回值为 X 的预测目标值向量，向量大小与测试集中的文档数一致。

❺ **classification_report()函数**

classification_report()函数位于 sklearn.metrics 模块下，用于显示主要分类指标的文本报告，在报告中显示每个类的准确率、召回率、F1 值等信息。

```
sklearn.metrics.classification_report(y_true, y_pred, labels = None, target_names = None,
sample_weight = None, digits = 2)
```

主要参数如下。
- y_true：一维数组，或标签指示器数组/稀疏矩阵，目标值。
- y_pred：一维数组，或标签指示器数组/稀疏矩阵，分类器返回的估计值。
- labels：一维数组，报表中包含的标签索引列表，可选。
- target_names：字符串列表，与标签匹配的显示名称，可选。
- sample_weight：一维数组，样本权重，可选。
- digits：int 型，输出浮点值的位数，可选。

其返回值为每类文本的准确率、召回率、F1-score 等信息，string 类型。

对于数据测试结果有下面 4 种情况。

TP：预测为正，实际为正；FP：预测为正，实际为负；FN：预测为负，实际为正；TN：预测为负，实际为负。

关于准确率、召回率、F1-score，详细定义如下：

$$准确率 = TP/(TP+FP)$$

$$召回率 = TP/(TP+FN)$$

$$F1-score = 2 \times TP/(2 \times TP+FP+FN)$$

熟悉了这些类和函数的使用,就可以实现具体的案例了。

18.6.2 案例实现

创建一个名为 sklearn_NB.py 的新文件,用 Scikit-Learn 库的朴素贝叶斯算法将 18.4 节和 18.5 节的例子重新进行实现。

```python
from sklearn import datasets
from sklearn.feature_extraction.text import CountVectorizer
from sklearn.naive_bayes import MultinomialNB      #导入多项式贝叶斯算法包
from sklearn.cross_validation import train_test_split
from sklearn.metrics import classification_report
#留言板案例的 Scikit-Learn 实现
def testNB_skl():
    posting = ['my dog has flea problems help please','maybe not take him to
                dog park stupid',
                'my dalmation is so cute I love him','stop posting stupid
                worthless garbage',
                'mr licks ate my steak how to stop him','quit buying worthless
                dog food stupid']
    classVec = [0,1,0,1,0,1]
    #交叉验证选择训练集和测试集
    train_data,test_data,train_y,test_y = train_test_split(posting,
    classVec,test_size = 0.2,train_size = 0.8)
    #生成文本的词频矩阵
    vectorizer = CountVectorizer()               #CountVectorizer用于词袋模型统计词频
    wordX = vectorizer.fit_transform(train_data)
    #训练分类器
    clf = MultinomialNB().fit(wordX,train_y)
    #预测测试集的分类结果
    test_wordX = vectorizer.transform(test_data).toarray()
    predicted = clf.predict(test_wordX)          #预测
    for doc,category in zip(test_data,predicted):
        print(doc,":",category)
    #在测试集上的性能评估
    classTarget_names = ['正常言论','侮辱性言论']
    print(classification_report(test_y,predicted,target_names =
    classTarget_names))
#垃圾邮件过滤的 Scikit-Learn 实现
def spamTest_skl():
    #加载 email 文件夹下的数据
    base_data = datasets.load_files("email/")
    #交叉验证选择训练集和测试集
    train_data,test_data,train_y,test_y =
    train_test_split(base_data.data,base_data.target,test_size =
    0.2,train_size = 0.8)
    #生成文本的词频矩阵
    vectorizer = CountVectorizer(stop_words = "english",
    decode_error = 'ignore')
```

```python
wordX = vectorizer.fit_transform(train_data)
# 训练分类器
clf = MultinomialNB().fit(wordX,train_y)
# 预测测试集的分类结果
test_wordX = vectorizer.transform(test_data).toarray()
# newDoc_tfidf = transformer.transform(newDoc_wordX)     # 得到新文档每个词的 TF-IDF 值
predicted = clf.predict(test_wordX)          # 预测
print(predicted)
# 在测试集上的性能评估
print(classification_report(test_y,predicted,target_names =
base_data.target_names))
```

运行 sklearn_NB.py，在 Python 提示符下输入 testNB_skl()，可以得到留言是否为侮辱性言论的预测分类结果及预测评估报告：

```
maybe not take him to dog park stupid : 0
quit buying worthless dog food stupid : 1
               precision    recall   f1-score   support
    正常言论        0.00      0.00      0.00        0
   侮辱性言论       1.00      0.50      0.67        2
   avg/total    1.00      0.50      0.67        2
```

在 Python 提示符下输入 spamTest_skl()，可以得到垃圾邮件过滤的预测分类结果及预测评估报告：

```
[0 1 0 0 1 1 0 0 0 1]
               precision    recall   f1-score   support
     noSpam     1.00      1.00      1.00        6
       spam    1.00      1.00      1.00        4
   avg/total    1.00      1.00      1.00       10
```

注意：因为训练集和测试集是随机划分的，所以每次的运行结果不一定相同。

第 19 章

深度学习案例——基于卷积神经网络的手写体识别

19.1 手写体识别案例需求

人类对图 19-1 所示的一串手写图像可以毫不费力地认出是 504192,这是因为人体的视觉系统相当神奇,但是让计算机进行识别就比较复杂了。假如给定一个数字 5 的图像,计算机如何描述出这是一个数字 5 呢?我们可以把计算机当作一个小孩子,让它见很多的 5 的图片,慢慢就形成了自己的判断标准,而这种让计算机学习的方法就是神经网络,深度学习(Deep Learning)就是具有多隐含层的神经网络结构。

图 19-1 手写体数字

本章案例将采用深度学习框架,使用卷积神经网络(CNN)对 MNIST 数据集进行训练,最终给计算机一个任意书写的手写体数字,使它能够识别出该数字是什么。

19.2 深度学习的概念及关键技术

深度学习(Deep Learning)是机器学习(Machine Learning)研究中的一个新领域,是具有多隐含层的神经网络结构。

19.2.1 神经网络模型

❶ 生物神经元

大脑大约由 140 亿个神经元组成,神经元互相连接成神经网络,每个神经元平均连接几千条其他神经元。神经元是大脑处理信息的基本单元。一个神经元的结构如图 19-2 所示。

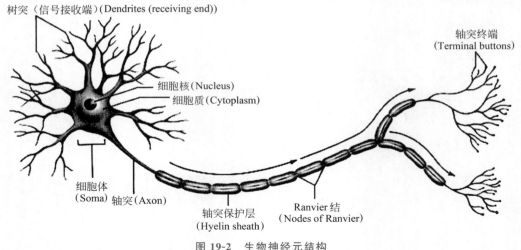

图 19-2 生物神经元结构

可以看到,一个可视化的生物神经元是由细胞体、树突和轴突三部分组成。以细胞体为主体,由许多向周围延伸的不规则树枝状纤维构成,其形状像一棵枯树的枝干。其中,轴突负责细胞体到其他神经元的输出连接,树突负责接收其他神经元到细胞体的输入。来自神经元(突触)的电化学信号聚集在细胞核中,如果聚合超过了突触阈值,那么电化学尖峰(突触)就会沿着轴突向下传播到其他神经元的树突上。

由于神经元结构的可塑性,突触的传递作用可增强或减弱,因此神经元具有学习与遗忘的功能。

❷ 人工神经网络

人工神经网络是反映人脑结构及功能的一种抽象数据模型,它使用大量的人工神经元进行计算,该网络将大量"神经元"相互连接,每个"神经元"是一种特定的输出函数,又称为激活函数。每两个"神经元"之间的连接都通过加权值,称为权重,这相当于人工神经网络的记忆。网络的输出则根据网络的连接规则来确定,输出因权重值和激励函数的不同而不同。

一个简单的人工神经网络如图 19-3 所示,其中,$x_1(t)$ 等数据为这个神经元的输入,代表其他神经元或外界对该神经元的输入;w_{i1} 等数据为这个神经元的权重,$u_i = \sum \omega_{ij} \cdot x_j(t)$ 是对输入的求和;$y_i(t) = f(u_i(t))$ 称为激励函数,是对求和部分的再加工,也是最终的输出。

因此,神经网络就是将许多单一的神经元连接在一起的一个典型的网络,如图 19-4 所

图 19-3 人工神经网络   图 19-4 神经网络典型结构

示,用更多的神经元去进行学习,神经网络最左边的一层叫输入层,它有 3 个输入单元;最右边的一层叫输出层,它只有一个结点;中间两层称为隐藏层,因为用户不能在训练过程中观测到它们的值。其实,神经网络可以包含更多的隐藏层。

19.2.2 深度学习之卷积神经网络

深度学习的概念源于人工神经网络的研究,含有多隐层的神经网络就是一种深度学习结构。深度学习通过组合低层特征形成更加抽象的高层表示属性类别或特征,以发现数据的分布式特征表示。

深度学习中的卷积神经网络(CNN)近年来有了非常出色的表现,它与普通的神经网络的区别在于包含了一个由卷积层和池化层构成的特征抽取器。在卷积神经网络的卷积层中,一个神经元只与部分邻层神经元相连接,通常包含若干个特征图(Feature Map),每个特征平面由一些矩形排列的神经元组成。同一特征平面的神经元共享权值,这里共享的权值就是卷积核,卷积核一般以随机小数矩阵的形式初始化,在网络的训练过程中卷积核将学习得到合理的权值。共享权值(卷积核)带来的直接好处是减少了网络各层之间的连接,同时又降低了过拟合的风险。池化也叫子采样(Pooling),可以看作一种特殊的卷积过程。卷积和池化大大简化了模型复杂度,减少了模型的参数。

下面具体介绍几个相关概念。

❶ 卷积

这里用一个简单的例子来讲述如何计算卷积,假设有一个 5×5 的图像,使用一个 3×3 的卷积核(filter)进行卷积,想得到一个 3×3 的 Feature Map,首先对图像的每个像素进行编号,用 $x_{i,j}$ 表示图像的第 i 行第 j 列元素,对 filter 的每个权重进行编号,用 $w_{m,n}$ 表示第 m 行第 n 列的权重,对 Feature Map 的每个元素进行编号,用 $a_{i,j}$ 表示第 i 行第 j 列元素。

那么 Feature Map 中 $a_{0,0}$ 的卷积计算方法如下,如图 19-5 所示。

image 5×5

bias=0
filter 3×3

Feature Map 3×3

图 19-5 卷积原理图 1

$a_{0,0} = \omega_{0,0} x_{0,0} + \omega_{0,1} x_{0,1} + \omega_{0,2} x_{0,2} + \omega_{1,0} x_{1,0} + \omega_{1,1} x_{1,1} + \omega_{1,2} x_{1,2} + \omega_{2,0} x_{2,0} + \omega_{2,1} x_{2,1} + \omega_{2,2} x_{2,2}$
$= 1×1 + 0×1 + 1×1 + 0×0 + 1×1 + 0×1 + 1×0 + 0×0 + 1×1$
$= 4$

Feature Map 中 $a_{0,1}$ 的卷积计算方法如下,如图 19-6 所示。

$a_{0,1} = \omega_{0,1} x_{0,1} + \omega_{0,2} x_{0,2} + \omega_{0,3} x_{0,3} + \omega_{1,1} x_{1,1} + \omega_{1,2} x_{1,2} + \omega_{1,3} x_{1,3} + \omega_{2,1} x_{2,1} + \omega_{2,2} x_{2,2} + \omega_{2,3} x_{2,3}$
$= 1×1 + 0×1 + 1×0 + 0×1 + 1×1 + 0×1 + 1×0 + 0×1 + 1×1$
$= 3$

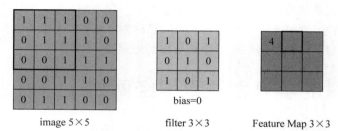

图 19-6　卷积原理图 2

同理,依次计算出 Feature Map 中所有元素的值。

在上面的计算过程中,步幅(stride)为 1,步幅可以设为大于 1 的数。例如,当步幅为 2 时 filter 将每次滑动两个元素,因此 Feature Map 就变成了 2×2。这说明图像大小、步幅和卷积后的 Feature Map 大小是有关系的,这里将不再举例。

上例仅演示了一个 filter 的情况,其实每个卷积层可以有多个 filter,每个 filter 和原始图像进行卷积后都可以得到一个 Feature Map,因此卷积后 Feature Map 的深度(个数)和卷积层的 filter 个数是相同的。图 19-7 所示为 3 个 24×24 大小的 filter(即 3×24×24)得到的三维的 Feature Map。

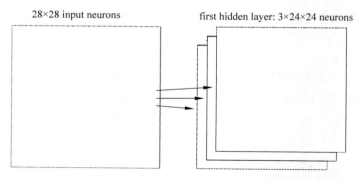

图 19-7　多个卷积核

以上就是卷积层的计算方法,这里体现了局部连接和权值共享:每层神经元只和上一层部分神经元相连(卷积计算规则),且 filter 的权值对于上一层所有神经元都是一样的。

❷ 池化(Pooling)

Pooling 层的主要作用是下采样,通过去掉 Feature Map 中不重要的样本进一步减少参数数量,且可以有效地防止过拟合。Pooling 的方法很多,最常用的是最大池化(Max Pooling)。最大池化实际上就是在 n×n 的样本中取最大值,作为采样后的样本值。

图 19-8 是 2×2 步幅为 2 的最大池化,即在获取的 Feature Map 中每 2×2 的矩阵内取最大值作为采样后的结果,这样能把数据缩小至 1/4,同时又不会损失太多信息。

对于深度为 D 的 Feature Map,各层独立做 Pooling,因此 Pooling 后的深度仍然为 D。

第19章 深度学习案例——基于卷积神经网络的手写体识别

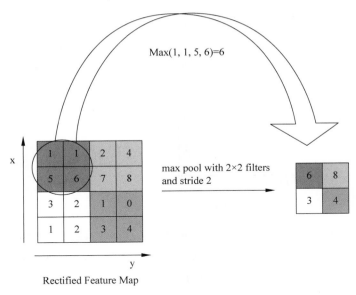

图 19-8 池化

❸ 激活函数

激活函数的作用是能够给神经网络加入一些非线性因素,使得神经网络可以更好地解决较为复杂的问题。常见的激活函数有 Sigmoid()、tanh()、ReLU()等,这里简要介绍两个常用的函数 Sigmoid()和 ReLU()。

1) Sigmoid()函数

其表达式如下:

$$g(z)=\frac{1}{1+e^{-z}}$$

其中,z 是一个线性组合,比如 z 可以等于 $w_0 + w_1 \times x_1 + w_2 \times x_2$。通过代入很大的正数或很小的负数到函数中可知,g(z)的结果趋近于 0 或 1。

因此,Sigmoid()函数的图形表示如图 19-9 所示。

也就是说,Sigmoid()函数的功能是把一个实数压缩至 0~1。当输入非常大的正数时,输出结果会接近 1;当输入非常大的负数时,则会得到接近 0 的结果。压缩至 0~1 的作用是可以把激活函数看作一种"分类的概率",比如激活函数的输出为 0.9,便可以解释为 90%的概率为正样本。

图 19-9 Sigmoid()函数图形

2) ReLU()函数

该函数被定义为:

$$\begin{cases} 0 & x \leqslant 0 \\ x & x > 0 \end{cases}$$

在 ReLU()函数中,当 x<0 时函数值为 0,否则仍为 x。ReLU()函数的图形表示如

图 19-10 所示。

图 19-10 ReLU() 函数图形

与 Sigmoid() 和 ReLU() 函数相比,Sigmoid() 函数在输入参数太大或太小时,会产生梯度消失现象,而 ReLU() 对于随机梯度下降的收敛有巨大的加速作用,且 ReLU() 只需要一个阈值就可以得到激活值,而不用进行一大堆复杂的(指数)运算。但 ReLU() 的缺点是,它在训练时比较脆弱,容易形成不可逆转的死亡,导致了数据多样化的丢失。

❹ 卷积神经网络的网络结构

一个卷积神经网络通常由若干卷积层、Pooling 层、全连接层组成。用户可以构建各种不同的卷积神经网络。图 19-11 所示为一个常见的卷积神经网络模型。

图 19-11 一个典型的 CNN 网络结构

其中,Input 为输入图像,被计算机理解为矩阵,输入图像通过 6 个可训练的 filter 进行卷积,卷积后产生 6 个特征图(Feature Map),然后再使用 ReLU() 函数得到 C1 层的 Feature Map,在卷积层后面是池化(Pooling)得到 S2 层。卷积层＋池化层的组合可以在隐藏层出现很多次,例如图 19-11 中出现了两次,实际上这个次数是根据模型的需要而来的。用户还可以灵活使用卷积层＋卷积层或者卷积层＋卷积层＋池化层的组合,这些在构建模型的时候没有限制,但是最常见的 CNN 都是若干卷积层＋池化层的组合,如图 19-11 中的 CNN 结构。

在若干卷积层＋池化层后面是全连接层(Full Connected Layer,FC),全连接层其实就是传统的神经网络结构,即前一层的每一个神经元都与后一层的所有神经元相连,在整个卷积神经网络中起到"分类器"的作用。

19.3 Python 深度学习库——Keras

Keras 是搭建在 theano/tensorflow 基础上的深度学习框架，用 Python 语言编写，是一个高度模块化的神经网络库，支持 GPU 和 CPU。

19.3.1 Keras 的安装

❶ 在 Windows 下安装 Keras

在安装 Keras 之前需要安装 tensorflow、numpy、matplotlib、scipy 等库。

```
pip install numpy
pip install matplotlib
pip install scipy
pip install tensorflow
pip install keras
```

❷ 使用 Anaconda 安装 Keras

在"https://www.continuum.io/downloads/"下载对应系统版本的 Anaconda，和安装普通的软件一样，全部选择默认即可，注意勾选将 Python 3.6 添加进环境变量，这样 Anaconda 就安装好了。

打开 Anaconda 菜单中的 Anaconda Prompt，输入：

```
pip install -- upgrade -- ignore - installed tensorflow
pip install keras
```

❸ 测试

安装完成后，在命令行下输入"python"，进入 Python 环境后输入：

```
import numpy
import scipy
import tensorflow as tf
import keras
```

若没有错误提示，则表示安装完成。

19.3.2 Keras 的网络层

Keras 的层主要包括常用层（Core）、卷积层（Convolutional）、池化层（Pooling）、局部连接层、递归层（Recurrent）、嵌入层（Embedding）、高级激活层、规范层、噪声层、包装层，当然用户也可以编写自己的层。

对于层的操作如下：

```
layer.get_weights()                          #返回该层的权重(numpy array)
layer.set_weights(weights)                   #将权重加载到该层
config = layer.get_config()                  #保存该层的配置
layer = layer_from_config(config)            #加载一个配置到该层
#如果层仅有一个计算结点(即该层不是共享层),则可以通过下列方法获得输入张量、输出张量、
#输入数据的形状和输出数据的形状
layer.input
layer.output
layer.input_shape
layer.output_shape
#如果该层有多个计算结点,可以使用下面的方法
layer.get_input_at(node_index)
layer.get_output_at(node_index)
layer.get_input_shape_at(node_index)
layer.get_output_shape_at(node_index)
```

下面介绍本章案例中所使用的网络层。

❶ 二维卷积层

二维卷积层是对图像的卷积。该层对二维输入进行滑动窗卷积,当使用该层作为第1层时,应提供 input_shape 参数。例如 input_shape=(128,128,3)代表 128×128 的彩色 RGB 图像(data_format='channels_last')。

操作如下:

```
keras.layers.convolutional.Conv2D(filters, kernel_size, strides = (1, 1),
padding = 'valid', data_format = None, dilation_rate = (1, 1), activation = None,
use_bias = True, kernel_initializer = 'glorot_uniform',
bias_initializer = 'zeros', kernel_regularizer = None, bias_regularizer = None,
activity_regularizer = None, kernel_constraint = None, bias_constraint = None)
```

参数如下。

- filters:卷积核的数目(即输出的维度)。
- kernel_size:单个整数或由两个整数构成的 list/tuple,卷积核的宽度和长度。如为单个整数,则表示在各个空间维度的相同长度。
- strides:单个整数或由两个整数构成的 list/tuple,是卷积的步长。如果为单个整数,则表示在各个空间维度的相同步长。任何不为 1 的 strides 与任何不为 1 的 dilation_rate 均不兼容。
- padding:补 0 策略,为'valid'或'same'。'valid'代表只进行有效的卷积,即对边界数据不处理。'same'代表保留边界处的卷积结果,通常会导致输出 shape 与输入 shape 相同。
- activation:激活函数,为预定义的激活函数名(参考激活函数)或逐元素(element-wise)的 Theano 函数。如果不指定该参数,将不会使用任何激活函数(即使用线性激活函数:a(x)=x)。
- dilation_rate:单个整数或由两个整数构成的 list/tuple,指定 dilated convolution 中的膨胀比例。任何不为 1 的 dilation_rate 与任何不为 1 的 strides 均不兼容。
- data_format:字符串,'channels_first'或'channels_last'之一,代表图像的通道维的位

置。该参数是 Keras 1.x 中的 image_dim_ordering，'channels_last'对应原本的'tf'，'channels_first'对应原本的'th'。以 128×128 的 RGB 图像为例，'channels_first'应将数据组织为(3,128,128)，而'channels_last'应将数据组织为(128,128,3)。该参数的默认值是~/.keras/keras.json 中设置的值，若从未设置过，则为'channels_last'。
- use_bias：布尔值，是否使用偏置项。
- kernel_initializer：权值初始化方法，为预定义初始化方法名的字符串，或用于初始化权重的初始化器。
- bias_initializer：偏置向量初始化方法，为预定义初始化方法名的字符串，或用于初始化偏置向量的初始化器。
- kernel_regularizer：施加在权重上的正则项，为 Regularizer 对象。
- bias_regularizer：施加在偏置向量上的正则项，为 Regularizer 对象。
- activity_regularizer：施加在输出上的正则项，为 Regularizer 对象。
- kernel_constraint：施加在权重上的约束项，为 Constraint 对象。
- bias_constraint：施加在偏置上的约束项，为 Constraint 对象。

❷ **Dense 层（全连接层）**

操作方法如下：

```
keras.layers.core.Dense(units, activation = None, use_bias = True, kernel_initializer = 'glorot_uniform', bias_initializer = 'zeros', kernel_regularizer = None, bias_regularizer = None, activity_regularizer = None, kernel_constraint = None, bias_constraint = None)
```

参数如下。
- units：大于 0 的整数，代表该层的输出维度。
- use_bias：布尔值，是否使用偏置项。
- kernel_initializer：权值初始化方法，为预定义初始化方法名的字符串，或用于初始化权重的初始化器。
- bias_initializer：偏置向量初始化方法，为预定义初始化方法名的字符串，或用于初始化偏置向量的初始化器。
- regularizer：正则项，kernel 为权重的，bias 为偏执的，activity 为输出的。
- constraint：约束项，kernel 为权重的，bias 为偏执的。

❸ **Activation 层**

操作方法如下：

```
keras.layers.core.Activation(activation)
```

激活层对一个层的输出施加激活函数。

activation 是将要使用的激活函数，为预定义激活函数名或一个 Tensorflow/Theano 的函数。

输入 shape 任意，当使用激活层作为第 1 层时要指定 input_shape。

输出 shape 与输入 shape 相同。

❹ **最大池化层 MaxPooling2D**

操作方法如下：

```
keras.layers.pooling.MaxPooling2D(pool_size = (2,2), strides = None, padding = 'valid', data_
format = None)
```

参数如下。
- pool_size：整数或长为 2 的整数 tuple，代表在两个方向（竖直、水平）上的下采样因子，例如取(2,2)将使图片在两个维度上均变为原长的一半。它为整数，意为各个维度值相同且为该数字。
- strides：整数或长为 2 的整数 tuple，或者为 None，步长值。
- padding：'valid'或者'same'。
- data_format：字符串，'channels_first'或 'channels_last'之一，代表图像的通道维的位置。该参数是 Keras 1.x 中的 image_dim_ordering，'channels_last'对应原本的'tf'，'channels_first'对应原本的'th'。

19.3.3 用 Keras 构建神经网络

用 Keras 构建网络的过程可用图 19-12 所示。

图 19-12 用 Keras 搭建神经网络

下面以一个简单的例子演示使用 Keras 如何构建网络结构并进行训练及预测。
首先引入库，并建立一个顺序模型，Sequential 就是一个空的网络结构，方法如下：

```
from keras.models import Sequential
model = Sequential()
```

在 Keras 中可以构建一些其他的网络结构，仅需要写.add，后面加入层的类型即可。下例中引入了 Dense（也就是 fc 层）和激活函数层（RELU）：

```
from keras.layers import Dense, Activation
#再分别 add fc、relu、fc、softmax 层
model.add(Dense(units = 64, input_dim = 100))
model.add(Activation("relu"))
model.add(Dense(units = 10))
model.add(Activation("softmax"))
```

编译模型，损失函数 loss 用交叉熵，优化器用 sgd，评估用 accuracy：

```
model.compile(loss = 'categorical_crossentropy', optimizer = 'sgd', metrics = ['accuracy'])
```

载入训练数据集进行训练：

```
model.fit(x_train, y_train, epochs = 5, batch_size = 32)
```

对测试集进行如下操作：

```
evaluate loss_and_metrics = model.evaluate(x_test, y_test, batch_size = 128)
```

19.4 程序设计的思路

❶ 数据集描述

在本实例中，训练样本和识别测试数据都是 28×28 像素，如图 19-13 所示的图片，它在计算机中的存储是一个二维矩阵，0 代表白色，1 代表黑色，小数代表某程度的灰色。那么输入层就应该是 28×28＝786 个神经元（忽略它的二维结构），其中每个神经元的输入数据就是该像素的灰度值。整个数据集被分成两部分，即 60000 行的训练数据集和 10000 行的测试数据集，60000 行的训练数据集是一个形状为[60000,784]的张量，第 1 个维度数字用来索引图片，第 2 个维度数字用来索引每张图片中的像素点。在此张量中的每个元素都表示某张图片中的某个像素的强度值，值的取值范围为 0～1。

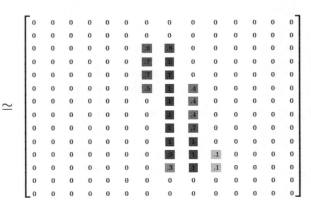

图 19-13 输入图像

输出结果只有 10 个数字（即 10 类），输出层是 10 个神经元，每个神经元对应一个要识别的结果。

❷ 网络结构

网络层级结构概述：5 层神经网络。

输入层：输入数据为原始训练图像。

第一卷积层：6 个 5×5 的卷积核，步长 Stride 为 1。在这一层中，输入为 28×28 的深度为 1 的图片数据，输出为 24×24 的深度为 6 的特征图。

第一池化层：卷积核 size 为 2×2，步长 Stride 为 2 的最大池化。在这一层中，输入为 24×24 的深度为 6 的特征图，输出为 12×12 的深度为 6 的特征图。

第二卷积层：12 个 5×5 的卷积核，步长 Stride 为 1。在这一层中，输入为 12×12 的深度为 6 的图片数据，输出为 8×8 的深度为 12 的特征图。

第二池化层：卷积核 size 为 2×2，步长 Stride 为 2 的最大池化。在这一层中，输入为 8×8 的深度为 12 的特征图，输出为 4×4 的深度为 12 的特征图。

输出层：输出为 10 维向量，激活函数为 sigmoid。

❸ 代码流程简述

（1）获取训练数据和测试数据。

（2）训练网络的超参数的定义（学习率，每次迭代中训练的样本数目，迭代次数）。

（3）构建网络层级结构。

（4）编译模型。

（5）训练模型。

（6）网络模型评估。

19.5 程序设计的步骤

19.5.1 MNIST 数据集

MNIST（Mixed National Institute of Standards and Technology database）是一个计算机视觉数据集，它包含 70000 张手写数字的灰度图片，其中每张图片包含 28×28 个像素点。手写体数据集（MNIST）文件的下载如下。

训练集样本：t10k-images.idx3-ubyte（下载地址为"http://luanpeng.oss-cn-qingdao.aliyuncs.com/csdn/python/%E6%89%8B%E5%86%99%E4%BD%93%E6%95%B0%E6%8D%AE/t10k-images.idx3-ubyte"）。

训练集标签：t10k-labels.idx1-ubyte（下载地址为"http://luanpeng.oss-cn-qingdao.aliyuncs.com/csdn/python/%E6%89%8B%E5%86%99%E4%BD%93%E6%95%B0%E6%8D%AE/t10k-labels.idx1-ubyte"）。

测试集样本：train-images.idx3-ubyte（下载地址为"http://luanpeng.oss-cn-qingdao.aliyuncs.com/csdn/python/%E6%89%8B%E5%86%99%E4%BD%93%E6%95%B0%E6%8D%AE/

E6％8D％AE/train-images.idx3-ubyte"）。

测试集标签：train-labels.idx1-ubyte（下载地址为"http：//luanpeng.oss-cn-qingdao.aliyuncs.com/csdn/python/％E6％89％8B％E5％86％99％E4％BD％93％E6％95％B0％E6％8D％AE/train-labels.idx1-ubyte"）。

19.5.2　手写体识别案例实现

❶ 读取 MNIST 数据集

编写文件 MNIST.py，用于获取手写图像数据，每张图像是 28×28 像素大小，根据需要转换成长度为 784 的行向量。

每个对象的标签为 0～9 的数字，one-hot 编码成 10 维的向量。

```python
#MNIST.py 文件
import numpy as np
#数据加载器基类，派生出图片加载器和标签加载器
class Loader(object):
    #初始化加载器,path 为数据文件路径,count 为文件中的样本个数
    def __init__(self, path, count):
        self.path = path
        self.count = count
    #读取文件内容
    def get_file_content(self):
        print(self.path)
        f = open(self.path, 'rb')
        content = f.read()                           #读取字节流
        f.close()
        return content                               #字节数组

#图像数据加载器
class ImageLoader(Loader):
    #内部函数,从文件字节数组中获取第 index 个图像数据,文件中包含所有样本图片的数据
    def get_picture(self, content, index):
        start = index * 28 * 28 + 16
                        #文件头 16 字节,后面每 28×28 字节为一个图片数据
        picture = []
        for i in range(28):
            picture.append([])                       #图片添加一行像素
            for j in range(28):
                byte1 = content[start + i * 28 + j]
                picture[i].append(byte1)             #在 Python3 中本来就是 int
                #picture[i].append(self.to_int(byte1))  #添加一行的每一个像素
        return picture
                    #图片为[[x,x,x…][x,x,x…][x,x,x…][x,x,x…]]的列表
    #将图像数据转化成长度为 784 的行向量形式
    def get_one_sample(self, picture):
        sample = []
```

```python
            for i in range(28):
                for j in range(28):
                    sample.append(picture[i][j])
            return sample
    # 加载数据文件,获得全部样本的输入向量,onerow 表示是否将每张图片转化为行向量,to2
    # 表示是否转化为 0,1 矩阵
    def load(self, onerow = False):
        content = self.get_file_content()                          # 获取文件字节数组
        data_set = []
        for index in range(self.count):                            # 遍历每一个样本
            onepic = self.get_picture(content, index)
                    # 从样本数据集中获取第 index 个样本的图片数据,返回的是二维数组
            if onerow: onepic = self.get_one_sample(onepic)        # 将图像转化为一维向量形式
            data_set.append(onepic)
        return data_set
# 标签数据加载器
class LabelLoader(Loader):
    # 加载数据文件,获得全部样本的标签向量
    def load(self):
        content = self.get_file_content()                          # 获取文件字节数组
        labels = []
        for index in range(self.count):                            # 遍历每个样本
            onelabel = content[index + 8]                          # 文件头有 8 字节
            onelabelvec = self.norm(onelabel)                      # one-hot 编码
            labels.append(onelabelvec)
        return labels
    # 内部函数,one-hot 编码,用于将一个值转换为 10 维标签向量
    def norm(self, label):
        label_vec = []
        # label_value = self.to_int(label)
        label_value = label                                        # 在 Python3 中直接就是 int
        for i in range(10):
            if i == label_value:
                label_vec.append(1)
            else:
                label_vec.append(0)
        return label_vec
# 获得训练数据集,onerow 表示是否将每张图片转化为行向量
def get_training_data_set(num, onerow = False):
    image_loader = ImageLoader('train-images.idx3-ubyte', num)
                                     # 参数为文件路径和加载的样本数量
    label_loader = LabelLoader('train-labels.idx1-ubyte', num)
                                     # 参数为文件路径和加载的样本数量
    return image_loader.load(onerow), label_loader.load()
# 获得测试数据集,onerow 表示是否将每张图片转化为行向量
def get_test_data_set(num, onerow = False):
    image_loader = ImageLoader('t10k-images.idx3-ubyte', num)
                                     # 参数为文件路径和加载的样本数量
    label_loader = LabelLoader('t10k-labels.idx1-ubyte', num)
                                     # 参数为文件路径和加载的样本数量
```

```
        return image_loader.load(onerow), label_loader.load()
#将一个长度为784的行向量打印成图形的样式
def printimg(onepic):
    onepic = onepic.reshape(28,28)
    for i in range(28):
        for j in range(28):
            if onepic[i,j] == 0: print('  ',end = '')
            else: print(' * ',end = '')
        print('')
```

❷ 训练及测试数据集

```
import numpy as np
np.random.seed(1337)                                        # 可重现性
from keras.models import Sequential
from keras.layers import Dense, Dropout, Activation, Flatten
from keras.layers import Conv2D, MaxPooling2D, AveragePooling2D
import MNIST

#全局变量
batch_size = 128                                            # 批处理样本数量
nb_classes = 10                                             # 分类数目
epochs = 600                                                # 迭代次数
img_rows, img_cols = 28, 28                                 # 输入图片样本的宽、高
nb_filters = 32                                             # 卷积核的个数
pool_size = (2, 2)                                          # 池化层的大小
kernel_size = (5, 5)                                        # 卷积核的大小
input_shape = (img_rows, img_cols,1)                        # 输入图片的维度

X_train, Y_train = MNIST.get_training_data_set(6000, False)
              #加载训练样本数据集和one-hot编码后的样本标签数据集,最大为60000
X_test, Y_test = MNIST.get_test_data_set(1000, False)
              #加载测试特征数据集和one-hot编码后的测试标签数据集,最大为10000
X_train = np.array(X_train).astype(bool).astype(float)/255
                            #数据归一化
X_train = X_train[:,:,:,np.newaxis]
     #添加一个维度,代表图片通道,这样数据集共4个维度,即样本个数、宽度、高度、通道数
Y_train = np.array(Y_train)
X_test = np.array(X_test).astype(bool).astype(float)/255    #数据归一化
X_test = X_test[:,:,:,np.newaxis]
     #添加一个维度,代表图片通道,这样数据集共4个维度,即样本个数、宽度、高度、通道数
Y_test = np.array(Y_test)
print('样本数据集的维度:', X_train.shape,Y_train.shape)
print('测试数据集的维度:', X_test.shape,Y_test.shape)
#构建模型
model = Sequential()
model.add(Conv2D(6,kernel_size,input_shape = input_shape,strides = 1))    # 卷积层1
model.add(AveragePooling2D(pool_size = pool_size,strides = 2))            # 池化层
model.add(Conv2D(12,kernel_size,strides = 1))                             # 卷积层2
model.add(AveragePooling2D(pool_size = pool_size,strides = 2))            # 池化层
```

```python
model.add(Flatten())                                              # 拉成一维数据
model.add(Dense(nb_classes))                                      # 全连接层 2
model.add(Activation('sigmoid'))                                  # sigmoid 评分
# 编译模型
model.compile(loss = 'categorical_crossentropy', optimizer = 'adadelta',
        metrics = ['accuracy'])
# 训练模型
model.fit(X_train, Y_train, batch_size = batch_size, epochs = epochs,
    verbose = 1, validation_data = (X_test, Y_test))
# 评估模型
score = model.evaluate(X_test, Y_test, verbose = 0)
print('Test score:', score[0])
print('Test accuracy:', score[1])
# 保存模型
model.save('cnn_model.h5')                                        # HDF5 文件,pip install h5py
```

输出结果如下：

```
Test score: 0.18881544216349722
Test accuracy: 0.959
```

由于训练时间太久，读者可自行减少训练集及测试集的数量，或者迭代次数，观察训练结果。

19.5.3　制作自己的手写图像

❶ 制作自己的手写图像

使用画图工具或 Photoshop 制作一个 28×28 像素的黑底白字的图像文件，如图 19-14 所示。

图 19-14　自己的手写图像

❷ 编写代码

新建文件 my_predict.py，编写代码如下：

```python
from keras.models import load_model
import numpy as np
import cv2
model = load_model('cnn_model.h5')
image = cv2.imread('4.png', 0)
img = cv2.imread('4.png', 0)
img = np.reshape(img,(1,28,28,1)).astype(bool).astype("float32")/255
my_proba = model.predict_proba(img)
my_predict = model.predict_classes(img)
print('识别为:')
print(my_proba)
print(my_predict)
cv2.imshow("Image1", image)
cv2.waitKey(0)
```

第20章 人工智能实战——基于OpenCV实现人脸识别

20.1 功能介绍

随着人工智能的日益火热,计算机视觉领域发展迅速,尤其在人脸识别或物体检测方向更为广泛应用,例如基于人脸识别的员工考勤,基于物体检测的汽车自动驾驶等。本章基于OpenCV实现人脸识别,不仅能框选人脸部位而且能识别出是哪个人。从人脸识别的最基础知识开始走进这个奥妙的世界。

20.2 程序设计的思路

人脸识别项目需要的数据集,为了简便程序只进行两个人的识别,选取了赵丽颖和刘德华两位影星,事先准备两个文件夹,一个文件夹training_data为训练数据集,一个文件夹test_data为测试数据集。训练数据集中有两个子文件夹0和1(0文件夹代表赵丽颖,1文件夹代表刘德华),这里文件夹起名为数字而不是文字人名,因为目前OpenCV接受的人脸识别标签为整数,所以就直接用整数命名。为了方便,每个人的子文件夹用10张照片来训练。

首先training_data训练数据集中的图片转换为灰度图像,因为OpenCV人脸检测器需要灰度图像,从而识别出人脸的区域,将人脸的区域和标签(即那个人)对应起来。然后使用OpenCV自带的识别器来进行训练,建立人脸识别模型。最后使用test_data中的图片进行预测并显示最终人脸识别效果。

20.3 关键技术

20.3.1 OpenCV 基础知识

OpenCV（Open Source Computer Vision Library）于 1999 年由 Intel 建立，如今由 Willow Garage 提供支持。OpenCV 是一个基于 BSD 许可（开源）发行的跨平台计算机视觉库，可以运行在 Linux、Windows、MacOS 操作系统上。它属于轻量级而且高效——由一系列 C 函数和少量 C++ 类构成，同时提供了 Python、Ruby、MATLAB 等语言的接口，实现了图像处理和计算机视觉方面的很多通用算法。简言之，通过 OpenCV 可实现计算机图像、视频的编辑，广泛应用于图像识别、运动跟踪、机器视觉等领域。

OpenCV 中的函数接口大体可以分为如下部分：

- core：核心模块，主要包含了 OpenCV 中最基本的结构（矩阵、点线和形状等），以及相关的基础运算/操作。
- imgproc：图像处理模块，包含和图像相关的基础功能（滤波、梯度、改变大小等），以及一些衍生的高级功能（图像分割、直方图、形态分析和边缘/直线提取等）。
- highgui：提供了用户界面和文件读取的基本函数，比如图像显示窗口的生成和控制，图像/视频文件的 IO 等。

如果不考虑视频应用，以上三个就是最核心和常用的模块。针对视频和一些特别的视觉应用，OpenCV 也提供了强劲的支持。

- video：用于视频分析的常用功能，比如光流法（Optical Flow）和目标跟踪等。
- calib3d：三维重建、立体视觉和相机标定等相关功能。
- features2d：二维特征相关的功能，主要是一些不受专利保护的、商业友好的特征点检测和匹配等功能，比如 ORB 特征。
- object：目标检测模块，包含级联分类和 Latent SVM。
- ml：机器学习算法模块，包含一些视觉中最常用的传统机器学习算法。
- flann：最近邻算法库，Fast Library for Approximate Nearest Neighbors，用于在多维空间进行聚类和检索，经常和关键点匹配搭配使用。
- gpu：包含了一些 gpu 加速的接口，底层的加速是 CUDA 实现。
- photo：计算摄像相关的接口，其实只有图像修复和降噪。
- stitching：图像拼接模块，可以自己生成全景照片。
- nonfree：受到专利保护的一些算法，其实就是 SIFT 和 SURF。
- contrib：一些实验性质的算法，考虑在未来版本中加入的。
- ocl：利用 OpenCL 并行加速的一些接口。
- superres：超分辨率模块，其实就是 BTV-L1 算法。
- viz：基础的 3D 渲染模块，其实底层就是著名的 3D 工具包 VTK（Visualization Toolkit）。

当前的 OpenCV 也有两个大版本，OpenCV2 和 OpenCV3。相比 OpenCV2，OpenCV3

第20章　人工智能实战——基于OpenCV实现人脸识别

提供了更强的功能和更多方便的特性。从使用的角度来看，和 OpenCV2 相比，OpenCV3 的主要变化是具有更多的功能和更细化的模块划分。

❶ 安装 OpenCV

直接使用 pip 安装。由于 OpenCV 依赖 numpy，所以需要先安装 numpy 模块。

```
pip install numpy
pip install matplotlib                          # 显示图像时需要
```

然后就可以利用下面的代码安装 OpenCV。

```
pip install opencv-python
```

安装完成之后出现如下提示：

Requirement already satisfied: numpy>=1.14.5 in c:\users\xmj\appdata\local\programs\python\python37\lib\site-packages (from opencv-contrib-python) (1.16.4)
Installing collected packages: opencv-contrib-python
Successfully installed opencv-python-4.1.1.26

```
pip install opencv-contrib-python               # 安装最新的 OpenCV 扩展
```

如果不想安装扩展模块，只运行第一行命令 pip install opencv-python 即可。

安装完成之后，在 Python 命令行解释器输入：

```
>>> import cv2
```

若没有提示 no module 错误，则表示安装成功。

下面是简单测试代码。

```
import cv2                                                  # 导入模块，OpenCV 的 Python 模块叫 cv2
imgobj = cv2.imread('pho.jpg')                              # 读取 pho.jpg 图像
cv2.namedWindow("input image",cv2.WINDOW_AUTOSIZE)          # 创建窗口
cv2.imshow("input image",imgobj)                            # 显示图片
cv2.waitKey(0)                                              # 等待按键事件触发，参数 0 表示永久等待
cv2.destroyAllWindows()                                     # 释放窗口
```

第一行代码 import cv2，实际上，"cv2" 中的 "2" 并不表示 OpenCV 的版本号。实际上 OpenCV 是基于 C/C++ 的，"cv" 和 "cv2" 表示是底层 CAPI 和 C++ API 的区别，"cv2" 表示使用的是 C++ API。这主要是一个历史遗留问题，是为了保持向后兼容性。程序运行后出现 pho.jpg 图像窗口。

第二行代码 cv2.imread() 读取图片，第一个参数为要读入的图片文件名，第二个参数为如何读取图片。第二个参数有如下取值：

- cv2.IMREAD_COLOR：读入彩色图片（默认），即值为 1。
- cv2.IMREAD_GRAYSCALE：读入灰度图，即值为 0。
- cv2.IMREAD_UNCHANGED：使用 alpha 通道读入图片，即值为 −1。

第三行代码 cv2.namedWindow() 创建一个窗口并在以后将图像加载到该窗口，可以指定窗口是否可以调整大小。参数为 cv2.WINDOW_AUTOSIZE（默认），则窗口会自动适应图片的尺寸，参数为 cv2.WINDOW_ALL，可以调整窗口的大小。

第四行代码 cv2.imshow(),创建一个窗口显示图片。第一个参数表示窗口名字,可以创建多个窗口,但是每个窗口不能重名;第二个参数是要显示的图像(imread 读入的图像)。

第五行代码 cv2.waitKey()键盘绑定函数,表示等待毫秒数。检测键盘是否有输入,返回值为 ASCII 值。如果参数为 0,则表示无限期地等待键盘输入。

注意:cv2.imshow()函数后必须有 cv2.waitKey()函数,否则 cv2.imshow()函数将不起作用。

cv2.destroyAllWindows():关闭建立的全部窗口。

cv2.destroyWindows():关闭指定的窗口。

❷ 人脸识别分类器

在安装路径(如 C:\Users\xmj\AppData\Local\Programs\Python\Python37\Lib\site-packages\cv2\data)中可以找到人脸识别分类器 XML 文件(如图 20-1 所示),开发时需要复制到自己程序中,这个东西的作用主要是实现对人脸识别的功能。

图 20-1 人脸识别分类器

这里简单列出这些识别分类器的作用,在程序开发中需要使用这些分类器文件。

- 人脸识别分类器(默认):haarcascade_frontalface_default.xml。
- 人脸识别分类器(快速 Harr):haarcascade_frontalface_alt2.xml。
- 人脸识别分类器(侧视):haarcascade_profileface.xml。
- 眼部识别分类器(左眼):haarcascade_lefteye_2splits.xml。
- 眼部识别分类器(右眼):haarcascade_righteye_2splits.xml。
- 眼部识别分类器:haarcascade_eye.xml。
- 嘴部识别分类器:haarcascade_mcs_mouth.xml。
- 鼻子识别分类器:haarcascade_mcs_nose.xml。
- 身体识别分类器:haarcascade_fullbody.xml。
- 人脸识别分类器(快速 LBP):lbpcascade_frontalface.xml。

20.3.2 OpenCV 变换操作

❶ 翻转图片

使用函数 cv2.flip(img,flipcode) 翻转图像，flipcode 参数控制翻转效果。flipcode＝0：沿 x 轴翻转；flipcode＞0：沿 y 轴翻转；flipcode＜0：x,y 轴同时翻转。例如：

```
imgflip = cv2.flip(img,1)            #沿 y 轴翻转图片
```

❷ 复制图片

```
imgcopy = img.copy()
```

❸ 颜色空间转换

Matplotlib 中图像通道为 RGB，而 OpenCV 中图像通道为 BGR。因此进行显示的时候，要注意交换通道的顺序。

彩色图像转为灰度图像：

```
img2 = cv2.cvtColor(img,cv2.COLOR_RGB2GRAY)
```

灰度图像转为彩色图像：

```
img3 = cv2.cvtColor(img,cv2.COLOR_GRAY2RGB)
```

❹ 裁剪和缩放图片

裁剪出自己感兴趣的部分 ROI(region of interest)，需要用到 numpy 的切片功能，因为 OpenCV 中图像是用 numpy.ndarray 存储的。

可以先通过 image.shape 查看行列数：

```
print(image.shape)
```

例如返回(708,1000,4)分别表示图片的高、宽和通道数。

对图片的裁剪其实就是切片，例如：

```
#得到区域高 100～800 步长为 2,宽 200～600 步长为 1, 通道 0
image2 = image[100:800:2, 20:600:1, 0]
#得到原图,通道 2
image3 = image[:, :, 2]
```

缩放使用 im.resize()实现。例如：

```
import cv2
img = cv2.imread('dog.jpg')
#缩小为 200×200 的正方形
img_200x200 = cv2.resize(img,(200,200))
#不直接指定缩放后的大小,通过 fx 和 fy 指定缩放比例,0.5 表示长宽各一半
#插值方法默认为 cv2.INTER_LINEAR,这里指定为最近邻插值
img_half = cv2.resize(img,(0,0),fx = 0.5,fy = 0.5,interpolation = cv2.INTER_NEAREST)
#上下各贴 50 像素的黑边
img_add = cv2.copyMakeBorder(img,50,50,0,0,cv2.BORDER_CONSTANT,value = (0,0,0))
```

```
#裁剪
patch_img = img[20:150,-180:-50]
cv2.imshow("image",img_200x200)
cv2.imshow("img_half",img_half)
cv2.imshow("img_add",img_add)
cv2.imshow("patch_img",patch_img)
cv2.waitKey(0)
```

20.3.3　检测人脸

人脸检测技术主要涉及 Haar 特征、积分图和 Haar 级联三大类。

Haar 特征分为四类：边缘特征、线性特征、中心特征和对角线特征，将这些特征组合成特征模板。计算 Haar 的特征值需要计算图像中封闭矩形区域的像素值之和，在不断改变模板大小和位置的情况下，需要计算大量的多重尺度区域，这可能会遍历每个矩形的每个像素值且同一个像素如果被包含在不同的矩形中会被重复遍历多次，这就导致了大量的计算和高复杂度，因此提出积分图的概念。Harr 级联是一个基于 Haar 特征的级联分类器，级联分类器是什么？它是一个把弱分类器串联成强分类器的过程。弱分类器和强分类器分别是什么？弱分类器是性能受限的分类器，它们没法正确地区分所有事物。强分类器可以正确地对数据进行分类。

建立一个实时系统需要保证分类器运行良好并且足够简单。需要考虑到的是简单分类器不够精确，若试图更精确就会变成计算密集型且运行速度慢。精确度和速度的取舍在机器学习中相当常见。所以串联一群弱分类器形成一个统一的强分类器可以解决这个问题。弱分类器不需要太精确，串联起来形成的强分类器具有高精确度。

如何获取 Haar 级联数据，OpenCV 提供人脸识别分类器的 XML 文件（见图 20-1），该文件中描述人体各个部位的 Haar 特征值，包括人脸、眼睛、嘴唇等。这些文件可用于检测静态图片、视频和摄像头所得到的图像中的人脸。注意这些人脸级联数据文件需要的是正面的人脸图像。

在静态图像或视频中检测人脸的操作是非常相似的，视频人脸检测只是从摄像头读取每帧图像，然后应用静态图像中的人脸检测方法进行检测。当然，视频人脸检测还涉及其他的概念，例如跟踪，而静态图像中的人脸检测就没有这样的概念，但它们的基本理论是一致的。

❶ 在静态图像中检测人脸

首先是加载图像，其次是检测人脸，检测到人脸后在人脸周围绘制矩形框。实例如下：

```
import cv2 as cv
import numpy as np
#检测人脸和眼睛
pathj = r"C:\Snap3.JPG"
mypath = r'C:\Python\Python37\Lib\site-packages\cv2\data'
pathf = mypath + '\\haarcascade_frontalface_default.xml'    #人脸识别分类器(默认)
pathe = mypath + '\\haarcascade_eye.xml'                    #眼部识别分类器
#创建一个级联分类器，加载 XML 文件，它是 Haar 特征的分类器
```

```python
face_cascade = cv.CascadeClassifier(pathf)
eye_cascade = cv.CascadeClassifier(pathe)
img = cv.imread(pathj)                                           #读取 pho.jpg 图像
#将测试图像转换为灰度图像,因为 OpenCV 人脸检测器需要灰度图像
gray = cv.cvtColor(img, cv.COLOR_BGR2GRAY)
#检测图像,返回值是一张脸部区域信息的列表(x,y,宽,高)
faces = face_cascade.detectMultiScale(gray,1.1,3)
#print(faces)
for(x,y,w,h) in faces:
    cv.rectangle(img,(x,y),(x+w,x+h),(255,0,0),2)                #画矩形框选脸部区域
    face_re = img[y:y+h, x:x+h]
    face_re_g = gray[y:y+h, x:x+h]
    eyes = eye_cascade.detectMultiScale(face_re_g)
    #眼部区域
    for(ex,ey,ew,eh) in eyes:
        cv.rectangle(face_re,(ex,ey),(ex+ew,ey+eh),(0,255,0),2)  #画矩形框选眼部区域
cv.imshow('img',img)
cv.waitKey(0)
cv.destroyAllWindows()
```

程序运行效果如图 20-2 所示,它能够识别出脸部区域和眼部区域。短短几行代码就能检测人脸,是不是很神奇。

程序中 detectMultiScale( )函数进行多个人脸检测,其中的参数为:

- img:传入图像。
- scaleFactor:表示前后两次相继的扫描中,搜索窗口的比例系数。默认为 1.1,即每次搜索窗口扩大 10%。
- minNegihbors,表示构成每个人脸矩形保留相邻矩形的最小个数(默认为 3 个)。

其输出为一个 vector 矩阵,保存各个人脸的坐标和大小,需要注意的是,传入的图像必须为灰度图像,因为级联分类器检测需要接收灰度图像。

图 20-2 人脸检测识别

❷ 在视频中检测人脸

在视频帧上重复上面的检测过程就能完成视频中的人脸检测。检测过程如下:打开摄像头或视频文件,读取帧,检测人脸,扫描检测到的人脸及眼睛,然后绘制矩形框。

```python
import cv2
def Video_detected():                                            #从视频中进行人脸检测
    face_cascade = cv2.CascadeClassifier('haarcascade_frontalface_default.xml')
    eye_cascade = cv2.CascadeClassifier('haarcascade_eye.xml')
    camera = cv2.VideoCapture(0)                                 #打开摄像头
    while(True):
        ret, frame = camera.read()                               #读取一帧图像 ret
        gray = cv2.cvtColor(frame, cv2.COLOR_BGR2GRAY)           #将测试图像转换为灰度图像
        faces = face_cascade.detectMultiScale(gray, 1.3, 5)      #人脸检测
```

```python
            for (x,y,w,h) in faces:
                img = cv2.rectangle(frame, (x,y), (x+w,y+h), (255,0,0), 2)    # 画矩形框选
                                                                              # 脸部区域
                roi_gray = gray[y:y+h, x:x+w]
                eyes = eye_cascade.detectMultiScale(roi_gray, 1.03, 5, 0, (40, 40))
                for (ex,ey,ew,eh) in eyes:
                    # 画矩形框选眼部区域
                    cv2.rectangle(img, (x+ex,y+ey), (x+ex+ew,y+ey+eh), (0,255,0), 2)
            cv2.imshow('camera', frame)
            if cv2.waitKey(10) & 0xff == ord("q"):
                break
    camera.release()
    cv2.destroyAllWindows()
if __name__ == "__main__":
    Video_detected()
```

❸ 识别人脸

人脸检测是人脸识别的基础。人脸识别就是利用程序识别出图像中的人脸是谁的脸。实现方法之一就是利用一系列分好类的图像（人脸数据库）来训练程序，并基于这些图像进行识别。这就是 OpenCV 人脸识别的过程。

```
# 调用 prepare_training_data()函数返回人脸和对应标签的列表
faces, labels = prepare_training_data("training_data")
# 创建 LBPH 识别器并开始训练，当然也可以选择 Eigen 或者 Fisher 识别器
face_recognizer = cv2.face.LBPHFaceRecognizer_create()
face_recognizer.train(faces, np.array(labels))       # 利用一系列分好类的图像训练
face, rect = detect_face(img)
# 预测识别人脸
label = face_recognizer.predict(face)                # 识别谁的脸
```

20.4 程序设计的步骤

20.4.1 检测人脸

检测人脸应该是程序最基本的功能。给出一张图片要先检测出人脸的区域，然后才能进行操作，OpenCV 已经内置了很多分类检测器，这里用 Haar 人脸识别分类器。

```
import cv2
import os
import numpy as np
def detect_face(img):
    # 将测试图像转换为灰度图像，因为 OpenCV 人脸检测器需要灰度图像
    gray = cv2.cvtColor(img, cv2.COLOR_BGR2GRAY)
    # 加载 OpenCV 人脸识别分类器 Haar
    face_cascade = cv2.CascadeClassifier('haarcascade_frontalface_default.xml')
```

```python
#检测多尺度图像,返回值是一张脸部区域信息的列表(x,y,宽,高)
faces = face_cascade.detectMultiScale(gray, scaleFactor = 1.2, minNeighbors = 5)
#如果未检测到面部,则返回原始图像
if (len(faces) == 0):
    return None, None
#目前假设只有一张脸,xy 为左上角坐标,wh 为矩形的宽高
(x, y, w, h) = faces[0]
#返回图像的正面部分
return gray[y:y + w, x:x + h], faces[0]
```

20.4.2 获取人脸检测信息和对应标签

有检测人脸的功能后,就可以对事先准备的 training_data 训练数据集(文件夹)中图片数据进行预训练,返回所有训练图片的人脸检测信息和对应标签。也就是获取每张图片的人脸信息及谁的人脸这样的标签。

```python
def prepare_training_data(data_folder_path):
    #获取数据文件夹中的子文件夹(每个人即主题对应一个子文件夹)
    dirs = os.listdir(data_folder_path)
    #两个列表分别保存所有的脸部和标签
    faces = []
    labels = []
    #浏览每个子文件夹并访问其中的图像
    for dir_name in dirs:
        #dir_name(str 类型)即标签
        label = int(dir_name)
        #建立包含当前图像的目录路径
        subject_dir_path = data_folder_path + "/" + dir_name
        #获取给定主题目录内的图像文件名
        subject_images_names = os.listdir(subject_dir_path)
        #浏览每张图片并检测脸部,然后将脸部信息添加到脸部列表 faces[]
        for image_name in subject_images_names:
            #建立图像路径
            image_path = subject_dir_path + "/" + image_name
            #读取图像
            image = cv2.imread(image_path)
            #显示图像 0.1s
            cv2.imshow("Training on image...", image)
            cv2.waitKey(100)
            #检测脸部
            face, rect = detect_face(image)
            if face is not None:
                #将脸添加到脸部列表并添加相应的标签
                faces.append(face)
                labels.append(label)
    cv2.waitKey(1)
    cv2.destroyAllWindows()
```

```
    # 最终返回值为人脸和对应标签的列表
    return faces, labels
```

该函数将读取所有的训练图像,从每个图像检测人脸并将返回两个相同大小的列表,分别为脸部信息和对应标签。

20.4.3 识别器训练

有了脸部信息和对应标签后,就可以使用 OpenCV 自带的识别器来进行训练。

```
# 调用 prepare_training_data()函数返回人脸和对应标签的列表
faces, labels = prepare_training_data("training_data")
# 创建 LBPH 识别器并开始训练,当然也可以选择 Eigen 或者 Fisher 识别器
face_recognizer = cv2.face.LBPHFaceRecognizer_create()
face_recognizer.train(faces, np.array(labels))
```

20.4.4 识别人脸

训练完毕后就可以进行人脸预测了,可以设定一下预测的格式,包括用矩形框框出人脸并标出其名字,当然最后别忘了建立标签与真实姓名映射表。

```
# 建立标签与人名的映射列表(标签只能为整数)
subjects = ["zhaoliying", "liudehua"]
# 此函数识别传递的图像中的人物并在检测到的脸部周围绘制一个矩形及其名称
def predict(test_img):
    # 生成图像的副本,这样就能保留原始图像
    img = test_img.copy()
    # 检测人脸
    face, rect = detect_face(img)
    # 预测人脸,label 包含两项(1, 74.89582987641228),第一项为标签,第二项为系数,后者与具
    # 体的识别算法有关,所以做标签值映射的时候用的是 label[0]
    label = face_recognizer.predict(face)
    # 获取由人脸识别器返回的相应标签的名称
    label_text = subjects[label[0]]
    draw_rectangle(img, rect)      # 在检测到的脸部周围画一个矩形
    draw_text(img, label_text, rect[0], rect[1] - 5)    # 标出预测的名字
    # 返回预测的图像
    return img

# 根据给定的(x,y)坐标和宽度高度在图像上绘制矩形
def draw_rectangle(img, rect):
    (x, y, w, h) = rect
    cv2.rectangle(img, (x, y), (x + w, y + h), (128, 128, 0), 2)
# 根据给定的(x,y)坐标标识出人名
def draw_text(img, text, x, y):
    cv2.putText(img, text, (x, y), cv2.FONT_HERSHEY_COMPLEX, 1, (128, 128, 0), 2)
```

第20章 人工智能实战——基于OpenCV实现人脸识别

最后使用 test_data 中的图片进行预测并显示最终效果。

```python
#加载测试图像
test_img1 = cv2.imread("test_data/test1.jpg")
test_img2 = cv2.imread("test_data/test2.jpg")
#执行识别人脸预测
predicted_img1, pre_label_text1 = predict(test_img1)
predicted_img2, pre_label_text2 = predict(test_img2)
#显示两个识别后图像
cv2.imshow(pre_label_text1 + '1', predicted_img1)
cv2.imshow(pre_label_text2 + '2', predicted_img2)
cv2.waitKey(0)
cv2.destroyAllWindows()
```

程序最终识别的结果是在被测试的图像上框出人脸部分同时显示出人名标签。

最后附上完整代码。

```python
import cv2
import os
import numpy as np
#检测人脸
def detect_face(img):
    #将测试图像转换为灰度图像,因为OpenCV人脸检测器需要灰度图像
    gray = cv2.cvtColor(img, cv2.COLOR_BGR2GRAY)
    #加载OpenCV人脸识别分类器 Haar
    mypath = r'C:\Python\Python37\Lib\site-packages\cv2\data'
    face_cascade = cv2.CascadeClassifier(mypath + '/haarcascade_frontalface_default.xml')
    #检测多尺度图像,返回值是一张脸部区域信息的列表(x,y,宽,高)
    faces = face_cascade.detectMultiScale(gray, scaleFactor = 1.2, minNeighbors = 5)
    #如果未检测到面部,则返回原始图像
    if (len(faces) == 0):
        return None, None
    #目前假设只有一张脸,xy为左上角坐标,wh为矩形的宽高
    (x, y, w, h) = faces[0]
    #返回图像的正面部分
    return gray[y:y + w, x:x + h], faces[0]
def prepare_training_data(data_folder_path):
    #获取数据文件夹中的子文件夹(每个人即主题对应一个子文件夹)
    dirs = os.listdir(data_folder_path)
    #两个列表分别保存所有的脸部和标签
    faces = []
    labels = []
    #浏览每个子文件夹并访问其中的图像
    for dir_name in dirs:
        #dir_name(str类型)即标签
        label = int(dir_name)
        #建立包含当前图像的目录路径
        subject_dir_path = data_folder_path + "/" + dir_name
        #获取给定主题目录内的图像文件名
        subject_images_names = os.listdir(subject_dir_path)
```

```python
        # 浏览每张图片并检测脸部,然后将脸部信息添加到脸部列表faces[]
        for image_name in subject_images_names:
            # 建立图像路径
            image_path = subject_dir_path + "/" + image_name
            # 读取图像
            image = cv2.imread(image_path)
            # 显示图像0.1s
            cv2.imshow("Training on image...", image)
            cv2.waitKey(100)
            # 检测脸部
            face, rect = detect_face(image)
            if face is not None:
                # 将脸添加到脸部列表并添加相应的标签
                faces.append(face)
                labels.append(label)
    cv2.waitKey(1)
    cv2.destroyAllWindows()
    # 最终返回值为人脸和对应标签的列表
    return faces, labels

# 调用prepare_training_data()函数
faces, labels = prepare_training_data("training_data")

# 创建LBPH识别器并开始训练,当然也可以选择Eigen或者Fisher识别器
face_recognizer = cv2.face.LBPHFaceRecognizer_create()
# cv2.face.FisherFaceRecognizer_create()
# cv2.face.LBPHFaceRecognizer_create()
# cv2.face.in_create()
face_recognizer.train(faces, np.array(labels))

# 根据给定的(x,y)坐标和宽度高度在图像上绘制矩形
def draw_rectangle(img, rect):
    (x, y, w, h) = rect
    cv2.rectangle(img, (x, y), (x + w, y + h), (128, 128, 0), 2)
# 根据给定的(x,y)坐标标识出人名
def draw_text(img, text, x, y):
    cv2.putText(img, text, (x, y), cv2.FONT_HERSHEY_COMPLEX, 1, (128, 128, 0), 2)

# 建立标签与人名的映射列表(标签只能为整数)
subjects = ["zhaoliying", "liudehua"]
# 此函数识别传递的图像中的人物并在检测到的脸部周围绘制一个矩形及其名称
def predict(test_img):
    # 生成图像的副本,这样就能保留原始图像
    img = test_img.copy()
    # 检测人脸
    face, rect = detect_face(img)
    # 预测人脸
    label = face_recognizer.predict(face)
    # 获取由人脸识别器返回的相应标签的名称
    label_text = subjects[label[0]]
```

```python
    # 在检测到的脸部周围画一个矩形
    draw_rectangle(img, rect)
    # 标出预测的名字
    draw_text(img, label_text, rect[0], rect[1] - 5)
    # 返回预测的图像
    return img,label_text
# 加载测试图像
test_img1 = cv2.imread("test_data/test1.jpg")
test_img2 = cv2.imread("test_data/test2.jpg")
# 执行识别人脸预测
predicted_img1, pre_label_text1 = predict(test_img1)
predicted_img2, pre_label_text2 = predict(test_img2)

# 显示两个识别后图像
cv2.imshow(pre_label_text1 + '1', predicted_img1)
cv2.imshow(pre_label_text2 + '2', predicted_img2)
cv2.waitKey(0)
cv2.destroyAllWindows()
```

掌握人脸识别技术，如何将本程序改造成基于人脸识别的员工考勤，这留给读者去思考。

20.5 知识拓展——使用 Face_Recognition 库轻松实现人脸识别

Face_Recognition 库是一个强大、简单、易上手的人脸识别开源项目，并且配备了完整的开发文档和应用案例。此项目是世界上最简洁的人脸识别库，可以使用 Python 和命令行工具提取、识别、操作人脸。该库使用 dlib 顶尖的深度学习人脸识别技术构建，用 Labeled Faces in the Wild 人脸数据集（Labeled Faces in the Wild 是美国麻省大学安姆斯特分校制作的人脸数据集，包含有从网络收集的 13000 多张面部图像）进行测试，人脸检测识别准确率高达 99.38%。但对小孩和亚洲人脸的识别准确率尚待提升。

20.5.1 Face_Recognition 库安装

Face_Recognition 库是基于 dlib 库（dlib 库是一个机器学习的 C++ 开源库，包含了机器学习的很多算法和工具，它广泛应用于工业界和学术界，包括机器人、嵌入式设备、移动电话和大型高性能计算环境）开发的，而 dlib 库依赖 boost 和 cmake。

安装 dlib 库前需要先安装 cmake 和 boost，然后才能正确安装 dlib。在 cmd 打开的命令行下输入以下安装命令：

```
pip install boost
pip install cmake
```

出现如下提示:

Installing collected packages: cmake Successfully installed cmake-3.15.3

在命令行下直接输入 cmake,如果出现的窗口如图 20-3 所示,就是设置好 cmake 了。

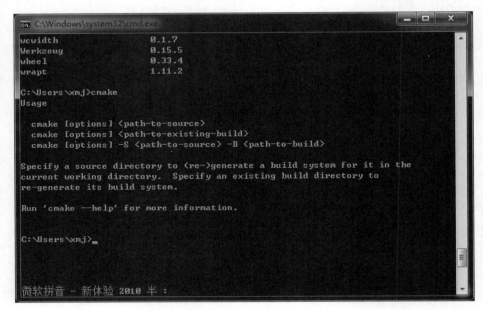

图 20-3　人脸识别结果

接下来就是执行 pip 安装 dlib。

pip install dlib

或者从 http://dlib.net/files/下载 dlib-xx.zip,解压后在目录下执行:

python setup.py install

验证 dlib 是否安装成功,在打开 python 交互命令窗口后,输入"import dlib",如果没有提示模块找不到,则表示安装成功。

可能会有以下安装错误:

(1) 错误一:

```
-- Using CMake version: 3.15.3
   -- Compiling dlib version: 19.18.0
   CMake Error at C:/Users/xmj/AppData/Local/Temp/pip-install-zl7je6qm/dlib/dlib/cmake_utils/set_compiler_specific_options.cmake:31 (message):
      C++11 is required to use dlib, but the version of Visual Studio you are
      using is too old and doesn't support C++11.   You need Visual Studio 2015 or   newer.
```

可以看出由于是 C++11 版本,需要安装 Visual Studio 2015 或以后版本,所以需要事先下载 VS2015 或者更新的版本,安装后才能安装 dlib。

(2) 错误二：

```
No CMAKE_C_COMPILER could be found
```

主要原因是 Visual Studio 缺少组件 Windows SDK，无法找到编译器。解决方案是：打开已经安装的 Visual Studio Installer→修改→单个组件，勾选 Window 8.1 SDK(或者更高的 Window 10 SDK)。

dlib 安装成功后，才能安装 face_recognition 库。

```
pip install face_recognition
```

20.5.2　Face_Recognition 检测识别人脸

❶ 从图片里找到人脸

在图片中检测出人的脸部。

```
import face_recognition
image = face_recognition.load_image_file("your_file.jpg")
face_locations = face_recognition.face_locations(image)
face_locations = face_recognition.face_locations(image, number_of_times_to_upsample=0, model="cnn")
```

face_locations 中的数据是人脸所在坐标信息，如[(38，104，113，30)]。

❷ 识别人脸关键点

识别人脸关键点，包括眼睛、鼻子、嘴和下巴。

```
import face_recognition
image = face_recognition.load_image_file("your_file.jpg")
face_landmarks_list = face_recognition.face_landmarks(image)
```

face_landmarks_list 结果如下：

[{'chin': [(28, 56), (29, 66), (31, 76), (33, 86), (36, 95), (42, 102), (50, 107), (59, 111), (69, 112), (79, 110), (88, 106), (95, 100), (100, 93), (102, 84), (104, 74), (105, 65), (105, 55)], 'left_eyebrow': [(34, 46), (39, 40), (46, 39), (54, 40), (60, 43)], 'right_eyebrow': [(74, 43), (80, 40), (87, 39), (94, 40), (99, 45)], 'nose_bridge': [(67, 53), (67, 60), (67, 67), (67, 73)], 'nose_tip': [(60, 79), (64, 80), (67, 81), (71, 80), (74, 79)], 'left_eye': [(42, 55), (47, 52), (52, 53), (56, 56), (51, 57), (46, 57)], 'right_eye': [(78, 56), (82, 53), (87, 52), (91, 55), (87, 57), (82, 58)], 'top_lip': [(54, 92), (60, 90), (65, 89), (68, 89), (71, 88), (76, 90), (82, 91), (79, 92), (71, 92), (68, 92), (65, 92), (56, 92)], 'bottom_lip': [(82, 91), (76, 95), (72, 96), (68, 96), (65, 96), (60, 95), (54, 92), (56, 92), (65, 92), (68, 92), (71, 92), (79, 92)]}]

可见有 chin 下巴、left_eyebrow 左眼眉、right_eyebrow 右眼眉、nose_bridge、nose_tip 鼻子、left_eye 左眼、right_eye 右眼等信息。识别人脸关键点在很多领域都有用处，例如美图秀秀自动化妆案例。

自动识别人脸特征例子如下：

```python
#自动识别人脸特征
from PIL import Image, ImageDraw
import face_recognition
#将 my_image.jpg 文件加载到 numpy 数组中
image = face_recognition.load_image_file("my_image.jpg")
#查找图像中所有面部的所有面部特征
face_landmarks_list = face_recognition.face_landmarks(image)
#打印发现的脸张数
print("I found {} face(s) in this photograph.".format(len(face_landmarks_list)))
for face_landmarks in face_landmarks_list:
    #打印此图像中每个面部特征的位置
    facial_features = [
        'chin',
        'left_eyebrow',
        'right_eyebrow',
        'nose_bridge',
        'nose_tip',
        'left_eye',
        'right_eye',
        'top_lip',
        'bottom_lip'
    ]
    for facial_feature in facial_features:
        print("The {} in this face has the following points: {}".format(facial_feature, face_landmarks[facial_feature]))
    #在图像中画出每个人脸特征
    pil_image = Image.fromarray(image)
    d = ImageDraw.Draw(pil_image)
    for facial_feature in facial_features:
        d.line(face_landmarks[facial_feature], width=5)
    pil_image.show()
```

运行效果如图 20-4 所示。

图 20-4　自动识别人脸特征

❸ 检测多人的人脸

```
import face_recognition
import cv2
#读取图片并识别人脸
img = face_recognition.load_image_file("1.png")
face_locations = face_recognition.face_locations(img)
print (face_locations)                    #[(101, 458, 153, 406), (89, 362, 132, 319), …]
#调用OpenCV函数显示图片
img = cv2.imread("1.png")
#遍历每个人脸,并标注
faceNum = len(face_locations)
for i in range(0, faceNum):
    top    =  face_locations[i][0]
    right  =  face_locations[i][1]
    bottom = face_locations[i][2]
    left   = face_locations[i][3]
    start = (left, top)             #人脸左上角坐标
    end = (right, bottom)           #人脸右下角坐标
    color = (55,255,155)
    thickness = 3
    cv2.rectangle(img, start, end, color, thickness)      #绘制人脸部矩形
#显示识别结果
cv2.namedWindow("recognition")
cv2.imshow("recognition", img)
cv2.waitKey(0)
```

程序运行效果如图20-5所示。

图20-5 检测识别人脸结果

❹ 识别图片中的人是谁

```
import face_recognition
known_image = face_recognition.load_image_file("me.jpg")
```

```python
unknown_image = face_recognition.load_image_file("unknown.jpg")    #加载图像
#将加载图像编码为特征向量
biden_encoding = face_recognition.face_encodings(known_image)[0]
unknown_encoding = face_recognition.face_encodings(unknown_image)[0]
#比较识别是否一个人
results = face_recognition.compare_faces([biden_encoding], unknown_encoding)   #返回布尔值
```

以上代码就可以将me.jpg和unknown.jpg进行比较,判断出是否同一个人。在实际应用中,可以把已知人的图像放入一个文件夹(如images)中,每个图像文件命名为人名,利用face_recognition识别未知图像是谁。

```python
#导入库
import os
import face_recognition
#制作所有可用图像的列表
images = os.listdir('images')
#加载图像
image_to_be_matched = face_recognition.load_image_file('my_image.jpg')
#将加载图像编码为特征向量
image_to_be_matched_encoded = face_recognition.face_encodings(image_to_be_matched)[0]
#遍历每张图像
for image in images:
    #加载图像
    current_image = face_recognition.load_image_file("images/" + image)
    #将加载图像编码为特征向量
    current_image_encoded = face_recognition.face_encodings(current_image)[0]
    #将未知图像和加载图像对比,看是否为同一人
    result = face_recognition.compare_faces([image_to_be_matched_encoded], current_image_encoded)
    #检查是否一致
    if result[0] == True:
        print("匹配:" + image)
    else:
        print("不匹配:" + image)
```

代码中利用face_recognition将未知图像加载,并将图像编码为特征向量。然后遍历images文件中的每张图像,也都加载为特征向量,并进行比较,输出是否匹配一致的结果。

❺ 实时人脸识别

face_recognition当然也可以配合OpenCV库实现实时人脸检测。

```python
import face_recognition
import cv2
video_capture = cv2.VideoCapture(0)
obama_img = face_recognition.load_image_file("lq.jpg")
obama_face_encoding = face_recognition.face_encodings(obama_img)[0]
face_locations = []
face_encodings = []
face_names = []
process_this_frame = True
```

第20章 人工智能实战——基于OpenCV实现人脸识别

```python
while True:
    ret, frame = video_capture.read()
    small_frame = cv2.resize(frame,(0,0),fx = 0.25, fy = 0.25)
    if process_this_frame:
        face_locations = face_recognition.face_locations(small_frame)
        face_encodings = face_recognition.face_encodings(small_frame, face_locations)
        face_names = []
        for face_encoding in face_encodings:
            match = face_recognition.compare_faces([obama_face_encoding], face_encoding)
            if match[0]:
                name = "lq"
            else:
                name = "unkonwn"
            face_names.append(name)
    process_this_frame = not process_this_frame
    for (top, right, bottom, left), name in zip(face_locations, face_names):
        top *= 4
        right *= 4
        bottom *= 4
        left *= 4
        cv2.rectangle(frame, (left, top), (right, bottom), (0, 0, 255),  2)
        cv2.rectangle(frame, (left, bottom - 35), (right, bottom), (0, 0, 255), 2)
        font = cv2.FONT_HERSHEY_DUPLEX
        cv2.putText(frame, name, (left + 6, bottom - 6), font, 1.0, (255, 255, 255), 1)
    cv2.imshow('Video', frame)
    #按Q退出,结束程序
    if cv2.waitKey(1) & 0xFF == ord('q'):
        break
video_capture.release()
cv2.destroyAllWindows()
```

以上代码可以实时标识视频中的人脸。如果是被检测的人,则显示 lq,否则显示 unknown。

第五篇

网络应用开发

第21章

网络编程案例——基于 TCP 的在线聊天程序

21.1 基于 TCP 的在线聊天程序简介

视频讲解

本章基于 TCP 完成一个在线聊天程序,主要功能是实现客户端与服务器端的双向通信,运行效果如图 21-1 所示。

图 21-1 在线聊天的服务器端与客户端

21.2 关键技术

21.2.1 互联网 TCP/IP

计算机为了联网,必须规定通信协议,早期的计算机网络都是由各厂商自己规定一套协议，IBM、Apple 和 Microsoft 公司都有各自的网络协议，互不兼容，这就好比一群人有的说英语，有的说中文，有的说德语，说同一种语言的人可以交流，说不同语言的就不行了。

为了把全世界的所有不同类型的计算机都连接起来，必须规定一套全球通用的协议，为了实现互联网这个目标，国际组织制定了 OSI 七层模型互联网协议标准，如图 21-2 所示。因为互联网协议包含了上百种协议标准，但是其中最重要的两个协议是 TCP 和 IP，所以大家把互联网协议简称 TCP/IP。

图 21-2　互联网协议

21.2.2　IP 和端口

❶ IP

在通信的时候，双方必须知道对方的标识，这好比发邮件必须知道对方的邮件地址一样。互联网上每台计算机的唯一标识就是 IP 地址，类似于 202.196.32.7。如果一台计算机同时接入两个或更多的网络，例如路由器，它就会有两个或多个 IP 地址，所以 IP 地址对应的实际上是计算机的网络接口，通常是网卡。

IP 负责把数据从一台计算机通过网络发送到另一台计算机。数据被分割成一小块、小块，然后通过 IP 包发送出去。由于互联网链路复杂，两台计算机之间经常有多条线路，因此路由器就负责决定如何把一个 IP 包转发出去。IP 包的特点是按块发送，途经多个路由，但不保证能到达，也不保证顺序到达。

IP 地址实际上是一个 32 位整数（称为 IPv4），以字符串表示的 IP 地址如 192.168.0.1，实际上是把 32 位整数按 8 位分组后的数字表示，目的是便于用户阅读。

IPv6 地址实际上是一个 128 位整数，它是目前使用的 IPv4 的升级版，以字符串表示，类似于 2001:0db8:85a3:0042:1000:8a2e:0370:7334。

❷ 端口

一个 IP 包除了包含要传输的数据外，还包含源 IP 地址和目标 IP 地址、源端口和目标端口。

端口有什么作用？在两台计算机通信时只发 IP 地址是不够的，因为同一台计算机上运行着多个网络程序（例如浏览器、QQ 等网络程序）。在一个 IP 包来了之后，到底是交给浏览器还是 QQ，需要端口号来区分。每个网络程序都向操作系统申请唯一的端口号，这样两个进程在两台计算机之间建立网络连接就需要各自的 IP 地址和各自的端口号。例如浏览器经常使用 80 端口，FTP 程序使用 21 端口，邮件的收/发使用 25 端口。

网络上两台计算机之间的数据通信，归根结底就是不同主机的进程交互，而每个主机的进程又对应着某个端口。也就是说，单独靠 IP 地址是无法完成通信的，必须要有 IP 和端口。

21.2.3 TCP 和 UDP

TCP 建立在 IP 之上。TCP 负责在两台计算机之间建立可靠连接，保证数据包按顺序到达。TCP 会通过握手建立连接，然后对每个 IP 包编号，确保对方按顺序收到，如果包丢掉了，就自动重发。

许多常用的更高级的协议都是建立在 TCP 基础上的，例如用于浏览器的 HTTP、发送邮件的 SMTP 等。

UDP 同样建立在 IP 之上，但是 UDP 面向无连接的通信协议，不保证数据包的顺利到达，是不可靠传输，所以效率比 TCP 要高。

21.2.4 Socket

视频讲解

Socket 是网络编程的一个抽象概念。Socket 是套接字的英文名称，主要是用于网络通信编程。在 20 世纪 80 年代初，美国政府的高级研究工程机构（ARPA）给加利福尼亚大学的 Berkeley 分校提供了资金，让他们在 UNIX 操作系统下实现 TCP/IP。在这个项目中，研究人员为 TCP/IP 网络通信开发了一个 API（应用程序接口），这个 API 称为 Socket（套接字）。Socket 是 TCP/IP 网络最为通用的 API，任何网络通信都是通过 Socket 来完成的。

通常用一个 Socket 表示"打开了一个网络链接"，而打开一个 Socket 需要知道目标计算机的 IP 地址和端口号，再指定协议类型即可。

套接字构造函数 socket(family,type[,protocol])使用给定的套接字家族、套接字类型、协议编号来创建套接字。

其参数如下。

- family：套接字家族，可以是 AF_UNIX 或者 AF_INET、AF_INET6。
- type：套接字类型，可以根据是面向连接的还是非连接的分为 SOCK_STREAM 和 SOCK_DGRAM。
- protocol：一般不填，默认为 0。

参数的取值的含义见表 21-1。

表 21-1 参数的取值含义

参数	描述
socket.AF_UNIX	只能够用于单一的 UNIX 系统进程间通信
socket.AF_INET	服务器之间的网络通信

续表

参　数	描　述
socket.AF_INET6	IPv6
socket.SOCK_STREAM	流式 Socket，针对 TCP
socket.SOCK_DGRAM	数据报式 Socket，针对 UDP
socket.SOCK_RAW	原始套接字，首先，普通的套接字无法处理 ICMP、IGMP 等网络报文，而 SOCK_RAW 可以；其次，SOCK_RAW 也可以处理特殊的 IPv4 报文；此外，利用原始套接字，可以通过 IP_HDRINCL 套接字选项由用户构造 IP 头
socket.SOCK_SEQPACKET	可靠的连续数据包服务

例如创建 TCP Socket：

```
s = socket.socket(socket.AF_INET,socket.SOCK_STREAM)
```

创建 UDP Socket：

```
s = socket.socket(socket.AF_INET,socket.SOCK_DGRAM)
```

Socket 同时支持数据流 Socket 和数据报 Socket。图 21-3 是面向连接支持数据流 TCP 的时序图。

图 21-3　面向连接 TCP 的时序图

第21章 网络编程案例——基于TCP的在线聊天程序

由图21-3可以看出，客户机(Client)与服务器(Server)的关系是不对称的。

对于TCP C/S，服务器首先启动，然后在某一时刻启动客户机与服务器建立连接。服务器与客户机开始都必须调用Socket()建立一个套接字，然后服务器调用Bind()将套接字与一个本机指定端口绑定在一起，再调用Listen()使套接字处于一种被动的准备接收状态，这时客户机建立套接字便可以通过调用Connect()和服务器建立连接，服务器就可以调用Accept()来接收客户机连接。然后继续监听指定端口，并发出阻塞，直到下一个请求出现，从而实现多个客户机连接。在连接建立后，客户机和服务器之间就可以通过连接发送和接收数据。最后，待数据传送结束，双方调用Close()关闭套接字。

在Python的Socket模块中Socket对象提供的函数如表21-2所示。

表21-2 Socket对象的函数

函 数	描 述
服务器端套接字函数	
s.bind(host,port)	绑定地址(host,port)到套接字，在AF_INET下以元组(host,port)的形式表示地址
s.listen(backlog)	开始TCP监听。backlog指定在拒绝连接之前可以的最大连接数量。该值至少为1，大部分应用程序设为5就可以了
s.accept()	被动接受TCP客户端连接，(阻塞式)等待连接的到来
客户端套接字函数	
s.connect(address)	主动与TCP服务器连接。一般address的格式为元组(hostname,port)，如果连接出错，返回socket.error错误
s.connect_ex()	connect()函数的扩展版本，出错时返回出错码，而不是抛出异常
公共用途的套接字函数	
s.recv(bufsize,[,flag])	接收TCP数据，数据以字节串形式返回。bufsize指定要接收的最大数据量。flag提供有关消息的其他信息，通常可以忽略
s.send(data)	发送TCP数据，将data中的数据发送到连接的套接字。其返回值是要发送的字节数量，该数量可能小于data的字节大小
s.sendall(data)	完整发送TCP数据，将data中的数据发送到连接的套接字，但在返回之前会尝试发送所有数据。如果成功，返回None，如果失败，抛出异常
s.recvform(bufsize,[,flag])	接收UDP数据，与recv()类似，但返回值是(data,address)。其中，data是包含接收数据的字节串，address是发送数据的套接字地址
s.sendto(data,address)	发送UDP数据，将数据发送到套接字，address是形式为(ip,port)的元组，指定远程地址。其返回值是发送的字节数
s.close()	关闭套接字
s.getpeername()	返回连接套接字的远程地址，其返回值通常是元组(ipaddr,port)
s.getsockname()	返回套接字自己的地址，通常是一个元组(ipaddr,port)
s.setsockopt(level,optname,value)	设置给定套接字选项的值
s.getsockopt(level,optname)	返回套接字选项的值
s.settimeout(timeout)	设置套接字操作的超时时间，timeout是一个浮点数，单位是秒。其值为None表示没有超时时间。一般情况下，超时时间应该在刚创建套接字时设置，因为它们可能用于连接操作(例如connect())
s.gettimeout()	返回当前超时时间的值，单位是秒，如果没有设置超时期，则返回None

续表

函　数	描　述
公共用途的套接字函数	
s.fileno()	返回套接字的文件描述符
s.setblocking(flag)	如果 flag 为 0，则将套接字设为非阻塞模式，否则将套接字设为阻塞模式（默认值）。在非阻塞模式下，如果调用 recv() 没有发现任何数据，或 send() 调用无法立即发送数据，那么将引起 socket.error 异常
s.makefile()	创建一个与该套接字相关联的文件

在了解了 TCP/IP 的基本概念以及 IP 地址、端口的概念和 Socket 之后，就可以开始进行网络编程了。

例 21-1 编写一个简单的 TCP 服务器程序，它接收客户端连接，把客户端发过来的字符串加上"Hello"再发回去。

完整的 TCP 服务器端程序如下：

```python
import socket                                              # 导入 socket 模块
import threading                                           # 导入 threading 线程模块
def tcplink(sock, addr):
    print('接收一个来自 %s:%s 连接请求' % addr)
    sock.send(b'Welcome!')                                 # 发给客户端 Welcome! 信息
    while True:
        data = sock.recv(1024)                             # 接收客户端发来的信息
        time.sleep(1)                                      # 延时 1 秒
        if not data or data.decode('utf-8') == 'exit':     # 如果没数据或收到"exit"信息
            break                                          # 终止循环
        sock.send(('Hello, %s!' % data.decode('utf-8')).encode('utf-8'))
                                                           # 收到信息加上 Hello 发回
    sock.close()                                           # 关闭连接
    print('来自 %s:%s 连接关闭了.' % addr)
s = socket.socket(socket.AF_INET, socket.SOCK_STREAM)
s.bind(('127.0.0.1', 8888))                                # 监听本机 8888 端口
s.listen(5)                                                # 连接的最大数量为 5
print('等待客户端连接...')
while True:
    sock, addr = s.accept()                                # 接受一个新连接
    # 创建新线程来处理 TCP 连接
    t = threading.Thread(target=tcplink, args=(sock, addr))
    t.start()
```

在程序中首先创建一个基于 IPv4 和 TCP Socket：

```python
s = socket.socket(socket.AF_INET, socket.SOCK_STREAM)
```

然后绑定监听的地址和端口。服务器可能有多块网卡，可以绑定到某一块网卡的 IP 地址上，也可以用 0.0.0.0 绑定到所有的网络地址，还可以用 127.0.0.1 绑定到本机地址。127.0.0.1 是一个特殊的 IP 地址，表示本机地址，如果绑定到这个地址，客户端必须同时在本机运行才能连接，也就是说，外部的计算机无法连接进来。

第21章 网络编程案例——基于TCP的在线聊天程序

端口号需要预先指定。因为这里写的这个服务不是标准服务,所以用8888这个端口号。注意,小于1024的端口号必须要有管理员权限才能绑定。

```python
# 监听本机8888端口
s.bind(('127.0.0.1', 8888))
```

接着调用listen()方法开始监听端口,传入的参数指定等待连接的最大数量为5:

```python
s.listen(5)
print('等待客户端连接...')
```

接下来,服务器程序通过一个无限循环接受来自客户端的连接,accept()会等待并返回一个客户端的连接。

```python
while True:
    # 接受一个新连接
    sock, addr = s.accept()  # sock是新建的Socket对象,服务器通过它与对应客户端通
                             # 信,addr是IP地址
    # 创建新线程来处理TCP连接
    t = threading.Thread(target = tcplink, args = (sock, addr))
    t.start()
```

每个连接都必须创建新线程(或进程)来处理,否则单线程在处理连接的过程中无法接受其他客户端的连接:

```python
def tcplink(sock, addr):
    print('接收一个来自%s:%s连接请求' % addr)
    sock.send(b'Welcome!')                    # 发给客户端"Welcome!"信息
    while True:
        data = sock.recv(1024)                # 接收客户端发来的信息
        time.sleep(1)                         # 延时1秒
        if not data or data.decode('utf-8') == 'exit':   # 如果没数据或收到'exit'信息
            break                             # 终止循环
        sock.send(('Hello, %s!' % data.decode('utf-8')).encode('utf-8'))
                                              # 收到信息加上"Hello"发回
    sock.close()                              # 关闭连接
    print('来自 %s:%s 连接关闭了.' % addr)
```

在连接建立后,服务器首先发一条欢迎消息,然后等待客户端数据,并加上"Hello"再发送给客户端。如果客户端发送了exit字符串,就直接关闭连接。

如果要测试这个服务器程序,还需要编写一个客户端程序:

```python
import socket                                 # 导入socket模块
s = socket.socket(socket.AF_INET, socket.SOCK_STREAM)
s.connect(('127.0.0.1', 8888))                # 建立连接
# 打印接收到欢迎消息
print(s.recv(1024).decode('utf-8'))
for data in [b'Michael', b'Tracy', b'Sarah']:
    s.send(data)                              # 客户端程序发送人名数据给服务器端
    print(s.recv(1024).decode('utf-8'))
```

```
s.send(b'exit')
s.close()
```

打开两个命令行窗口，一个是运行服务器端程序，另一个是运行客户端程序，就可以看到运行效果，如图 21-4 和图 21-5 所示。

图 21-4　服务器程序效果

图 21-5　客户端程序效果

需要注意的是，客户端程序运行完毕就退出了，而服务器程序会永远运行下去，必须按 Ctrl＋C 组合键退出程序。

可见，用 TCP 进行 Socket 编程在 Python 中十分简单，对于客户端，要主动连接服务器的 IP 和指定端口，对于服务器，要首先监听指定端口，然后对每个新的连接创建一个线程或进程来处理。通常，服务器程序会无限运行下去。另外还需注意，同一个端口被一个 Socket 绑定了以后就不能被其他 Socket 绑定了。

21.2.5　多线程编程

线程是操作系统可以调度的最小执行单位，能够执行并发处理。通常是将程序拆分成两个或多个并发运行的线程，即同时执行多个操作。例如，在使用线程的同时监视用户并发输入，并执行后台任务等。

threading 模块提供了 Thread 类来创建和处理线程，格式如下：

线程对象 = threading.Thread(target = 线程函数, args = (参数列表), name = 线程名, group = 线程组)

第一个参数是函数名，第二个参数 args 是一个元组，线程名和线程组都可以省略。
Thread 类还提供了以下方法。

- run()：用于表示线程活动的方法。
- start()：启动线程活动。
- join([time])：可以阻塞进程，直到线程执行完毕。参数 time 指定超时时间（单位为秒),超过指定时间 join 就不再阻塞进程了。
- isAlive():返回线程是否活动。
- getName():返回线程名。
- setName():设置线程名。

threading 模块提供的其他方法如下:
- threading.currentThread():返回当前的线程变量。
- threading.enumerate():返回一个包含正在运行的线程的 list。正在运行指线程启动后、结束前,不包括启动前和终止后的线程。
- threading.activeCount():返回正在运行的线程数量,与 len(threading.enumerate())有相同的结果。

【例】21-2 编写自己的线程类 myThread 来创建线程对象。

分析:自己的线程类直接从 threading.Thread 类继承,然后重写__init__()方法和 run()方法就可以创建线程对象了。

```
import threading
import time
exitFlag = 0
class myThread(threading.Thread):          #继承父类 threading.Thread
    def __init__(self, threadID, name, counter):
        threading.Thread.__init__(self)
        self.threadID = threadID
        self.name = name
        self.counter = counter
    def run(self):        #把要执行的代码写到 run()函数里面,线程在创建后会直接运行 run()函数
        print("Starting " + self.name)
        print_time(self.name, self.counter, 5)
        print("Exiting " + self.name)
def print_time(threadName, delay, counter):
    while counter:
        if exitFlag:
            thread.exit()
        time.sleep(delay)
        print("%s: %s" % (threadName, time.ctime(time.time())))
        counter -= 1
#创建新线程
thread1 = myThread(1, "Thread-1", 1)
thread2 = myThread(2, "Thread-2", 2)
#开启线程
thread1.start()
thread2.start()
print("Exiting Main Thread")
```

以上程序的执行结果如下:

```
Starting Thread-1   Exiting Main Thread   Starting Thread-2
Thread-1: Tue Aug  2 10:19:01 2016
Thread-2: Tue Aug  2 10:19:02 2016
```

```
Thread-1: Tue Aug  2 10:19:02 2016
Thread-1: Tue Aug  2 10:19:03 2016
Thread-2: Tue Aug  2 10:19:04 2016
Thread-1: Tue Aug  2 10:19:04 2016
Thread-1: Tue Aug  2 10:19:05 2016
Exiting Thread-1
Thread-2: Tue Aug  2 10:19:06 2016
Thread-2: Tue Aug  2 10:19:08 2016
Thread-2: Tue Aug  2 10:19:10 2016
Exiting Thread-2
```

21.3 在线聊天程序设计的步骤

21.3.1 在线聊天程序的服务器端

在服务器端设计 ServerUI 类，封装接收消息函数 receiveMessage(self)、发送消息函数 sendMessage(self)，并在构造函数中完成 Tkinter 界面布局。

在服务器端建立 Socket 并绑定 5505 后循环接受客户端的连接请求。当服务器与客户端的连接建立后，如果客户端发送字符 Y，服务器端收到后会返回字符 Y 信息，表明连接建立成功。在连接建立成功后即可不断接收客户端发来的聊天信息。

下面是服务器端代码：

```
#Filename:ServerUI.py
#Python 在线聊天服务器端
import tkinter
import tkinter.font as tkFont
import socket
import threading
import time,tsys
class ServerUI():
    local = '127.0.0.1'
    port = 5505
    global serverSock;
    flag = False
    #初始化类的相关属性的构造函数
    def __init__(self):
        self.root = tkinter.Tk()
        self.root.title('Python 在线聊天-服务器端V1.0')
        #窗口面板,用 4 个 frame 面板布局
        self.frame = [tkinter.Frame(),tkinter.Frame(),tkinter.Frame(), tkinter.Frame()]
        #显示消息 Text 右边的滚动条
        self.chatTextScrollBar = tkinter.Scrollbar(self.frame[0])
        self.chatTextScrollBar.pack(side = tkinter.RIGHT,fill = tkinter.Y)
        #显示消息 Text,并绑定上面的滚动条
```

第21章 网络编程案例——基于TCP的在线聊天程序

```python
        ft = tkFont.Font(family = 'Fixdsys', size = 11)
        self.chatText = tkinter.Listbox(self.frame[0], width = 70, height = 18, font = ft)
        self.chatText['yscrollcommand'] = self.chatTextScrollBar.set
        self.chatText.pack(expand = 1, fill = tkinter.BOTH)
        self.chatTextScrollBar['command'] = self.chatText.yview()
        self.frame[0].pack(expand = 1, fill = tkinter.BOTH)
        #标签,分开消息显示 Text 和消息输入 Text
        label = tkinter.Label(self.frame[1], height = 2)
        label.pack(fill = tkinter.BOTH)
        self.frame[1].pack(expand = 1, fill = tkinter.BOTH)
        #输入消息 Text 的滚动条
        self.inputTextScrollBar = tkinter.Scrollbar(self.frame[2])
        self.inputTextScrollBar.pack(side = tkinter.RIGHT, fill = tkinter.Y)
        #输入消息 Text,并与滚动条绑定
        ft = tkFont.Font(family = 'Fixdsys', size = 11)
        self.inputText = tkinter.Text(self.frame[2], width = 70, height = 8, font = ft)
        self.inputText['yscrollcommand'] = self.inputTextScrollBar.set
        self.inputText.pack(expand = 1, fill = tkinter.BOTH)
        self.inputTextScrollBar['command'] = self.chatText.yview()
        self.frame[2].pack(expand = 1, fill = tkinter.BOTH)
        #"发送"按钮
        self.sendButton = tkinter.Button(self.frame[3], text = '发送', width = 10,
        command = self.sendMessage)
        self.sendButton.pack(expand = 1, side = tkinter.BOTTOM and tkinter.RIGHT, padx = 25,
        pady = 5)
        #"关闭"按钮
        self.closeButton = tkinter.Button(self.frame[3], text = '关闭', width = 10, command =
        self.close)
        self.closeButton.pack(expand = 1, side = tkinter.RIGHT, padx = 25, pady = 5)
        self.frame[3].pack(expand = 1, fill = tkinter.BOTH)
    #接收消息
    def receiveMessage(self):
        #建立 Socket 连接
        self.serverSock = socket.socket(socket.AF_INET, socket.SOCK_STREAM)
        self.serverSock.bind((self.local, self.port))
        self.serverSock.listen(15)
        self.buffer = 1024
        self.chatText.insert(tkinter.END, '服务器已经就绪……')
        #循环接受客户端的连接请求
        while True:
            self.connection, self.address = self.serverSock.accept()
            self.flag = True
            while True:
                #接收客户端发送的消息
                self.cientMsg = self.connection.recv(self.buffer).decode('utf-8')
                if not self.cientMsg:
                    continue
                elif self.cientMsg == 'Y':
                    self.chatText.insert(tkinter.END, '服务器端已经与客户端建立连接……')
                    self.connection.send(b'Y')
```

```python
                    elif self.cientMsg == 'N':
                        self.chatText.insert(tkinter.END,'服务器端与客户端建立连接失败……')
                        self.connection.send(b'N')
                    else:
                        theTime = time.strftime("%Y-%m-%d %H:%M:%S", time.localtime())
                        self.chatText.insert(tkinter.END, '客户端 ' + theTime + '说:\n')
                        self.chatText.insert(tkinter.END, '  ' + self.cientMsg)
    #发送消息
    def sendMessage(self):
        #得到用户在Text中输入的消息
        message = self.inputText.get('1.0',tkinter.END)
        #格式化当前的时间
        theTime = time.strftime("%Y-%m-%d %H:%M:%S", time.localtime())
        self.chatText.insert(tkinter.END, '服务器 '+ theTime + '说:\n')
        self.chatText.insert(tkinter.END,'  ' + message + '\n')
        if self.flag == True:
            #将消息发送到客户端
            self.connection.send(message.encode())
        else:
            #Socket连接没有建立,提示用户
            self.chatText.insert(tkinter.END,'您还未与客户端建立连接,客户端无法收到您的消息\n')
        #清空用户在Text中输入的消息
        self.inputText.delete(0.0,message.__len__() - 1.0)
    #关闭消息窗口并退出
    def close(self):
        sys.exit()
    #启动线程接收客户端的消息
    def startNewThread(self):
        #启动一个新线程来接收客户端的消息
        #args是传递给线程函数的参数,receiveMessage函数不需要参数,只传一个空元组
        thread = threading.Thread(target = self.receiveMessage,args = ())
        thread.setDaemon(True);
        thread.start();
def main():
    server = ServerUI()
    server.startNewThread()
    server.root.mainloop()
if __name__ == '__main__':
    main()
```

21.3.2 在线聊天程序的客户端

在客户端设计ClientUI类,封装接收消息函数receiveMessage(self)、发送消息函数sendMessage(self),并在构造函数中完成Tkinter界面布局。

在客户端建立Socket后,向服务器发送字符Y,表示客户端要连接服务器。服务器端收到后会返回字符Y信息,表明连接建立成功。在连接建立成功后即可不断接收服务器发

第21章 网络编程案例——基于TCP的在线聊天程序

来的聊天信息。

下面是客户端代码：

```python
#Filename:ClientUI.py
#Python在线聊天客户端  2016-2-12
import tkinter
import tkinter.font as tkFont
import socket
import threading
import time,tsys
class ClientUI():
    local = '127.0.0.1'
    port = 5505
    global clientSock;
    flag = False
    #初始化类的相关属性的构造函数
    def __init__(self):
        self.root = tkinter.Tk()
        self.root.title('Python在线聊天-客户端V1.0')
        #窗口面板,用4个面板布局
        self.frame = [tkinter.Frame(),tkinter.Frame(),tkinter.Frame(), tkinter.Frame()]
        #以下界面设计与服务器端相同
        #显示消息Text右边的滚动条
        self.chatTextScrollBar = tkinter.Scrollbar(self.frame[0])
        self.chatTextScrollBar.pack(side = tkinter.RIGHT,fill = tkinter.Y)
        #显示消息Text,并绑定上面的滚动条
        ft = tkFont.Font(family = 'Fixdsys',size = 11)
        self.chatText = tkinter.Listbox(self.frame[0],width = 70,height = 18,font = ft)
        self.chatText['yscrollcommand'] = self.chatTextScrollBar.set
        self.chatText.pack(expand = 1,fill = tkinter.BOTH)
        self.chatTextScrollBar['command'] = self.chatText.yview()
        self.frame[0].pack(expand = 1,fill = tkinter.BOTH)
        #标签,分开消息显示Text和消息输入Text
        label = tkinter.Label(self.frame[1],height = 2)
        label.pack(fill = tkinter.BOTH)
        self.frame[1].pack(expand = 1,fill = tkinter.BOTH)
        #输入消息Text的滚动条
        self.inputTextScrollBar = tkinter.Scrollbar(self.frame[2])
        self.inputTextScrollBar.pack(side = tkinter.RIGHT,fill = tkinter.Y)
        #输入消息Text,并与滚动条绑定
        ft = tkFont.Font(family = 'Fixdsys',size = 11)
        self.inputText = tkinter.Text(self.frame[2],width = 70,height = 8,font = ft)
        self.inputText['yscrollcommand'] = self.inputTextScrollBar.set
        self.inputText.pack(expand = 1,fill = tkinter.BOTH)
        self.inputTextScrollBar['command'] = self.chatText.yview()
        self.frame[2].pack(expand = 1,fill = tkinter.BOTH)
        #"发送"按钮
        self.sendButton = tkinter.Button(self.frame[3],text = '发送',
            width = 10,command = self.sendMessage)
        self.sendButton.pack(expand = 1,side = tkinter.BOTTOM and tkinter .RIGHT,padx = 15,
            pady = 8)
```

```python
        #"关闭"按钮
        self.closeButton = tkinter.Button(self.frame[3], text = '关闭', width = 10,
            command = self.close)
        self.closeButton.pack(expand = 1, side = tkinter.RIGHT, padx = 15, pady = 8)
        self.frame[3].pack(expand = 1, fill = tkinter.BOTH)
    # 接收消息
    def receiveMessage(self):
        try:
            # 建立 Socket 连接
            self.clientSock = socket.socket(socket.AF_INET, socket.SOCK_STREAM)
            self.clientSock.connect((self.local, self.port))
            self.flag = True
        except:
            self.flag = False
            self.chatText.insert(tkinter.END, '您还未与服务器端建立连接,请检查服务器是否启动')
            return
        self.buffer = 1024
        self.clientSock.send('Y'.encode())    # 向服务器发送字符 Y, 表示客户端要连接服务器
        while True:
            try:
                if self.flag == True:
                    # 连接建立,接收服务器端消息
                    self.serverMsg = self.clientSock.recv(self.buffer).decode('utf-8')
                    if self.serverMsg == 'Y':
                        self.chatText.insert(tkinter.END, '客户端已经与服务器端建立连接……')
                    elif self.serverMsg == 'N':
                        self.chatText.insert(tkinter.END, '客户端与服务器端建立连接失败……')
                    elif not self.serverMsg:
                        continue
                    else:
                        theTime = time.strftime("%Y-%m-%d %H:%M:%S", time.localtime())
                        self.chatText.insert(tkinter.END, '服务器端 ' + theTime
                            + ' 说:\n')
                        self.chatText.insert(tkinter.END, '   ' + self.serverMsg)
                else:
                    break
            except EOFError as msg:
                raise msg
                self.clientSock.close()
                break
    # 发送消息
    def sendMessage(self):
        # 得到用户在 Text 中输入的消息
        message = self.inputText.get('1.0', tkinter.END)
        # 格式化当前的时间
        theTime = time.strftime("%Y-%m-%d %H:%M:%S", time.localtime())
```

```python
            self.chatText.insert(tkinter.END, '客户端器 ' + theTime + '说:\n')
            self.chatText.insert(tkinter.END,' ' + message + '\n')
            if self.flag == True:
                self.clientSock.send(message.encode());      # 将消息发送到服务器端
            else:
                # Socket 连接没有建立,提示用户
                self.chatText.insert(tkinter.END,'您还未与服务器端建立连接,服务器端无法收到
                您的消息\n')
            # 清空用户在 Text 中输入的消息
            self.inputText.delete(0.0,message.__len__() - 1.0)
    # 关闭消息窗口并退出
    def close(self):
        sys.exit()
    # 启动线程接收服务器端的消息
    def startNewThread(self):
        # 启动一个新线程来接收服务器端的消息
        # args 是传递给线程函数的参数,receiveMessage 函数不需要参数,只传一个空元组
        thread = threading.Thread(target = self.receiveMessage, args = ())
        thread.setDaemon(True);
        thread.start();
def main():
    client = ClientUI()
    client.startNewThread()                              # 启动线程接收服务器端的消息
    client.root.mainloop()
if __name__ == '__main__':
    main()
```

第22章 网络通信案例——基于UDP的网络五子棋游戏

22.1 网络五子棋游戏简介

五子棋是一种家喻户晓的棋类游戏，它的多变吸引了无数玩家。本章设计的五子棋游戏是一简易五子棋，棋盘为15×15，黑子先落。在每次下棋子前先判断该处有无棋子，有则不能落子，超出边界不能落子。任何一方有达到横向、竖向、斜向、反斜向连到5个棋子则胜利。

本章介绍基于UDP的Socket编程方法来制作网络五子棋游戏程序。网络五子棋游戏采用C/S架构，分为服务器端和客户端。服务器端运行界面如图22-1所示，在游戏时服务器端首先启动，当客户端连接后服务器端可以走棋。

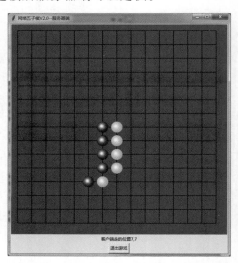

图22-1 网络五子棋游戏的服务器端界面

第22章 网络通信案例——基于UDP的网络五子棋游戏

用户根据提示信息,轮到自己下棋才可以在棋盘上落子,同时下方标签会显示对方的走棋信息,服务器端用户通过"退出游戏"按钮结束游戏。

客户端运行界面如图22-2所示,需要输入服务器的 IP 地址(这里采用默认地址,即本机地址),如果正确且服务器启动则可以连接服务器。连接成功后客户端用户根据提示信息,轮到自己下棋才可以在棋盘上落子,同样可以通过"退出游戏"按钮结束游戏。

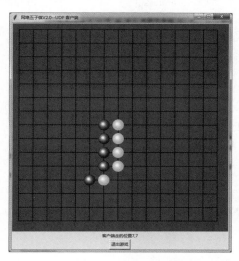

图 22-2　网络五子棋游戏的客户端界面

22.2　五子棋游戏的设计思想

在下棋过程中,为了保存所下过棋子的信息,使用列表 map。map[x][y]存储棋盘(x,y)处棋子的信息,如果为 0 代表黑子,为 1 代表白子。

游戏运行时,在鼠标单击事件中判断单击位置是否合法,即不能在已有棋子的位置单击,也不能超出游戏棋盘边界,如果合法,则将此位置信息加入 map 列表和 back 列表(用于悔棋),同时调用 checkWin(x,y)判断游戏的输赢。

本游戏的设计关键是判断输赢的算法。对于该算法的具体实现,大致分为以下几个部分:

(1) 判断 X=Y 轴上是否形成五子连珠。
(2) 判断 X=-Y 轴上是否形成五子连珠。
(3) 判断 Y 轴上是否形成五子连珠。
(4) 判断 X 轴上是否形成五子连珠。

以上 4 种情况只要任何一种成立,那么就可以判断输赢。

```
def win_lose():                    #输赢判断
    #扫描整个棋盘,判断是否连成 5 颗
    a = str(turn)
```

```
            print("a = ",a)
        for i in range(0,11):                  #0~10
            #判断 X = Y 轴上是否形成五子连珠
            for j in range(0,11):              #0~10
                if map[i][j] == a and map[i+1][j+1] == a and map[i+2][j+2] == a and
                map[i+3][j+3] == a and map[i+4][j+4] == a:print("X = Y 轴上形成五子连珠")
                    return True
        for i in range(4,15):                  #4~14
            #判断 X = -Y 轴上是否形成五子连珠
            for j in range(0,11):              #0~10
                if map[i][j] == a and map[i-1][j+1] == a and map[i-2][j+2] == a and
                map[i-3][j+3] == a and map[i-4][j+4] == a:print("X = -Y 轴上形成五子连珠")
                    return True
        for i in range(0,15):                  #0~14
            #判断 Y 轴上是否形成五子连珠
            for j in range(4,15):              #4~14
                if map[i][j] == a and map[i][j-1] == a and map[i][j-2] == a and
                map[i][j-3] == a and map[i][j-4] == a:print("Y 轴上形成五子连珠")
                    return True
        for i in range(0,11):                  #0~10
            #判断 X 轴上是否形成五子连珠
            for j in range(0,15):              #0~14
                if map[i][j] == a and map[i+1][j] == a and map[i+2][j] == a
                and map[i+3][j] == a and map[i+4][j] == a:print("X 轴上形成五子连珠")
                    return True
        return False
```

判断输赢实际上不用扫描整个棋盘,如果能得到刚下的棋子的位置(x,y),就不用扫描整个棋盘,而仅仅在此棋子附近的横、竖、斜方向均判断一遍即可。

checkWin(x,y)判断这个棋子是否和其他棋子连成五子,即判断输赢。它是以(x,y)为中心通过横向、纵向、斜方向的判断来统计相同颜色的棋子个数。

例如以水平方向(横向)的判断为例,以(x,y)为中心计算水平方向上的棋子数量时首先向右最多 4 个位置,如果同色则 count 加 1,然后向左最多 4 个位置,如果同色则 count 加 1。统计完成后如果 count >=5,则说明水平方向连成五子。其他方向同理。因为每个方向判断前下子处(x,y)还有己方一个,所以 count 的初始值为 1。

```
def checkWin(x,y):
    flag = False
    count = 1                           #保存共有相同颜色的多少棋子相连
    color = map[x][y]
    #通过循环来做棋子相连的判断
    #横向的判断
    #判断横向是否有 5 个棋子相连,特点是纵坐标相同,即 map[x][y]中的 y 值是相同
    i = 1
    while color == map[x+i][y] :        #向右统计
```

```
        count = count + 1
        i = i + 1
i = 1
while color == map[x - i][y] :          #向左统计
    count = count + 1
    i = i + 1
if count >= 5:
    flag = True
#纵向的判断
i2 = 1
count2 = 1
while color == map[x][y + i2]:
    count2 = count2 + 1
    i2 = i2 + 1
i2 = 1
while color == map[x][y - i2]:
    count2 = count2 + 1
    i2 = i2 + 1
if count2 >= 5:
    flag = True
#斜方向的判断(右上 + 左下)
i3 = 1
count3 = 1
while color == map[x + i3][y - i3]:
    count3 = count3 + 1
    i3 = i3 + 1
i3 = 1
while color == map[x - i3][y + i3]:
    count3 = count3 + 1
    i3 = i3 + 1
if count3 >= 5:
    flag = True
#斜方向的判断(右下 + 左上)
i4 = 1
count4 = 1
while color == map[x + i4][y + i4]:
    count4 = count4 + 1
    i4 = i4 + 1
i4 = 1
while color == map[x - i4][y - i4]:
    count4 = count4 + 1
    i4 = i4 + 1
if count4 >= 5:
    flag = True
return flag
```

在本程序中每下一步棋子，调用checkWin(x,y)函数判断是否已经连成五子，如果返回True，则说明已经连成五子，显示输赢结果对话框。

22.3 关键技术

22.3.1 UDP 编程

TCP 是建立可靠连接，并且通信双方都可以用流的形式发送数据。相对于 TCP，UDP 则是面向无连接的协议。

在使用 UDP 时不需要建立连接，只需要知道对方的 IP 地址和端口号就可以直接发数据包，但是能不能到达就不知道了。虽然用 UDP 传输数据不可靠，但它的优点是和 TCP 相比速度快，对于不要求可靠到达的数据可以使用 UDP。

通过 UDP 传输数据和 TCP 类似，使用 UDP 的通信双方也分为客户端和服务器端。

图 22-3 所示为无连接 UDP 的时序图。

图 22-3　无连接 UDP 的时序图

对于 UDP C/S，客户机并不与服务器建立一个连接，而是调用函数 SendTo() 给服务器发送数据报。类似地，服务器也不从客户端接收一个连接，只是调用函数 ReceiveFrom()，等待从客户端来的数据。通常，依照 ReceiveFrom() 得到的协议地址以及数据报，服务器就可以给客户送一个应答。

例 22-1　编写一个简单的 UDP 演示下棋程序。服务器端把 UDP 客户端发来的下棋坐标信息(x,y)显示出来，并把坐标加 1 后(模拟服务器端下棋)再发给 UDP 客户端。

服务器首先需要绑定 8888 端口：

```
import socket                                         # 导入 socket 模块
s = socket.socket(socket.AF_INET, socket.SOCK_DGRAM)
s.bind(('127.0.0.1', 8888))                           # 绑定端口
```

在创建 Socket 时，SOCK_DGRAM 指定了这个 Socket 的类型是 UDP。绑定端口和 TCP 一样，但是不需要调用 listen() 方法，而是直接接收来自任何客户端的数据：

```
print('Bind UDP on 8888...')
while True:
    #接收数据
    data, addr = s.recvfrom(1024)
    print('Received from %s:%s.' % addr)
    print('received:',data)
    p = data.decode('utf-8').split(",");       #decode()解码,将字节串转换成字符串
    x = int(p[0]);
    y = int(p[1]);
    print(p[0],p[1])
    pos = str(x + 1) + "," + str(y + 1)        #模拟服务器端下棋的位置
    s.sendto(pos.encode('utf-8'),addr)         #发回客户端
```

recvfrom()方法返回数据和客户端的地址与端口,这样服务器收到数据后直接调用sendto()就可以把数据用 UDP 发给客户端。

在客户端使用 UDP 时,首先创建基于 UDP 的 Socket,然后不需要调用 connect(),直接通过 sendto()给服务器发数据:

```
import socket                                  #导入 socket 模块
s = socket.socket(socket.AF_INET, socket.SOCK_DGRAM)
x = input("请输入 x 坐标")
y = input("请输入 y 坐标")
data = str(x) + "," + str(y)
s.sendto(data.encode('utf-8'), ('127.0.0.1', 8888))
                                               #encode()编码,将字符串转换成传送的字节串
#接收服务器加 1 后的坐标数据
data2, addr = s.recvfrom(1024)
print("接收服务器加 1 后坐标数据:", data2.decode('utf-8'))
                                               #decode()解码
s.close()
```

从服务器接收数据仍然调用 recvfrom()方法。

这里仍然用两个命令行分别启动服务器和客户端测试,运行效果如图 22-4 和图 22-5 所示。

图 22-4　服务器程序效果

图 22-5　客户端程序效果

上面模拟了服务器端和客户端两方下棋时的通信过程，有此基础可以实现基于 UDP 的网络五子棋游戏，真正开发出实用的网络程序。

22.3.2 自定义网络五子棋游戏的通信协议

网络五子棋游戏的设计难点在于需要与对方通信，这里使用了面向非连接的 Socket 编程。Socket 编程用于开发 C/S 结构程序，在这类应用中，客户端和服务器端通常需要先建立连接，然后发送和接收数据，交互完成后需要断开连接。本章的通信采用基于 UDP 的 Socket 编程实现。虽然这里两台计算机不分主次，但在设计时假设一台做服务器端（黑方），等待其他人加入。当其他人想加入的时候输入服务器端主机的 IP。为了区分通信中传送的是"输赢信息""下的棋子位置信息""结束游戏"等，在发送信息的首部加上标识。因此定义了如下协议：

1) move|下的棋子位置坐标(x,y)

例如，"move|7,4"表示对方下子位置坐标(7,4)。

2) over|哪方赢的信息

例如，"over|黑方你赢了"表示黑方赢了。

3) exit|

表示对方离开了，游戏结束。

4) join|

其表示连接服务器。

当然，可以根据程序功能增加协议，例如悔棋、文字聊天等协议。由于本程序没有设计"悔棋"和"文字聊天"功能，所以没定义相应的协议，读者可以自己完善程序。

在程序中根据接收的信息（当然都是字符串）通过字符串.split("|")获取消息类型（move、join、exit 或者 over），从中区分出"输赢信息 over""下的棋子位置信息 move"等，代码如下：

```
def receiveMessage():                           #接收消息函数
    global s
    while True:
        #接收客户端发送的消息
        global addr
        data, addr = s.recvfrom(1024)
        data = data.decode('utf-8')
        a = data.split("|")                     #分割数据
        if not data:
            print('client has exited!')
            break
        elif a[0] == 'join':                    #连接服务器请求
            print('client 连接服务器!')
            label1["text"] = 'client 连接服务器成功,请你走棋!'
        elif a[0] == 'exit':                    #对方退出信息
            print('client 对方退出!')
            label1["text"] = 'client 对方退出,游戏结束!'
```

```
        elif a[0] == 'over':                    #对方赢信息
            print('对方赢信息!')
            label1["text"] = data.split("|")[0]
            showinfo(title = "提示",message = data.split("|")[1])
        elif a[0] == 'move':                    #客户端走的位置信息,例如"move|7,4"
            print('received:',data,'from',addr)
            p = a[1].split(",")
            x = int(p[0]);
            y = int(p[1]);
            print(p[0],p[1])
            label1["text"] = "客户端走的位置" + p[0] + p[1]
            drawOtherChess(x,y)                 #画对方棋子
    s.close()
```

掌握通信协议以及单机版五子棋游戏的知识后就可以开发网络五子棋游戏了。

22.4 网络五子棋游戏程序设计的步骤

视频讲解

22.4.1 服务器端程序设计的步骤

❶ 主程序

定义含两个棋子图片的列表 imgs,创建 Window 窗口对象 root,初始化游戏地图 map,绘制 15×15 的游戏棋盘,添加显示提示信息的标签 Label,绑定 Canvas 的鼠标和按钮左键单击事件。

同时创建 UDP 通信服务器端的 SOCKET,绑定在 8000 端口,启动线程接收客户端的消息,最后的 root.mainloop()方法是进入窗口的主循环,也就是显示窗口。

```
from tkinter import *
from tkinter.messagebox import *
import socket
import threading
import os

root = Tk()
root.title("网络五子棋 V2.0——服务器端")
#五子棋——夏敏捷 2016-2-11
imgs = [PhotoImage(file = 'D:\\python\\bmp\\BlackStone.gif'),
        PhotoImage(file = 'D:\\python\\bmp\\WhiteStone.gif')]
turn = 0                                        #轮到哪方走棋,0 是黑方,1 是白方
Myturn = -1                                     #保存自己的角色,-1 表示还没确定下来
map = [[" "," "," "," "," "," "," "," "," "," "," "," "," "," "," "]for y
in range(15)]
cv = Canvas(root, bg = 'green', width = 610, height = 610)drawQiPan()
                                                #绘制 15×15 的游戏棋盘
cv.bind("<Button-1>", callpos)
```

```
cv.pack()
label1 = Label(root,text = "服务器端...")        #显示提示信息
label1.pack()
button1 = Button(root,text = "退出游戏")          #按钮
button1.bind("<Button-1>",callexit)
button1.pack()
#创建 UDP SOCKET
s = socket.socket(socket.AF_INET,socket.SOCK_DGRAM)
s.bind(('localhost',8000))
addr = ('localhost',8000)
startNewThread()                                 #启动线程接收客户端的消息
receiveMessage();
root.mainloop()
```

❷ 退出函数

"退出游戏"按钮单击事件的代码很简单,仅仅发送一个"exit|"命令协议消息,最后调用 os._exit(0)结束程序。

```
def callexit(event):                             #退出
    pos = "exit|"
    sendMessage(pos)
    os._exit(0)
```

❸ 走棋函数

在鼠标单击事件中完成走棋功能,判断单击位置是否合法,既不能在已有棋的位置单击,也不能超出游戏棋盘边界,如果合法,则将此位置信息记录到 map 列表(数组)中。

同时由于是网络对战,第一次走棋时还要确定自己的角色(是白方还是黑方),而且要判断是否轮到自己走棋。这里使用两个变量 Myturn、turn 来解决。

```
Myturn = -1                                      #保存自己的角色
```

Myturn 是-1 表示还没确定下来,在第一次走棋时修改。

turn 保存轮到谁走棋,如果 turn 是 0 表示轮到黑方,turn 是 1 表示轮到白方。

最后是本游戏的关键——输赢判断。在程序中调用 win_lose()函数判断输赢,判断在 4 种情况下是否连成五子,返回 True 或 False。根据当前走棋方 turn 的值(0 为黑方,1 为白方)得出谁赢。

自己走完后轮到对方走棋。

```
def callpos(event):                              #走棋
    global turn
    global Myturn
    if Myturn == -1:                             #第一次确定自己的角色(是白方还是黑方)
        Myturn = turn
    else:
        if(Myturn!= turn):
            showinfo(title = "提示",message = "还没轮到自己走棋")
            return
```

```
        #print("clicked at", event.x, event.y, turn)
        x = (event.x)//40                                    #换算棋盘坐标
        y = (event.y)//40
        print("clicked at", x, y, turn)
        if map[x][y]!=" ":
            showinfo(title = "提示",message = "已有棋子")
        else:
            img1 = imgs[turn]
            cv.create_image((x * 40 + 20,y * 40 + 20),image = img1)   #画自己的棋子
            cv.pack()
            map[x][y] = str(turn)
            pos = str(x) + "," + str(y)
            sendMessage("move|" + pos)
            print("服务器走的位置",pos)
            label1["text"] = "服务器走的位置" + pos
            #输出输赢信息
            if win_lose() == True:
                if turn == 0:
                    showinfo(title = "提示",message = "黑方你赢了")
                    sendMessage("over|黑方你赢了")
                else:
                    showinfo(title = "提示",message = "白方你赢了")
                    sendMessage("over|白方你赢了")
            #换下一方走棋
            if turn == 0:
                turn = 1
            else:
                turn = 0
```

❹ 画对方棋子

当轮到对方走棋子后,在自己的棋盘上根据 turn 知道对方角色,从 socket 获取对方走棋坐标(x,y),从而画出对方棋子。在画出对方棋子后,同样换下一方走棋。

```
def drawOtherChess(x,y):                                    #画对方棋子
    global turn
    img1 = imgs[turn]
    cv.create_image((x * 40 + 20,y * 40 + 20),image = img1)
    cv.pack()
    map[x][y] = str(turn)
    #换下一方走棋
    if turn == 0:
        turn = 1
    else:
        turn = 0
```

❺ 画棋盘

drawQiPan()画 15×15 的五子棋棋盘。

```
def drawQiPan():                                            #画棋盘
    for i in range(0,15):
```

```
        cv.create_line(20,20 + 40 * i,580,20 + 40 * i,width = 2)
    for i in range(0,15):
        cv.create_line(20 + 40 * i,20,20 + 40 * i,580,width = 2)
    cv.pack()
```
输赢判断

❻ 输赢判断

win_lose()从 4 个方向扫描整个棋盘,判断是否连成 5 子。

```
def win_lose():                                          #输赢判断
    #扫描整个棋盘,判断是否连成 5 子
    a = str(turn)
    print("a = ",a)
    for i in range(0,11):                                #0~10
        #判断 X = Y 轴上是否形成五子连珠
        for j in range(0,11):                            #0~10
            if map[i][j] == a and map[i + 1][j + 1] == a and map[i + 2][j + 2] == a and
            map[i + 3][j + 3] == a and map[i + 4][j + 4] == a:print("X = Y 轴上形成五子连珠")
                return True
    for i in range(4,15):                                #4~14
        #判断 X = - Y 轴上是否形成五子连珠
        for j in range(0,11):                            #0~10
            if map[i][j] == a and map[i - 1][j + 1] == a and map[i - 2][j + 2] == a and
            map[i - 3][j + 3] == a and map[i - 4][j + 4] == a:print("X = - Y 轴上形成五子连珠")
                return True
    for i in range(0,15):                                #0~14
        #判断 Y 轴上是否形成五子连珠
        for j in range(4,15):                            #4~14
            if map[i][j] == a and map[i][j - 1] == a and map[i][j - 2] == a and
            map[i][j - 3] == a and map[i][j - 4] == a:print("Y 轴上形成五子连珠")
                return True
    for i in range(0,11):                                #0~10
        #判断 X 轴上是否形成五子连珠
        for j in range(0,15):                            #0~14
            if map[i][j] == a and map[i + 1][j] == a and map[i + 2][j] == a and
            map[i + 3][j] == a and map[i + 4][j] == a:print("X 轴上形成五子连珠")
                return True
    return False
```

❼ 输出 map 地图

这里主要是显示当前棋子信息。

```
def print_map():                                         #输出 map 地图
    for j in range(0,15):                                #0~14
        for i in range(0,15):                            #0~14
            print(map[i][j],end = '')
        print('w')
```

❽ 接收消息

本程序的关键部分就是接收消息 data,从 data 字符串.split("|")中分割出消息类型

第22章 网络通信案例——基于UDP的网络五子棋游戏

（move、join、exit 或者 over）。如果为'join'，是客户端连接服务器请求；如果为'exit'，是对方客户端退出信息；如果为' move '，是客户端走的位置信息；如果为' over '，是对方客户端赢的信息。这里重点处理对方的走棋信息，例如"move|7,4"，通过字符串.split(",")分割出(x,y)坐标。

```python
def receiveMessage():
    global s
    while True:
        #接收客户端发送的消息
        global addr
        data, addr = s.recvfrom(1024)
        data = data.decode('utf-8')
        a = data.split("|")                    #分割数据
        if not data:
            print('client has exited!')
            break
        elif a[0] == 'join':                   #连接服务器请求
            print('client 连接服务器!')
            label1["text"] = 'client 连接服务器成功,请你走棋!'
        elif a[0] == 'exit':                   #对方退出信息
            print('client 对方退出!')
            label1["text"] = 'client 对方退出,游戏结束!'
        elif a[0] == 'over':                   #对方赢信息
            print('对方赢信息!')
            label1["text"] = data.split("|")[0]
            showinfo(title = "提示",message = data.split("|")[1])
        elif a[0] == 'move':                   #客户端走的位置信息"move|7,4"
            print('received:',data,'from',addr)
            p = a[1].split(",")
            x = int(p[0]);
            y = int(p[1]);
            print(p[0],p[1])
            label1["text"] = "客户端走的位置" + p[0] + p[1]
            drawOtherChess(x,y)                #画对方棋子
    s.close()
```

❾ 发送消息

发送消息的代码很简单，调用 Socket 的 sendto()函数就可以把按协议写的字符串信息发出。

```python
def sendMessage(pos):                          #发送消息
    global s
    global addr
    s.sendto(pos.encode(),addr)
```

❿ 启动线程接收客户端的消息

```python
#启动线程接收客户端的消息
def startNewThread():
    #启动一个新线程来接收客户器端的消息
```

```
# thread.start_new_thread(function,args[,kwargs])
# 其中,function 参数是将要调用的线程函数,args 是传递给线程函数的参数,它必须
# 是元组类型,而 kwargs 是可选的参数
# receiveMessage 函数不需要参数,只传一个空元组
thread = threading.Thread(target = receiveMessage,args = ())
thread.setDaemon(True);
thread.start();
```

至此完成服务器端程序设计。图 22-6 所示为服务器端走棋过程中打印的输出信息。网络五子棋的客户端程序设计基本上与服务器端相似,主要区别在消息处理上。

图 22-6 走棋过程中打印的输出信息

22.4.2 客户端程序设计的步骤

❶ 主程序

定义含两个棋子图片的列表 imgs,创建 Window 窗口对象 root,初始化游戏地图 map,绘制 15×15 的游戏棋盘,添加显示提示信息的标签 Label,绑定 Canvas 的鼠标和按钮左键单击事件。

同时创建 UDP 通信客户端的 SOCKET,这里不指定端口,会自动绑定某个空闲端口,由于是客户端 SOCKET,需要指定服务器端的 IP 和端口号,并发出连接服务器端请求。

启动线程接收服务器端的消息,最后的 root.mainloop()方法是进入窗口的主循环,也就是显示窗口。

```
from tkinter import *
from tkinter.messagebox import *
import socket
import threading
import os
```

```
root = Tk()
root.title("网络五子棋 V2.0—UDP 客户端")
imgs = [PhotoImage(file = 'D:\\python\\bmp\\BlackStone.gif'),
PhotoImage(file = 'D:\\python\\bmp\\WhiteStone.gif')]
turn = 0
Myturn = -1
map = [[" "," "," "," "," "," "," "," "," "," "," "," "," "," "," "]for y in    range(15)]
cv = Canvas(root, bg = 'green', width = 610, height = 610)
drawQiPan()
cv.bind("<Button-1>", callback)
cv.pack()
label1 = Label(root,text = "客户端…")
label1.pack()
button1 = Button(root,text = "退出游戏")
button1.bind("<Button-1>", callexit)
button1.pack()
# 创建 UDP SOCKET
s = socket.socket(socket.AF_INET,socket.SOCK_DGRAM)
port = 8000                              # 服务器端口
host = 'localhost'                       # 服务器地址 192.168.0.101
pos = 'join|'                            # "连接服务器"命令
sendMessage(pos);                        # 发送连接服务器请求
startNewThread()                         # 启动线程接收服务器端的消息
receiveMessage();
root.mainloop()
```

❷ 退出函数

"退出游戏"按钮单击事件的代码很简单,仅仅发送一个"exit|"命令协议消息,最后调用 os._exit(0)结束程序。

```
def callexit(event):                     # 退出
    pos = "exit|"
    sendMessage(pos)
    os._exit(0)
```

❸ 走棋函数

其功能与服务器端相同,仅仅是提示信息不同。

```
def callback(event):                     # 走棋
    global turn
    global Myturn
    if Myturn == -1:                     # 第一次确定自己的角色(是白方还是黑方)
        Myturn = turn
    else:
        if(Myturn!= turn):
            showinfo(title = "提示",message = "还没轮到自己走棋")
            return
    # print("clicked at", event.x, event.y, turn)
    x = (event.x)//40                    # 换算棋盘坐标
    y = (event.y)//40
```

```python
        print("clicked at", x, y, turn)
        if map[x][y]!=" ":
            showinfo(title = "提示",message = "已有棋子")
        else:
            img1 = imgs[turn]
            cv.create_image((x * 40 + 20,y * 40 + 20),image = img1)
            cv.pack()
            map[x][y] = str(turn)
            pos = str(x) + "," + str(y)
            sendMessage("move|" + pos)
            print("客户端走的位置",pos)
            label1["text"] = "客户端走的位置" + pos
            # 输出输赢信息
            if win_lose() == True:
                if turn == 0:
                    showinfo(title = "提示",message = "黑方你赢了")
                    sendMessage("over|黑方你赢了")
                else:
                    showinfo(title = "提示",message = "白方你赢了")
                    sendMessage("over|白方你赢了")
            # 换下一方走棋
            if turn == 0:
                turn = 1
            else:
                turn = 0
```

❹ 画棋盘

drawQiPan()画 15×15 的五子棋棋盘。

```python
def drawQiPan():                              # 画棋盘
    for i in range(0,15):
        cv.create_line(20,20 + 40 * i,580,20 + 40 * i,width = 2)
    for i in range(0,15):
        cv.create_line(20 + 40 * i,20,20 + 40 * i,580,width = 2)
    cv.pack()
```

❺ 输赢判断

win_lose()从 4 个方向扫描整个棋盘，判断是否连成五子。其功能与服务器端相同，代码没有区别，因此将代码省略了。

❻ 接收消息

接收消息 data，从 data 字符串.split("|")中分割出消息类型(move、join、exit 或者 over)。其功能与服务器端没有区别，仅仅是没有'join'消息类型，因为客户端连接服务器，而服务器不会连接客户端，所以少了一个'join'消息类型判断。

```python
def receiveMessage():                         # 接收消息
    global s
    while True:
        data = s.recv(1024).decode('utf-8')
```

```
        a = data.split("|")                              # 分割数据
        if not data:
            print('server has exited!')
            break
        elif a[0] == 'exit':                             # 对方退出信息
            print('对方退出!')
            label1["text"] = '对方退出,游戏结束!'
        elif a[0] == 'over':                             # 对方赢信息
            print('对方赢信息!')
            label1["text"] = data.split("|")[0]
            showinfo(title = "提示",message = data.split("|")[1])
        elif a[0] == 'move':                             # 服务器端走的位置信息
            print('received:',data)
            p = a[1].split(",")
            x = int(p[0]);
            y = int(p[1]);
            print(p[0],p[1])
            label1["text"] = "服务器端走的位置" + p[0] + p[1]
            drawOtherChess(x,y)                          # 画对方棋子,函数代码同服务器端
    s.close()
```

❼ 发送消息

发送消息的代码很简单,仅仅调用 Socket 的 sendto()函数,就可以把按协议写的字符串信息发出。

```
def sendMessage(pos):                                   # 发送消息
    global s
    s.sendto(pos.encode(),(host,port))
```

❽ 启动线程接收服务器端的消息

```
# 启动线程接收服务器端的消息
def startNewThread():
        # 启动一个新线程来接收服务器端的消息
        # thread.start_new_thread(function,args[,kwargs])
        # 其中,function 参数是将要调用的线程函数,args 是传递给线程函数的参数,它必须
        # 是元组类型,而 kwargs 是可选的参数
        # receiveMessage 函数不需要参数,只传一个空元组
        thread = threading.Thread(target = receiveMessage,args = ())
        thread.setDaemon(True);
        thread.start();
```

至此完成客户端程序设计。

第23章

网络邮件实战
——自动发送邮件

23.1 功能介绍

自动发送邮件功能是企业、公司运营中经常要用到的,比如爬虫程序爬取目标网站信息后需要将这样数据信息自动发送邮件到公司某个特定邮箱,又如公司每天定时统计报表信息,然后自动发送给运营人员,协助运营人员进行业务数据分析。本章使用Python开发一个自动发送统计报表信息的邮件程序,程序中指定发件人邮箱地址、密码、收件人邮箱地址、邮件标题、内容(统计报表Excel),即可实现定时自动发送邮件功能。

23.2 程序设计的思路

收发邮件需要使用相关协议,下面首先了解这些邮件协议。

POP3是Post Office Protocol 3的简称,即邮局协议的第三个版本,它规定怎样将个人计算机连接到Internet的邮件服务器和下载电子邮件的协议。它是因特网电子邮件的第一个离线协议的标准。POP3允许用户从服务器上把邮件存储到本地计算机上,同时删除保存在邮件服务器上的邮件,而POP3服务器则是遵循POP3协议的接收邮件服务器,用来接收电子邮件。

SMTP的全称是Simple Mail Transfer Protocol,即简单的邮件传输协议。它是一组用于从源地址到目的地的地址传输邮件的规范,通过它控制邮件的中转方式。SMTP属于TCP/IP协议簇,它帮助每台计算机在发送或者中转信件时找到下个目的地。SMTP服务器就是遵循SMTP的发送邮件服务器。SMTP服务器需要认证才能登录,SMTP认证简单来说就是要求必须在提供了账户名和密码之后才能登录SMTP服务器。

IMAP全称是Internet Mail Access Protocol,即交互式邮件存取协议,它是跟POP3类

第23章 网络邮件实战——自动发送邮件

似的邮件访问标准协议之一。不同的是,开启了IMAP后,在电子邮件客户端收取的邮件仍然保存在服务器上,同时在客户端上的操作都会反馈到服务器上,如:删除邮件、标记邮件等,服务器上的邮件也会做相应的动作。无论从浏览器登录还是客户端登录邮箱看到的邮件以及状态都是一致的。

这里使用网易的163邮箱来发送邮件,所以需要先将163邮箱的POP3/SMTP/IMAP都打开。具体步骤是打开浏览器,输入mail.163.com网址进入自己的邮箱,在如图23-1所示中,选择"设置"→POP3/SMTP/IMAP,在设置POP3/SMTP/IMAP区域中单击"POP3/SMTP服务"复选框时邮箱会要求设置授权码。设置好授权码后就开始编写代码发送邮件。

图23-1 设置163邮箱POP3/SMTP/IMAP

使用QQ邮箱来发送邮件同样需要开启POP3/SMTP/IMAP,通过手机发送短信,获取QQ授权码,如图23-2所示。

图23-2 获取QQ授权码

23.3 关键技术

23.3.1 Python SMTP 发送邮件

SMTP 是发送邮件的协议，Python 内置对 SMTP 的支持，可以发送纯文本邮件、HTML 邮件以及带附件的邮件。Python 对 SMTP 的支持有 smtplib 和 email 两个模块，email 负责构造邮件，smtplib 负责发送邮件。

❶ smtplib 模块

(1) smtplib.SMTP()：实例化 SMTP()。

(2) connect(host,port)：连接邮箱服务器。

其中，host：指定被连接的邮箱服务器。常用邮箱的 smtp 服务器地址为：新浪邮箱 smtp.sina.com，新浪 VIP 邮箱 smtp.vip.sina.com，搜狐邮箱 smtp.sohu.com，126 邮箱 smtp.126.com，139 邮箱 smtp.139.com，163 网易邮箱 smtp.163.com。

port：指定连接服务器的端口号，默认为 0。

(3) login(user,password)：登录邮箱。

其中，user：登录邮箱的用户名；password：登录邮箱的密码。

(4) sendmail(from_addr,to_addrs,msg,...)：邮件发送。

其中，from_addr：邮件发送者地址。

to_addrs：邮件接收者地址。可以是字符串列表['接收地址1','接收地址2','接收地址3',…]或者'接收地址'。

msg：发送消息：邮件内容。一般是 msg.as_string()：as_string()是将 msg（MIMEText 对象或者 MIMEMultipart 对象）变为 str。

(5) quit()：用于结束 SMTP 会话。

例如：

```
#1.实例化SMTP
smtp = smtplib.SMTP()
#2.连接邮件服务器
smtp.connect(SMTP_host)
或者 smtp = smtplib.SMTP_SSL(SMTP_host, port)      #SSL 加密连接，获取 SMTP 协议证书
#3.配置发送邮箱的用户名和密码（授权码）
login_result = smtp.login(from_account, from_password)      #登录，如果成功返回235
```

❷ email 模块

email 模块主要用于构造邮件对象。

通过邮件传输简单的文本已经无法满足我们的需求，比如我们时常会定制业务质量报表，在邮件主体中会包含 HTML、图像、声音以及附件格式等，MIME（Multipurpose Internet Mail Extensions，多用途互联网邮件扩展）作为一种新的扩展邮件格式很好地补充了这一点，是目前互联网电子邮件普遍遵循的邮件技术规范。

email 模块下有 mime 库,该 mime 库下常用的有三个子模块:text、image、multpart,分别实现文本、图片、附件三种邮件发送。

```
from email.mime.multipart import MIMEMultipart
from email.mime.text import MIMEText
from email.mime.image import MIMEImage
```

导入模块后,就可以构造一个邮件对象(Message 对象)。Message 对象有三种子类对象(MIMEText、MIMEImage 和 MIMEMultipart);如果构造一个 MIMEText 对象,就表示一个文本邮件对象;如果构造一个 MIMEImage 对象,就表示一个作为附件的图片;要把多个对象组合起来,就用 MIMEMultipart 对象。

23.3.2　Python SMTP 发送文本邮件

邮件发送程序发送文本邮件,需构造 MIMEText 对象。MIMEText 对象第一个参数是邮件正文,第二个参数是 MIME 的类型(通常都会用两种类型,分别为"text/plain"和"text/html"),最后第三个参数一定要用 UTF-8 编码保证多语言兼容性。

❶ 普通文本

```
text = "This is a text\nHere is the link you want "    #邮件正文
msg = MINEText(text, 'plain', utf-8)                   #构造 MIMEText 对象
fromaddr = "jsjjc_33 @163.com"                         #发件人邮箱地址
topaddr = "631011217@qq.com "                          #收件人邮箱地址
smtp.sendmail(fromaddr, toaddr, msg.as_string())       #发送普通文本邮件
```

❷ HTML 格式内容的邮件

其实发送 HTML 格式内容的邮件很简单,只需将发送邮件的内容格式类型'plain'改为'html',如下:

```
msg = MIMEText('< h2 style = "color">学习使我快乐</h2 >', 'html', 'utf-8')
```

又如:

```
htmltext = """
   < html >
     < body >
       < p >
          Here is the < a href = "http://www.baidu.com"> link </a > you wanted.
       </p >
     </body >
   </html >
   """
msg = MIMEText(htmltext,'html', 'utf-8')
fromaddr = "jsjjc_33 @163.com"                         #发件人邮箱地址
topaddr = "631011217@qq.com "                          #收件人邮箱地址
smtp.sendmail(fromaddr, toaddr, msg.as_string())       #发送 HTML 格式邮件
```

23.3.3　Python SMTP 发送带附件的邮件

如果要把多个对象组合起来,就用 MIMEMultipart 对象。

```
message = MIMEMultipart()
message['From'] = "jsjjc_33@163.com"
message['To'] = "631011217@qq.com"
message['Subject'] = "主题"
```

❶ 添加文本文件附件

```
sendfile = open('D:\\python\\sendfile.txt', 'rb').read()    #读取文件内容
msg = MINEText(sendfile, 'base64', 'utf-8')                  #编码形式是 base64
msg['Content-type'] = 'application/octet-stream'
#设置附件在邮件当中的名字
msg['Content-Disposition'] = 'attachment;filename = "文件显示名字.txt"'
message.attach(msg)                                          #添加文件附件
smtp.sendmail(fromaddr, toaddr, message.as_string())         #发送邮件
```

❷ 添加图片附件

```
sendimagefile = open(r'D:\pythontest\1.gif','rb').read()
msg = MIMEImage(sendimagefile)
msg['Content-disposition'] = 'attachment;filename = "happy.gif"'
msg.add_header('Content-ID','<image1>')
message.attach(msg)                                          #添加图片附件
smtp.sendmail(fromaddr, toaddr, message.as_string())         #发送邮件
```

❸ 添加 xlsx 表格附件

```
#--------------------添加 xlsx 表格附件----------------
message_xlsx = MIMEText(open('夏敏捷.xlsx','rb').read(),'base64','utf-8')
#设置附件在邮件当中的名字
message_xlsx['Content-Disposition'] = 'attachment;filename = "test.xlsx"'
message = MIMEMultipart()
message.attach(message_xlsx)                                 #添加 xlsx 表格附件
smtp.sendmail(fromaddr, toaddr, message.as_string())         #发送邮件
```

23.3.4　Python SMTP 发送内嵌资源的邮件

如果不使用附件发送各种文件、图片资源信息,MIMEMultipart('related')中 related 表示使用内嵌资源的形式,将邮件发送给对方。

例如:将 1.gif 图片文件以邮件内嵌资源的形式发送给对方邮箱 631011217@qq.com,代码如下。

```
#related 表示使用内嵌资源的形式,将邮件发送给对方
message = MIMEMultipart('related')
#发送 HTML 邮件内容
```

```
message_html = MIMEText('<h2 style="color:red;font-size:100px">学习使我快乐</h2><img
src="cid:small">','html','utf-8')
message.attach(message_html)                    # 将邮件内容装入邮件信息中
image_data = open('1.gif','rb')                 # rb 二进制读取文件(图片是二进制文件)
message_image = MIMEImage(image_data.read())    # 读取图片内容
image_data.close()                              # 关闭刚才打开的图片文件 1.gif
#指定图片文件的 Content-ID,在 HTML 中图片<img> src 属性将用到
message_image.add_header('Content-ID','small')
message.attach(message_image)                   # 添加图片文件到邮件中

message['From'] = "jsjjc_33@163.com"
message['To'] = "631011217@qq.com"
message['Subject'] = "hello"
smtp.sendmail(fromaddr, toaddr, message.as_string())    # 发送内嵌资源格式的邮件
```

23.3.5 定时自动发送邮件

通过使用 schedule 模块来实现 Python 定时功能,可以完成每分钟、每小时、每天、周几、特定日期的定时任务。使用方法简单方便。

schedule 模块是第三方库,需要安装:

```
pip install schedule
```

schedule 模块使用方法如下所示:

```
def job():
    print("I'm working...")
schedule.every(5).minutes.do(job)                      # 每 5 分钟执行一次,注意 job 不带括号
schedule.every().hour.do(job)                          # 每小时执行一次
schedule.every().day.at("23:00").do(job)               # 每天 23:00 执行一次
schedule.every().monday.do(job)                        # 每周星期一执行一次
schedule.every().wednesday.at("22:15").do(job)         # 每周星期三 22:15 执行一次
```

这种方式可以实现定时发送邮件功能,代码量也少。但是假如每 5 分钟运行 1 个任务,每个任务耗时 20 分钟,这样在下一个 5 分钟到来时,上一轮的任务仍在运行,然后又开始了新一轮的任务。解决这个问题的方法是,为每个任务创建一个线程,让任务在线程中运行,从而并行工作。

举例如下:

```
import schedule,time, threading
def job():
    print("I'm working... in job1  start")
    time.sleep(15)
    print("I'm working... in job1  end")
def job2():
```

```python
        print("I'm working... in job2")
def run_threaded(job_func):
    job_thread = threading.Thread(target = job_func)    # 为任务创建一个线程
    job_thread.start()
schedule.every(10).seconds.do(run_threaded,job)
schedule.every(10).seconds.do(run_threaded,job2)
while True:
    schedule.run_pending()
    time.sleep(1)
```

23.4　程序设计的步骤

以下是邮件自动发送完整程序。

```python
import email
import smtplib
from email.mime.text import MIMEText
from email.mime.image import MIMEImage
from email.mime.multipart import MIMEMultipart

class SendEmail(object):
    def __init__(self):
        self.host = 'smtp.qq.com'
        self.port = '465'
        self.sender = '631011217@qq.com'
        self.password = '*****'                    # 授权码

    def send_email(self, receiver, subject = '', body = ''):
        message = MIMEMultipart()
        # 发送邮件内容
        message_html = MIMEText(body, 'html', 'utf-8')
        message.attach(message_html)               # 将邮件内容装入邮件信息中
        message['From'] = self.sender
        message['To'] = receiver                   # 收件人地址字符串
        message['Subject'] = subject
        # 对二进制文件需要设置默认的编码形式
        # 如果对于二进制文件没有设置 base64 编码,则附件就会呈现乱码
        # ---------------------- 添加图片附件 ----------------------
        message_image = MIMEText(open('1.gif','rb').read(),'base64','utf-8')
        # 设置附件在邮件中的名字
        # Content-Disposition 就是当用户存为一个文件的时候提供一个默认的文件名
        message_image['Content-disposition'] = 'attachment;filename = "happy.gif"'
        message.attach(message_image)
        # ---------------------- 添加 xlsx 表格附件 ----------------
        message_xlsx = MIMEText(open('夏敏捷.xlsx','rb').read(),'base64','utf-8')
```

```python
    # 设置附件在邮件当中的名字
    message_xlsx['Content-Disposition'] = 'attachment;filename="test.xlsx"'
    message.attach(message_xlsx)

    try:
        smtp = smtplib.SMTP_SSL(self.host, self.port)
        print('获取证书成功')
        login_result = smtp.login(self.sender, self.password)      # 登录邮箱
        if login_result[0] == 235:
            print('登录成功')
            # sendmail()中是收件人邮箱的地址列表
            smtp.sendmail(self.sender, receiver.split(","), message.as_string())
            print('邮件发送成功')
        else:
            print('登录失败')
    except Exception as e:
        print('发生错误', e)

sd = SendEmail()
testcontent = """
<body>
<h2 style="color">自动发送邮件</h2>
<table width="800" border="1" cellspacing="0" cellpadding="4">
<tr>
    <td height="20" style="font-size:14px">邮件数据</td>
</tr>
<tr>
    <td height="100" style="font-size:13px">
        日访问量：<font color=red>****</font>
        访问次数：23651
    </td>
</tr>
</table>
"""
# 发送到 jsjjc_33@163.com, 主题是 hello3
sd.send_email('jsjjc_33@163.com', 'hello3', body=testcontent)
```

Python 发送邮件，有时在执行中会返回"554,DT:SPM 163 smtp"的错误，主要原因是邮件服务器认为是垃圾邮件而拒收了，解决方法是发送邮件的同时给自己邮箱也发送一份。注意邮箱之间采用逗号。

```python
sd.send_email('jsjjc_33@163.com,631011217@qq.com ', 'hello3', body=testcontent)
```

以上仅仅实现自动发送邮件，如果需要定时发送，主题为当前时间，则如下修改：

```python
import schedule, datetime
def send():
    sd = SendEmail()
```

```
    nowTime = datetime.datetime.now().strftime('%Y-%m-%d %H:%M:%S')    #现在时间
    sd.send_email('jsjjc_33@163.com', '主题' + nowTime, body = testcontent)
schedule.every().day.at("23:00").do(send)          #每天 23:00 执行一次
while True:
    schedule.run_pending()                         #执行任务
    time.sleep(10)
```

schedule 其实就是个定时器。在上面 while True 死循环中，schedule.run_pending()保持着 schedule 一直运行。这样就可以每天 23:00 执行一次自动发送邮件任务。

提示：通过测试采用 QQ 邮箱服务器发送邮件效果较好，使用 163.com 邮箱服务器会出现"以为垃圾邮件而拒收"的错误，建议使用 QQ 邮箱服务器群发邮件。

第六篇

图像处理和
可视化开发

第24章 图像处理——生成二维码和验证码

24.1 二维码介绍

视频讲解

二维码(二维条码)是指在一维条码的基础上扩展出的另一维具有可读性的条码,使用黑白矩形图案表示二进制数据,被设备扫描后可获取其中所包含的信息。一维条码的宽度记载着数据,而其长度没有记载数据。二维条码的长度、宽度均记载着数据。二维条码有一维条码没有的"定位点"和"容错机制"。容错机制使得在即使没有辨识到全部的条码或者条码有污损时也可以正确地还原条码上的信息。二维码的种类很多,不同的机构开发出的二维码具有不同的结构以及编写、读取方法。

❶ 堆叠式二维码

堆叠式二维码例如 PDF417(证件及卡片等大容量、高可靠性信息自动存储、携带并可用机器自动识别)、Code49、Code16K、Ultracode 等。

❷ 矩阵式二维码

矩阵式二维码例如 QR 码、Code One、Aztec、Data Matrix 等。

本章使用的二维码是 QR Code(Quick Response Code,快速响应矩阵码),它是二维条码的一种。QR 二维码目前在很多地方有着广泛的应用,例如通过微信二维码加好友,将应用软件的下载地址做成二维码,等等。QR 二维码是于 1994 年由日本的 Denso-Wave 公司发明的。QR 是英文 Quick Response 的缩写,即快速响应的意思,源自发明者希望 QR 码可让其内容快速被解码。QR 二维码比普通条码可储存更多资料,也无须像普通条码那样在扫描时需要直线对准扫描器。

QR 码呈正方形,只有黑、白两色,在 3 个角落印有较小、像"回"字的正方形图案。这 3 个图案是帮助解码软件定位的图案,用户不需要对准,无论以何角度扫描,数据仍可被正确读取。

QR 二维码的结构如下。

(1) 版本信息：version1(21×21)，version2，…，version40，一共 40 个版本。版本代表每行有多少码元模块，每一个版本比前一个版本增加 4 个码元模块，计算公式为$(n-1)×4+21$，每个码元模块存储一个二进制 0 或者 1，黑色模块表示二进制"1"，白色模块表示二进制"0"，例如 version1 表示每一行有 21 个码元模块。

(2) 格式信息：存储容错级别有 L(7%)、M(15%)、Q(25%)、R(35%)。容错指允许存储的二维码信息出现重复部分，级别越高，重复信息所占的比例越高。其目的是即使二维码被图标遮住一部分，一样可以获取全部二维码内容。有图片的二维码，图片不算二维码的一部分，它遮住一部分码元，但还是可以扫描到所有内容。

(3) 数据和纠错码字：实际保存的二维码信息和纠错码字(用于修正二维码损坏带来的错误，也就是说当码元被图片遮住时可以通过纠错码字来找回)。

(4) 位置探测图形：用于对二维码的定位。位置探测图形用于标记矩形大小，3 个图形确定一个矩形。

上述二维码结构信息按照一定的编码规则变成二进制，通过黑、白色形成矩形。

除了标准的 QR 码之外，还存在一种称为"微型 QR 码"的格式，它是 QR 码标准的缩小版本，主要是为了无法处理较大型扫描的应用而设计。微型 QR 码同样有多种标准，最多可存储 35 个字符。

24.2 二维码生成和解析关键技术

24.2.1 qrcode 库的使用

❶ 安装 qrcode 库

如果要用 Python 生成二维码，首先需要下载 Python 的二维码库 qrcode。qrcode 库是用于生成二维码图像的 Python 第三方库。

qrcode 二维码生成包的安装如下(在命令行 cmd 中)：

```
C:\> pip install qrcode
```

查看 qrcode 库的安装信息，如图 24-1 所示。

```
C:\> pip show qrcode
```

❷ 生成二维码

导入 qrcode 模块后，make() 函数返回一个 qrcode.image.pil.PilImage 对象，调用 make() 函数生成一个二维码图片对象，如图 24-2 所示，最后调用图片对象的 save() 函数就可以将生成的二维码保存下来。代码如下：

```python
import qrcode
img = qrcode.make("http://www.zut.edu.cn")
img.save("xinxing.png")
```

第24章 图像处理——生成二维码和验证码

图 24-1 查看 qrcode 库的安装信息

上面是按照 qrcode 默认的方式生成二维码,如果希望生成不同尺寸的二维码,则需要使用 QRCode 类,如下:

```
QRCode ( version = None, error_correction = constants.ERROR_
CORRECT_M, box_size = 10, border = 4, image_factory = None)
```

图 24-2 生成的二维码图片
xinxing.png

version 表示二维码的版本号,二维码总共有 1~40 个版本,最小的版本号是 1,对应的尺寸是 21×21,每增加一个版本会增加 4 个尺寸。这里所说的尺寸不是生成图片的大小,而是指二维码的长宽被平均分为多少份。

error_correction 指的是纠错容量,这就是为什么二维码上面放一个小图标也能扫出来的原因,纠错容量有 4 个级别,分别如下。

- ERROR_CORRECT_L L 级别:7%或更少的错误能修正。
- ERROR_CORRECT_M M 级别:15%或更少的错误能修正,也是 qrcode 的默认级别。
- ERROR_CORRECT_Q Q 级别:25%或更少的错误能修正。
- ERROR_CORRECT_H H 级别:30%或更少的错误能修正。

box_size 指的是生成图片的像素。

border 表示二维码的边框宽度,4 是最小值。

image_factory 参数是一个继承于 qrcode.image.base.BaseImage 的类,用于控制 make_image() 函数返回的图像实例。image_factory 参数可以选择的类保存在模块根目录的 image 文件夹下。image 文件夹中有 5 个 .py 文件,其中一个为 __init__.py,一个为 base.py,还有 pil.py(提供了默认的 qrcode.image.pil.PilImage 类)、pure.py(提供了 qrcode.image.pure.PymagingImage 类)、svg.py(提供了 SvgFragmentImage、SvgImage 和 SvgPathImage 几个类)。

注:实际上,make() 函数也是通过实例化一个 QRCode 对象来生成二维码的。在调用 make() 的时候也可以传入初始化参数。

例子如下:

```python
import qrcode
qr = qrcode.QRCode(
    version = 1,
    error_correction = qrcode.constants.ERROR_CORRECT_L,
    box_size = 10,
    border = 4,
)
qr.add_data('http://www.zut.edu.cn')
qr.make(fit = True)
img = qr.make_image()
img.save('xinxingzhao.png')
```

说明：QRCode 对象的 make_image() 函数可以通过改变 fill_color 和 back_color 参数来改变所生成图片的背景颜色和格子颜色。

❸ 生成其他类型的二维码

用户可以将二维码图片转换为 SVG(矢量图)。qrcode 可以生成 3 种不同的 SVG 图像，一种是用路径表示的 SVG，一种是用矩形集合表示的完整 SVG 文件，还有一种是用矩形集合表示的 SVG 片段。第 1 种用路径表示的 SVG 其实就是矢量图，可以在图像放大的时候保持图片质量，而另外两种可能会在格子之间出现空隙。

这 3 种分别对应了 svg.py 中的 SvgPathImage、SvgImage 和 SvgFragmentImage 类。在调用 qrcode.make() 函数或者实例化 QRCode 时当作参数传入就可以了。

另外还有 qrcode.image.svg.SvgFillImage 和 qrcode.img.svg.SvgPathFillImage，分别继承自 SvgImage 和 SvgPathImage。这两个并没有其他改变，只不过是默认把背景颜色设置为白色而已。

```python
import qrcode
import qrcode.image.svg
if method == 'basic':
    # 简单的工厂，只有一套
    factory = qrcode.image.svg.SvgImage
elif method == 'fragment':
    # 碎片工厂(也只是一组矩形)
    factory = qrcode.image.svg.SvgFragmentImage
else:
    # 组合路径工厂，修复缩放时可能出现的空白
    factory = qrcode.image.svg.SvgPathImage
    img = qrcode.make('xinxingzhao', image_factory = factory)
```

24.2.2 PIL 库的使用

生成二维码图像同时依赖于 PIL 库，PIL(Python Imaging Library，图像处理类库)提供了通用的图像处理功能，以及大量有用的基本图像操作，例如图像的缩放、裁剪、旋转和颜色转换等。PIL 是 Python 语言的第三方库，安装 PIL 库的方法如下，需要安装的库的名字是 pillow。

```
C:\> pip install pillow 或者 pip3 install pillow
```

PIL 库支持图像的存储、显示和处理,能够处理几乎所有图片格式,可以完成对图像的缩放、剪裁、叠加以及向图像添加线条和文字等操作。

PIL 库主要实现图像归档和图像处理两方面的功能需求。

- 图像归档:对图像进行批处理、生成图像预览、转换图像格式等。
- 图像处理:图像的基本处理、像素处理、颜色处理等。

根据不同功能,PIL 库共包括 21 个与图像相关的类,这些类可以被看作是子库或 PIL 库中的模块,各模块如下:

Image、ImageChops、ImageCrackCode、ImageDraw、ImageEnhance、ImageFile、ImageFileIO、ImageFilter、ImageFont、ImageGrab、ImageOps、ImagePath、ImageSequence、ImageStat、ImageTk、ImageWin、PSDraw

下面介绍几种最常用的模块。

❶ Image 模块

Image 模块是 PIL 中最重要的模块,它提供了诸多图像操作功能,例如创建、打开、显示、保存图像等功能,合成、裁剪、滤波等功能,获取图像属性等功能。

PIL 中的 Image 模块提供了 Image 类,用户可以使用 Image 类从大多数图像格式的文件中读取数据,然后写到最常见的图像格式文件中。如果要读取一幅图像,可以使用以下代码:

```
from PIL import Image
pil_im = Image.open('empire.jpg')
```

上述代码的返回值 pil_im 是一个 PIL 图像对象。

用户也可以直接使用 Image.new(mode,size,color=None)创建图像对象,color 的默认值是黑色。

```
newIm = Image.new('RGB', (640, 480), (255, 0, 0))        #新建一个 Image 对象
```

这里新建了一个红色背景、大小为(640,480)的 RGB 空白图像。

图像的颜色转换可以使用 Image 类的 convert()方法来实现。如果要读取一幅图像,并将其转换成灰度图像,只需要加上 convert('L')即可,例如:

```
pil_im = Image.open('empire.jpg').convert('L')        #转换成灰度图像
```

❷ ImageChops 模块

ImageChops 模块包含一些算术图形操作,即 channel operations("chops")。这些操作可用于诸多目的,例如图像特效、图像组合、算法绘图等。通道操作只用于位图(比如 L 模式和 RGB 模式)。大多数通道操作有一个或者两个图像参数,返回一个新的图像。

每张图片都是由一个或者多个数据通道构成的。以 RGB 图像为例,每张图片都是由 3 个数据通道构成的,分别为 R、G 和 B 通道。对于灰度图像,只有一个通道。

ImageChops 模块的使用如下:

```
from PIL import Image
im = Image.open('D:\\1.jpg')
from PIL import ImageChops
im_dup = ImageChops.duplicate(im)        #复制图像,返回给定图像的副本
print(im_dup.mode)                        #输出模式:'RGB'
im_diff = ImageChops.difference(im,im_dup)  #返回两幅图像之间像素差的绝对值形成的图像
im_diff.show()
```

由于图像 im_dup 是由 im 复制过来的,所以它们的差为 0,图像 im_diff 在显示时为黑图。

❸ **ImageDraw 模块**

ImageDraw 模块为 Image 对象提供了基本的图形处理功能,例如它可以为图像添加几何图形。

ImageDraw 模块的使用如下:

```
from PIL import Image, ImageDraw
im = Image.open('D:\\1.jpg')
draw = ImageDraw.Draw(im)
draw.line((0,0) + im.size, fill = 128)
draw.line((0, im.size[1], im.size[0], 0), fill = 128)
im.show()
```

其结果是在原有图像上画了两条对角线。

❹ **ImageEnhance 模块**

ImageEnhance 模块包括了一些用于图像增强的类,它们分别为 Color 类、Brightness 类、Contrast 类和 Sharpness 类。

ImageEnhance 模块的使用如下:

```
from PIL import Image, ImageEnhance
im = Image.open('D:\\1.jpg')
enhancer = ImageEnhance.Brightness(im)
im0 = enhancer.enhance(0.5)
im0.show()
```

其结果是图像 im0 的亮度为图像 im 的一半。

❺ **ImageFile 模块**

ImageFile 模块为图像的打开和保存提供了相关支持功能。

❻ **ImageFilter 模块**

ImageFilter 模块包括各种滤波器的预定义集合,与 Image 类的 filter()方法一起使用。该模块包含一些图像增强的滤波器,例如 BLUR、CONTOUR、DETAIL、EDGE_ENHANCE、EDGE_ENHANCE_MORE、EMBOSS、FIND_EDGES、SMOOTH、SMOOTH_MORE 和 SHARPEN。

ImageFilter 模块的使用如下:

```
from PIL import Image
im = Image.open('D:\\1.jpg')
```

```
from PIL import ImageFilter
imout = im.filter(ImageFilter.BLUR)
print(imout.size) # 图像的尺寸大小为(300, 450),它是一个二元组,即水平和垂直方向上的像素数
imout.show()
```

❼ **ImageFont 模块**

ImageFont 模块定义了一个同名的类,即 ImageFont 类。在这个类的实例中存储着 bitmap 字体,需要和 ImageDraw 类的 text() 方法一起使用。

在 Python 中通过使用 PIL 库中的这些模块和类来处理和使用图像。

24.3 二维码生成和解析程序设计的步骤

24.3.1 生成带有图标的二维码

事先准备一个 logo 图标 ,使用下面的程序生成带有 logo 图标的二维码。

```
import qrcode
from PIL import Image
import os, sys
def gen_qrcode(string, path, logo = ""):
    """
    生成中间带 logo 的二维码
    需要安装 qrcode、PIL 库
    @参数 string: 二维码字符串
    @参数 path: 生成的二维码保存路径
    @参数 logo: logo 文件路径
    @return: None
    """
    # 初步生成二维码图像
    qr = qrcode.QRCode(
        version = 2,
        error_correction = qrcode.constants.ERROR_CORRECT_H,
        box_size = 8,
        border = 1
    )
    qr.add_data(string)
    qr.make(fit = True)
    # 获得 Image 实例并把颜色模式转换为 RGBA
    img = qr.make_image()
    img = img.convert("RGBA")
    if logo and os.path.exists(logo):
        try:
            icon = Image.open(logo)              # 打开填充的 logo 文件
            img_w, img_h = img.size
        except Exception as e:
```

```
            print(e)
            sys.exit(1)
    factor = 4
    # 计算 logo 的尺寸
    size_w = int(img_w/factor)
    size_h = int(img_h/factor)
    # 比较并重新设置 logo 文件的尺寸
    icon_w,icon_h = icon.size
    if icon_w > size_w:
        icon_w = size_w
    if icon_h > size_h:
        icon_h = size_h
    icon = icon.resize((icon_w,icon_h), Image.ANTIALIAS)
    # 计算 logo 的位置,并复制到二维码图像中
    w = int((img_w - icon_w)/2)
    h = int((img_h - icon_h)/2)
    icon = icon.convert("RGBA")
    img.paste(icon, (w, h), icon)
    # 保存二维码
    img.save(path)
if __name__ == "__main__":
    info = " http://www.zut.edu.cn "
    pic_path = "qrcode.png"           # 例如 qrcode.png
    logo_path = "logo.png"            # 生成的带有图标的二维码图片,如图 24-3 所示
    gen_qrcode(info, pic_path,logo_path)  # 用于填充的图标
```

图 24-3　生成的带有图标的二维码图片 qrcode.png

24.3.2　Python 解析二维码图片

解析二维码图片的信息需要使用 pyzbar（二维码解析包）,pyzbar 安装如下：

```
pip install pyzbar
```

使用二维码解析包方法如下。

```
import os
import requests
from io import import BytesIO
from pyzbar import pyzbar
```

第24章 图像处理——生成二维码和验证码

```python
from PIL import Image,ImageEnhance       # pip install Pillow
def get_ewm(img_adds):
    """
    解析二维码信息
    @参数 img_adds：二维码图片路径(可以是网址也可是本地地址)
    @return：二维码信息
    """
    if os.path.isfile(img_adds):          # 本地的二维码图片
        img = Image.open(img_adds)
    else:                                  # 网络下载并加载二维码图片
        rq_img = requests.get(img_adds).content
        img = Image.open(BytesIO(rq_img))
    # img.show()                           # 显示图片,供测试用
    txt_list = pyzbar.decode(img)          # 二维码解析出的信息
    for txt in txt_list:
        barcodeData = txt.data.decode("utf-8")
        print(barcodeData)                 # 输出解码结果

if __name__ == '__main__':
    # 解析本地二维码
    get_ewm('D:\\qrcode.png')              # 得到二维码内的文本信息即网址 http://www.zut.edu.cn
    # 解析网络二维码
    get_ewm('https://gqrcode.alicdn.com/img?type=cs&shop_id=445653319&seller_id=3035998964&w=140&h=140&el=q&v=1')
```

24.4 用 Python 生成验证码图片

视频讲解

基本上,大家使用每一种网络服务都会遇到验证码,一般是网站为了防止恶意注册、发帖而设置的验证手段。其生成原理是将一串随机产生的数字或符号生成一幅图片,图片中加上一些干扰像素(防止OCR)。下面详细讲解如何生成验证码。

通常,除了配置好的 Python 环境以外,还需要配有 Python 中的 PIL 库,这是 Python 中专门用来处理图片的库。

如果要生成验证码图片,首先要生成一个随机字符串,包含 26 个字母和 10 个数字。

```python
# 用来随机生成一个字符串
def gene_text():
    # source = list(string.letters)
    # source = ['a', 'b', 'c', 'd', 'e', 'f', 'g', 'h', 'i', 'j', 'k', 'l', 'm', 'n', 'o', 'p', 'q',
    'r', 's', 't', 'u', 'v', 'w', 'x', 'y', 'z']
    source = list(string.ascii_letters)
    for index in range(0,10):
        source.append(str(index))
    return ''.join(random.sample(source,number))   # number 是生成验证码的位数
```

然后要创建一个图片,写入字符串,需要注意这里面的字体是不同系统而定的,如果没有找到系统字体路径,也可以不设置。接下来要在图片上画几条干扰线。

最后创建扭曲,加上滤镜,用来增强验证码的效果。下面是用程序生成的一个验证码。

完整的代码如下:

```python
# coding:UTF-8
import random, string, sys, math
from PIL import Image, ImageDraw, ImageFont, ImageFilter
font_path = 'C:\Windows\Fonts\simfang.ttf'      # 字体的位置
number = 4                                       # 生成几位数的验证码
size = (80,30)                                   # 生成验证码图片的高度和宽度
bgcolor = (255,255,255)                          # 背景颜色,默认为白色
fontcolor = (0,0,255)                            # 字体颜色,默认为蓝色
linecolor = (255,0,0)                            # 干扰线颜色,默认为红色
draw_line = True                                 # 是否要加入干扰线
line_number = (1,5)                              # 加入干扰线条数的上/下限
# 用来随机生成一个字符串
def gene_text():
    # source = list(string.letters)
    # source = [ 'a', 'b', 'c', 'd', 'e', 'f', 'g', 'h', 'i', 'j', 'k', 'l', 'm', 'n', 'o', 'p', 'q',
    'r', 's', 't', 'u', 'v', 'w', 'x', 'y', 'z']
    source = list(string.ascii_letters)
    for index in range(0,10):
        source.append(str(index))
    return ''.join(random.sample(source,number)) # number 是生成验证码的位数
# 用来绘制干扰线
def gene_line(draw,width,height):
    begin = (random.randint(0, width), random.randint(0, height))
    end = (random.randint(0, width), random.randint(0, height))
    draw.line([begin, end], fill = linecolor)
# 生成验证码
def gene_code():
    width,height = size                          # 宽和高
    image = Image.new('RGBA',(width,height),bgcolor) # 创建图片
    font = ImageFont.truetype(font_path,25)      # 验证码的字体
    draw = ImageDraw.Draw(image)                 # 创建画笔
    text = gene_text()                           # 生成字符串
    font_width, font_height = font.getsize(text)
    draw.text(((width - font_width)/number, (height - font_height) / number),text,
        font = font,fill = fontcolor)            # 填充字符串
    if draw_line:
        gene_line(draw,width,height)
    image = image.transform((width + 20,height + 10), Image.AFFINE,
        (1, -0.3,0, -0.1,1,0),Image.BILINEAR)    # 创建扭曲
    image = image.filter(ImageFilter.EDGE_ENHANCE_MORE) # 滤镜,边界加强
    image.save('idencode.png')                   # 保存验证码图片
if __name__ == "__main__":
    gene_code()
```

通过上面的两个例子可见 Python 的图像处理功能十分完善。

第 25 章

可视化应用——学生成绩分布柱状图展示

视频讲解

25.1 程序功能介绍

学生成绩存储在 Excel 文件(见表 25-1)中,本程序从 Excel 文件读取学生成绩,统计各个分数段(90 分以上,80~89 分,70~79 分,60~69 分,60 分以下)学生人数,并用柱状图(如图 25-1 所示)展示学生成绩分布,同时计算出最高分、最低分、平均成绩等分析指标。

表 25-1 Mark.xlsx 文件

xuehao	name	physics	python	math	english
199901	张海	100	100	95	72
199902	赵大强	95	94	94	88
199903	李志宽	94	76	93	91
199904	吉建军	89	78	96	100
...					

图 25-1 学生成绩分布柱状图

25.2 程序设计的思路

本程序涉及从 Excel 文件读取学生成绩,这里使用第三方的 xlrd 和 xlwt 两个模块用来读和写 Excel,学生成绩获取后存储到二维列表这样的数据结构中。学生成绩分布柱状图展示可采用 Python 最出色的绘图库 Matplotlib,它可以轻松实现柱状图、饼图等可视化图形。

25.3 关键技术

25.3.1 Python 的第三方库 Matplotlib

Python 语言有标准库和第三方库两类库,标准库随 Python 安装包一起发布,用户可以随时使用,第三方库需要安装后才能使用。

Matplotlib 是 Python 下最出色的绘图库,功能很完善,同时也继承了 Python 的简单明了的风格,其可以很方便地设计和输出二维以及三维的数据,其提供了常规的笛卡儿坐标、极坐标、球坐标、三维坐标等。其输出的图片质量也达到了科技论文中的印刷质量,日常的基本绘图更不在话下。

安装 Matplotlib 之前先要安装 Numpy。

首先安装 Numpy:

```
pip3 install numpy
```

再安装 Matplotlib:

```
pip3 install matplotlib
```

Matplotlib 是开源工具,可以从 http://matplotlib.sourceforge.net 获取使用说明和教程。

25.3.2 Matplotlib.pyplot 模块——快速绘图

Matplotlib 的 pyplot 子库提供了和 MATLAB 类似的绘图 API,方便用户快速绘制 2D 图表。Matplotlib 还提供了一个名为 pylab 的模块,其中包括了许多 NumPy 和 pyplot 模块中常用的函数,方便用户快速进行计算和绘图,十分适合在 IPython 交互式环境中使用。

先举一个简单的绘制正弦三角函数 y=sin(x)的例子。

```
# plot a sine wave from 0 to 4pi
import matplotlib.pyplot as plt
from numpy import *                              # 也可以使用 from pylab import *
plt.figure(figsize = (8,4))                      # 创建一个绘图对象,大小为 800×400
x_values = arange(0.0, math.pi * 4, 0.01)        # 步长 0.01,初始值 0.0,终值 4π
y_values = sin(x_values)
```

第25章 可视化应用——学生成绩分布柱状图展示

```
plt.plot(x_values, y_values, 'b--', label('$sin(x)$'), linewidth=1.0)   #进行绘图
plt.xlabel('x')                  #设置 x 轴的文字
plt.ylabel('sin(x)')             #设置 y 轴的文字
plt.ylim(-1, 1)                  #设置 y 轴的范围
plt.title('Simple plot')         #设置图表的标题
plt.legend()                     #显示图例(legend)
plt.grid(True)                   #显示网格
plt.savefig("sin.png")           #保存曲线图片
plt.show()                       #显示图形
```

效果如图 25-2 所示。

图 25-2 绘制正弦三角函数

❶ 调用 figure 创建一个绘图对象

```
plt.figure(figsize=(8,4))
```

调用 figure 创建一个绘图对象,也可以不创建绘图对象直接调用 plot 函数绘图,Matplotlib 会自动创建一个绘图对象。

如果需要同时绘制多幅图表的话,可以给 figure 传递一个整数参数指定图表的序号,如果所指定序号的绘图对象已经存在的话,将不创建新的对象,而只是让它成为当前绘图对象。

figsize 参数:指定绘图对象的宽度和高度,单位为英寸;dpi 参数指定绘图对象的分辨率,即每英寸多少个像素,默认值为 100。因此本例中所创建的图表窗口的宽度为 $8 \times 100 = 800$ 像素,高度为 $4 \times 100 = 400$ 像素。

用 show() 出来的工具栏中的保存按钮保存下来的 png 图像的大小是 800×400 像素。这个 dpi 参数可以通过如下语句进行查看:

```
>>> import matplotlib
>>> matplotlib.rcParams["figure.dpi"]    #每英寸多少个像素
100
```

❷ 通过调用 plot 函数在当前的绘图对象中进行绘图

创建 Figure 对象之后，接下来调用 plot()在当前的 Figure 对象中绘图。实际上 plot()是在 Axes(子图)对象上绘图，如果当前的 Figure 对象中没有 Axes 对象，将会为之创建一个几乎充满整个图表的 Axes 对象，并且使此 Axes 对象成为当前的 Axes 对象。

```
x_values = arange(0.0, math.pi * 4, 0.01)
y_values = sin(x_values)
plt.plot(x_values, y_values, 'b--', linewidth = 1.0, label = "sin(x)")
```

(1) 第 3 句将 x,y 数组传递给 plot。

(2) 通过第三个参数"b--"指定曲线的颜色和线型，这个参数称为格式化参数，它能够通过一些易记的符号快速指定曲线的样式。其中 b 表示蓝色，"--"表示线型为虚线。常用作图参数：

颜色 color(简写为 c)：

蓝色：'b'(blue)
绿色：'g'(green)
红色：'r'(red)
蓝绿色(墨绿色)：'c'(cyan)
红紫色(洋红)：'m'(magenta)
黄色：'y'(yellow)
黑色：'k'(black)
白色：'w'(white)
灰度表示：e.g. 0.75 ([0,1]内任意浮点数)
RGB 表示法：e.g. '#2F4F4F' 或 (0.18, 0.31, 0.31)

线型 linestyles(简写为 ls)：

实线：'-'
虚线：'--'
虚点线：'-.'
点线：':'
点：'.'
星形：'*'

线宽 linewidth：浮点数(float)。

pyplot 的 plot 函数与 MATLAB 很相似，也可以在后面增加属性值，可以用 help 查看说明：

```
>>> import matplotlib.pyplot as plt
>>> help(plt.plot)
```

例如用'r*'，即用红色、星形来画图：

```
import math
import matplotlib.pyplot as plt
y_values = []
x_values = []
num = 0.0
#collect both num and the sine of num in a list
```

第25章 可视化应用——学生成绩分布柱状图展示

```
while num < math.pi * 4:
    y_values.append(math.sin(num))
    x_values.append(num)
    num += 0.1
plt.plot(x_values,y_values,'r*')
plt.show()
```

效果如图 25-3 所示。

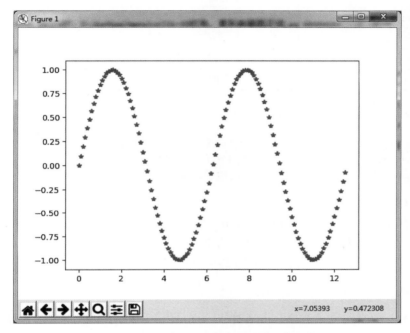

图 25-3　用红色、星形来绘制正弦三角函数

（3）用关键字参数指定各种属性。label：给所绘制的曲线起一个名字，此名字在图例（legend）中显示。只要在字符串前后添加" $ "符号，Matplotlib 就会使用其内嵌的 latex 引擎绘制的数学公式。color：指定曲线的颜色，linewidth：指定曲线的宽度。

例如：plt.plot(x_values, y_values, color='r*', linewidth=1.0) #红色,线条宽度为 1。

❸ 设置绘图对象的各个属性
- xlabel、ylabel：分别设置 x、y 轴的标题文字。
- title：设置图的标题。
- xlim、ylim：分别设置 x、y 轴的显示范围。
- legend()：显示图例，即图中表示每条曲线的标签（label）和样式的矩形区域。

例如：

```
plt.xlabel('x')                    #设置 x 轴的文字
plt.ylabel('sin(x)')               #设置 y 轴的文字
plt.ylim(-1, 1)                    #设置 y 轴的范围
plt.title('Simple plot')           #设置图表的标题
plt.legend()                       #显示图例(legend)
```

pyplot 模块提供了一组读取和显示相关的函数,用于在绘图区域中增加显示内容及读入数据,如表 25-2 所示,这些函数需要与其他函数搭配使用,此处读者有所了解即可。

表 25-2　plt 库的读取和显示函数

函　　数	功　　能
plt.legend()	在绘图区域中放置绘图标签(也称图注或者图例)
plt.show()	显示创建的绘图对象
plt.matshow()	在窗口显示数组矩阵
plt.imshow()	在 axes 上显示图像
plt.imsave()	保存数组为图像文件
plt.imread()	从图像文件中读取数组

❹ 清空 plt 绘制的内容

```
plt.cla()                #清空 plt 绘制的内容
plt.close(0)             #关闭 0 号图
plt.close('all')         #关闭所有图
```

❺ 图形保存和输出设置

可以调用 plt.savefig()将当前的 Figure 对象保存成图像文件,图像格式由图像文件的扩展名决定。下面的程序将当前的图表保存为"test.png",并且通过 dpi 参数指定图像的分辨率为 120,因此输出图像的宽度为 8×120 = 960 像素。

```
plt.savefig("test.png",dpi = 120)
```

Matplotlib 中绘制完成图形之后通过 show()展示出来,还可以通过图形界面中的工具栏对其进行设置和保存。图形界面下方工具栏中按钮(config subplot)还可以设置图形上下左右的边距。

❻ 在图表中显示中文

Matplotlib 的默认配置文件中所使用的字体无法正确显示中文。为了让图表能正确显示中文,在.py 文件头部加上如下内容:

```
plt.rcParams['font.sans-serif'] = ['SimHei']    #指定默认字体
plt.rcParams['axes.unicode_minus'] = False      #解决保存图像是负号'-'显示为方块的问题
```

其中,'SimHei'表示黑体字。常用中文字体及其英文表示如下:

宋体 SimSun　黑体 SimHei　楷体 KaiTi　微软雅黑 Microsoft YaHei　隶书 LiSu　仿宋 FangSong　幼圆 YouYuan　华文宋体 STSong　华文黑体 STHeiti　苹果丽中黑 Apple LiGothic Medium

25.3.3　绘制条形图、饼状图、散点图

Matplotlib 是一个 Python 的绘图库,使用其绘制出来的图形效果和 MATLAB 下绘制的图形类似。pyplot 模块提供了 14 个用于绘制"基础图表"的常用函数,如表 25-3 所示。

第25章 可视化应用——学生成绩分布柱状图展示

表 25-3 plt 库中绘制基础图表函数

函 数	功 能
plt.plot(x, y, label, color, width)	根据 x、y 数组绘制点、直线或曲线
plt.boxplot(data, notch, position)	绘制一个箱型图(Box-plot)
plt.bar(left, height, width, bottom)	绘制一个条形图
plt.barh(bottom, width, height, left)	绘制一个横向条形图
plt.polar(theta, r)	绘制极坐标图
plt.pie(data, explode)	绘制饼图
plt.psd(x, NFFT=256, pad_to, Fs)	绘制功率谱密度图
plt.specgram(x, NFFT=256, pad_to, F)	绘制谱图
plt.cohere(x, y, NFFT=256, Fs)	绘制 x-y 的相关性函数
plt.scatter()	绘制散点图(x、y 是长度相同的序列)
plt.step(x, y, where)	绘制步阶图
plt.hist(x, bins, normed),	绘制直方图
plt.contour(X, Y, Z, N)	绘制等值线
pit.vlines()	绘制垂直线
plt.stem(x, y, linefmt, markerfmt, basefmt)	绘制曲线每个点到水平轴线的垂线
plt.plot_date()	绘制数据日期
plt.plothle()	绘制数据后写入文件

plt 库提供了 3 个区域填充函数,对绘图区域填充颜色,如表 25-4 所示。

表 25-4 plt 库的区域填充函数

函 数	功 能
fill(x,y,c,color)	填充多边形
fill_between(x,y1,y2,where,color)	填充两条曲线围成的多边形
fill_betweenx(y,x1,x2,where,hold)	填充两条水平线之间的区域

下面通过一些简单的代码介绍如何使用 Python 绘图。

❶ 直方图

直方图又称质量分布图。是一种统计报告图,由一系列高度不等的纵向条纹或线段表示数据分布的情况。一般用横轴表示数据类型,纵轴表示分布情况。直方图的绘制通过 pyplot 中的 hist() 来实现。

```
pyplot.hist(x, bins = 10, color = None, range = None, rwidth = None, normed = False, orientation
= u'vertical', ** kwargs)
```

hist 的主要参数:
- x:这个参数是 arrays,指定每个 bin(箱子)分布在 x 的位置。
- bins:这个参数指定 bin(箱子)的个数,也就是总共有几条条状图。
- normed:是否对 y 轴数据进行标准化(如果为 True,则是在本区间的点在所有的点中所占的概率)。normed 参数已经不用了,替换成 density,density = True 表示概率分布。
- color:这个指定条状图(箱子)的颜色。

下例中 Python 产生 2 万个正态分布随机数,用概率分布直方图显示。运行效果如图 25-4 所示。

```python
# 概率分布直方图,本例是标准正态分布
import matplotlib.pyplot as plt
import numpy as np
mu = 100                                    # 设置均值,中心所在点
sigma = 20                                  # 用于将每个点都扩大响应的倍数
# x 中的点分布在 mu 旁边,以 mu 为中点
x = mu + sigma * np.random.randn(20000)     # 随机样本数量 20000
# bins 设置分组的个数 100(显示有 100 个直方)
# plt.hist(x, bins = 100, color = 'green', normed = True)    # 旧版本语法
plt.hist(x, bins = 100, color = 'green', density = True, stacked = True)
plt.show()
```

图 25-4　直方图实例

❷ 条形图

条形图(柱状图)是用一个单位长度表示一定的数量,根据数量的多少画成长短不同的直条,然后把这些直条按一定的顺序排列起来。从条形图中很容易看出各种数量的多少。条形图的绘制通过 pyplot 中的 bar( )或者是 barh( )来实现。bar 默认是绘制竖直方向的条形图,也可以通过设置 orientation = "horizontal" 参数来绘制水平方向的。barh( )就是绘制水平方向的条形图。

```python
import matplotlib.pyplot as plt
import numpy as np
y = [20,10,30,25,15,34,22,11]
x = np.arange(8)          # 0 --- 7
plt.bar(x = x, height = y, color = 'green', width = 0.5)   # 通过设置 x 来设置并列显示
plt.show()
```

第25章 可视化应用——学生成绩分布柱状图展示

运行效果如图 25-5 所示。也可以绘制层叠的条形图,效果如图 25-6 所示。

```
import numpy as np
import matplotlib.pyplot as plt
x = np.random.randint(10, 50, 20)
y1 = np.random.randint(10, 50, 20)
y2 = np.random.randint(10, 50, 20)
plt.ylim(0, 100)                    #设置 y 轴的显示范围
plt.bar(x = x, height = y1, width = 0.5, color = "red", label = "$y1$")
#设置一个底部,底部就是 y1 的显示结果,y2 在上面继续累加即可。
plt.bar(x = x, height = y2, bottom = y1, width = 0.5, color = "blue", label = "$y2$")
plt.legend()
plt.show()
```

图 25-5 条形图实例

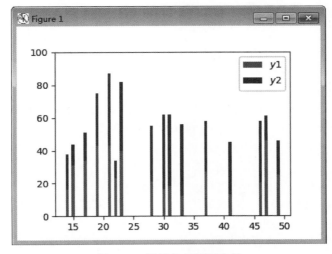

图 25-6 层叠的条形图实例

❸ 散点图

散点图,在回归分析中是数据点在直角坐标系平面上的分布图。一般用两组数据构成多个坐标点,观察坐标点的分布,判断两变量之间是否存在某种关联或总结坐标点的分布模式。使用 pyplot 中的 scatter()绘制散点图。

```
import matplotlib.pyplot as plt
import numpy as np
#产生 100 到 200 的 10 个随机整数
x = np.random.randint(100, 200, 10)
y = np.random.randint(100, 130, 10)
#x 指 x 轴 ,y 指 y 轴
#s 设置数据点显示的大小(面积),c 设置显示的颜色
#marker 设置显示的形状,"o"   是圆,"∨"向下三角形,"∧"向上三角形,所有的类型见网址:
# http://matplotlib.org/api/markers_api.html?highlight = marker#module - matplotlib.markers
#alpha 设置点的透明度
plt.scatter(x, y, s = 100, c = "r", marker = "v", alpha = 0.5)     #绘制图形
plt.show()                                                          #显示图形
```

散点图实例效果如图 25-7 所示。

图 25-7　散点图实例

❹ 饼状图

饼状图显示一个数据系列中各项的大小与各项总和的比例,饼状图中的数据点显示为整个饼状图的百分比。使用 pyplot 中的 pie()绘制饼状图。

```
import numpy as np
import matplotlib.pyplot as plt
labels = ["一季度", "二季度", "三季度", "四季度"]
facts = [25, 40, 20, 15]
explode = [0, 0.03, 0, 0.03]
#设置显示的是一个正圆,长宽比为 1:1
plt.axes(aspect = 1)
```

第25章 可视化应用——学生成绩分布柱状图展示

```
＃x 为数据，根据数据在所有数据中所占的比例显示结果
＃labels 设置每个数据的标签
＃autoper 设置每一块所占的百分比
＃explode 设置某一块或者很多块突出显示出来，由上面定义的 explode 数组决定
＃shadow 设置阴影,这样显示的效果更好
plt.pie(x = facts, labels = labels, autopct = "%.0f%%", explode = explode, shadow = True)
plt.show()
```

饼状图实例效果如图 25-8 所示。

图 25-8　饼状图实例

25.3.4　Python 操作 Excel 文档

第三方的 xlrd 和 xlwt 两个模块分别用来读和写 Excel,支持 .xls 和 .xlsx 格式,Python 默认不包含这两个模块。这两个模块之间相互独立,没有依赖关系,也就是说可以根据需要只安装其中一个。xlrd 和 xlwt 模块安装可以使用 pip install <模块名>：

```
pip install xlrd
pip install xlwt
```

当看到类似 Successfully 的字样时,表明已经安装成功了。

❶ 使用 xlrd 模块读取 Excel

xlrd 提供的接口比较多,常用的如下：

open_workbook() 打开指定的 Excel 文件,返回一个 Book 工作簿对象。

```
data = xlrd.open_workbook('excelFile.xls')            ＃打开 Excel 文件
```

1) Book 工作簿对象

通过 Book 工作簿对象可以得到各个 Sheet 工作表对象(一个 Excel 文件可以有多个 Sheet,每个 Sheet 就是一张表格)。Book 工作簿对象属性和方法：

- Book.nsheets 返回 Sheet 的数目。
- Book.sheets() 返回所有 Sheet 对象的 list。

- Book.sheet_by_index(index)返回指定索引处的Sheet。相当于Book.sheets()[index]。
- Book.sheet_names()返回所有Sheet对象名字的list。
- Book.sheet_by_name(name)根据指定Sheet对象名字返回Sheet。

例如：

```
table = data.sheets()[0]                # 通过索引顺序获取Sheet
table = data.sheet_by_index(0)          # 通过索引顺序获取Sheet
table = data.sheet_by_name('Sheet1')    # 通过名称获取Sheet
```

2）Sheet 工作表对象

通过Sheet对象可以获取各个单元格，每个单元格是一个Cell对象。Sheet对象属性和方法：

- Sheet.name 返回表格的名称。
- Sheet.nrows 返回表格的行数。
- Sheet.ncols 返回表格的列数。
- Sheet.row(r)获取指定行，返回Cell对象的list。
- Sheet.row_values(r)获取指定行的值，返回list。
- Sheet.col(c)获取指定列，返回Cell对象的list。
- Sheet.col_values(c)获取指定列的值，返回list。
- Sheet.cell(r, c)根据位置获取Cell对象。
- Sheet.cell_value(r, c)根据位置获取Cell对象的值。例如：

```
cell_A1 = table.cell(0,0).value         # 获取A1单元格的值
cell_C4 = table.cell(2,3).value         # 获取C4单元格的值
```

例如循环输出表数据：

```
nrows = table.nrows                     # 表格的行数
ncols = table.ncols                     # 表格的列数
for i in range(nrows):
    print(table.row_values(i))
```

3）Cell 对象

Cell对象的Cell.value返回单元格的值。

下面是一段读取图25-9所示的Excel文件test.xls示例代码：

```
import xlrd
wb = xlrd.open_workbook('test.xls')     # 打开文件
sheetNames = wb.sheet_names()           # 查看包含的工作表
print(sheetNames)                       # 输出所有工作表的名称,['sheet_test']
# 获得工作表的两种方法
sh = wb.sheet_by_index(0)
sh = wb.sheet_by_name('sheet_test')     # 通过名称'sheet_test'获取对应的Sheet
# 单元格的值
cellA1 = sh.cell(0,0)
cellA1Value = cellA1.value
```

第25章 可视化应用——学生成绩分布柱状图展示

```
print(cellA1Value)                        # 王海
# 第一列的值
columnValueList = sh.col_values(0)
print(columnValueList)                    # ['王海', '程海鹏']
```

程序运行结果如下：

```
['sheet_test']
王海
['王海', '程海鹏']
```

❷ 使用 xlwt 模块写入 Excel

相对来说，xlwt 提供的接口就没有 xlrd 那么多了，主要如下：
- Workbook()是构造函数，返回一个工作簿的对象。
- Workbook.add_sheet(name)添加了一个名为 name 的表，类型为 Worksheet。
- Workbook.get_sheet(index)可以根据索引返回 Worksheet。
- Worksheet.write(r，c，value)将 value 填充到指定位置。
- Worksheet.row(n)返回指定的行。
- Row.write(c，value)在某一行的指定列写入 value。
- Worksheet.col(n)返回指定的列。

通过对 Row.height 或 Column.width 赋值可以改变行或列默认的高度或宽度。（单位：0.05 pt，即 1/20 pt）
- Workbook.save(filename)用来保存文件。

表的单元格默认是不可重复写的，如果有需要，在调用 add_sheet()的时候指定参数 cell_overwrite_ok=True 即可。

下面是一段写入 Excel 示例代码：

```
import xlwt
book = xlwt.Workbook(encoding = 'utf-8')
sheet = book.add_sheet('sheet_test', cell_overwrite_ok = True)   # 单元格可重复写
sheet.write(0, 0, '王海')
sheet.row(0).write(1, '男')
sheet.write(0, 2, 23)
sheet.write(1, 0, '程海鹏')
sheet.row(1).write(1, '男')
sheet.write(1, 2, 41)
sheet.col(2).width = 4000                                         # 单位 1/20 pt
book.save('test.xls')
```

程序运行生成如图 25-9 所示的 test.xls 文件。

	A	B	C
1	王海	男	23
2	程海鹏	男	41
3			
4			

图 25-9　test.xls 文件

25.4 程序设计的步骤

❶ 读取学生成绩的 Excel 文件

```python
import xlrd
wb = xlrd.open_workbook('marks.xlsx')            #打开文件
sheetNames = wb.sheet_names()                    #查看包含的工作表
#获得工作表的两种方法
sh = wb.sheet_by_index(0)
sh = wb.sheet_by_name('Sheet1')                  #通过名称'sheet1'获取对应的Sheet
#第一行的值,课程名
courseList = sh.row_values(0)
print(courseList[2:])                            #打印出所有课程名
course = input("请输入需要展示的课程名:")
m = courseList.index(course)
#第 m 列的值
columnValueList = sh.col_values(m)               #['math', 95.0, 94.0, 93.0, 96.0]
print(columnValueList)                           #展示的指定课程的分数
scoreList = columnValueList[1:]
print('最高分:',max(scoreList))
print('最低分:',min(scoreList))
print('平均分:',sum(scoreList)/len(scoreList) )
```

运行结果如下:

```
请输入需要展示的课程名: english
['english', 72.0, 88.0, 91.0, 100.0, 56.0, 75.0, 23.0, 72.0, 88.0, 56.0, 88.0, 78.0, 88.0, 99.0, 88.0, 88.0, 88.0, 66.0, 88.0, 78.0, 88.0, 77.0, 77.0, 77.0, 88.0, 77.0, 77.0]
最高分: 100.0
最低分: 23.0
平均分: 78.92592592592592
```

❷ 柱状图展示学生成绩分布

```python
import matplotlib.pyplot as plt
import numpy as np
y = [0,0,0,0,0]                                  #存放各分数段人数
for score in scoreList:
    if score >= 90:
        y[0] += 1
    elif score >= 80:
        y[1] += 1
    elif score >= 70:
        y[2] += 1
    elif score >= 60:
        y[3] += 1
    else:
        y[4] += 1
```

```
x1 = ['>=90','80~89分','70~79分','60~69分','60分以下']
x = [1,2,3,4,5]
plt.xlabel("分数段")
plt.ylabel("人数")
plt.rcParams['font.sans-serif'] = ['SimHei']        # 指定默认字体
plt.xticks(x,x1)                                     # 设置 x 坐标
rects = plt.bar(left=x,height=y,color='green',width=0.5)  # 绘制柱状图
plt.title(course+"成绩分析")                          # 设置图表标题
for rect in rects:                                   # 显示每个条形图对应数字
    height = rect.get_height()
    plt.text(rect.get_x()+rect.get_width()/2.0, 1.03*height, "%s" % float(height))
plt.show()
```

运行效果如图 25-10 所示。

图 25-10　学生成绩分布柱状图

第 26 章 词云实战——爬取豆瓣影评生成词云

26.1 功能介绍

"词云"就是对网络文本中出现频率较高的"关键词"予以视觉上的突出,形成"关键词云层"或"关键词渲染",从而过滤掉大量的文本信息,使浏览网页者只要一眼扫过文本就可以领略文本的主旨。

豆瓣电影提供了最新的电影介绍及评论,包括上映影片的影讯查询及购票服务,观众可以记录想看、在看和看过的电影/电视剧,以及打分、写影评。豆瓣电影会根据观众的口味推荐好电影。本程序使用 Python 爬虫技术获取豆瓣电影(https://movie.douban.com/)中最新电影的影评,经过数据清理和词频统计后对电影《黑豹》的影评信息进行词云展示,效果如图 26-1 所示。

图 26-1 《黑豹》影评信息的词云显示结果

26.2 程序设计的思路

本程序主要分为 3 个过程。

❶ 抓取网页数据

使用 Python 爬虫技术获取豆瓣电影中最新上映电影的网页（如图 26-2 所示），其网址如下：

https://movie.douban.com/cinema/nowplaying/zhengzhou/

图 26-2　最新上映电影的网页

通过其 HTML 解析出每部电影的 ID 号和电影名，获取某 ID 号就可以得到该部电影的影评网址，形式如下：

https://movie.douban.com/subject/26861685/comments

其中，26861685 就是电影《红海行动》的 ID 号。这样仅仅获取了 20 个影评，可以指定开始号 start 来获取更多影评，例如：

https://movie.douban.com/subject/26861685/comments?start=40&limit=20

这意味着获取从第 40 条开始的 20 个影评。

❷ 清理数据

通常将某部影评信息存入 eachCommentList 列表中。为便于数据清理和词频统计，把 eachCommentList 列表形成字符串 comments，将 comments 字符串中的"也""太""的"等虚词（停用词）清理掉后进行词频统计。

❸ 用词云进行展示

最后使用词云包对影评信息进行词云展示。

26.3 关键技术

26.3.1 安装 WordCloud

按照最常规的 pip install lwordcloud 命令安装 WordCloud。

如果安装失败,可以使用 Windows 二进制安装包(whl 文件)直接安装。步骤如下:

首先,在 http://www.lfd.uci.edu/~gohlke/pythonlibs/#wordcloud 下载需要的对应版本 WordCloud 的 whl 文件。如果使用的是 64 位的 Python 3.7,请下载图 26-3 框中对应的文件。

```
Wordcloud, a little word cloud generator.
    wordcloud-1.5.0-cp27-cp27m-win32.whl
    wordcloud-1.5.0-cp27-cp27m-win_amd64.whl
    wordcloud-1.5.0-cp35-cp35m-win32.whl
    wordcloud-1.5.0-cp35-cp35m-win_amd64.whl
    wordcloud-1.5.0-cp36-cp36m-win32.whl
    wordcloud-1.5.0-cp36-cp36m-win_amd64.whl
    wordcloud-1.5.0-cp37-cp37m-win32.whl
    wordcloud-1.5.0-cp37-cp37m-win_amd64.whl
    wordcloud-1.5.0-cp38-cp38-win32.whl
    wordcloud-1.5.0-cp38-cp38-win_amd64.whl
```

图 26-3 最新上映电影网页

然后,在 cmd 命令行中,进入刚刚下载的文件路径,使用 pip install wordcloud-1.5.0-cp37-cp37m-win_amd64.whl 命令开始安装,大约一分钟就可以安装完成。

26.3.2 使用 WordCloud

❶ **WordCloud 的基本用法**

```
class wordcloud.WordCloud(font_path = None, width = 400, height = 200, margin = 2,
ranks_only = None, prefer_horizontal = 0.9, mask = None, scale = 1,
color_func = None, max_words = 200, min_font_size = 4, stopwords = None,
random_state = None, background_color = 'black', max_font_size = None,
font_step = 1, mode = 'RGB', relative_scaling = 0.5, regexp = None,
collocations = True, colormap = None, normalize_plurals = True)
```

这是 WordCloud 的所有参数,下面具体介绍一下各参数。

- font_path:需要展现什么字体就把该字体路径+扩展名写上,例如 font_path = '黑体.ttf'。
- width:输出的画布宽度,默认为 400 像素。
- height:输出的画布高度,默认为 200 像素。

第26章 词云实战——爬取豆瓣影评生成词云

- prefer_horizontal：词语水平方向排版出现的频率，默认为 0.9（所以词语垂直方向排版出现的频率为 0.1）。
- mask：如果该参数为空，则使用二维遮罩绘制词云；如果该参数非空，设置的宽/高值将被忽略，遮罩形状将被 mask 取代。除了全白（#FFFFFF）部分不会绘制以外，其余部分会用于绘制词云。例如 bg_pic = imread('读取一张图片.png')，背景图片的画布一定要设置为白色（#FFFFFF），然后显示的形状为不是白色的其他颜色。用户可以用 PS 工具将自己要显示的形状复制到一个纯白色的画布上，然后保存。
- Scale：按照比例放大画布，例如设置为 1.5，则长和宽都是原来画布的 1.5 倍。
- min_font_size：显示的最小的字体大小。
- font_step：字体步长，如果步长大于 1，会加快运算，但是可能导致结果出现较大的误差。
- max_words：要显示的词的最大个数。
- stopwords：设置需要屏蔽的词，如果为空，则使用内置的 STOPWORDS。
- background_color：背景颜色，例如 background_color='white'，背景颜色为白色，默认颜色为黑色。
- max_font_size：显示的最大的字体大小。
- mode：当该参数为"RGBA"且 background_color 不为空时，背景透明。
- relative_scaling：词频和字体大小的关联性。
- color_func：生成新颜色的函数，如果为空，则使用 self.color_func。
- regexp：使用正则表达式分隔输入的文本。
- collocations：是否包括两个词的搭配。
- colormap：给每个单词随机分配颜色，若指定 color_func，则忽略该方法。

WordCloud 提供的方法如下。

- fit_words(frequencies)：根据词频生成词云。
- generate(text)：根据文本生成词云。
- generate_from_frequencies(frequencies[,...])：根据词频生成词云。
- generate_from_text(text)：根据文本生成词云。
- process_text(text)：将长文本分词并去除屏蔽词（此处指英语，中文分词还需要自己用其他库先行实现，使用上面的 fit_words(frequencies)）。
- recolor([random_state,color_func,colormap])：对现有输出重新着色，重新着色会比重新生成整个词云快很多。
- to_array()：转化为 numpy array。
- to_file(filename)：输出到文件。

❷ WordCloud 的应用举例

```
# 导入 Wordcloud 模块和 Matplotlib 模块
from wordcloud import WordCloud,ImageColorGenerator,STOPWORDS
import matplotlib.pyplot as plt
import numpy as np
from PIL import Image
```

```python
text = open('test.txt','r',encoding = 'utf-8').read()
                                        # 读取 test.txt 文件,注意修改文件的编码格式
bg_pic = np.array(Image.open("alice.png"))        # 读入背景图片
'''设置词云样式'''
wc = WordCloud(
    background_color = 'white',        # background_color 参数用于设置背景颜色,默认颜色为黑色
    mask = bg_pic,
    # 有中文这句代码必须添加,否则会只出现方框而不出现汉字
    font_path = 'simhei.ttf',            # 通过 font_path 参数来设置字体集
    max_words = 2000,
    max_font_size = 150,
    random_state = 30, scale = 1.5)
wc.generate_from_text(text)                # 根据文本生成词云
image_colors = ImageColorGenerator(bg_pic)
plt.imshow(wc)                            # 显示词云图片
plt.axis('off')
plt.show()
print('display success!')
wc.to_file('test2.jpg')                    # 保存图片
```

只有在设置 mask 的情况下才会得到一个拥有图片形状的词云。本程序使用的模板图是 alice.png(如图 26-4 所示),生成的词云形状如图 26-5 所示。

图 26-4 模板图

图 26-5 生成的词云图

❸ 设置停用词

用户也可以设置停用词("太""的"等虚词),使得词云中不显示该虚词,例如:

```
from os import path
from PIL import Image
import numpy as np
import matplotlib.pyplot as plt
from wordcloud import WordCloud, STOPWORDS, ImageColorGenerator
# 读取整个文章
text = open('test.txt','r').read()        # 读取一个 TXT 文件
```

第26章 词云实战——爬取豆瓣影评生成词云

```python
# 读取遮罩/彩色图像
alice_coloring = np.array(Image.open(path.join(d, "alice_color.png")))
# 设置停用词
stopwords = set(STOPWORDS)
stopwords.add("的")                    # 人工添加停用词
stopwords.add("了")                    # 人工添加停用词
# 可以通过 mask 参数来设置词云形状
wc = WordCloud(background_color = "white", max_words = 2000, mask = alice_coloring, stopwords = stopwords, max_font_size = 40, random_state = 42)
# 生成词云
wc.generate(text)
# 根据图片生成颜色
image_colors = ImageColorGenerator(alice_coloring)
plt.imshow(wc, interpolation = "bilinear")
plt.axis("off")
plt.show()
```

❹ WordCloud 使用词频

```python
import jieba.analyse
from PIL import Image,ImageSequence
import numpy as np
import matplotlib.pyplot as plt
from wordcloud import WordCloud,ImageColorGenerator
lyric = ''
f = open('./test.txt','r')
for i in f:
    lyric += f.read()
# 用 jieba 对文章做分词,提取出词频高的前 50 个词
result = jieba.analyse.textrank(lyric,topK = 50,withWeight = True)
keywords = dict()
for i in result:
    keywords[i[0]] = i[1]
print(keywords)
```

输出如下:

```
{'听见':0.26819943990969086,'风雨':0.4369472045572426,'不能': 0.41455711258992367,'生命': 0.5934235845918548,'理想': 0.26510877668765925,'星河': 0.23975886019089002,'青春': 0.24010255181105905,'希望': 0.494835681401572,'痛算': 0.27939232288036236,'梦想': 0.6607157592927637,'大家':0.2630206522238169,'日落': 0.24124829031114808,'相信':1.0,'随风': 0.24679509210701486,'热血': 0.3747213789071734,'怒放': 0.4236733731776506,'忘掉': 0.37456984152879724,'卷起': 0.28349442481975,'兄弟': 0.41239452275709515,'超越': 0.39647241012049056,'英雄': 0.313110375266555513,'像是': 0.30426828861337796,'跌倒': 0.3625975500392993,'想要': 0.5829550209468557,'命运': 0.7201128992940313,'变化': 0.2686953866879604,'天空': 0.3146976061015469,'父亲': 0.24636152229739733,'世界': 0.3565812143701714,'没有': 0.5977870162380065,'人生': 0.3775236250279759,'生活': 0.2663673685783774,'改变': 0.8023053505916324,'穿行': 0.30336139077497054,'海洋': 0.28687650921373503,'追逐': 0.28164694577079186,'拥有': 0.5511676957186838,'太阳': 0.31281001159455113,'知道': 0.28305393123835487,'拍拍': 0.2877289851675474,'摇摆': 0.4813790823694424,'力量': 0.5692829648461694,'翅膀':0.36632797341678375,'朋友':
```

0.2528034375864833,'挣脱': 0.39383738344839236,'奔跑': 0.4640807450464461,'方向':
0.4093246167577443,'就算': 0.9832790417761437,'水手': 0.3471435439240663,'忘记':
0.23862724809926258}
image = Image.open('./tim.png')
graph = np.array(image)
wc = WordCloud(font_path = './fonts/simhei.ttf',background_color = 'White',
max_words = 50,mask = graph)
wc.generate_from_frequencies(keywords)   #词频生成词云
image_color = ImageColorGenerator(graph)
plt.imshow(wc)
plt.imshow(wc.recolor(color_func = image_color))
plt.axis("off")
plt.show()
wc.to_file('dream.png')
```

## 26.4 程序设计的步骤

视频讲解

**❶ 抓取网页数据**

首先要对网页进行访问,在 Python 中使用的是 urllib 库,代码如下:

```
fromurllib import request
resp = request.urlopen('https://movie.douban.com/cinema/nowplaying/zhengzhou/')
html_data = resp.read().decode('utf-8')
```

其中,"https://movie.douban.com/cinema/nowplaying/zhengzhou/"是豆瓣电影最新上映的电影页面,用户可以在浏览器中输入该网址进行查看；html_data 是字符串类型的变量,里面存放了网页的 HTML 代码。输入 print(html_data)可以查看最新上映影片的影讯信息,如图 26-6 所示。

然后对得到的 HTML 代码进行解析,提取出自己需要的数据。在 Python 中使用 BeautifulSoup 库(如果没有则使用 pip install BeautifulSoup 进行安装)进行 HTML 代码的解析。

BeautifulSoup 使用的格式如下:

```
BeautifulSoup(html,"html.parser")
```

第 1 个参数为需要提取数据的 HTML,第 2 个参数是指定解析器,然后使用 find_all()读取 HTML 中的内容。

但是 HTML 中有那么多的标签,该读取哪些呢? 其实,最简单的办法是打开爬取网页的 HTML 代码,然后查看需要的数据在哪个 HTML 标签里面,如图 26-6 所示。

由图 26-6 可以看出,从< div id = 'nowplaying'>标签开始是想要的数据,里面有电影的名称、评分、主演等信息,所以相应的代码编写如下:
```

第26章 词云实战——爬取豆瓣影评生成词云

```
<div id="nowplaying">
    <div class="mod-hd">
        <h2>正在上映</h2>
    </div>
    <div class="mod-bd">
        <ul class="lists">
            <li
                id="6390825"
                class="list-item"
                data-title="黑豹"
                data-score="6.8"
                data-star="35"
                data-release="2018"
                data-duration="135分钟(中国大陆)"
                data-region="美国"
                data-director="瑞恩·库格勒"
                data-actors="查德维克·博斯曼 / 露皮塔·尼永奥 / 迈克尔·B·乔丹"
                data-category="nowplaying"
                data-enough="True"
                data-showed="True"
                data-votecount="64156"
                data-subject="6390825"
            >
```

图 26-6　最新上映影片的影讯信息

```python
from bs4 import BeautifulSoup as bs
soup = bs(html_data, 'html.parser')
nowplaying_movie = soup.find_all('div', id = 'nowplaying')
nowplaying_movie_list = nowplaying_movie[0].find_all('li', class_ =
'list-item')
```

其中，nowplaying_movie_list 是所有电影信息的一个列表，可以用 print(nowplaying_movie_list[1])查看第 2 部影片《红海行动》的内容，如图 26-7 所示。

```
<li
    id="26861685"
    class="list-item"
    data-title="红海行动"
    data-score="8.5"
    data-star="45"
    data-release="2018"
    data-duration="138分钟"
    data-region="中国大陆 香港"
    data-director="林超贤"
    data-actors="张译 / 黄景瑜 / 海清"
    data-category="nowplaying"
    data-enough="True"
    data-showed="True"
    data-votecount="312987"
    data-subject="26861685"
>
    <ul class="">
        <li class="poster">
            <a href="https://movie.douban.com/subject/26861685/?from=playing_poster" class="ticket-btn" target="_blank" data-psource="poster">
                <img src="https://img3.doubanio.com/view/photo/s_ratio_poster/public/p2514119443.webp" alt="红海行动" rel="nofollow" class="" />
            </a>
        </li>
        <li class="stitle">
            <a href="https://movie.douban.com/subject/26861685/?from=playing_poster"
                class="ticket-btn"
                target="_blank"
                title="红海行动"
                data-psource="title">
                红海行动
            </a>
        </li>
```

图 26-7　《红海行动》电影信息的 HTML 标签

从图 26-7 中可以看到在 data-subject 属性里面放了电影的 ID 号，而在 img 标签的 alt 属性里面放了电影的名字，因此通过这两个属性来得到电影的 ID 和名称（在打开电影短评的网页时需要用到电影的 ID，所以需要对它进行解析），编写代码如下：

```
nowplaying_list = []
for item in nowplaying_movie_list:
        nowplaying_dict = {}              # 以字典形式存储每部电影的 ID 和名称
        nowplaying_dict['id'] = item['data-subject']
        for tag_img_item in item.find_all('img'):
                nowplaying_dict['name'] = tag_img_item['alt']
                nowplaying_list.append(nowplaying_dict)
```

在列表 nowplaying_list 中存放了最新电影的 ID 和名称，可以使用 print(nowplaying_list)进行查看，结果如下：

[{'id': '6390825', 'name': '黑豹'}, {'id': '26861685', 'name': '红海行动'}, {'id': '26698897', 'name': '唐人街探案 2'}, {'id': '26393561', 'name': '小萝莉的猴神大叔'}, {'id': '26649604', 'name': '比得兔'}, {'id': '26603666', 'name': '妈妈咪鸭'}, {'id': '30152451', 'name': '厉害了,我的国'}, {'id': '26972275', 'name': '恋爱回旋'}, {'id': '26575103', 'name': '捉妖记 2'}, {'id': '27176717', 'name': '熊出没·变形记'}, {'id': '26611804', 'name': '三块广告牌'}, {'id': '25829175', 'name': '西游记女儿国'}, {'id': '27085923', 'name': '灵魂当铺之时间典当'}, {'id': '27114417', 'name': '祖宗十九代'}, {'id': '25899334', 'name': '飞鸟历险记'}, {'id': '3036465', 'name': '爱在记忆消逝前'}, {'id': '27180882', 'name': '疯狂的公牛'}, {'id': '25856453', 'name': '闺蜜 2'}, {'id': '26836837', 'name': '宇宙有爱浪漫同游'}]

可以看到是和豆瓣网址上面匹配的，这样就得到了最新电影的信息。接下来对最新电影短评进行分析。例如《红海行动》的短评网址为"https://movie.douban.com/subject/26861685/comments?start=0&limit=20"，其中 26861685 就是《红海行动》电影的 ID，start=0 表示第 0 条评论。

查看上面的短评页面的 HTML 代码，可以发现关于《红海行动》评论的数据在 div 标签的 comment 属性下面，如图 26-8 所示。

图 26-8 《红海行动》短评信息的 HTML 标签

因此对该标签进行解析，代码如下：

```
requrl = 'https://movie.douban.com/subject/' + nowplaying_list[0]['id'] +
'/comments' + '?' + 'start = 0' + '&limit = 20'
resp = request.urlopen(requrl)
html_data = resp.read().decode('utf-8')
soup = bs(html_data, 'html.parser')
comment_div_lits = soup.find_all('div', class_ = 'comment')
```

此时在 comment_div_lits 列表中存放的就是 class_='comment' 的所有 div 标签里面的 HTML 代码了。在图 26-8 中还可以发现 < div class_='comment'> 标签里面的 p 标签下面 < span > 中存放了网友对电影的评论,因此对 comment_div_lits 代码中的 HTML 代码继续进行解析,代码如下:

```
eachCommentList = []
for item in comment_div_lits:
    b = item.find('p').find('span')        # 获取 p 标签内部的 span 标签(即评论)
    if b.string is not None:
        eachCommentList.append(item.find_all('p')[0].string)
```

使用 print(eachCommentList) 查看 eachCommentList 列表中的内容,可以看到里面存放了大家想要的影评。

至此已经爬取了豆瓣电影最近播放电影的评论数据,接下来就要对数据进行清洗和词云显示了。

❷ 数据清洗

数据清洗是消去与数据分析无关的信息,这里为了方便进行数据清洗,将列表中的数据放在一个字符串中,代码如下:

```
comments = ''
for k in range(len(eachCommentList)):
    comments = comments + (str(eachCommentList[k])).strip()
```

使用 print(comments) 进行查看,可以看到所有的评论已经变成一个字符串,但是评论中还有很多标点符号等。这些符号对词频统计根本没用,因此要将它们清除,所用的方法是使用正则表达式,Python 中的正则表达式是通过 re 模块实现的。其代码如下:

```
import re
pattern = re.compile(r'[\u4e00-\u9fa5]+')
filterdata = re.findall(pattern, comments)
cleaned_comments = ''.join(filterdata)
```

继续使用 print(cleaned_comments) 语句进行查看,可以看到此时评论数据中已经没有那些标点符号了,数据被清"干净"了。

因为要进行词频统计,所以先进行中文分词操作。在这里使用的是 jieba 分词,如果用户没有安装 jieba 分词,可以在控制台使用 pip install jieba 进行安装(可以使用 pip list 查看是否安装了这些库)。中文分词的代码如下:

```
import jieba.analyse                              # 分词包
# 使用 jieba 分词进行中文分词
result = jieba.analyse.textrank(cleaned_comments, topK = 50, withWeight = True)
keywords = dict()
for i in result:
    keywords[i[0]] = i[1]
print("删除停用词前", keywords)
```

结果如下：

```
{'大片': 0.28764823530539835, '动作': 0.42333889433557714, '人质': 0.18041389646505365, '不能': 0.18403284248005652, '行动': 0.5258110409848542, '的': 0.19000741337241692, '看到': 0.16410604936619055, '太': 0.250308587701313, '导演': 0.3247672024874971, '军人': 0.22827987403008904, '主旋律': 0.21300534948534544, '电影': 1.0, '作战': 0.17912699218043704, '震撼': 0.24439586499277743, '国产': 0.37209344994813087, '人物': 0.3211015399811397, '红海': 0.2759713023909607, '有点': 0.19442262680122022, '节奏': 0.28504415161934643, '战争片': 0.305141973888238, '战争': 0.38941165361568963, '爆破': 0.17280424905747072, '演员': 0.18291268026465418, '全程': 0.1812416074586381, '湄公河': 0.4937422787186316, '还有': 0.17809860897238478, '个人': 0.2610284731772877, '黑鹰坠落': 0.21305500057787405, '剧情': 0.21982545428026873, '战狼': 0.611947562855697, '从头': 0.21612064060347713, '文戏': 0.38037163533740115, '军事': 0.39830147699101087, '好看': 0.1843800611024451, '觉得': 0.18438026420714343, '坦克': 0.2103294696884718, '海军': 0.2780877491487478, '黄景': 0.2762848729539791, '喜欢': 0.186512622392206, '好莱坞': 0.3041242625437134, '狙击手': 0.4529383170599891, …}
```

从结果可以看到进行词频统计了，但数据中还有"太""的"等虚词（停用词），这些词在任何场景中都是高频词，并且没有实际的含义，所以要把它们清除。

本程序把停用词放在一个名为 stopwords.txt 的文件中，将数据与停用词进行比对即可。删除停用词的代码如下：

```
keywords = {x:keywords[x] for x in keywords if x not in stopwords}
print("删除停用词后",keywords)
```

继续使用 print() 语句查看结果，可见停用词已经被清除了。

由于前面只是爬取了第 1 页的评论，所以数据有点少，在最后给出的完整代码中爬取了 10 页的评论，所得数据比较有参考价值。

❸ 用词云进行显示

```
import matplotlib.pyplot as plt
import matplotlib
matplotlib.rcParams['figure.figsize'] = (10.0, 5.0)
from wordcloud import WordCloud                    #词云包
#指定字体类型、字体大小和字体颜色
wordcloud = WordCloud(font_path = "simhei.ttf",background_color = "white",
max_font_size = 80,stopwords = stopwords)
word_frequence = keywords
myword = wordcloud.fit_words(word_frequence)
plt.imshow(myword)                                 #展示词云图
plt.axis("off")
plt.show()
```

其中，simhei.ttf 用来指定字体，用户可以在百度上输入 simhei.ttf 进行下载，然后放入程序的根目录中。

完整的程序代码如下：

第26章 词云实战——爬取豆瓣影评生成词云

```python
import warnings
warnings.filterwarnings("ignore")
import jieba                                    # 分词包
importjieba.analyse
import numpy                                    # numpy 计算包
import re
importmatplotlib.pyplot as plt
fromurllib import request
from bs4 import BeautifulSoup as bs
importmatplotlib
matplotlib.rcParams['figure.figsize'] = (10.0, 5.0)
from wordcloud import WordCloud                 # 词云包
headers = {'User-Agent': 'Mozilla/5.0 (Windows NT 6.1; Win64; x64) AppleWebKit/537.36 (KHTML, like Gecko) Chrome/79.0.3945.88 Safari/537.36'}
# 分析网页函数
defgetNowPlayingMovie_list():
    url = 'https://movie.douban.com/nowplaying/zhengzhou/'
    req = request.Request(url,headers = headers)
    resp = request.urlopen(req)
    html_data = resp.read().decode('utf-8')
    soup = bs(html_data, 'html.parser')
    nowplaying_movie = soup.find_all('div', id = 'nowplaying')
    nowplaying_movie_list = nowplaying_movie[0].find_all('li', class_ = 'list-item')
    nowplaying_list = []
    for item in nowplaying_movie_list:
        nowplaying_dict = {}
        nowplaying_dict['id'] = item['data-subject']
        fortag_img_item in item.find_all('img'):
            nowplaying_dict['name'] = tag_img_item['alt']
        nowplaying_list.append(nowplaying_dict)
    returnnowplaying_list

# 爬取评论函数
defgetCommentsById(movieId, pageNum):
    eachCommentList = [];
    ifpageNum > 0:
        start = (pageNum-1) * 20
    else:
        return False
    url = 'https://movie.douban.com/subject/' + movieId + '/comments' + '?' + 'start=' + str(start) + '&limit=20'
    print(url)
    req = request.Request(url,headers = headers)
    resp = request.urlopen(req)
    html_data = resp.read().decode('utf-8')
    soup = bs(html_data, 'html.parser')
    comment_div_lits = soup.find_all('div', class_ = 'comment')
    for item in comment_div_lits:
```

```python
    if item.find('p').find('span').string is not None:
        eachCommentList.append(item.find_all('p')[0].string)
    return eachCommentList

def main():
    # 循环获取第一个电影的前 10 页评论
    commentList = []
    NowPlayingMovie_list = getNowPlayingMovie_list()
    for i in range(10):
        num = i + 1
        commentList_temp = getCommentsById(NowPlayingMovie_list[1]['id'], num)     //指定那部电影
        commentList.append(commentList_temp)
    # 将列表中的数据转换为字符串
    comments = ''
    for k in range(len(commentList)):
        comments = comments + (str(commentList[k])).strip()
    # 使用正则表达式去除标点符号
    pattern = re.compile(r'[\u4e00-\u9fa5]+')
    filterdata = re.findall(pattern, comments)
    cleaned_comments = ''.join(filterdata)
    # 使用结巴分词进行中文分词
    result = jieba.analyse.textrank(cleaned_comments, topK=50, withWeight=True)
    keywords = dict()
    for i in result:
        keywords[i[0]] = i[1]
    print("删除停用词前", keywords)    # {'演员': 0.18290354231824632, '大片': 0.2876433001472282}
    # 停用词集合
    stopwords = set(STOPWORDS)
    f = open('./StopWords.txt', encoding="utf8")
    while True:
        word = f.readline()
        if word == "":
            break
        stopwords.add(word[:-1])
    print(stopwords)
    keywords = {x: keywords[x] for x in keywords if x not in stopwords}
    print("删除停用词后", keywords)
    # 用词云进行显示
    wordcloud = WordCloud(font_path="simhei.ttf", background_color="white",
                          max_font_size=80, stopwords=stopwords)
    word_frequence = keywords
    myword = wordcloud.fit_words(word_frequence)
    plt.imshow(myword)                          # 展示词云图
    plt.axis("off")
    plt.show()
# 主函数
main()
```

程序运行后显示的图像如图 26-9 所示。

图 26-9 词云显示结果

参 考 文 献

［1］ 刘浪. Python 基础教程[M]. 北京：人民邮电出版社，2015.
［2］ 江红，余青松. Python 程序设计教程[M]. 北京：北京交通大学出版社，2014.
［3］ 黑马程序员. 解析 Python 网络爬虫[M]. 北京：中国铁道出版社，2019.
［4］ 郑秋生，夏敏捷. Java 游戏编程开发教程[M]. 北京：清华大学出版社，2016.
［5］ 夏敏捷. Python 游戏设计案例实战[M]. 北京：人民邮电出版社，2019.

图书资源支持

感谢您一直以来对清华版图书的支持和爱护。为了配合本书的使用,本书提供配套的资源,有需求的读者请扫描下方的"书圈"微信公众号二维码,在图书专区下载,也可以拨打电话或发送电子邮件咨询。

如果您在使用本书的过程中遇到了什么问题,或者有相关图书出版计划,也请您发邮件告诉我们,以便我们更好地为您服务。

我们的联系方式:

地　　址:北京市海淀区双清路学研大厦 A 座 714

邮　　编:100084

电　　话:010-83470236　010-83470237

客服邮箱:2301891038@qq.com

QQ:2301891038(请写明您的单位和姓名)

资源下载:关注公众号"书圈"下载配套资源。

资源下载、样书申请

书 圈

图书案例

清华计算机学堂

观看课程直播